DEIN COACH ZUM ERFOLG!

Dein ActiveBook auf My**STARK**:

Du kannst auf alle digitalen Inhalte zu diesem Band online zugreifen. Registriere dich dazu unter **www.stark-verlag.de/mystark** mit deinem **persönlichen Zugangscode:**

C08100K-001079

Die Inhalte dieser Auflage stehen bis Schuljahresende zur Verfügung.

MySTARK

Das Active**Book** *bietet dir:*

- Viele zusätzliche interaktive Übungsaufgaben zu allen prüfungsrelevanten Kompetenzbereichen
- Sofortiges Feedback und Auswertung der Ergebnisse
- Interaktive Lösungen: in kleinen Schritten zum Ergebnis
- Vorgerechnete Beispiele als weitere Hilfe

DEIN COACH ZUM ERFOLG!

So kannst du interaktiv lernen:

Interaktive Aufgaben

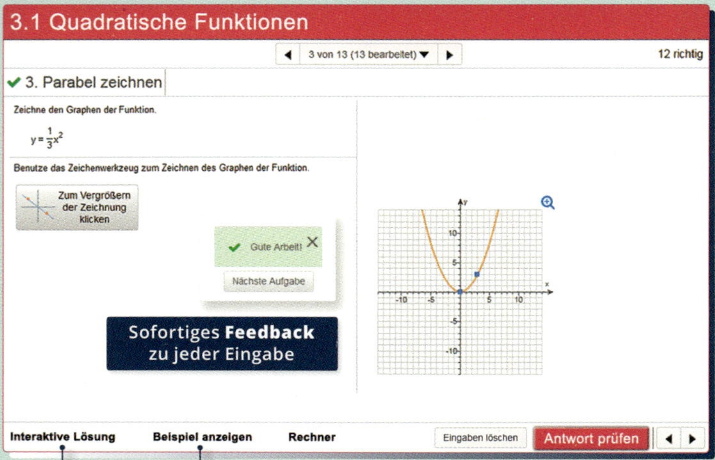

Interaktive Lösung mit kleinschrittiger Anleitung zu jeder Aufgabe

Vorgerechnetes **Beispiel** zu jeder Aufgabe

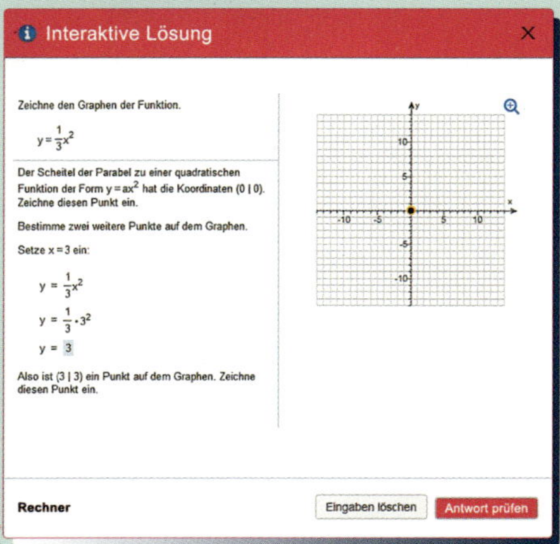

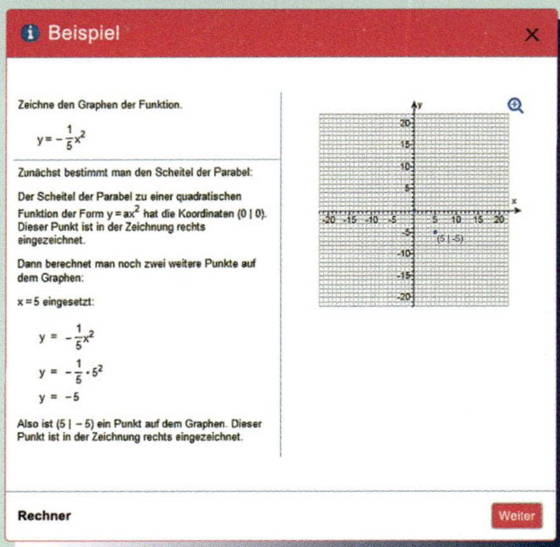

Systemvoraussetzungen:

- Mindestens 1024×768 Pixel Bildschirmauflösung
- Chrome, Firefox oder ähnlicher Webbrowser
- Internetzugang

STARK

2023

Realschule

Original-Prüfungsaufgaben
mit Lösungen

Baden-Württemberg

Mathematik

STARK

37. ergänzte Auflage
www.stark-verlag.de

Inhalt

Um dir die Prüfung 2022 schnellstmöglich zur Verfügung stellen zu können, wird diese in digitaler Form veröffentlicht.
Sobald die Original-Prüfungsaufgaben 2022 freigegeben sind, können sie als PDF auf der Plattform MyStark heruntergeladen werden (Zugangscode vgl. Farbseiten vorne im Buch).

Auf die PDF-Dateien mit den ausführlichen Lösungen zu den Übungsaufgaben zum Pflichtteil A2 und zum Wahlteil B sowie zu den Jahrgängen 2014 – 2017 und (sobald freigegeben) 2022 kann auf www.stark-verlag.de/mystark zugegriffen werden. Der Zugangscode ist auf den Farbseiten vorne im Buch zu finden.

Autor: Thomas Dreher

MindApp

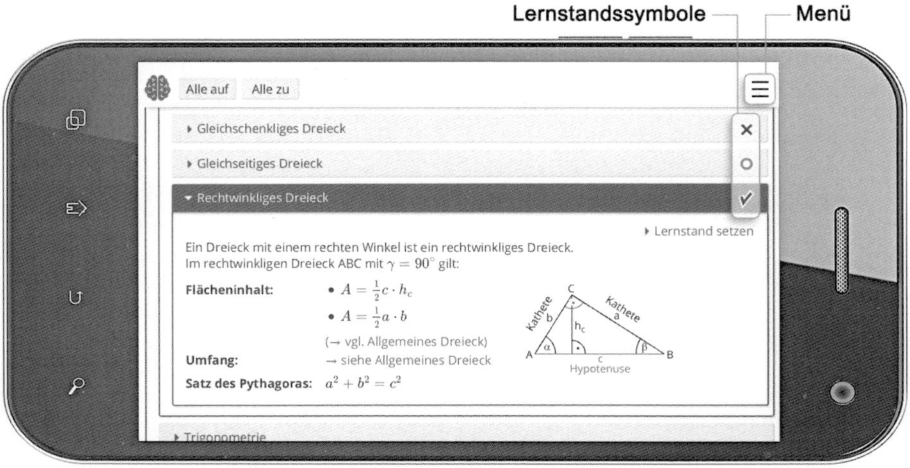

Was ist die MindApp?

Die MindApp enthält eine strukturierte Zusammenfassung des relevanten Stoffs für die Abschlussprüfung, die jederzeit auf dem Smartphone/Tablet/PC abrufbar ist. Dank kompakter Darstellung, Schaubildern und Lösungsstrategien zu typischen Aufgabenstellungen eignet sie sich ideal zum Nachschlagen. Für jedes Themengebiet kann zudem der Lernstand festgehalten werden, sodass der Lernfortschritt sichtbar wird.

Wie starte ich die MindApp?

Die MindApp kann direkt im Browser geöffnet werden. Eine Installation über einen App Store ist nicht erforderlich.

Am **Smartphone/Tablet** kann die MindApp über den abgedruckten QR-Code gestartet werden. Für die weitere Nutzung ist es empfehlenswert, das Icon der MindApp zum Startbildschirm hinzuzufügen, sodass sie im Folgenden darüber gestartet werden kann. Dazu kann entweder der Dialog genutzt werden, der beim erstmaligen Aufruf erscheint, oder gemäß der Beschreibung im Menü vorgegangen werden.

Am **PC** kann die MindApp unter folgender Internetadresse geöffnet werden:
https://www.stark-verlag.de/mindapp

Auf die MindApp und alle anderen digitalen Zusätze zu diesem Band kann auf www.stark-verlag.de/mystark zugegriffen werden. Der Zugangscode ist auf den Farbseiten vorne im Buch zu finden.

Lernvideos und Animationen

Wenn du den QR-Code rechts mit deinem Smartphone oder Tablet scannst, kannst du Lernvideos und interaktive GeoGebra-Animationen abrufen, in denen Basiswissen zu wichtigen Themengebieten behandelt wird. Hast du den QR-Code gescannt, landest du auf einer Übersichtsseite. Das linke Icon startet jeweils das Video, das rechte Icon die Animation.

Im Hinblick auf eine eventuelle Begrenzung deines Datenvolumens empfehlen wir, dass du dich beim Ansehen der Videos in einem WLAN befindest. Hast du keine Möglichkeit, den QR-Code zu scannen, findest du die Lernvideos auch unter:
https://www.stark-verlag.de/qrcode/lernvideos_08100K

Themen der Lernvideos und interaktiven Animationen:

- Diagramme
- Lineare Funktionen (Geraden)
- Verschobene Normalparabel
- Gestreckte/gestauchte Parabel
- Strahlensätze
- Boxplot
- Baumdiagramm

Auf die Videos/Animationen und alle anderen digitalen Zusätze zu diesem Band kann auch auf www.stark-verlag.de/mystark zugegriffen werden. Der Zugangscode ist auf den Farbseiten vorne im Buch zu finden.

Vorwort

Liebe Schülerinnen und Schüler,

bei sportlichen Leistungen ist uns allen klar, dass neben der Begabung nur ausdauerndes, langfristig angelegtes und systematisches Training zum Erfolg führen kann. Jeder weiß, selbst beim Freizeitsport und beim Kicken auf dem Schulhof gilt die Regel: Übung macht den Meister!

Und in der Mathematik?

Da ist es genauso! Wie im Sport bestimmt Training ganz wesentlich den Erfolg. Die oft gehörte Behauptung „Mathe muss man begreifen, Mathe kann man nicht lernen!" stimmt nicht. Im Gegenteil: Mathe begreift man erst durch Lernen. Mit jedem Problem, das ihr knackt, begreift ihr mehr. Mit jeder Aufgabe, die ihr löst, steigt euer Können. Auch in der Mathematik gilt: Übung macht den Meister und natürlich auch die Meisterin! Und genauso wie im Sport gilt auch hier: Mit zunehmendem Erfolg wächst die Selbstsicherheit, können Lernen und Büffeln sogar Spaß machen!

Das vorliegende Buch ist sowohl Trainingshilfe als auch Wegweiser bei der Vorbereitung auf die Realschulabschlussprüfung im Fach Mathematik. Es hilft euch, euch gezielt und systematisch auf die Prüfung vorzubereiten.

Das Buch zeigt dazu
- wie die schriftliche Abschlussprüfung aussieht,
- welche Anforderungen gestellt werden,
- wie man systematisch und erfolgreich auf die Prüfung lernt,
- wie mathematische Probleme und Aufgaben gelöst werden können.

Das Buch bietet
- Trainings- und Übungsmöglichkeiten auf Prüfungsniveau,
- die Möglichkeit, gezielt einzelne Themengebiete zu üben oder Fähigkeiten zu trainieren.

Im Kapitel „Die schriftliche Abschlussprüfung im Fach Mathematik" werden zunächst kurz **Aufbau** und **Organisation** der schriftlichen Abschlussprüfung im Fach Mathematik an den öffentlichen Realschulen des Landes Baden-Württemberg vorgestellt.

Wie man **systematisch** auf die Abschlussprüfung **lernt**, steht im Kapitel „Lernen auf die Prüfung".

Im Kapitel „Knacken mathematischer Probleme und Aufgaben" werden **Strategien** und **Tipps** zum Lösen unbekannter Aufgaben und mathematischer Probleme vorgestellt.

Das Kapitel „Übungsaufgaben" enthält **Aufgabensammlungen** für intensives und gezieltes Üben auf Prüfungsniveau.
Im ersten Teil finden sich Aufgaben für das Training auf den Pflichtteil A1. Die Aufgaben sind so konzipiert, dass sie sich, wie in der Prüfung verlangt, ohne Taschenrechner und ohne Formelsammlung lösen lassen.
Im zweiten Teil finden sich Aufgaben für das Training auf den Pflichtteil A2 und den Wahlteil B. Dieses Kapitel ist in einzelne Themengebiete gegliedert und bietet so die Möglichkeit, diese Themengebiete gezielt und intensiv zu üben.

In den nächsten Kapiteln folgen die **Aufgaben der schriftlichen Realschulabschlussprüfungen** (Haupttermine an den öffentlichen Realschulen des Landes Baden-Württemberg) von 2014–2022 mit **ausführlicher Darstellung der Lösungswege**. Hinzu kommen **Lösungshinweise**. Sie sollen helfen, in die Lösung einer Aufgabe einzusteigen um anschließend möglichst selbstständig weiterarbeiten zu können. Die ausführlich dargestellten Lösungswege bieten an schwierigen Stellen Hilfe und Unterstützung. Zunächst solltet ihr aber versuchen, die Aufgaben möglichst eigenständig – ohne Hilfen – zu lösen.

Beim gezielten Suchen von Aufgaben zu bestimmten mathematischen Sachgebieten unterstützt euch das **Register**.

Das Buch besteht aus zwei Teilen: dem **Buch** selber und den **PDF-Downloads** auf der Plattform MyStark: **www.stark-verlag.de/mystark** (Zugangscode siehe auf den Farbseiten vorne im Buch).
Die Übungsaufgaben zum Pflichtteil A1 befinden sich mit Aufgabenstellungen und ausführlichen Lösungswegen komplett im Buch. Von den Übungsaufgaben zum Pflichtteil A2 und zum Wahlteil B befinden sich die Aufgabenstellungen und die Endergebnisse zum Schnellnachschlagen im Buch. Die ausführlichen Lösungswege stehen auf MyStark als PDF-Datei zum Download zur Verfügung.

Den Übungsaufgaben folgen die Aufgabenstellungen der Prüfungsjahrgänge 2014–2017, ebenfalls mit Endergebnissen zum Schnellnachschlagen im Buch. Die Lösungshinweise und die ausführlichen Lösungswege stehen als PDF-Datei zum Download zur Verfügung.

Die vier Prüfungsjahrgänge 2018–2021 befinden sich komplett mit Aufgabenstellungen, Lösungshinweisen und ausführlich dargestellten Lösungswegen im Buch.

Die Aufgaben und Lösungen zur Prüfung 2022 erscheinen in digitaler Form. Sobald die Original-Prüfungsaufgaben 2022 zur Veröffentlichung freigegeben sind, könnt ihr sie und das zugehörige Register ebenfalls als PDF-Datei auf der Plattform MyStark herunterladen. Der Zugangscode ist auf den Farbseiten vorne im Buch zu finden.

ActiveBook
Interaktives Training

Dieses Buch enthält ein ActiveBook, das heißt ihr findet online im **Interaktiven Training** viele zusätzliche interaktive Aufgaben zum Trainieren der Grundfertigkeiten und zum Üben auf Prüfungsniveau (mit * gekennzeichnete Aufgaben).

Die **Interaktiven Aufgaben** sind im Buch mit diesem Symbol gekennzeichnet. Am besten gleich ausprobieren!

Ausführliche Infos inkl. Zugangscode findet ihr auf den Farbseiten vorne im Buch. (Mit diesem Zugangscode erhaltet ihr auch Zugriff auf die PDF-Downloads.)

Sollten nach Erscheinen dieses Bandes noch wichtige Änderungen in der kommenden Abschlussprüfung vom Kultusministerium bekannt gegeben werden, findet ihr aktuelle Informationen dazu ebenfalls auf der Plattform MyStark: **www.stark-verlag.de/mystark**

Verlag und Autor hoffen, euch mit diesem Buch bei eurem persönlichen „Training“ auf die Abschlussprüfung unterstützen zu können und wünschen euch guten Erfolg!

Thomas Dreher

Thomas Dreher

Register 2014–2021

Übungsaufg. A2/B: Kegel und Kugel (4)
Übungsaufg. A2/B: Zusammengesetzte Körper (1), (2), (3)
Übungsaufg. A2/B: Streckenzüge und Flächen auf Körpern und im Raum (4)

Hinweise und Tipps zur schriftlichen Abschlussprüfung

Die schriftliche Abschlussprüfung im Fach Mathematik

Die schriftliche Abschlussprüfung im Fach Mathematik besteht aus den beiden Pflichtteilen A1 und A2 sowie dem Wahlteil B.

Die Prüfung ist in zwei Arbeitsphasen gegliedert. Die gesamte Arbeitszeit beträgt 210 Minuten (3 Stunden und 30 Minuten).

Arbeitsphase 1
In Arbeitsphase 1 werden die Aufgaben von Pflichtteil A1 bearbeitet. Diese Phase dauert 45 Minuten.
Die Aufgaben des Pflichtteils A1 sind ohne Taschenrechner und ohne Formelsammlung zu lösen. Zur Bearbeitung zugelassen sind Zeichengeräte. Am Ende von Arbeitsphase 1 sind die Lösungen der Aufgaben abzugeben.

Im Anschluss an Arbeitsphase 1 folgt eine zwanzigminütige Pause.

Arbeitsphase 2
In Arbeitsphase 2 werden die Aufgaben von Pflichtteil A2 und von Wahlteil B bearbeitet. Die zur Verfügung stehende Zeit beträgt 165 Minuten (2 Stunden und 45 Minuten).
Für die Bearbeitung der Aufgaben von Pflichtteil A2 und von Wahlteil B sind die Nutzung einer Formelsammlung, eines wissenschaftlichen, nicht programmierbaren Taschenrechners sowie die Nutzung von Zeichengeräten zugelassen.

Wie der Name bereits sagt, sind jeweils alle Aufgaben der beiden Pflichtteile A1 und A2 zu bearbeiten. Im Wahlteil B werden drei Aufgaben zur Auswahl gestellt. Davon sind zwei Aufgaben zu bearbeiten. Werden mehr als zwei Wahlaufgaben bearbeitet, werden die beiden besten Lösungen gewertet. Die Lösung der Aufgaben des Wahlteils stellt erhöhte Anforderungen.

Übersicht über die Gliederung der Prüfung:

Arbeitsphase 1 45 Minuten	• Pflichtteil A1 • Zugelassen: Zeichengeräte • Nicht zugelassen: Formelsammlung, ETR
Pause 20 Minuten	
Arbeitsphase 2 165 Minuten (2 h 45 min)	• Pflichtteil A2 • Wahlteil B • Zugelassen: Formelsammlung, ETR (wissenschaftlich; nicht programmierbar), Zeichengeräte

Zu möglichen kurzfristigen Änderungen siehe bitte den Hinweis im Vorwort.

Wer träumt nicht davon: tolle Tricks und sichere Rezepte, die ohne viel Lernen und Anstrengung zum großen Prüfungserfolg führen? Was würden wir geben, wenn es doch klappen würde, das „Bücher unters Kopfkissen legen“, das „Lernen im Schlaf“? Wer hat nicht schon mal die Vision gehabt, dass es im Computerzeitalter eigentlich doch möglich sein müsste, sich kurz vor der Prüfung rasch mal die neueste Version eines Programms zum Lösen von Prüfungsaufgaben aus dem Internet runterzuladen?
Leider gibt es diese Tricks und Rezepte nicht. Morgens wachen wir auf, ohne uns an den Lerntraum erinnern zu können und die Zukunftsvision scheitert an der Gegenwart. Bleibt das altbekannte Üben und Lernen. Damit verbinden viele aber vor allem anstrengendes Pauken, langweiliges Büffeln, stundenlanges Sitzen, qualmende Köpfe …
Aber das muss nicht sein. Beherzigt man einige wenige Grundregeln, fällt das Lernen leichter und es stellen sich rasch erste Erfolge ein. Mit ihnen wachsen Sicherheit und Selbstvertrauen und – Erfolg bringt bekanntlich Spaß an der Sache.
Dieses Kapitel zeigt euch, wie man systematisch auf die Prüfung lernt, ohne dass dabei die Freude an der Arbeit zu kurz kommen muss. Allerdings: Ganz ohne Arbeit geht's doch nicht. Ein bisschen müsst ihr euch schon anstrengen.
Eine der wichtigsten Regeln ist, **frühzeitig mit dem systematischen Lernen zu beginnen**. Wer langfristig und beständig auf die Prüfung lernt, hat aller Voraussicht nach mehr Erfolg als derjenige, der kurz vor der Prüfung alles „ganz intensiv reinpauken“ will. Und, wer das Lernpensum verteilt, hat keinen riesen Berg vor sich, der ihn entmutigt, sondern kleine Hügel, die sich leicht erklimmen lassen.
Es empfiehlt sich, ca. acht Schulwochen vor der Prüfung mit dem gezielten Lernen zu beginnen. Da die Prüfung voraussichtlich Ende April / Anfang Mai stattfindet, also Ende Februar, besser noch Mitte Februar mit der Vorbereitung anfangen.
Für den Lernerfolg ist es besser, mehrere Nachmittage pro Woche kürzere Zeit zu lernen als einmal pro Woche einen ganzen Nachmittag. Euer Trainingsumfang, der in der ersten Zeit vielleicht zweimal eine halbe bis dreiviertel Stunde beträgt, steigert sich kontinuierlich. Je näher die Prüfung rückt, desto mehr Nachmittage pro Woche lernt ihr, desto länger pro Nachmittag lernt ihr.

In den ersten Wochen gilt es zunächst festzustellen,
- welche Themengebiete ihr schon beherrscht,
- welches Schwierigkeitsniveau ihr in den einzelnen Themengebieten erreicht (Grundaufgaben-/Pflichtaufgabenniveau oder schon Wahlaufgabenniveau),
- welche Themengebiete ihr noch besonders üben solltet.

Am besten findet ihr das heraus, indem ihr Prüfungsaufgaben zu den einzelnen Themengebieten rechnet. Eine gute Übersicht über die einzelnen Themengebiete bietet auch das Kapitel „Übungsaufgaben“.
Habt ihr euer Leistungsprofil erstellt, könnt ihr einen **Trainingsplan** aufstellen, mit dem ihr anhand der Aufgaben aus dem Kapitel „Übungsaufgaben“ gezielt eure Lücken schließt und eure Fähigkeiten steigert. Selten kommt es vor, dass ein ganzer Themenbereich nicht oder kaum gekonnt wird. Eher bereiten einzelne, besonders komplexe oder abstrakte Aufgaben Schwierigkeiten.
Zunächst gilt auch hier: Probieren! Gelingt gar nichts, versucht die ausführliche Lösung nachzuvollziehen und nachzurechnen. Sobald ihr einen Schritt alleine könnt, versucht es alleine. Wer bei den Prüfungsaufgaben lediglich Schwierigkeiten mit dem Einstieg in eine Aufgabe hat, kann sich Hilfen bei den Lösungshinweisen holen. Sie helfen auch, wenn ihr an einer schwierigen Stelle nicht mehr weiterkommt. Noch gezieltere Hilfen bieten die ausführlich dargestellten Lösungswege zu den Aufgaben. Hier lassen sich auch selbstständig gerechnete Aufgaben genau kontrollieren. Näheres zum Knacken mathematischer

Probleme und zum Verwenden der Lösungshinweise findet ihr im Kapitel „Knacken mathematischer Probleme und Aufgaben“.

Es soll nochmals hervorgehoben werden: **Zunächst gilt es, ohne Hilfen zu probieren**. Die Hilfen sind sparsam zu nutzen. Sobald ihr eine Schwierigkeit überwunden habt, versucht ohne Hilfen weiterzurechnen.
Angesichts der knappen Zeit neigt man dazu, gelernte Gebiete abzulegen. Bereits kurze Zeit später wundert man sich: Vieles kann man nicht mehr fließend, bereits gelöste Aufgaben bereiten wieder Schwierigkeiten. **Dem Vergessen beugt ihr vor, indem ihr erarbeitete Themengebiete immer wieder übt.** Die Abstände sind zunächst kurz (ein bis zwei Tage). Mit zunehmender Sicherheit könnt ihr sie langsam vergrößern.

Euer Trainingsplan umfasst also zwei große Elemente:
1. Das gezielte Üben und Vertiefen von Themengebieten durch intensives Lernen im Block.
2. Parallel dazu das „Frischhalten“ der einzelnen Themengebiete.

Sinnvoll ist auch das „gestreute“ Üben aller Themengebiete. Gemeint ist damit, dass ihr zu allen Themengebieten immer wieder Aufgaben aus den verschiedenen Schwierigkeitsniveaus rechnet.
Es versteht sich von selbst, dass ihr **für die Prüfungsvorbereitung einen Ordner anlegt** und diesen systematisch führt. Nur so könnt ihr gezielt lernen und wiederfinden bzw. euch erinnern, was ihr schon geübt habt.
Die Frage, ob man besser alleine für sich oder in einer Gruppe zusammen mit andern lernt, wird häufig kontrovers diskutiert. Richtig ist, in der Prüfung müsst ihr die Aufgaben alleine lösen. Folglich gehört es zu einer fundierten Prüfungsvorbereitung, Aufgaben alleine zu lösen, Probleme selbstständig zu knacken. Andererseits bietet das Lernen in einer Gruppe eine Menge Vorteile. Nicht nur dass man sich gegenseitig ergänzen und unterstützen kann, es macht vielen auch Spaß, zusammen mit anderen zu arbeiten. Man kann sich gegenseitig Mut machen, man erhält Ansporn, man sieht, andere müssen sich auch anstrengen. Als Regel halten wir also fest: **Es empfiehlt sich, sowohl alleine als auch zusammen mit anderen in einer Gruppe zu lernen.** Am besten aufeinander abgestimmt. Vereinbart in eurer Lerngruppe ein oder zwei Themengebiete bzw. eine Reihe von Aufgaben, die ihr in der nächsten Sitzung besprechen wollt. Bearbeitet diese bis dahin alleine. Fragen und Probleme notiert ihr euch und nehmt sie zur Gruppensitzung mit. Hier könnt ihr sie gemeinsam besprechen und lösen. Natürlich werden in der Gruppe noch weitere Aufgaben zum selben Themengebiet und/oder zu anderen Themengebieten gerechnet. Auf eines solltet ihr allerdings achten: Häufig neigt man in der Gruppe zum Ratschen. Hier müsst ihr konsequent sein. Erst die Arbeit, dann das Vergnügen!
Nun gibt es manchmal Fragen oder Probleme, die sich auch in der Gruppe und unter Zuhilfenahme dieses Trainingsbuches nicht beantworten oder lösen lassen. Man findet den Lösungsweg nicht, versteht vielleicht einen Zwischenschritt in einer Lösung nicht, ist sich seiner Sache einfach nicht sicher. Geht zu eurem Mathelehrer oder zu eurer Mathelehrerin und fragt. Sie freuen sich sicher über ihre engagierten Schülerinnen und Schüler und nehmen sich Zeit, eure Fragen wenn möglich gleich oder nach dem Unterricht bzw. in der folgenden Stunde zu besprechen.

Auswendig lernen in Mathe? „Klar, in Lernfächern – z. B. Daten in Geschichte, Vokabeln in Englisch oder Gesetzgebungsverfahren in EWG. Aber doch nicht in Mathe – in Mathe ist Denken gefragt, nicht auswendig hersagen können!“ Eine häufig gehörte Meinung.
Schauen wir in einen ganz anderen Bereich, der zunächst mit Mathematik nichts gemeinsam zu haben scheint. Jeder Handwerker muss – um sein Werkstück bearbeiten zu können – sein Werkzeug in die Hand nehmen, muss damit werken, muss damit arbeiten.
Auch wir Mathematikerinnen und Mathematiker haben quasi Werkzeuge: unsere Definitionen, Regeln und Formeln. Um unsere Aufgaben bearbeiten zu können, müssen wir

sie – genauso wie der Handwerker seine Werkzeuge in die Hand nimmt – „in den Kopf nehmen". Sonst läuft nichts. Wie will man z. B. erkennen, welche Formel in einem Dreieck angewendet werden kann, wenn man die Formel nicht im Kopf hat, wenn man die Voraussetzungen zum Anwenden von Formeln nicht parat hat? Und stellt euch vor, der Handwerker muss jedes Mal das gerade benötigte Werkzeug aus seinem Werkzeugkasten heraussuchen. Stellt euch vor, ihr müsst eure Definitionen, Regeln oder Formeln jedes Mal aus der Formelsammlung heraussuchen! Das kostet Zeit. Also: Wichtige Definitionen, Regeln und Formeln auswendig lernen!

Zum Schluss noch ein ganz wichtiger Punkt: **die Einstellung**. Wer mit frischem Mut an eine Sache herangeht, wer positiv eingestimmt lernt und arbeitet, wer sich an seinen Erfolgen freut, auch an den kleinen, lernt leichter und erfolgreicher. Wer die Menge des Lernstoffs als riesiges Gebirge empfindet, wer die Probleme überbetont, wer kein Vertrauen in das eigene Wissen und Können hat, tut sich schwer und hat meist weniger Erfolg. Das andere Extrem wäre das Überschätzen der eigenen Fähigkeiten, Nicht-sehen-wollen der zu leistenden Arbeit und der Menge des Prüfungsstoffes zusammen mit unsystematischer Prüfungsvorbereitung. Ein realistischer Blick auf das, was zu leisten ist, langfristiges, systematisches Lernen und Arbeiten gepaart mit frischem Mut und Vertrauen in die eigenen Fähigkeiten – kurz gesagt: positive Einstellung – führt am sichersten zum Erfolg. Und wer Erfolg hat, hat bekanntlich auch Spaß!

Zusammenfassung:

1. Rechtzeitig mit den Prüfungsvorbereitungen beginnen.
2. Beständig lernen. Das Lernpensum verteilen. Den Lernumfang zur Prüfung hin steigern.
3. Gezielt lernen: Leistungsprofil feststellen und gezielt Lücken schließen.
4. Lösungshinweise und Lösungshilfen möglichst sparsam in Anspruch nehmen. Zunächst gilt es, Übungsaufgaben ohne fremde Hilfe zu lösen. Probiert aus, bevor ihr Lösungshilfen und Lösungshinweise nachschlagt. Habt ihr mit ihrer Hilfe die Schwierigkeiten überwunden, möglichst rasch alleine weiterarbeiten.
5. Gelerntes nicht ad acta legen und als erledigt ansehen, sondern durch Wiederholen „frisch" halten.
6. Separaten Prüfungsordner anlegen.
7. Alleine, selbstständig Lernen und Lernen in der Gruppe miteinander kombinieren.
8. Kommt ihr alleine nicht weiter, fragt eure Lehrerin oder euren Lehrer.
9. Wichtige Definitionen, Regeln und Formeln auswendig lernen.
10. Mit positiver Einstellung lernt es sich leichter und erfolgreicher.

Knacken mathematischer Probleme und Aufgaben

Franziska, Adrian, Michael und Katja treffen sich einmal die Woche in der Lerngruppe zum Mathe lernen. Meist vereinbaren sie ein Thema oder bestimmte Aufgaben, auf die sie sich zu Hause vorbereiten und die sie dann gemeinsam besprechen. Für diese Woche haben sie sich das Thema „Kreiskegel, Kugel" vorgenommen.

„Also, mit der einen Aufgabe hatte ich echt Probleme!"

„Mit welcher denn?"

„Mit der hier!“

> Der Radius einer Kugel und der Grundkreisradius eines Kegels sind gleich groß.
> Das Volumen beider Körper beträgt 463 cm^3.
>
> Berechnen Sie die Mantelfläche des Kegels.

„Ich habe die Aufgabe schon nicht so richtig verstanden. Und dann wusste ich gar nicht, wie ich anfangen soll! Na ja – da hab ich halt hinten bei den Lösungen nachgeschaut; das hab ich dann schon kapiert. Aber – wie ich da alleine draufkommen soll …?“

„Schau’n wir halt mal! So schwer kann das doch nicht sein!“

Alle vier vertiefen sich in die Aufgabe, lesen sie aufmerksam durch.
„Aha – Kegel, Kugel, …, Stereometrie also.“

Während des Lesens greift Franziska zum Bleistift, skizziert einen Kegel. „Mmh – der Mantel ist gesucht.“ Rasch schlägt sie in der Formelsammlung die Formel für die Mantelfläche nach und schreibt sie zur Skizze dazu.

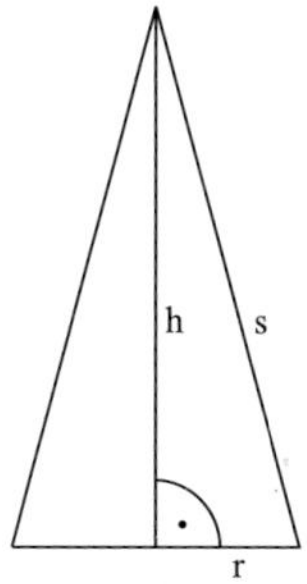

$M = \pi r s$

„Soweit bin ich auch. Das Problem ist nur: Wir haben weder den Radius noch die Mantellinie s!“ Die beiden fehlenden Größen werden in der Skizze markiert (= gestrichelt).

„Der Radius ist kein Problem. Der ist gleich groß wie der Kugelradius. Und den können wir über die Kugelvolumenformel berechnen“, erklärt Michael und zeigt, wie die Formel nach r aufgelöst wird.

Franziska zieht den Radius in ihrer Skizze grün (= gepunktet) nach.

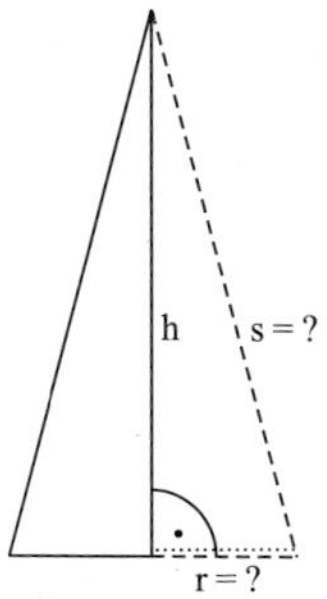

$$V_{Kugel} = \frac{4}{3}\pi r^3 \quad \Big| \begin{array}{l} \cdot 3 \\ : 4\pi \end{array}$$

$$r^3 = \frac{3V}{4\pi} \quad \Big| \sqrt[3]{}$$

$$\ldots = \ldots$$

$$\ldots = \ldots$$

„Ok. Fehlt also noch die Mantellinie.“

Die vier überlegen.

„Ich hab’ keine Idee, und ihr?“

„Mmh – schwierig.“

„Da kommen wir doch nie drauf! Ich schau bei den Lösungen nach.“

„Nein! Warte! Ich will das ohne Hilfe versuchen!“

„Wenn wir bei jedem kleinen Hänger nachschauen, wie’s geht, lernen wir nie, die Aufgaben selber zu knacken! Hilfen holen wir uns erst, wenn gar nichts mehr geht!“

„Wenn ihr meint. Dann lass ich’s halt.“

Franziska, Adrian, Michael und Katja überlegen weiter. „Welche Regel könnten wir denn anwenden?“

„Ne Winkelfunktion?“

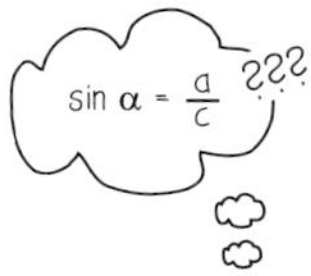

„Geht nicht! Das Dreieck ist zwar rechtwinklig, aber wir haben außer dem rechten Winkel keinen zweiten.“

„Und wie wär’s mit Pythagoras? Das geht doch: $h^2 + r^2 = s^2$.“

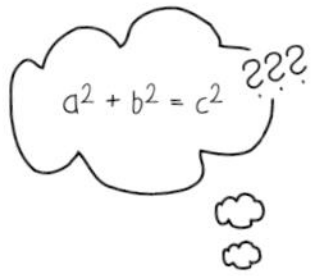

„Ja schon – wenn wir die Länge der Höhe h hätten!“

„Tja – die Länge von h – woher die kriegen?“

Adrian geht in seiner Formelsammlung die Formeln für den Kreiskegel durch.

„Moment mal! Ich glaub ich hab’s! Wir kennen doch das Volumen und den Radius des Kegels.“

„Ne, den Radius doch nicht.“

„Doch, wir haben doch vorher gesagt, dass wir den Kegelradius über die Volumenformel für die Kugel ausrechnen können.“

„Ah ja.“

„So, wenn wir jetzt die Volumenformel für den Kegel nehmen (Adrian schreibt die Formel auf sein Konzeptpapier) dann haben wir das Volumen V und den Radius r.“

$$V_{Kegel} = \frac{1}{3}\pi r^2 h \quad \Big| \cdot 3 \quad : \pi r^2$$

$$h = \frac{3V}{\pi r^2}$$

...=...

...=...

Er umkringelt beides.

„Klar doch“, ruft Katja dazwischen, „wir brauchen die Formel nur noch nach h umzuformen und schon haben wir’s!“

„Gut.“ Franziska zieht in der Skizze die Höhe h grün (= gepunktet) nach. „Jetzt können wir die Mantellinie über Pythagoras ausrechnen (die Mantellinie wird grün [= gepunktet] nachgezogen) und in die Mantelformel einsetzen.“

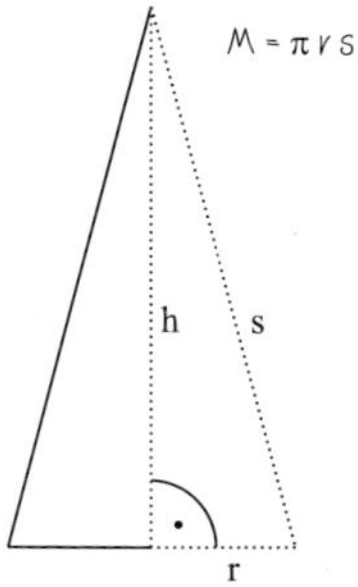

Michael fasst zusammen: „Als erstes rechnen wir den Radius r über die Volumenformel der Kugel aus. Zweitens die Höhe h über die Volumenformel des Kegels. Dann drittens die Mantellinie s über Pythagoras. Zum Schluss r und s in die Mantelformel eingesetzt und fertig sind wir.“

„Mmh – war eigentlich gar nicht so schwer! Aber ohne Franziskas Idee mit der Mantelformel wären wir nicht so schnell gewesen: Woher wusstest du eigentlich sofort, dass wir hier die Mantelformel brauchen?“

„Alter Indianertrick!“, lacht Franziska. „Wusste ich anfangs auch nicht. Aber pass auf, ich erklär dir, wie ich drauf gekommen bin. Wenn irgend möglich, mach ich ’ne Skizze. Ich kann mir dann die Aufgabe viel besser vorstellen. Habe ich Gegebenes und Gesuchtes markiert, überlege ich, mit welcher Formel oder Regel ich das Gesuchte ausrechnen könnte. Die schreib’ ich mir auf, damit ich sie beim Überlegen vor mir sehe. Ja, und dann überleg’ ich halt, wie ich mit dem Gegebenen das Gesuchte ausrechnen kann. Ein Schema, das für alle Aufgaben gilt, gibt’s dafür leider nicht. Das ist von Aufgabe zu Aufgabe verschieden. Da muss man eben ein bisschen probieren und versuchen.“

„Zusammen in der Gruppe war das leicht. So müsste es in der Prüfung sein: Teamarbeit!“

„Geht leider nicht. Da muss es jeder für sich alleine schaffen.“

„Drum bearbeiten wir die Aufgaben ja zunächst alleine zu Hause, bevor wir sie hier besprechen.“

„Ok, stimmt. Es klappt ja auch schon viel besser mit dem Knacken der Aufgaben. Und bis zur Prüfung haben wir noch ein paar Wochen zum Trainieren.“

„Ich könnt ’ne Pause gebrauchen.“

„Rechnen wir die Aufgabe zuerst, bevor wir Pause machen!“

Die vier holen ihre Mathe-Prüfungsordner und jeder beginnt die Aufgabe selbstständig zu lösen.

Verlassen wir die vier und fragen:
- Wie sind sie beim **Knacken des Problems** vorgegangen?
- Wie findet man den **Lösungsweg einer Aufgabe?**
- Wie könnt **ihr** in Zukunft mathematische Probleme und Aufgaben knacken?

Das Lösen einer mathematischen Aufgabe lässt sich in vier Phasen gliedern:
Phase I: Aufnehmen und Verstehen der Aufgabe
Phase II: Suchen eines Lösungsweges, Entwerfen eines Lösungsplanes
Phase III: Ausführen des Plans: Lösen der Aufgabe
Phase IV: Rückschau: Überprüfen der gefundenen Lösung

Die ersten beiden Phasen konnten wir vorhin beobachten. Zunächst haben die vier die Aufgabe gelesen, haben versucht sie zu verstehen (Phase I). Intensiv haben sie dann zusammen nach dem Lösungsweg gesucht. Michael hat ihn als Lösungsplan festgehalten (Phase II). In Phase III haben wir die vier dann verlassen.
Die vier Phasen lassen sich in der Praxis selten exakt trennen. Oft gehen sie ineinander über, vor allem Phase I und II. Während man die Aufgabe noch liest, hat man schon eine Lösungsidee. Oder: Bei der Suche nach der Lösung muss man in der Aufgabe nochmals genau nachlesen.
Manches Mal muss man von einer Phase in eine vorhergehende zurück, z. B. wenn man in Phase IV merkt: Dieses Ergebnis kann nicht stimmen. Zurück in Phase III oder gar II sucht man, wo der Fehler sitzt und rechnet mit dem richtigen Wert die Aufgabe neu durch.
Betrachten wir die vier Phasen im Einzelnen:

Phase I: Aufnehmen und Verstehen der Aufgabe
1. Lies die Aufgabe sorgfältig durch.
2. Suche im Text nach Sinneinheiten oder Sinnzusammenhängen.
3. Erzähle die Aufgabe mit eigenen Worten nach.
4. Fertige eine Zeichnung, eine Skizze oder ein Bild an.
5. Stelle fest: Was ist gegeben?
6. Stelle fest: Was wird gesucht?
7. Schreibe beides auf und markiere es in der Zeichnung, der Skizze bzw. dem Bild.
8. Kannst du im Text Beziehungen zwischen Gegebenem und Gesuchtem finden?

Phase II: Suchen eines Lösungsweges und Entwerfen eines Lösungsplanes
Für das Suchen des Lösungsweges gibt es drei Strategien:
Das Vorwärtslösen: Der Lösungsweg wird vom Gegebenen aus gesucht.
Das Rückwärtslösen: Der Lösungsweg wird vom Gesuchten aus gesucht.
Kombination von Rückwärts- und Vorwärtslösen: Man pendelt zwischen Gesuchtem und Gegebenem hin und her, sucht, welche Zwischenstücke und Zwischengrößen es gibt, überlegt, wie sie berechnet werden können, bis schließlich eine „Brücke" zwischen Gesuchtem und Gegebenem gefunden ist. Es empfiehlt sich dabei meist, beim Gesuchten zu beginnen.

Dazu drei Leitfragen:
1. Frage dich zunächst: Welche Regeln, Sätze, Formeln kannst du in der Aufgabe/Situation anwenden?
2. Welche Beziehungen und Zwischenstücke (-größen) gibt es zwischen Gesuchtem und Gegebenem?
3. Wie kommst du vom Gesuchten zum Gegebenen?

Im Einzelnen:
1. Mit welcher Formel oder Regel kannst du das Gesuchte berechnen?
2. Welche Größen/Zwischenstücke ... kannst du mit dem Gegebenen berechnen?
3. Arbeite bei diesem Suchen in deiner Skizze/Zeichnung:
   - Markiere Größen/Stücke, die du berechnen kannst, farbig.
   - Schreibe Regeln/Formeln, mit denen du arbeiten willst, auf dein Konzeptblatt.
4. Halte die einzelnen Schritte zur Lösung der Aufgabe in der zu bearbeitenden Reihenfolge kurz fest (Lösungsplan).

Phase III: Ausführen des Plans: Lösen der Aufgabe
1. Bearbeite die einzelnen Schritte zur Lösung der Aufgabe in der Reihenfolge deines Lösungsplans.
2. Bemühe dich um eine saubere und klar strukturierte Darstellung.
3. Berechne die Hilfsgrößen/-stücke in Nebenrechnungen.
4. Lieber einen Zwischenschritt mehr auf Papier berechnen als sich im Kopf verrechnen.

Phase IV: Rückschau, Überprüfen der gefundenen Lösung
1. Überprüfe, ob die errechneten Werte mit der Aufgabe übereinstimmen können. Vergleiche dazu das errechnete Ergebnis mit dem Text und den Angaben der Aufgabe.
2. Führe, wenn möglich, eine Probe durch.
3. Wenn nötig, frage: Wo könnte der Fehler liegen? Verbessere ihn!

Wir konnten vorhin Franziska, Adrian, Michael und Katja während der für das Knacken mathematischer Aufgaben besonders wichtigen Phasen I und II über die Schulter schauen.
- Vergleicht ihr Vorgehen mit der allgemeinen Beschreibung der beiden Phasen hier.
- Versucht, soweit möglich, die einzelnen Punkte der allgemeinen Beschreibung zu finden.
- Welche der drei Strategien zum Suchen des Lösungsweges haben die vier angewandt?

Wie eine Lösung der Aufgaben nach Phase III aussehen kann, könnt ihr in den Lösungen zu den Prüfungsaufgaben und zu den Übungsaufgaben sehen.
Während der gesamten Arbeit haben die vier wichtige Grundsätze systematischen Arbeitens beachtet:

Grundsatz I:
Sie haben angefangen zu arbeiten und zu probieren. Sie blieben beim Suchen des Lösungsweges hartnäckig und haben sich nicht von den auftretenden Problemen entmutigen lassen.

Grundsatz II:
Alle wichtigen Arbeitsmaterialien, wie Formelsammlung, Zeichengeräte, Konzeptpapier und Taschenrechner lagen griffbereit.

Grundsatz III:
Sie haben beim Denken und Überlegen gezeichnet und geschrieben. Skizzen waren Arbeitsflächen, auf denen der Lösungsweg entwickelt wurde. Jeden gefundenen Schritt haben sie aufgeschrieben und wenn möglich in ihrer Skizze eingezeichnet und markiert.

Grundsatz IV:
Sie haben die angefangene Arbeit zu Ende geführt.

Einer hätte jedoch fast Grundsatz I über Bord geworfen, hätte sich beinahe von den auftretenden Problemen entmutigen lassen und wollte „hinten bei den Lösungen" nachsehen.

Welche Funktion, welche Aufgabe haben die Lösungshinweise?
Lösungshinweise sind Hilfen, die es sparsam zu gebrauchen gilt. Zunächst solltet ihr Aufgaben und mathematische Probleme möglichst selbstständig – ohne fremde Hilfe – lösen und knacken. Denn, wie schon gesagt, das Lösen mathematischer Aufgaben und Probleme lernt man nur beim Lösen und Knacken eben solcher Aufgaben und Probleme.
Die Lösungshinweise sind allgemein formuliert. Sie sollen Impulse sein, die Denkprozesse anstoßen helfen, ohne allzu viele Informationen, Ideen, usw. vorzugeben und damit Denkprozesse vorwegzunehmen. Sie sollen die Tür öffnen zum Verstehen der Aufgabe, zum Finden des Lösungsweges. Habt ihr mit ihrer Hilfe einen Lösungsansatz gefunden, versucht möglichst wieder selbstständig weiterzuarbeiten.
Die ausführlichen Lösungen zeigen eine für die Realschule gängige Lösung der Aufgabe. Sie dienen dem gezielten Nachschlagen einzelner Schritte oder zum Kontrollieren eigener Lösungen.

Übungsaufgaben

Übungsaufgaben zum Pflichtteil A1

Die folgenden Aufgaben sind für das Training auf den Pflichtteil A1 der schriftlichen Mathematikabschlussprüfung konzipiert. Die Aufgaben des Pflichtteils A1 sind ohne Taschenrechner und ohne Formelsammlung zu lösen. Zur Bearbeitung zugelassen sind Zeichengeräte.

1. Die Abbildungen zeigen das Schrägbild und das Netz eines Quaders.

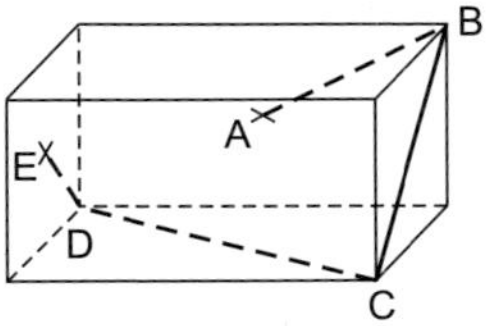

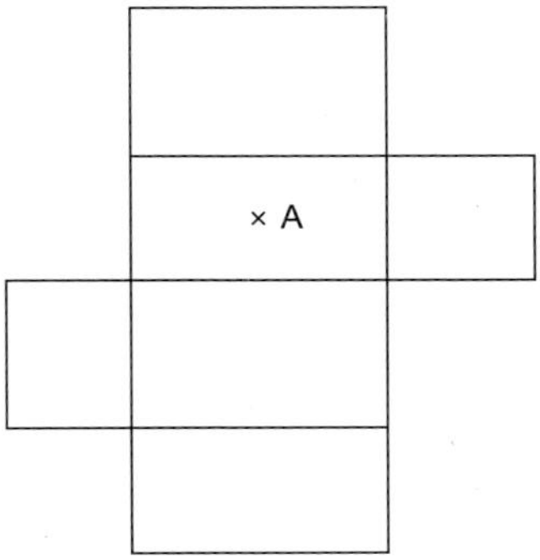

Auf der Oberfläche des Quaders verläuft der Streckenzug ABCDE.

Die Punkte A und E liegen auf dem Mittelpunkt der jeweiligen Seitenfläche. Die Punkte B, C und D liegen auf den Ecken des Quaders.

Zeichnen Sie den Streckenzug in das abgebildete Netz ein.

2. Die Abbildungen zeigen das Netz einer quadratischen Pyramide und ihr Schrägbild.

Der Streckenzug ABCDE verläuft auf dem Netz der Pyramide.

Die Punkte A und E liegen auf dem Mittelpunkt der jeweiligen Höhe auf der Seitenfläche. Punkt B liegt auf dem Mittelpunkt einer Seitenkante und die Punkte C und D liegen auf Ecken der Pyramide.

Zeichnen Sie den Streckenzug in das abgebildete Schrägbild ein.

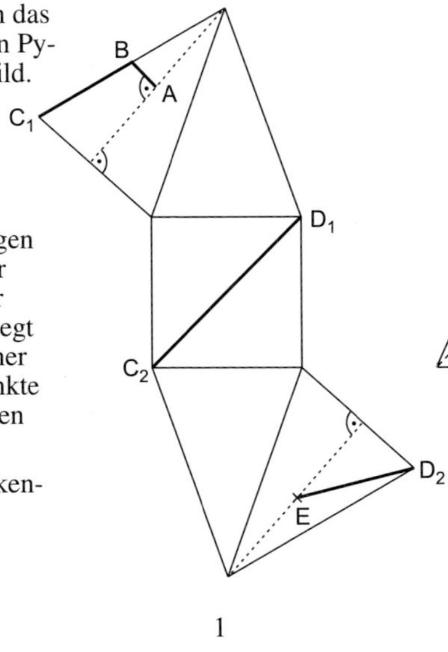

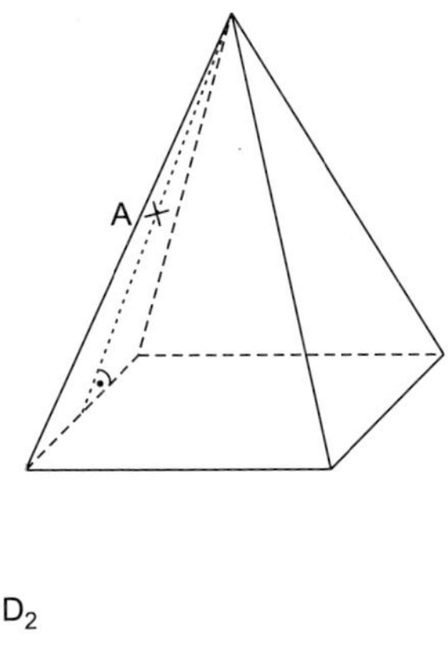

3. Der Streckenzug ABCDA verläuft auf der Oberfläche des abgebildeten Dreiecksprismas. Alle Punkte des Streckenzugs liegen auf Ecken des Prismas.

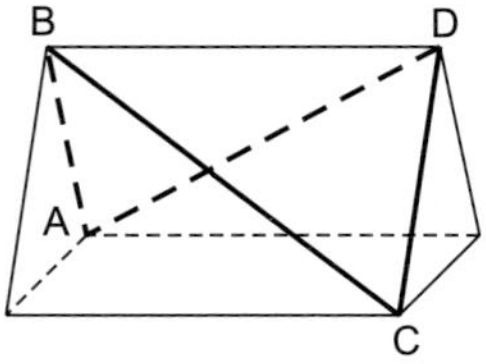

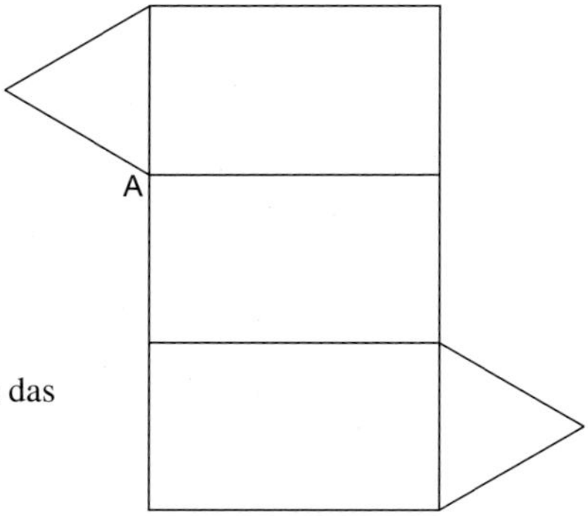

Zeichnen Sie den Streckenzug in das Netz des Prismas ein.

4. Gegeben sind der Bruch $\frac{1}{7}$ und vier Karten mit Werten in Prozentschreibweise.

70 %	1,4 %	14,3 %	7 %

Welchem dieser Werte liegt der Wert des Bruchs $\frac{1}{7}$ am nächsten?
Begründen Sie Ihre Entscheidung rechnerisch.

5. Untersuchen Sie rechnerisch, ob nachfolgende Gleichung gilt. Wenden Sie dabei die Potenzgesetze an.
$60^5 : 5^5 \cdot 12^{-3} = \sqrt{144}$

6. Zeigen Sie durch Rechnung, dass folgende Gleichung gilt:
$$\frac{1}{3}\sqrt{300} \cdot \sqrt{3} = \frac{\sqrt{1\,000}}{\sqrt{10}}$$

7. Lea und Ömer erhalten für den Term
$$1{,}23 \cdot \frac{10^7}{10^{-2}} \cdot 2^{-4} \cdot 5^{-4} \cdot \sqrt{100}$$
zwei verschiedene Ergebnisse:
(1) 123 000 (2) 1 230 000

Welches der beiden Ergebnisse stimmt? Begründen Sie Ihre Antwort durch Rechnung.

8. Eine Zahlenreihe besteht aus elf Zahlen. Der abgebildete Ausschnitt zeigt die Zahlen der Plätze sechs, sieben, acht und neun.

Geben Sie die Zahlen der Plätze vier und elf an.

Wie heißt die Zahl auf Platz eins?

Platz 6:	81
Platz 7:	243
Platz 8:	729
Platz 9:	2 187

9. Die Abbildung zeigt fünf aufeinander folgende pronische Zahlen (Rechteckzahlen) als Punktemuster.

Figur:	(1)	(2)	(3)	(4)	(5)
Punktemuster:	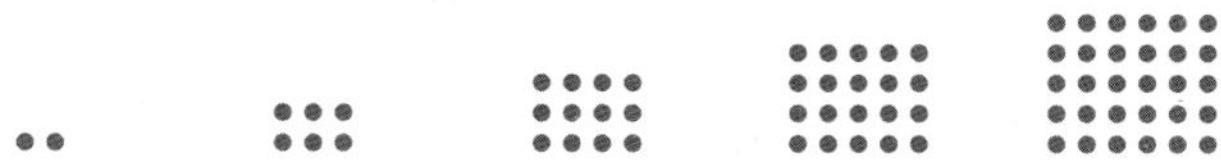				
Pronische Zahl:	2	6	12	20	30

Wie heißt die achte Zahl der Reihe bzw. aus wie vielen Punkten besteht das Muster der achten Figur?

Geben Sie an, wie viele Punkte von der neunten zur zehnten Figur dazukommen.

10. Sophie und Ben wollen ein Zahlenrätsel knacken: „Das Produkt zweier natürlicher Zahlen beträgt 192. Die größere Zahl ist um 4 größer als die kleinere Zahl.“

Sie formulieren mathematische Gleichungen für die Berechnung der beiden Zahlen:

(1) $x+(x+4)=192$ **(2)** $y(y+4)=192$ **(3)** $z(z-4)=192$

Eine der drei Gleichungen ist unkorrekt. Geben Sie diese an und begründen Sie Ihre Wahl sprachlich.

Berechnen Sie die beiden Zahlen mit einer der beiden korrekten Gleichungen.

11. Ermitteln Sie die Definitionsmenge und die Lösungsmenge folgender Bruchgleichung:

$$\frac{9}{x-2}=x-2$$

Erklären Sie in Worten, was die von Ihnen ermittelte Definitionsmenge aussagt.

12. Nachfolgende Bruchgleichung ist gegeben:

$$\frac{2x+4}{x+3}=\frac{6}{x^2+3x}$$

Ermitteln Sie die Definitionsmenge und die Lösungsmenge der Bruchgleichung.

13. Ermitteln Sie die Definitionsmenge und die Lösungsmenge der Bruchgleichung:

$$\frac{-2(x-2)}{x+2}=\frac{-160}{x^2+2x}$$

14. Lösen Sie folgende Gleichung:

$$(x+4)^2-1=4(x+5)$$

15. Ermitteln Sie die Lösung der Gleichung:

$$(x-4)^2-(48+x^2)=(x+2)^2$$

16. Gegeben ist das folgende Gleichungssystem:

(1) $2(y - x) = 24$

(2) $3y = -2(3x + 4{,}5)$

Ermitteln Sie die Lösungsmenge des Gleichungssystems.

17. Geben Sie die Lösungsmenge des folgenden Gleichungssystems an:

(1) $6y = 3(2x + 14)$

(2) $2y + 6 = (x - 2)2$

18. Familie Rossi legt einen Teil ihrer Ersparnisse in festverzinslichen Wertpapieren an. Die Zinsen werden jährlich auf das Girokonto der Familie gutgeschrieben.

Für das Wertpapier Typ-AX erhält die Familie jährlich 200,00 € Zinsen gutgeschrieben. Die Familie hat 8.000,– € in das Wertpapier investiert.

Mit welchem Zinssatz wird das Wertpapier Typ-AX verzinst?

Die Familie hat außerdem noch in das Wertpapier Typ-BY investiert. Der Zinssatz für dieses Wertpapier beträgt 2,0 %. Die jährlich ausbezahlten Zinsen belaufen sich auf 150,00 €.

Ermitteln Sie, wie hoch der von Familie Rossi in das Wertpapier Typ-BY investierte Betrag ist.

Hinweis: Alle Beträge sind für das Rechnen ohne Taschenrechner gestaltet worden.

19. Familie Mayer beabsichtigt, einen Wintergarten an ihr Haus anzubauen. Dazu will Familie Mayer einen Kredit über 15 000,– € aufnehmen. Die Laufzeit soll etwa ein Jahr betragen.

Familie Mayer erhält von ihrer Hausbank zwei Angebote.
Bei beiden Angeboten wird der Kreditbetrag jeweils am Ende der Laufzeit als Gesamtbetrag an die Bank zurückbezahlt. Die Zinszahlung fällt ebenfalls erst am Ende der Laufzeit an.

Angebot 1:	**Angebot 2:**
Jahreszins: 3,5 %	Jahreszins: 4,0 %
Laufzeit: ein Jahr	Laufzeit: neun Monate
Bearbeitungsgebühr: 49,– €	Bearbeitungsgebühr: 99,– €

Ermitteln Sie rechnerisch, welches Angebot günstiger ist.

Hinweis: Alle Beträge sind für das Rechnen ohne Taschenrechner gestaltet worden.

20. Die Gerade g mit der Steigung $m = \frac{9}{8}$ schneidet die y-Achse in Punkt $C(0|9)$.

Der Schnittpunkt N der Geraden mit der x-Achse bildet zusammen mit dem Ursprung O und Punkt C das Dreieck NOC.

Berechnen Sie den Flächeninhalt des Dreiecks NOC.

Wie groß ist der Umfang eines Quadrats, dessen Flächeninhalt gleich groß wie der Flächeninhalt des Dreiecks NOC ist?

21. Die verschobene Normalparabel p_1 besitzt den Scheitelpunkt $S_1(-3|-1)$.

Ermitteln Sie die Funktionsgleichung der Parabel.

Der Schnittpunkt C von Parabel p_1 mit der y-Achse ist auch Scheitelpunkt der nach unten offenen verschobenen Normalparabel p_2.

Zeichnen Sie Parabel p_2 in ein Koordinatensystem.

Punkt $B(2|y_B)$ liegt auf Parabel p_2. Geben Sie die Gleichung der Geraden g durch die beiden Punkte C und B an.

22. Das Schaubild zeigt Gerade g und die verschobene Normalparabel p.

Zwei der vier folgenden Funktionsgleichungen gehören jeweils zu einem der Graphen g und p:

(1) $y = -2x + 4$

(2) $y = x^2 + 7 - 4x$

(3) $y = 4 + 2x$

(4) $y = (x-4)^2 + 1$

Stellen Sie fest, welche Funktionsgleichung zu Gerade g und welche zu Parabel p gehört. Begründen Sie Ihre Auswahl. Entnehmen Sie dafür notwendige Werte dem Schaubild.

Zeichnen Sie die Graphen der beiden anderen Funktionsgleichungen in das Koordinatensystem.

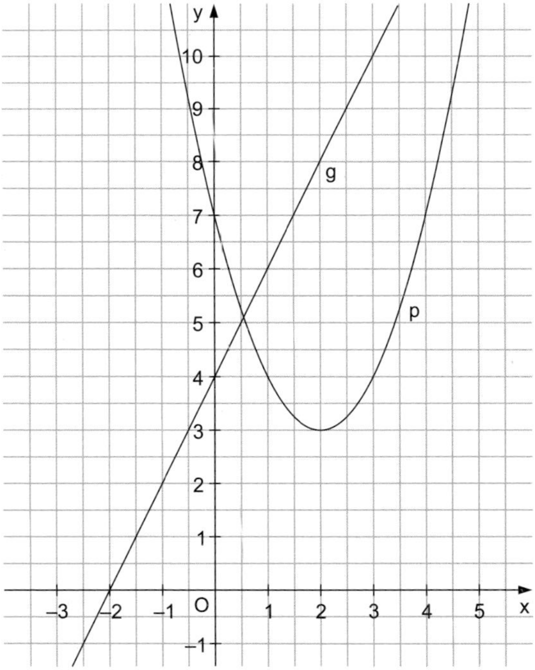

23. Aretha und Paul notieren:

(1) $\sin 65° = \sin 115°$

(2) $\sin 20° = \sin 170°$

(3) $\sin 249° = \sin 291°$

Haben Aretha und Paul recht?

Begründen Sie Ihre Antworten unter Zuhilfenahme der Sinuskurve. Sollten Aretha und Paul falsch notiert haben, verbessern Sie.

24. Die Darstellung zeigt den Einheitskreis. Eingezeichnet ist Winkel α.

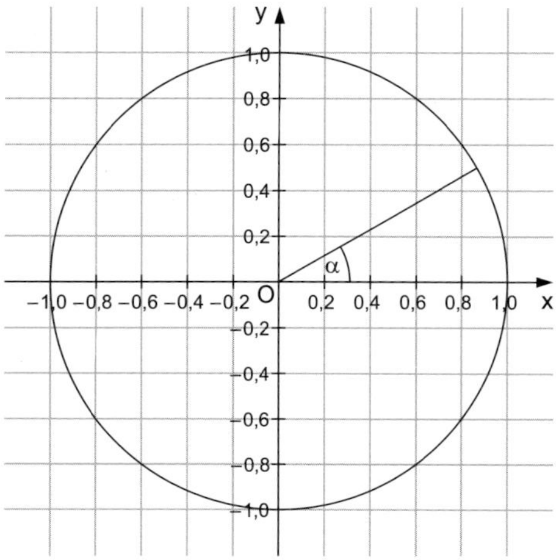

Zeichnen Sie den Sinus von Winkel α ein und geben Sie den Wert von $\sin\alpha$ auf ein Zehntel gerundet an.

Zeichnen Sie in die Darstellung den Winkel $\beta \neq \alpha$ ein, für den gilt: $\sin\beta = \sin\alpha$

25. Die Abbildung zeigt eine Faszienrolle. Eine Faszienrolle ist ein zylinderförmiges Massagegerät mit einer Bohrung. Die Drehachsen des Rollenkörpers und der Bohrung sind identisch.

Die Abbildung gibt die Maße einer Standardrolle an.

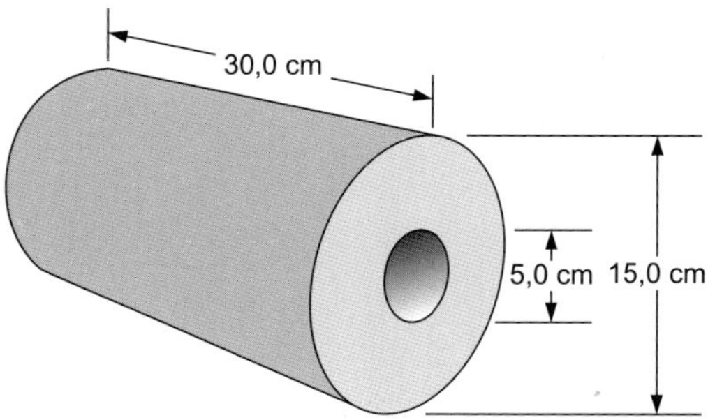

Zeigen Sie, dass sich das Volumen der Faszienrolle mit der Gleichung $V = 30\pi\,(7{,}5^2 - 2{,}5^2)$ berechnen lässt.

Pablo behauptet, dass eine Markierung auf der Oberfläche der Rolle bei einer Umdrehung fast einen halben Meter zurücklegt.

Kann das sein – hat Pablo recht? Überprüfen Sie durch Rechnung. Rechnen Sie dabei mit $\pi = 3{,}14$.

26. Die Abbildung zeigt das Netz eines Quaders.

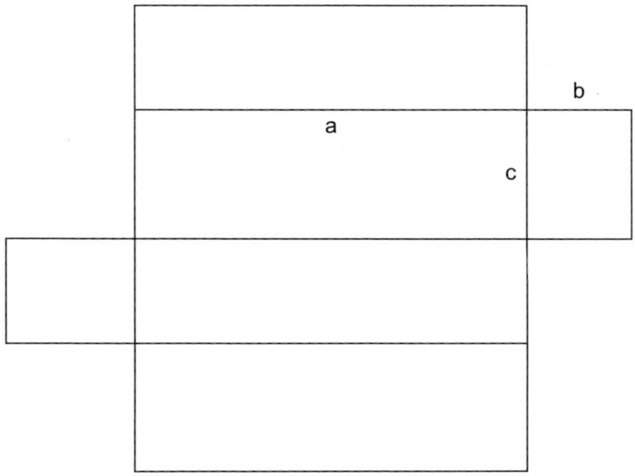

Es gilt:

Volumen $V = 37\,500\ \text{cm}^3$

Kante $a = 75$ cm

Kante a ist dreimal so lang wie Kante c.

Berechnen Sie die Oberfläche des Quaders.

Zeichnen Sie das Netz des Quaders wie oben abgebildet, aber nun im Maßstab 1 : 10.

27. Gegeben sind eine quadratische Pyramide und ein Kegel. Die Volumina der Pyramide und des Kegels sind gleich groß.

Es gilt:

Volumen der Pyramide: $V_P = 132\ \text{cm}^3$

Höhe der Pyramide: $h_P = 11$ cm

Der Durchmesser d der Kegelgrundfläche ist gleich lang wie die Grundkante a der Pyramide.

Berechnen Sie die Höhe des Kegels. Rechnen Sie mit $\pi = 3{,}14$ und runden Sie das Ergebnis auf die Einerstelle.

28. Die Schülerinnen und Schüler einer Schulklasse erheben, welche Fahrradtypen in der Klasse gefahren werden. 25 % der 28 Schülerinnen und Schüler fahren ein City-Rad.

Ein Teil der Umfrageergebnisse ist bereits in das abgebildete Schaubild eingearbeitet.

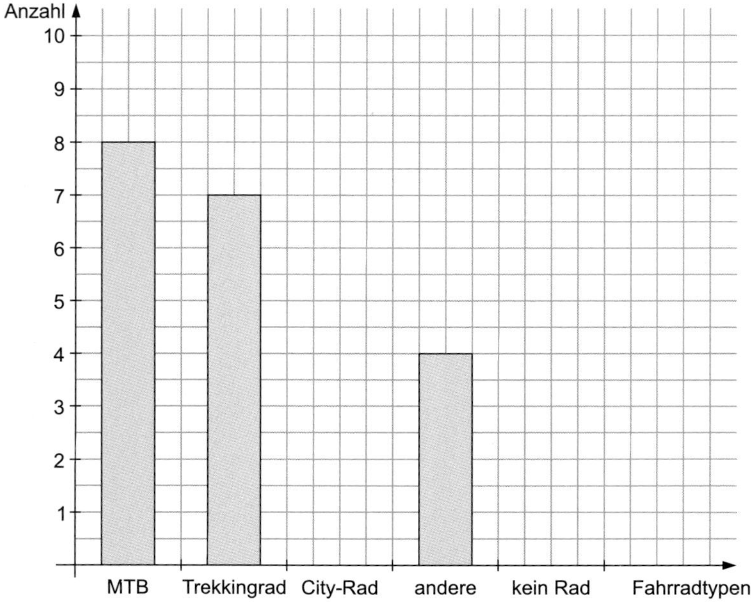

Vervollständigen Sie das Schaubild.

Die Zwillinge Julia und Julian ziehen in eine andere Stadt und verlassen die Klasse. Sie fahren beide ein Mountainbike (MTB).

Berechnen Sie den prozentualen Anteil an Mountainbikes nach dem Wegzug der Zwillinge. Geben Sie das Ergebnis auf Einer gerundet an.

29. Die abgebildete Rangliste zeigt einen Teil der Werte einer Messreihe. Beim zugehörigen Boxplot fehlen das obere Quartil q_o und das Maximum x_{max}.

Rangliste:

Rang	1	2	3	4	5	6	7	8	9	10	11	12	13	14	15	16	17
Messwert		43			46	47	49			51	51	51	53	53		55	57

Boxplot:

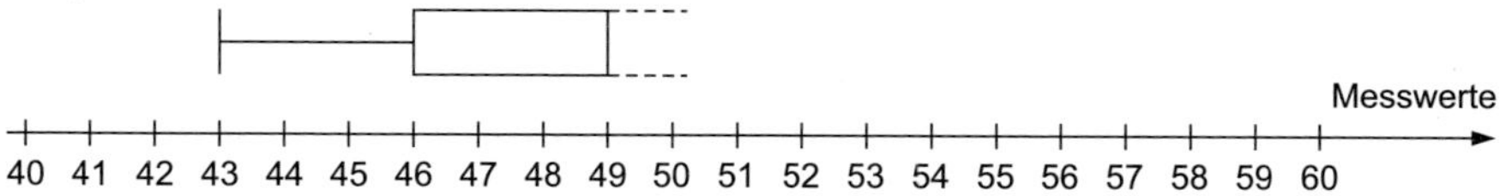

Ermitteln Sie die Werte für das obere Quartil q_o und das Maximum x_{max} und vervollständigen Sie den Boxplot.

Ergänzen Sie die Rangliste mit möglichen Werten.

30. In einem Spiel kommen zwei Würfel zum Einsatz. Die Flächen des einen Würfels sind mit den RGB-Farben Rot, Grün und Blau eingefärbt. Die Flächen des anderen Würfels sind mit den unbunten Farben Schwarz und Weiß gefärbt. Von den sechs Flächen dieses Würfels sind zwei weiß gefärbt. Beide Würfel werden gleichzeitig geworfen.

Im abgebildeten Baumdiagramm sind die Wahrscheinlichkeiten beim Werfen beider Würfel teilweise eingetragen.

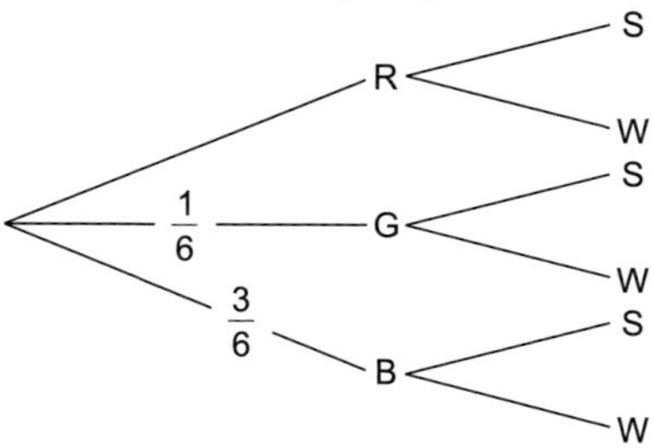

Ermitteln Sie die Wahrscheinlichkeit, beim Werfen mit beiden Würfeln Rot und Schwarz zu werfen.

Lösungen

Aufgabe 1:

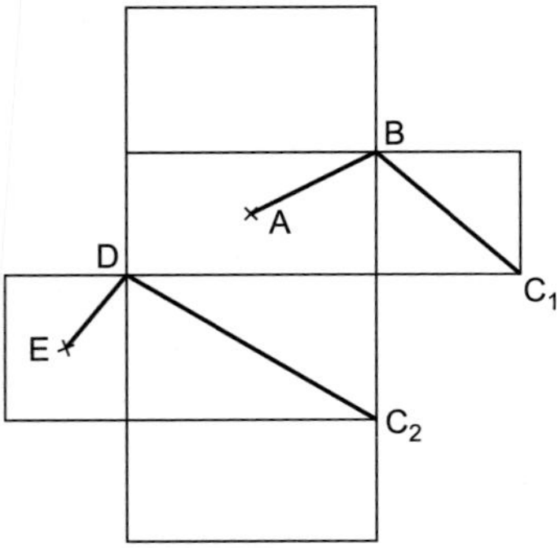

Aufgabe 2:

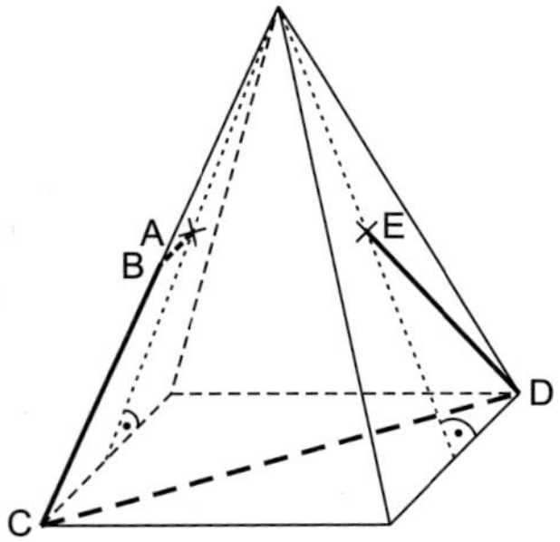

Aufgabe 3:

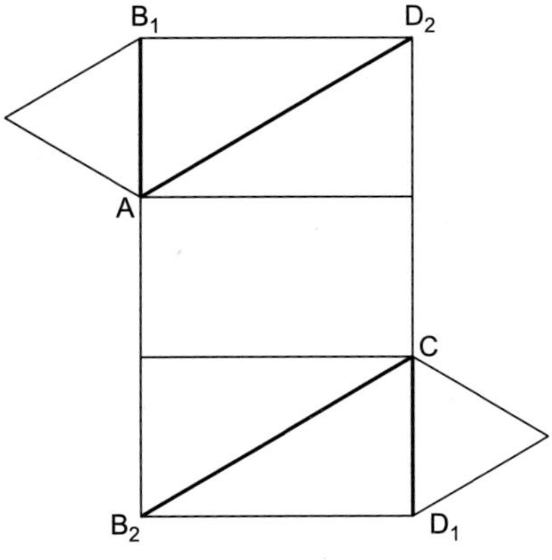

Aufgabe 4:

Berechnung des Quotienten von $\frac{1}{7}$:

$$\frac{1}{7} = 1:7 = \underline{0{,}1428}$$

$$\begin{array}{r} 10 \\ -7 \\ \hline 30 \\ -28 \\ \hline 20 \\ -14 \\ \hline 60 \\ -56 \\ \hline 4 \end{array}$$

Umrechnung des Quotienten in Prozentschreibweise:

$0{,}1428 \cdot 100\ \% = \underline{14{,}28\ \%}$

Feststellung: Der Wert des Bruchs $\frac{1}{7}$ liegt dem dritten Wert 14,3 % am nächsten.

Aufgabe 5:

Untersuchung, ob gilt: $60^5 : 5^5 \cdot 12^{-3} = \sqrt{144}$:

$$60^5 : 5^5 \cdot 12^{-3} \overset{?}{=} \sqrt{144}$$

$$(60:5)^5 \cdot 12^{-3} \overset{?}{=} \sqrt{144}$$

$$12^5 \cdot 12^{-3} \overset{?}{=} \sqrt{144}$$

$$12^2 \overset{?}{=} \sqrt{144}$$

$$144 \overset{!}{\neq} \sqrt{144}$$

$\Rightarrow$ Widerspruch $\Rightarrow$ Die Gleichung gilt nicht.

Aufgabe 6:

Nachweis für $\frac{1}{3}\sqrt{300} \cdot \sqrt{3} = \frac{\sqrt{1\,000}}{\sqrt{10}}$:

$$\frac{1}{3}\sqrt{300} \cdot \sqrt{3} = \frac{\sqrt{1\,000}}{\sqrt{10}}$$

$$\frac{1}{3}\sqrt{3}\sqrt{100}\sqrt{3} = \sqrt{\frac{1\,000}{10}}$$

$$\frac{1}{3}\sqrt{3}^2\sqrt{100} = \sqrt{100}$$

$$\frac{1}{\cancel{3}_1} \cdot \cancel{3}^1\sqrt{100} = \sqrt{100}$$

$$\underline{\underline{10 = 10}} \quad \text{w. z. b. w.}$$

Aufgabe 7:

Berechnung des Werts des Terms:

$$1{,}23 \cdot \frac{10^7}{10^{-2}} \cdot 2^{-4} \cdot 5^{-4} \cdot \sqrt{100} = 1{,}23 \cdot 10^7 \cdot 10^2 \cdot 10^{-4} \cdot 10^1$$

$$= 1{,}23 \cdot 10^6$$

$$= \underline{\underline{1\,230\,000}}$$

A: Es stimmt Ergebnis (2): 1 230 000.

Aufgabe 8:

1. Ermittlung der Regel, nach der die Reihe gebildet wird

Die Betrachtung der vier Zahlen legt die Vermutung nahe, dass die nachfolgende Zahl 3-mal so groß ist wie die vorangehende Zahl.

Überprüfung der Vermutung:

a) $81 \cdot 3 = \underline{243}$

b) $\underline{243 \cdot 3}$ ~~1~~
$\underline{729}$

c) $\underline{729 \cdot 3}$ ~~2~~
$\underline{2\,187}$

⇒ Alle drei Ergebnisse sind korrekt. Die Vermutung stimmt.

2. Ermittlung der Zahlen auf den Plätzen vier und elf

Zahl auf Platz 4:

a) Zahl auf Platz 5: $81 : 3 = \underline{27}$

b) Zahl auf Platz 4: $27 : 3 = \underline{\underline{9}}$

Zahl auf Platz 11:

a) Zahl auf Platz 10: $\underline{2\,187 \cdot 3}$ ~~2 2~~
$\underline{6\,561}$

b) Zahl auf Platz 11: $\underline{6\,561 \cdot 3}$ ~~1 1~~
$\underline{\underline{19\,683}}$

3. Ermittlung der Zahl auf Platz 1

a) Zahl auf Platz 4: 9

b) Zahl auf Platz 3: $9 : 3 = \underline{3}$

c) Zahl auf Platz 2: $3 : 3 = \underline{1}$

d) Zahl auf Platz 1: $1 : 3 = \underline{\underline{\frac{1}{3}}}$

Aufgabe 9:

Ermittlung der achten Zahl der Reihe und des Zuwachses von der neunten zur zehnten Figur:

Figur	Zahl/Anzahl der Punkte des Musters	Zuwachs	Anwachsen des Zuwachses
1	2	+4	
2	6	+6	+2
3	12	+8	+2
4	20	+10	+2
5	30	+12	+2
6	42	+14	+2
7	56	+16	+2
8	72	+18	+2
9		+20	+2
10			

Alternativer Lösungsweg

Figur	Zahl/Anzahl der Punkte des Musters	Zuwachs
1	$1 \cdot 2 = 2$	
2	$2 \cdot 3 = 6$	
3	$3 \cdot 4 = 12$	
4	$4 \cdot 5 = 20$	
5	$5 \cdot 6 = 30$	
⋮	⋮	
n	$n \cdot (n + 1)$	
⋮	⋮	
8	$8 \cdot 9 = \underline{\underline{72}}$	
9	$9 \cdot 10 = \underline{90}$	$110 - 90 = \underline{\underline{20}}$
10	$10 \cdot 11 = \underline{110}$	

A: Die achte Zahl der Reihe heißt 72.
Der Zuwachs von der neunten zur zehnten Figur beträgt 20 Punkte.

Aufgabe 10:

1. Feststellung der unkorrekten Gleichung mit Begründung

Unkorrekt ist Gleichung (1) $x + (x + 4) = 192$.

Im Zahlenrätsel ist von einem „Produkt“ die Rede. Ein Produkt ist das Ergebnis einer Multiplikation. Das heißt, die beiden gesuchten Zahlen werden miteinander multipliziert.

In der Gleichung „$x + (x + 4) = 192$“ werden die beiden Zahlen x und $x + 4$ stattdessen addiert.

2. Berechnung der beiden Zahlen

Berechnung der ersten Zahl:

(Musterlösung am Beispiel $y(y + 4) = 192$)

$$y(y + 4) = 192$$

$$y^2 + 4y = 192 \qquad | -192$$

$$y^2 + 4y - 192 = 0$$

$$y_{1/2} = -\frac{p}{2} \pm \sqrt{\left(\frac{p}{2}\right)^2 - q}$$

$$y_{1/2} = -\frac{4}{2} \pm \sqrt{\left(\frac{4}{2}\right)^2 + 192}$$

$$y_{1/2} = -2 \pm \sqrt{4 + 192}$$

$$y_{1/2} = -2 \pm \sqrt{196}$$

$$y_{1/2} = -2 \pm 14$$

$$y_1 = \underline{\underline{12}}$$

$y_2 = \underline{-16} \Rightarrow -16$ ist keine natürliche Zahl und scheidet deshalb als Lösung aus.

Berechnung der zweiten Zahl:

$$y + 4 = 12 + 4 = \underline{\underline{16}}$$

A: Die beiden gesuchten natürlichen Zahlen heißen 12 und 16.

Aufgabe 11:

Ermittlung der Definitionsmenge:

Nenner: $x - 2 = 0 \qquad | +2$

$$x = \underline{2}$$

$\Rightarrow \underline{\underline{D = \mathbb{R} \setminus \{2\}}}$

Ermittlung der Lösungsmenge:

$$\frac{9}{x-2} = x-2 \qquad \left|\cdot(x-2)\right.$$

$$9 = (x-2)(x-2)$$

$$9 = x^2 - 4x + 4 \qquad \left|-9\right.$$

$$x^2 - 4x - 5 = 0$$

$$x_{1/2} = -\frac{p}{2} \pm \sqrt{\left(\frac{p}{2}\right)^2 - q}$$

$$x_{1/2} = -\frac{-4}{2} \pm \sqrt{\left(\frac{-4}{2}\right)^2 + 5}$$

$$x_{1/2} = 2 \pm \sqrt{4+5}$$

$$x_{1/2} = 2 \pm \sqrt{9}$$

$$x_{1/2} = 2 \pm 3$$

$$x_1 = \underline{5}$$

$$x_2 = \underline{-1}$$

$$L = \underline{\underline{\{-1; 5\}}}$$

Bedeutung der Definitionsmenge $D = \mathbb{R} \setminus \{2\}$

Die Definitionsmenge einer Bruchgleichung enthält alle Zahlen, für die die Bruchgleichung definiert ist. Damit enthält sie alle Zahlen, die als Lösung infrage kommen.
Bei der Definitionsmenge $D = \mathbb{R} \setminus \{2\}$ kommen alle reellen Zahlen außer der Zahl 2 als Lösung der Bruchgleichung infrage.

Aufgabe 12:

Bestimmung des Hauptnenners:

Nenner 1:	$x+3$
Nenner 2:	$x^2 + 3x = x(x+3)$
Hauptnenner:	$\underline{x(x+3)}$

Bestimmung der Definitionsmenge:

Nenner 1: $x + 3 = 0 \qquad \left|-3\right.$

$x = \underline{-3}$

Nenner 2/Faktor 1: $x = \underline{0}$

Nenner 2/Faktor 2: bei Nenner 1 bereits untersucht

$\Rightarrow \quad D = \underline{\underline{\mathbb{R} \setminus \{-3; 0\}}}$

Berechnung der Lösungsmenge:

$$\frac{2x+4}{x+3} = \frac{6}{x^2+3x} \qquad | \cdot HN$$

$$\frac{(2x+4)x\,\cancel{(x+3)}}{\cancel{x+3}} = \frac{6\cancel{x}\,\cancel{(x+3)}}{\cancel{x}\,\cancel{(x+3)}}$$

$$2x^2+4x=6 \qquad |-6$$

$$2x^2+4x-6=0 \qquad |:2$$

$$x^2+2x-3=0$$

$$x_{1/2} = -\frac{p}{2} \pm \sqrt{\left(\frac{p}{2}\right)^2 - q}$$

$$x_{1/2} = -\frac{2}{2} \pm \sqrt{\left(\frac{2}{2}\right)^2 + 3}$$

$$x_{1/2} = -1 \pm \sqrt{1+3}$$

$$x_{1/2} = -1 \pm \sqrt{4}$$

$$x_{1/2} = -1 \pm 2$$

$$x_1 = \underline{1}$$

$$x_2 = \underline{-3}$$

$$L = \underline{\underline{\{1\}}}$$

Aufgabe 13:

Bestimmung des Hauptnenners:

Nenner 1:	$x+2$
Nenner 2:	$x^2+2x = x(x+2)$
Hauptnenner:	$\underline{x(x+2)}$

Bestimmung der Definitionsmenge:

Nenner 1: $x+2=0 \quad |-2$

$x = \underline{-2}$

Nenner 2/Faktor 1: $x = \underline{0}$

Nenner 2/Faktor 2: bei Nenner 1 bereits untersucht

$\Rightarrow \quad D = \underline{\underline{\mathbb{R} \setminus \{-2; 0\}}}$

Berechnung der Lösungsmenge:

$$\frac{-2(x-2)}{x+2} = \frac{-160}{x^2+2x} \qquad |\cdot HN$$

$$\frac{-2(x-2)x\,\cancel{(x+2)}}{\cancel{x+2}} = \frac{-160\cancel{x}\,\cancel{(x+2)}}{\cancel{x}\,\cancel{(x+2)}}$$

$$(-2x+4)\cdot x = -160 \qquad |+160$$

$$-2x^2+4x+160 = 0 \qquad |:(-2)$$

$$x^2-2x-80 = 0$$

$$x_{1/2} = -\frac{p}{2} \pm \sqrt{\left(\frac{p}{2}\right)^2 - q}$$

$$x_{1/2} = -\frac{-2}{2} \pm \sqrt{\left(\frac{-2}{2}\right)^2 + 80}$$

$$x_{1/2} = 1 \pm \sqrt{1+80}$$

$$x_{1/2} = 1 \pm \sqrt{81}$$

$$x_{1/2} = 1 \pm 9$$

$$x_1 = \underline{10}$$

$$x_2 = \underline{-8}$$

$$L = \underline{\underline{\{-8; 10\}}}$$

Aufgabe 14:

$$(x+4)^2-1 = 4(x+5)$$

$$x^2+8x+16-1 = 4x+20 \qquad |-4x;\ -20$$

$$x^2+4x-5 = 0$$

$$x_{1/2} = -\frac{p}{2} \pm \sqrt{\left(\frac{p}{2}\right)^2 - q}$$

$$x_{1/2} = -\frac{4}{2} \pm \sqrt{\left(\frac{4}{2}\right)^2 + 5}$$

$$x_{1/2} = -2 \pm \sqrt{4+5}$$

$$x_{1/2} = -2 \pm \sqrt{9}$$

$$x_{1/2} = -2 \pm 3$$

$$x_1 = \underline{1}$$

$$x_2 = \underline{-5}$$

$$L = \underline{\underline{\{-5; 1\}}}$$

Aufgabe 15:

$$(x-4)^2-(48+x^2)=(x+2)^2$$
$$x^2-8x+16-48-x^2=x^2+4x+4$$
$$-8x-32=x^2+4x+4 \qquad |+8x;+32$$
$$x^2+12x+36=0$$
$$x_{1/2}=-\frac{p}{2}\pm\sqrt{\left(\frac{p}{2}\right)^2-q}$$
$$x_{1/2}=-\frac{12}{2}\pm\sqrt{\left(\frac{12}{2}\right)^2-36}$$
$$x_{1/2}=-6\pm\sqrt{36-36}$$
$$x_{1/2}=-6\pm\sqrt{0}$$
$$x_{1/2}=-6\pm 0$$
$$x=\underline{-6}$$
$$L=\underline{\underline{\{-6\}}}$$

Aufgabe 16:

$$\begin{array}{lll}
(1) & 2(y-x)=24 & \\
(2) & 3y=-2(3x+4{,}5) & \\
\hline
(1') & 2y-2x=24 & \\
(2') & 3y=-6x-9 & |+6x \\
\hline
(1') & 2y-2x=24 & |\cdot 3 \\
(2'') & 3y+6x=-9 & \\
\hline
(1'') & 6y-6x=72 & |(1'')+(2'') \\
(2'') & 3y+6x=-9 & \\
\hline
 & 9y=63 & |:9 \\
 & y=\underline{7} &
\end{array}$$

$$y=7 \text{ in } (1'): \quad 2\cdot 7-2x=24 \qquad |-14$$
$$-2x=10 \qquad |:(-2)$$
$$x=\underline{-5}$$
$$L=\underline{\underline{\{(-5;7)\}}}$$

Aufgabe 17:

$$
\begin{array}{lrcll}
(1) & 6y &=& 3(2x+14) & \\
(2) & 2y+6 &=& (x-2)2 & \\
\hline
(1') & 6y &=& 6x+42 & \\
(2') & 2y+6 &=& 2x-4 & |-6 \\
\hline
(1') & 6y &=& 6x+42 & \\
(2'') & 2y &=& 2x-10 & |\cdot(-3) \\
\hline
(1') & 6y &=& 6x+42 & \multirow{2}{*}{|(1')+(2''')} \\
(2''') & -6y &=& -6x+30 & \\
\hline
 & 0 &=& 72 &
\end{array}
$$

„$0=72$“ ist eine falsche Aussage.

$\Rightarrow$ Das Gleichungssystem hat keine Lösung.

$\underline{\underline{L=\{\ \}}}$

Aufgabe 18:

1. Berechnung, mit welchem Zinssatz das Wertpapier Typ-AX verzinst wird

$$Z = K \cdot p\,\% \qquad \left|\ p\,\% = \frac{p}{100}\right.$$

$$Z = K \cdot \frac{p}{100} \qquad |:K;\ \cdot 100$$

$$p = \frac{Z \cdot 100}{K}$$

$$p = \frac{20\not{0} \cdot 1\not{0}\not{0}}{8\not{0}\not{0}\not{0}}$$

$$p = \underline{2{,}5}$$

$$p\,\% = \underline{\underline{2{,}5\,\%}}$$

A: Das Wertpapier TYP-AX wird mit einem Zinssatz von 2,5 % verzinst.

2. Ermittlung des von Familie Rossi in Wertpapier Typ-BY investierten Betrags

$$Z = K \cdot p\,\% \qquad \left|\ p\,\% = \frac{p}{100}\right.$$

$$Z = K \cdot \frac{p}{100} \qquad \left|\ :\frac{p}{100} \mathrel{\hat{=}} \cdot\frac{100}{p}\right.$$

$$K = \frac{Z \cdot 100}{p}$$

$$K = \frac{150,00 \cdot 100}{2,0}$$

$$K = \underline{\underline{7\,500,- €}}$$

NR: $150 : 2 = \underline{75\ €}$

NR: $75 \cdot 100 = \underline{7\,500\ €}$

A: Familie Rossi hat 7 500,– € in das Wertpapier Typ-BY investiert.

Aufgabe 19:

Berechnung der anfallenden Zinsen bei Angebot 1:

$$Z_1 = K \cdot p_1\,\% \qquad \Big|\ p_1\,\% = \frac{p_1}{100}$$

$$Z_1 = K \cdot \frac{p_1}{100}$$

$$Z_1 = 15\,0\not{0}\not{0},00 \cdot \frac{3,5}{1\not{0}\not{0}}$$

$$Z_1 = \underline{525,00\ €}$$

NR: $\underline{150 \cdot 3,5}$

$$\begin{array}{r} 450 \\ 750 \\ \hline 525,0\ € \end{array}$$

Berechnung der Kosten für Angebot 1:

Kosten für Angebot 1 $= Z_1 + \text{Bearbeitungsgebühr}_1$

Kosten für Angebot 1 $= 525,00 + 49,00$

Kosten für Angebot 1 $= \underline{574,00\ €}$

Berechnung der anfallenden Zinsen bei Angebot 2:

$$Z_2 = K \cdot p_2\,\% \cdot \frac{m}{12} \qquad \Big|\ p_2\,\% = \frac{p_2}{100}$$

$$Z_2 = K \cdot \frac{p_2}{100} \cdot \frac{m}{12}$$

$$Z_2 = 15\,0\not{0}\not{0},00 \cdot \frac{{}^{1}\not{4},\not{0}}{1\not{0}\not{0}} \cdot \frac{\not{9}^{3}}{\not{1}\not{2}\ \not{4}_{1}}$$

$$Z_2 = \underline{450,00\ €}$$

Berechnung der Kosten für Angebot 2:

Kosten für Angebot 2 $= Z_2 + \text{Bearbeitungsgebühr}_2$

Kosten für Angebot 2 $= 450,00 + 99,00$

Kosten für Angebot 2 $= \underline{549,00\ €}$

Feststellung, welches Angebot günstiger ist:

Angebot 2 ist mit Kosten von 549,00 € günstiger als Angebot 1 mit Kosten von 574,00 €.

Aufgabe 20:

Skizze:

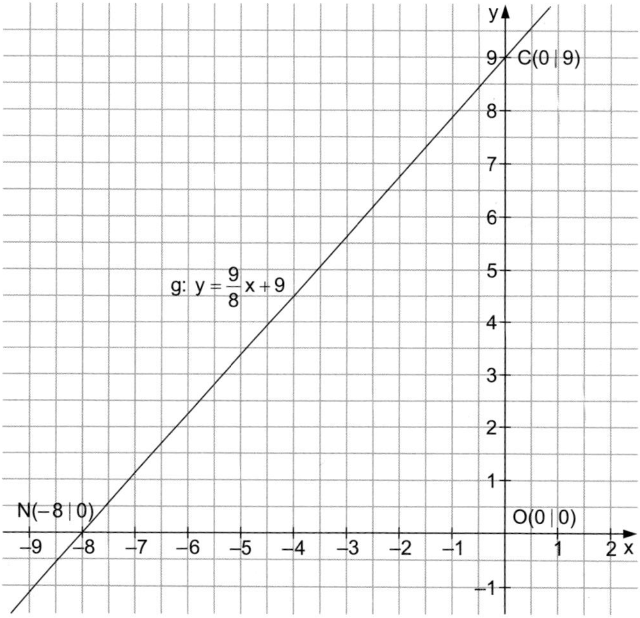

1. Berechnung des Flächeninhalts von Dreieck NOC

Bestimmung der Gleichung von Gerade g:

g: $y = mx + c$

g: $\underline{y = \frac{9}{8}x + 9}$

NR: **Bestimmung von y-Achsenabschnitt c:**
Gerade g schneidet die y-Achse in Punkt $C(0|9) \quad \Rightarrow \quad c = y_C = \underline{9}$

Berechnung der Koordinaten von Schnittpunkt N:

$$y = \frac{9}{8}x + 9 \qquad | \, y = 0$$

$$\frac{9}{8}x + 9 = 0 \qquad | -9$$

$$\frac{9}{8}x = -9 \qquad \left| : \left(\frac{9}{8}\right) \hat{=} \cdot \frac{8}{9}\right.$$

$$x = -{}^{1}\not{9} \cdot \frac{8}{\not{9}_{1}}$$

$$x = \underline{-8} \qquad \Rightarrow \quad \underline{N(-8|0)}$$

Berechnung des Flächeninhalts A_{NOC} von Dreieck NOC:

$A_{NOC} = \frac{1}{2} \cdot g \cdot h$

$A_{NOC} = \frac{1}{2} \cdot 8 \cdot 9$

$A_{NOC} = \underline{\underline{36 \text{ FE}}}$

NR: **Bestimmung von g:**
$g = |x_N| = |-8| = \underline{8 \text{ LE}}$

NR: **Bestimmung von h:**
$h = |y_C| = |9| = \underline{9 \text{ LE}}$

2. Berechnung des Umfangs eines zu Dreieck NOC flächengleichen Quadrats
Berechnung von Seitenlänge a:

$A = a^2$

$a^2 = 36 \quad |\sqrt{}$

$a = \pm 6$

$a_1 = \underline{6}$

$a_2 = \underline{-6} \quad \Rightarrow$ Da eine Länge gesucht ist, scheidet der Wert -6 als Lösung aus.

$\Rightarrow$ Seitenlänge $\underline{a = 6 \text{ LE}}$

Berechnung des Umfangs u:

$u = 4a = 4 \cdot 6 = \underline{\underline{24 \text{ LE}}}$

Aufgabe 21:
Skizze:

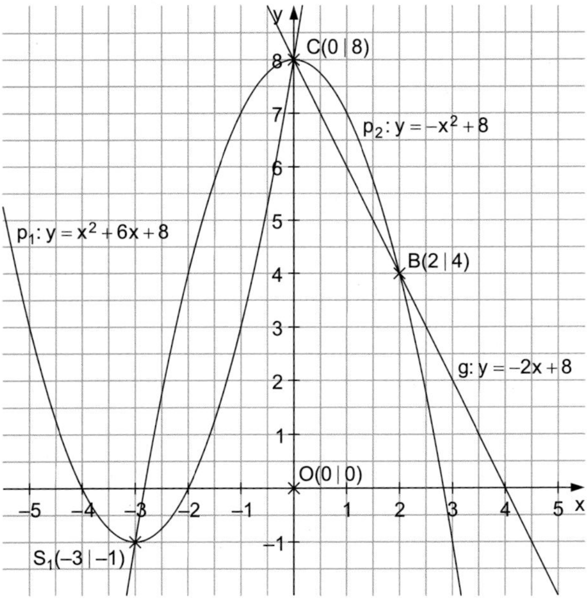

1. Ermittlung der Funktionsgleichung von Parabel p_1

p_1: $y = (x-d)^2 + e$ $\quad | S_1(-3|-1) \Rightarrow d = -3; e = -1$

p_1: $\underline{\underline{y = (x+3)^2 - 1}}$

p_1: $y = x^2 + 6x + 9 - 1$

(alternativ: p_1: $\underline{\underline{y = x^2 + 6x + 8}}$)

2. Zeichnung von Parabel p_2

Berechnung der Koordinaten von Scheitelpunkt C:

$y = x^2 + 6x + 8 \quad | x = 0$

$y = 0 + 0 + 8$

$y = \underline{8} \quad \Rightarrow \quad \underline{C(0|8)}$

Zeichnung:

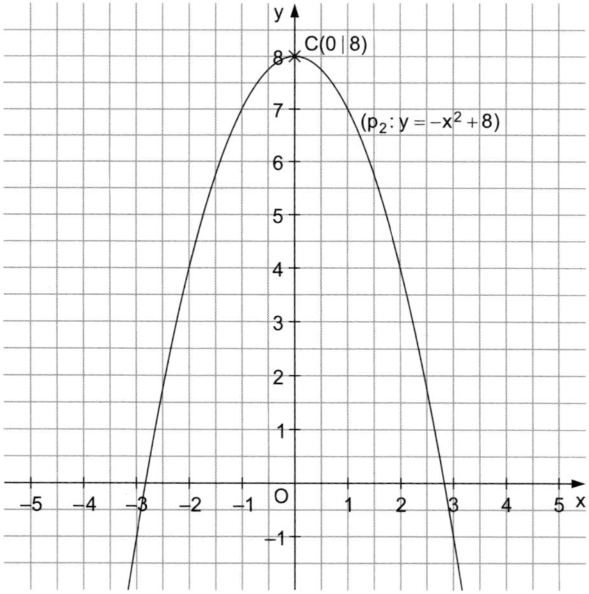

3. Ermittlung der Gleichung von Gerade g

Berechnung der y-Koordinate von Punkt B:

$y = -x^2 + 8 \quad | x = 2$

$y = -2^2 + 8$

$y = -4 + 8$

$y = \underline{4} \quad \Rightarrow \quad \underline{B(2|4)}$

NR: **Bestimmung der Gleichung von Parabel p_c:**

p_2: $y = -x^2 + c \quad | C(0|8) \Rightarrow c = \underline{8}$

$\underline{p_2\text{: } y = -x^2 + 8}$

Bestimmung der Gleichung von Gerade g:

g: $y = mx + c_g$

g: $\underline{\underline{y = -2x + 8}}$

NR: **Berechnung von Steigungsfaktor m:**

$$m = \frac{y_B - y_C}{x_B - x_C}$$

$$m = \frac{4-8}{2-0}$$

$$m = \frac{-4}{2}$$

$$m = \underline{-2}$$

NR: **Bestimmung von y-Achsenabschnitt c_g:**
Gerade g schneidet die y-Achse in Punkt $C(0\,|\,8) \Rightarrow c_g = y_C = \underline{8}$

Aufgabe 22:

1. Feststellung, welche Funktionsgleichung zu Gerade g und welche zu Parabel p gehört

Untersuchung, welche Gleichung zu Gerade g gehört:

Die Gleichungen (1) und (3) sind lineare Gleichungen. Nur sie kommen als Gleichung für Gerade g infrage:

(1) $y = -2x + 4$

(3) $y = 4 + 2x$ | Umformen in die Standardform

$y = 2x + 4$

Die beiden Gleichungen unterscheiden sich lediglich im Wert des Steigungsfaktors. Der Wert des y-Achsenabschnitts ist gleich.

Bei Gleichung (1) ist der Steigungsfaktor negativ. Dies bedeutet, dass die zu Gleichung (1) gehörende Gerade fällt.

Bei Gleichung (3) ist der Steigungsfaktor positiv. Dies bedeutet, dass die zu Gleichung (3) gehörende Gerade steigt.

Da Gerade g im Schaubild steigt und laut Aufgabenstellung eine der Gleichungen zu Gerade g gehört, folgt:
Gleichung (3) gehört zu Gerade g.

Untersuchung, welche Gleichung zu Parabel p gehört:

Die Gleichungen (2) und (4) sind quadratische Gleichungen. Nur sie kommen als Gleichung für Parabel p infrage:

(2) $y = x^2 + 7 - 4x$

(4) $y = (x-4)^2 + 1$

Gleichung (4) ist in der Scheitelform angegeben. So können die Koordinaten ihres Scheitelpunkts S_4 festgestellt werden: $S_4(4\,|\,1)$

Der Grafik kann entnommen werden, dass für Scheitelpunkt S von Parabel p gilt: $S(2\,|\,3)$

Da die Koordinaten des Scheitelpunkts S von Parabel p und die Koordinaten des Scheitelpunkts S_4 der Parabel zu Gleichung (4) nicht identisch sind und da laut Aufgabenstellung eine der Gleichungen zu Parabel p gehört, folgt:

Gleichung (2) gehört zu Parabel p.

2. Zeichnung der Graphen von Gleichung (1) und Gleichung (4)

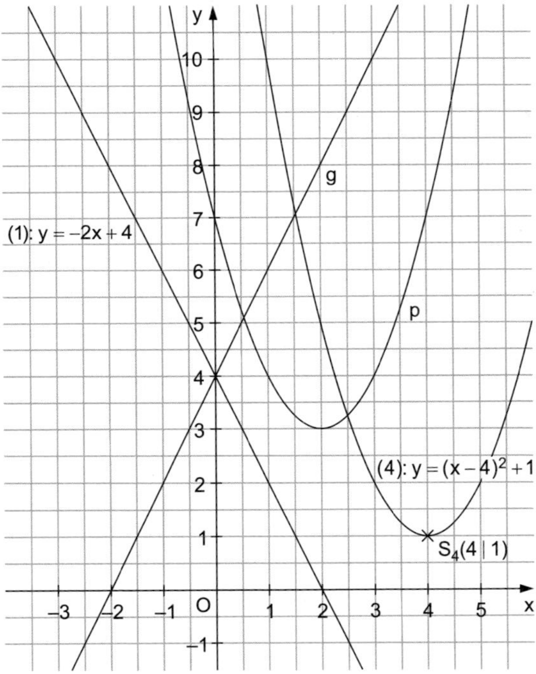

Aufgabe 23:

Skizze:

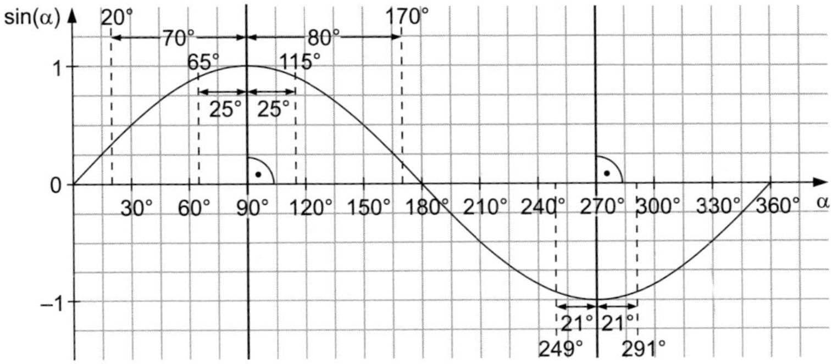

Die Sinuskurve besitzt für den Abschnitt von 0° bis 180° eine Spiegelachse bei 90° und für den Abschnitt von 180° bis 360° eine Spiegelachse bei 270°. Winkel aus diesen Abschnitten, die gleich weit von der Spiegelachse ihres Abschnitts entfernt liegen, haben denselben Sinuswert.

Gleichung (1) ist korrekt: Aretha und Paul haben recht.

Begründung:
Der Abstand von Winkel 65° zu 90° beträgt 25°. Der Abstand von Winkel 115° zu 90° beträgt ebenfalls 25°. Damit sind die beiden Winkel 65° und 115° gleich weit von 90° entfernt.

Gleichung (2) ist nicht korrekt: Aretha und Paul haben nicht recht.

Begründung:
Der Abstand von Winkel 20° zu 90° beträgt 70°. Der Abstand von Winkel 170° zu 90° beträgt 80°.
Damit sind die beiden Winkel 20° und 170° nicht gleich weit von 90° entfernt.

Verbesserung von Gleichung (2):
(2') $\sin 20° = \sin 160°$

alternativ:
(2') $\sin 10° = \sin 170°$

Gleichung (3) ist korrekt: Aretha und Paul haben recht.

Begründung:
Der Abstand von Winkel 249° zu 270° beträgt 21°. Der Abstand von Winkel 291° zu 270° beträgt ebenfalls 21°. Damit sind die beiden Winkel 249° und 291° gleich weit von 270° entfernt.

Aufgabe 24:

Zeichnung von $\sin\alpha$ und von Winkel $\beta \neq \alpha$, für den gilt $\sin\beta = \sin\alpha$:

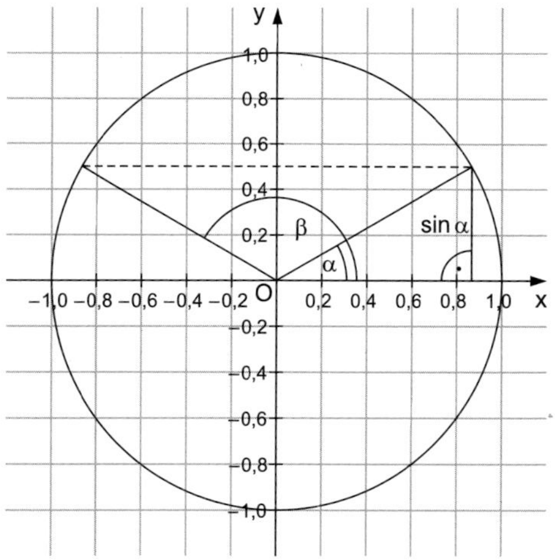

Benennung von $\sin\alpha$:
$\sin\alpha = 0{,}5$

Aufgabe 25:

Skizze:

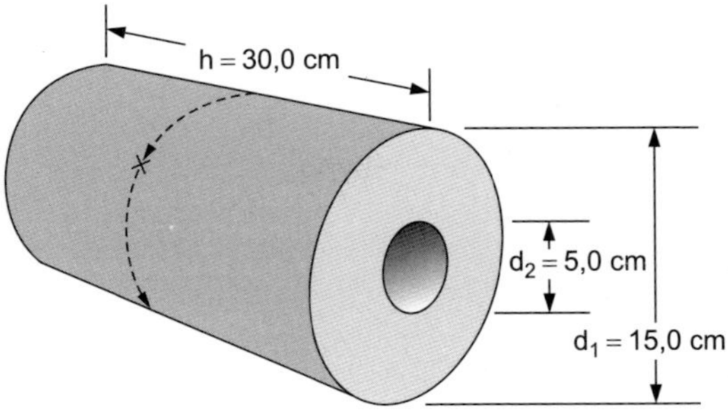

1. Nachweis, dass sich das Volumen der Faszienrolle mit der Gleichung $V = 30\pi\,(7{,}5^2 - 2{,}5^2)$ berechnen lässt

$V = V_{Rollenkörper} - V_{Bohrung}$

$V = \pi r_1{}^2 h - \pi r_2{}^2 h$

$V = \pi \cdot 7{,}5^2 \cdot 30 - \pi \cdot 2{,}5^2 \cdot 30$ | Ausklammern: 30π

$V = \underline{\underline{30\pi\,(7{,}5^2 - 2{,}5^2)}}$ w. z. b. w.

NR: **Berechnung von r_1:**

$r_1 = \frac{d_1}{2} = \frac{15}{2} = \underline{7{,}5\text{ cm}}$

NR: **Berechnung von r_2:**

$r_2 = \frac{d_2}{2} = \frac{5}{2} = \underline{2{,}5\text{ cm}}$

2. Untersuchung der Behauptung von Pablo

Berechnung des äußeren Umfangs der Rolle:

$u = 2\pi r_1$

$u = 2\pi \cdot 7{,}5$

$u = \underline{47{,}10\text{ cm}}$

NR: $7{,}5 \cdot 2 = \underline{15{,}0\text{ cm}}$

NR: $\underline{3{,}14 \cdot 15}$

```
  314
  1570   2̸
    1
 ------
 47,10 cm
```

Feststellung, ob Pablo recht hat:

Der äußere Umfang der Rolle – und damit der Weg, den die Markierung zurücklegt – beträgt ca. 47,10 cm.
Damit ist die zurückgelegte Entfernung um 2,9 cm kürzer als ein „halber Meter“.

Pablo drückt mit der Formulierung „fast“ zweierlei aus:

(1) Der tatsächlich zurückgelegte Weg der Markierung ist kürzer als ein „halber Meter“.

(2) Die von ihm genannte Länge ist ein gerundeter Wert.

Feststellung: <u>Pablo hat recht.</u>

Aufgabe 26:

1. Berechnung der Oberfläche des Quaders

Berechnung von Kantenlänge c:

$a = 3c \quad |:3$

$c = \frac{a}{3} = \frac{75}{3} = \underline{25 \text{ cm}}$

Berechnung von Kantenlänge b:

$V = abc \quad |:(ac)$

$b = \frac{V}{ac} = \frac{37\,500}{75 \cdot 25}$

$b = \underline{20 \text{ cm}}$

NR: $37500 : 75 = \underline{500 \text{ cm}}$
$-\underline{375}$
00000

NR: $500 : 25 = \underline{20 \text{ cm}}$
$-\underline{50}$
00

Berechnung der Oberfläche O:

$O = 2ab + 2ac + 2bc$

$O = 2 \cdot 75 \cdot 20 + 2 \cdot 75 \cdot 25 + 2 \cdot 20 \cdot 25$

$O = 3\,000 + 3\,750 + 1\,000$

$O = \underline{\underline{7\,750 \text{ cm}^2}}$

NR: $\underline{150 \cdot 25}$
300
750
$\underline{3750 \text{ cm}^2}$

2. Zeichnung des Quadernetzes im Maßstab 1 : 10

Bestimmung der Kantenlängen für die Zeichnung:

$a' = a : 10 = 75 : 10 = \underline{7{,}5 \text{ cm}}$

$b' = b : 10 = 20 : 10 = \underline{2{,}0 \text{ cm}}$

$c' = c : 10 = 25 : 10 = \underline{2{,}5 \text{ cm}}$

Zeichnung:

Aufgabe 27:

Berechnung von Pyramidengrundkante a:

$$V_P = \frac{1}{3}a^2 \cdot h_P \quad \left| \begin{array}{l} \cdot 3 \\ : h_P \end{array} \right.$$

$$a^2 = \frac{3V_P}{h_p}$$

$$a^2 = \frac{3 \cdot \cancel{132}^{12}}{\cancel{11}_1}$$

$$a^2 = 36 \quad \left| \sqrt{\ } \right.$$

$$a_1 = \underline{\underline{6}}$$

$a_2 = \underline{\underline{-6}}$ $\Rightarrow$ Da eine Länge gesucht ist, scheidet der Wert -6 als Lösung aus.

Bestimmung des Durchmessers d und des Radius r der Kegelgrundfläche:

(1) $d = a = \underline{6\text{ cm}}$

(2) $r = \frac{d}{2} = \frac{6}{2} = \underline{3\text{ cm}}$

Berechnung von Kegelhöhe h_K:

$V_K = \frac{1}{3}\pi r^2 \cdot h_K \quad \Big| \cdot 3 \;\; : (\pi r^2)$

$h_K = \frac{3V_K}{\pi r^2} \quad \Big| V_K = V_P$

$h_K = \frac{3 \cdot 132}{\pi \cdot 3^2}$

$h_K = \frac{{}^1\cancel{3} \cdot \cancel{132}^{44}}{\pi \cdot \cancel{3}_1 \cdot \cancel{3}_1}$

$h_K = \underline{\underline{14\text{ cm}}}$

NR: $44 : \pi = 44 : 3{,}14$
$= 4400 : 314 = \underline{14{,}0\text{ cm}}$
-314
1260
-1256
40

Aufgabe 28:

1. Vervollständigung des Schaubilds

Berechnung der Anzahl der City-Räder:

$\text{Anzahl City-Räder} = G \cdot p\ \% \quad \Big| \; p\ \% = \frac{p}{100}$

$\text{Anzahl City-Räder} = G \cdot \frac{p}{100}$

$\text{Anzahl City-Räder} = \cancel{28}^{7} \cdot \frac{\cancel{25}^{1}}{\cancel{100}_{\cancel{4}_1}}$

$\text{Anzahl City-Räder} = \underline{7}$

Berechnung der Anzahl der Schülerinnen und Schüler, die kein Rad fahren:

Nichtradfahrer*innen = Gesamtzahl – [MTBs + Trekkingräder + City-Räder + andere]

Nichtradfahrer *innen = 28 – [8 + 7 + 7 + 4]

Nichtradfahrer *innen = $\underline{2}$

Vervollständigung des Schaubilds:

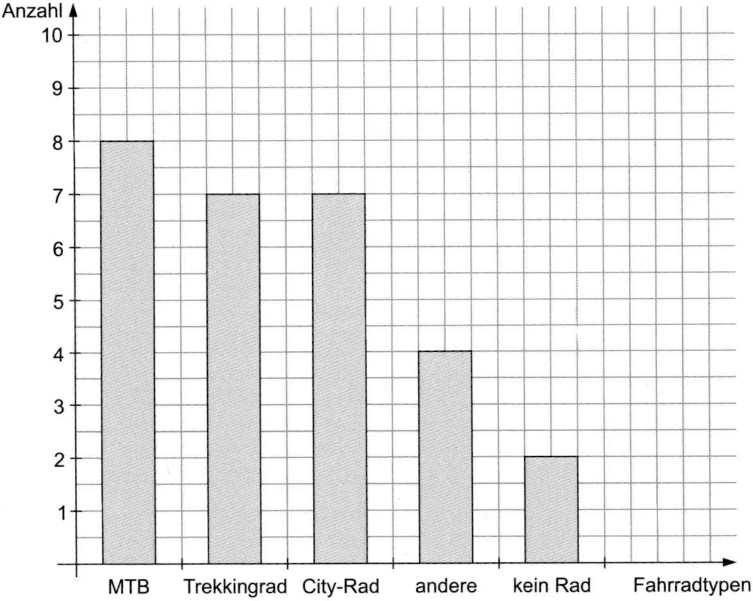

2. Berechnung des prozentualen Anteils an MTBs nach Wegzug der Zwillinge

$W = G \cdot p\,\% \qquad \left|\ p\,\% = \frac{p}{100}\right.$

$W = G \cdot \frac{p}{100} \qquad |:G;\ \cdot 100$

$p = \frac{W}{G} \cdot 100$

$p = \frac{6}{26} \cdot 100$

$p = \underline{23}$

$p\,\% = \underline{\underline{23\,\%}}$

NR: **Feststellung der neuen Gesamtzahl:**
$28 - 2 = \underline{26}$

NR: **Feststellung der neuen Anzahl an MTBs:**
$8 - 2 = \underline{6}$

NR: $600 : 26 = \underline{23{,}0}$
-52
$\ \ 080$
$\ -78$
$\ \ \ 020$

Aufgabe 29:

1. Ermittlung der fehlenden Kennwerte q_o und x_{max} und Vervollständigung des Boxplots

Berechnung des oberen Quartils q_o:

$n \cdot 0{,}75 = 17 \cdot 0{,}75 = 12{,}75 \notin \mathbb{Z} \quad \Rightarrow \quad q_o = x_{13} = \underline{53}$

NR: $17 \cdot 0{,}75 = 17 \cdot \frac{3}{4} = 4{,}25 \cdot 3 = \underline{12{,}75}$

Bestimmung des Maximums x_{max}:

$x_{max} = x_{17} = \underline{57}$

Vervollständigung des Boxplots:

Boxplot:

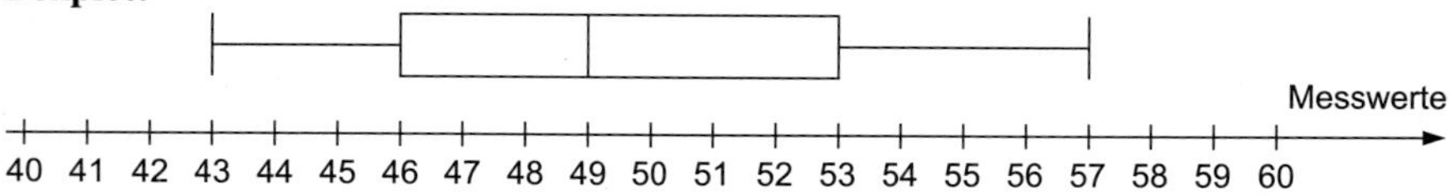

2. Ergänzung der Rangliste mit möglichen Werten

Berechnung des Rangplatzes des Zentralwerts z:

$n \cdot 0{,}5 = 17 \cdot 0{,}5 = 8{,}5 \notin \mathbb{Z} \quad \Rightarrow \quad \text{Rangplatz } z = \underline{9}$

Berechnung des Rangplatzes des unteren Quartils q_u:

$n \cdot 0{,}25 = 17 \cdot 0{,}25 = 4{,}25 \notin \mathbb{Z} \quad \Rightarrow \quad \text{Rangplatz } q_u = \underline{5}$

Dem Boxplot ist zu entnehmen, dass der Wert des unteren Quartils 46 beträgt. Da der Wert des unteren Quartils durch den Wert auf Rangplatz 5 bestimmt wird, muss der Wert „46“ des unteren Quartils nicht auf einem der Rangplätze 3 und 4 liegen.

Rangliste:

Rang	1	2	3	4	5	6	7	8	9	10	11	12	13	14	15	16	17
Messwert	43	43	44	44	46	47	49	49	49	51	51	51	53	53	54	55	57
	↑		↑	↑				↗	↑						↑		
	x_{min}		$x_2 \leq x_3 \leq x_4 \leq x_5$				$x_7 \leq x_8 \leq x_9$		z						$x_{14} \leq x_{15} \leq x_{16}$		

Hinweis: Für x_3, x_4, x_8 und x_{15} sind alle Werte möglich, die die obigen Ungleichungen erfüllen.

Aufgabe 30:

Berechnung der Wahrscheinlichkeit, mit dem RGB-Würfel Rot zu werfen:

$$P(\text{Rot}) = 1 - (P(\text{Grün}) + P(\text{Blau}))$$

$$P(\text{Rot}) = 1 - \left(\frac{1}{6} + \frac{3}{6}\right)$$

$$P(\text{Rot}) = 1 - \frac{4}{6}$$

$$P(\text{Rot}) = \frac{2}{6}$$

$$P(\text{Rot}) = \underline{\frac{1}{3}}$$

Berechnung der Wahrscheinlichkeit, mit dem Schwarz-Weiß-Würfel Schwarz zu werfen:

$$P(\text{Schwarz}) = \frac{\text{Anzahl schwarzer Flächen}}{\text{Anzahl aller Flächen}}$$

$$P(\text{Schwarz}) = \frac{4}{6}$$

$$P(\text{Schwarz}) = \underline{\frac{2}{3}}$$

NR: **Bestimmung der Anzahl schwarz gefärbter Flächen:**

Anzahl schwarzer Flächen
= 6 Flächen − 2 weiße Flächen
= <u>4 Flächen</u>

Berechnung der Wahrscheinlichkeit, beim Werfen mit beiden Würfeln Rot und Schwarz zu werfen:

$$P(R; S) = P(\text{Rot}) \cdot P(\text{Schwarz})$$

$$P(R; S) = \frac{1}{3} \cdot \frac{2}{3}$$

$$P(R; S) = \underline{\underline{\frac{2}{9}}}$$

(Alternativ: $P(r; s) = \underline{\underline{22{,}2\ \%}}$)

A: Die Wahrscheinlichkeit, beim Werfen mit beiden Würfeln Rot und Schwarz zu werfen, beträgt $\frac{2}{9}$.

Übungsaufgaben zum Pflichtteil A2 und zum Wahlteil B

Die folgenden Aufgaben sind für das Training auf den Pflichtteil A2 und den Wahlteil B der Mathematikabschlussprüfung konzipiert. Für die Bearbeitung der Aufgaben von Pflichtteil A2 und von Wahlteil B sind die Nutzung einer Formelsammlung, eines wissenschaftlichen, nicht programmierbaren Taschenrechners sowie die Nutzung von Zeichengeräten zugelassen.

Gleichungen

Lösen Sie die folgenden Gleichungen:

1. $-11x+19+(2x-3)(3x+4)=(x-1)^2+(x+1)^2$

2. $(x-2)(x+2)+2(x-4)^2=x(x-11)+35$

3. $-(x+5)^2+2x+24=(x-2)^2+(x-3)(x+3)$

4. $-2(x-3)^2+(x-3)(x+5)=5(-3+5x)$

5. $-(x+5)^2+(x-4)^2+5(2x+5)=-5(x+2)(x-2)$

6. $2x(x-4)+17+4x=-(x+1)(x-1)+(x+2)^2$
   a) Ermitteln Sie die Lösungsmenge der Gleichung.
   b) Was besagt diese über die Lage der zur entsprechenden Funktionsgleichung gehörenden Parabel?

Interaktive Aufgaben

1. Anzahl der Lösungen bestimmen
2. Gleichung lösen
3. Lösungsformel anwenden
4. Komplexe Gleichung*

Ausführlich dargestellte Lösungswege zu allen Aufgaben des Kapitels

Die ausführlich dargestellten Lösungswege zu allen Aufgaben des Kapitels stehen als PDF-Download zur Verfügung (siehe Zugangscode vorne im Buch).

Zum Schnellnachschlagen: Lösungen und Endergebnisse

Aufgabe 1:

$L = \{0{,}5;\ 2{,}5\}$

Aufgabe 2:

$L = \{-1;\ 3{,}5\}$

Aufgabe 3:

$L = \left\{-2;\ \frac{2}{3}\right\}$

Aufgabe 4:

$L = \{-9;\ -2\}$

Aufgabe 5:

$L = \left\{-\frac{2}{5};\ 2\right\}$ bzw. $\{-0{,}4;\ 2\}$

Aufgabe 6:

a) $L = \{\ \}$
b) Wenn die Lösungsmenge einer quadratischen Gleichung leer ist, besitzt die zur Gleichung gehörende Parabel keinen Schnittpunkt mit der x-Achse.

Lineare Gleichungssysteme

Lösen Sie die folgenden Gleichungssysteme:

1. (1) $3y - 2x = 11$

   (2) $\frac{4}{3}y = 14\frac{1}{3} - x$

2. (1) $y = -4x + 14$

   (2) $2y - 11{,}8 + 15x = 40{,}7 + 8y$

3. (1) $-2(-3{,}5y + 4x) + 3(x - 2y) = 17$

   (2) $-\frac{5}{2}x + 5y = 17{,}5$

4. (1) $4(2y + \frac{1}{2}x) + 7 = -31$

   (2) $-35y + 7(-1 + x) = 49$

5. (1) $3(y - 2x) - 2(1{,}5x + 32{,}5) = 22$

   (2) $2{,}5x - 5(-y + 1) = 0$

6. (1) $5(-x + 3) + y = -6$

   (2) $2(-2{,}5x + 3{,}5y) = 11 - 4(2x - 1{,}5y)$

7. (1) $-4y - \frac{3}{5}x = 4 - 5y$

   (2) $-\frac{1}{5}x + y - \frac{2}{5}x = -2{,}5$

   a) Ermitteln Sie die Lösungsmenge.

   b) Was besagt diese über die Lage der beiden zu den entsprechenden Funktionsgleichungen gehörenden Graphen aus?

Interaktive Aufgaben

1. Gleichsetzungsverfahren
2. Additionsverfahren
3. Einsetzungsverfahren
4. Komplexes Gleichungssystem*

Ausführlich dargestellte Lösungswege zu allen Aufgaben des Kapitels

Die ausführlich dargestellten Lösungswege zu allen Aufgaben des Kapitels stehen als PDF-Download zur Verfügung (siehe Zugangscode vorne im Buch).

Zum Schnellnachschlagen: Lösungen und Endergebnisse

Aufgabe 1:
$L = \{(5; 7)\}$

Aufgabe 2:
$L = \{(3{,}5; 0)\}$

Aufgabe 3:
$L = \{(-3; 2)\}$

Aufgabe 4:
$L = \{(-7; -3)\}$

Aufgabe 5:
$L = \{(-8; 5)\}$

Aufgabe 6:
$L = \{(4; -1)\}$

Aufgabe 7:

a) $L = \{\ \}$

b) Die Lösungsmenge eines linearen Gleichungssystems gibt die Koordinaten des Schnittpunkts der beiden zu den entsprechenden Funktionsgleichungen gehörenden Graphen an. Ist die Lösungsmenge leer, gibt es keinen Schnittpunkt. Die beiden Graphen schneiden sich also nicht: Sie liegen parallel.

Bruchgleichungen

Geben Sie die Definitionsmenge und die Lösungsmenge der folgenden Gleichungen an:

1. $\frac{3(x-2)}{x+2}-\frac{1}{x}=\frac{(x-1)^2}{x^2+2x}$

2. $\frac{x+3}{x}-\frac{15}{x^2+3x}=\frac{-(2x+1)}{x+3}$

3. $\frac{x-3}{x+3}+\frac{3x}{x^2-9}=-1$

4. $\frac{x+4}{6x}-\frac{1}{2}=\frac{-x+6}{3x(x+4)}$

5. $\frac{x}{2}+\frac{x+7}{2x-4}=\frac{3(x-2)}{8}$

6. $\frac{2x+1}{x-1}-\frac{(2x-11)(-x-1)}{2x^2-2}=\frac{x}{2x-2}$

Interaktive Aufgaben

1. Definitionsmenge bestimmen
2. Definitionsmenge bestimmen
3. Bruchgleichung
4. Komplexe Bruchgleichung*

Ausführlich dargestellte Lösungswege zu allen Aufgaben des Kapitels

Die ausführlich dargestellten Lösungswege zu allen Aufgaben des Kapitels stehen als PDF-Download zur Verfügung (siehe Zugangscode vorne im Buch).

Zum Schnellnachschlagen: Lösungen und Endergebnisse

Aufgabe 1:

$D = \mathbb{R} \setminus \{-2; 0\}$ $\quad L = \left\{-\frac{1}{2}; 3\right\}$ bzw. $\{-0{,}5; 3\}$

Aufgabe 2:

$D = \mathbb{R} \setminus \{-3; 0\}$ $\quad L = \left\{\frac{2}{3}\right\}$

Aufgabe 3:

$D = \mathbb{R} \setminus \{-3; 3\}$ $\quad L = \{0; 1{,}5\}$

Aufgabe 4:

$D = \mathbb{R} \setminus \{-4; 0\}$ $\quad L = \{-2; 1\}$

Aufgabe 5:

$D = \mathbb{R} \setminus \{2\}$ $\quad L = \{-4\}$

Aufgabe 6:

$D = \mathbb{R} \setminus \{-1; 1\}$ $\quad L = \left\{1\frac{4}{5}\right\}$ bzw. $\{1{,}8\}$

Diagramme, Dreisatz, Anteile

1. Eine Schule führte eine Befragung zu den von den Schülerinnen und Schülern auf dem Schulweg benutzten Verkehrsmitteln durch. Die Erhebung ergab, dass 45,7 % den Schulbus benutzen, 33 % zu Fuß gehen und 4,9 % von den Eltern mit dem Pkw gefahren werden. 63 Schülerinnen und Schüler fahren mit dem Fahrrad.
   Berechnen Sie jeweils die Anzahl der Schülerinnen und Schüler, die den Bus benutzen, zu Fuß gehen oder von den Eltern gefahren werden.
   Stellen Sie die Verteilung in einem Säulendiagramm dar (10 % ≙ 1,5 cm).

2. Eine Kantine bietet drei Essen an.
   76 Gäste wählen Essen I. Für Essen II entscheiden sich 54 Gäste; dies entspricht 33,75 %.
   Ermitteln Sie, wie viele Gäste Essen III wählen.
   Stellen Sie die Verteilung in einem Streifendiagramm dar (100 % ≙ 15 cm).

3. Eine baden-württembergische Zeitung veröffentlicht Daten über die Anzahl der Erwerbstätigen in den einzelnen Wirtschaftsbereichen. Die Zahlen werden dabei auf volle Hunderter gerundet angegeben.
   Insgesamt gingen in Baden-Württemberg im Berichtsjahr 5 300 500 Menschen einer Erwerbstätigkeit nach. 1 090 900 Menschen arbeiteten im Sektor „Handel, Gastgewerbe und Verkehr", 2 113 000 Menschen im Sektor „Sonstige Dienstleistungen". 37,71 % der Erwerbstätigen arbeiteten im „Produzierenden Gewerbe". Der Rest war in der „Land- und Forstwirtschaft mit Fischerei" tätig.

   Ermitteln Sie, wie viele Menschen in der „Land- und Forstwirtschaft mit Fischerei" tätig waren.
   Fertigen Sie ein Kreisdiagramm, das die Verteilung der Erwerbstätigen auf die vier Wirtschaftsbereiche veranschaulicht.
   Im Vergleich zu den Daten von vor fünf Jahren (Fünfjahresvergleich) ist die Zahl der Erwerbstätigen um 5,62 % gestiegen.
   Wie viele Menschen waren dies?

   Hinweis: Arbeiten Sie bei Ihren Berechnungen – wie in der Zeitung angegeben – durchgehend mit auf volle Hunderter gerundeten Zahlen für die Anzahl der Erwerbstätigen.

4. Eine Kleinstadt plant, ein Kulturzentrum zu bauen.
   In einer Bürgerbefragung sprachen sich 11 943 Bürgerinnen und Bürger für Entwurf A, 728 für Entwurf B und 5 641 für Entwurf C aus. 36,2 % der Befragten lehnten das Bauvorhaben ab.
   Berechnen Sie die prozentualen Anteile der einzelnen Entwürfe an der Gesamtzahl der abgegebenen Stimmen.
   Stellen Sie die Ergebnisse der Befragung in einem Kreisdiagramm dar.

5. Die Jugendabteilung eines Vereins plant ein Freizeitwochenende. Drei Ziele stehen zur Auswahl. Das Ergebnis der Befragung wird in einem Kreisdiagramm dargestellt.
   23 Jungen und Mädchen wollen auf eine Berghütte. Der Mittelpunktswinkel ihres Kreisausschnitts ist 103,5° groß. 45 % votieren für eine Fahrradtour. Die übrigen stimmen für ein Zeltlager.
   Berechnen Sie, wie viele Jugendliche für das Zeltlager stimmen.
   Zeichnen Sie das Kreisdiagramm.

6. Eine Gemeinde unterhält ein Freibad. Die Tabelle zeigt die Entwicklung der Besucherzahlen in den letzten fünf Jahren sowie die jeweiligen Zuschüsse der Gemeinde zum Unterhalt des Bades.

Jahr	1	2	3	4	5
Zahlende Besucher (in TD)	98	87	106	102	138
Zuschuss (in TD)	85	105	96	104	82

Ermitteln Sie die prozentualen Veränderungen der Besucherzahlen zwischen den einzelnen Jahren.
Zeigen Sie diese in einem geeigneten Diagramm auf.
Um welchen Betrag differieren die Zuschüsse pro Besucher in den letzten beiden Jahren?

7. Die Grafik veranschaulicht die Entwicklung der Erdbevölkerung seit 1800 in Milliardenschritten.

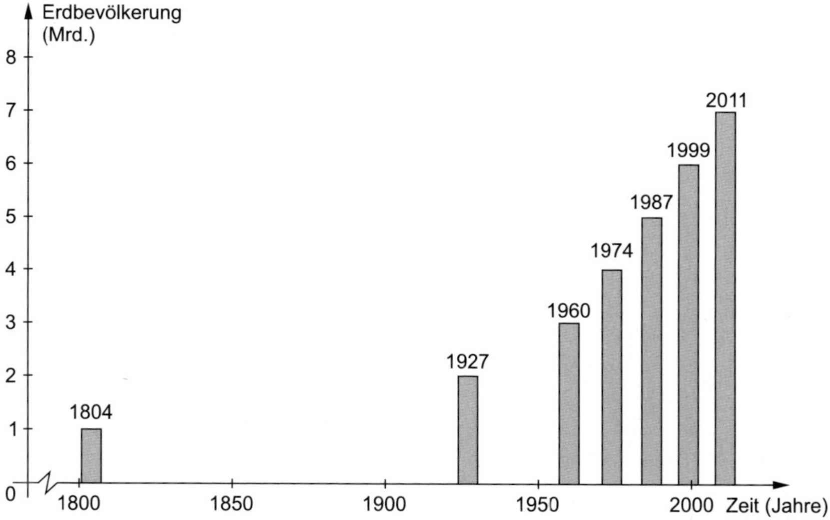

Ermitteln Sie rechnerisch, um wie viele Prozentpunkte sich die prozentuale Zunahme zwischen 1987 und 1999 und die prozentuale Zunahme zwischen 1999 und 2011 unterscheiden.
Erläutern Sie verbal (schriftlich), warum sich die prozentualen Zunahmen der beiden Zeiträume unterscheiden, obwohl sie in absoluten Zahlen betrachtet gleich sind.

Aktuell wächst die Erdbevölkerung pro Jahr um ca. 1,19 %.
Diese Zunahme entspricht etwa der Bevölkerung folgenden Landes:

- Schweiz 7,8 Mio.,
- USA 311,0 Mio.,
- Deutschland 81,8 Mio.,
- Ägypten 83,1 Mio. oder
- Türkei 77,8 Mio.?

Gehen Sie bei Ihren Berechnungen von den Zahlen des Jahres 2011 aus.

Von 2011 aus betrachtet wird bis 2025 mit einer Zunahme der Erdbevölkerung um eine weitere Mrd. Menschen gerechnet. Wie hoch wird die entsprechende Säule in der Grafik, wenn die Säule für das Jahr 1960 21 mm hoch ist?

Von 2025 aus betrachtet wird die Erdbevölkerung bis 2050 um weitere 14,38 % zunehmen. Berechnen Sie, wie viele Menschen dann voraussichtlich auf der Erde leben werden.

Ermitteln Sie, welchem der folgenden vier Verhältnisse der Zuwachs der Erdbevölkerung von 2025 bis 2050 etwa entspricht:

- $\frac{2}{10}$
- $\frac{1}{14}$
- $\frac{1}{7}$
- $\frac{5}{8}$?

Interaktive Aufgaben

1. Joghurt
2. Renovierung
3. Kreisdiagramm*
4. Säulendiagramm*
5. Differenzierter Sportunterricht*
6. Wahlpflichtflächer*

Ausführlich dargestellte Lösungswege zu allen Aufgaben des Kapitels

Die ausführlich dargestellten Lösungswege zu allen Aufgaben des Kapitels stehen als PDF-Download zur Verfügung (siehe Zugangscode vorne im Buch).

Zum Schnellnachschlagen: Lösungen und Endergebnisse

Aufgabe 1:

Anzahl der Busbenutzer, Fußgänger und von den Eltern mit dem Pkw gefahrener Schülerinnen/Schüler:

Busbenutzer:	176 Schülerinnen und Schüler
Fußgänger:	127 Schülerinnen und Schüler
Eltern/Pkw:	19 Schülerinnen und Schüler

A: 176 Schülerinnen und Schüler benutzen den Bus, 127 kommen zu Fuß und 19 werden von den Eltern mit dem Pkw gefahren.

Säulendiagramm: Säulenhöhen

Schulbus:	6,9 cm
Fußgänger:	5,0 cm
Eltern/Pkw:	0,7 cm
Fahrrad:	2,5 cm

Säulendiagramm:

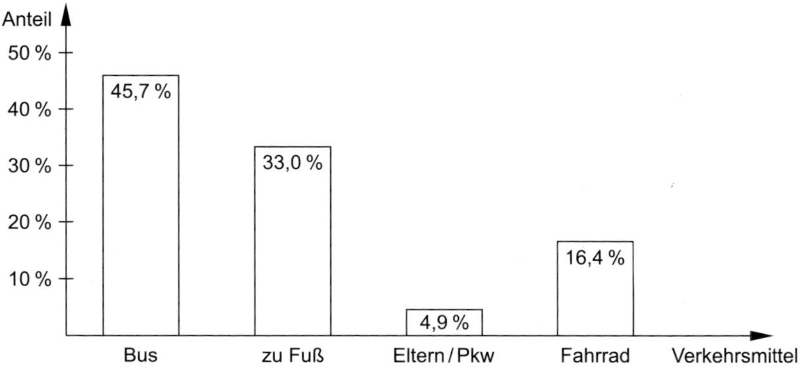

(Die Abbildung zeigt eine maßstäbliche Verkleinerung. Die Originalhöhen der Säulen können der Aufstellung „Säulenhöhen" entnommen werden.)

Aufgabe 2:

Essen III: 30 Gäste

A: Essen III wird von 30 Gästen gewählt.

Streifendiagramm: Streifenlängen

Essen I: 7,1 cm
Essen II: 5,1 cm
Essen III: 2,8 cm

Streifendiagramm:

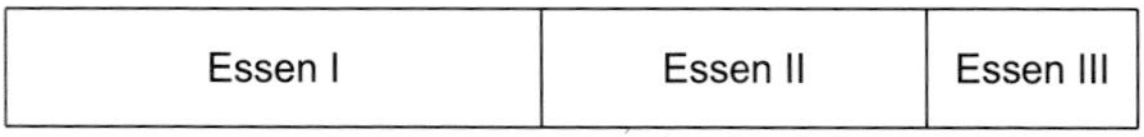

(Die Abbildung zeigt eine maßstäbliche Verkleinerung. Die Originallängen der Streifen können der Aufstellung „Streifenlängen" entnommen werden.)

Aufgabe 3:

Anzahl der in der „Land- und Forstwirtschaft mit Fischerei" beschäftigten Menschen: 97 800

A: In der „Land- und Forstwirtschaft mit Fischerei" waren 97 800 Menschen tätig.

Kreisdiagramm: Mittelpunktswinkel

Handel, Gastgewerbe und Verkehr:	74,1°
Sonstige Dienstleistungen:	143,5°
Produzierendes Gewerbe:	135,8°
Land- und Forstwirtschaft mit Fischerei:	6,6°

Zuwachs an Beschäftigten im Fünfjahresvergleich: 282 000 Menschen

A: Die Zahl der Erwerbstätigen ist im Fünfjahresvergleich um 282 000 Menschen gestiegen.

Kreisdiagramm:

Aufgabe 4:

Prozentualer Stimmenanteil für die drei Entwürfe

Entwurf A: 41,61 %
Entwurf B: 2,54 %
Entwurf C: 19,65 %

A: Auf Entwurf A entfallen 41,61 % der Stimmen, auf Entwurf B 2,54 % und auf Entwurf C 19,65 % der Stimmen.

Kreisdiagramm: Mittelpunktswinkel

Entwurf A: 149,8°
Entwurf B: 9,1°
Entwurf C: 70,8° (alternativ: 70,7°)
Ablehnung: 130,3°

Kreisdiagramm:

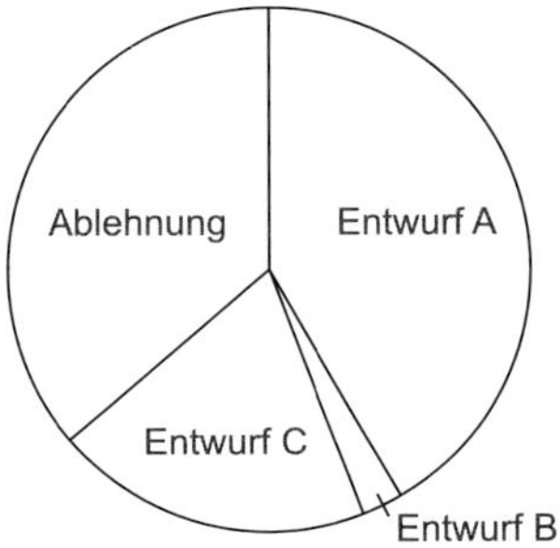

Aufgabe 5:

Anzahl das Zeltlager wählender Jugendlicher: 21

A: 21 Jugendliche stimmen für das Zeltlager.

Kreisdiagramm: Mittelpunktswinkel

Fahrradtour: 162,0°
Zeltlager: 94,5°

Kreisdiagramm:

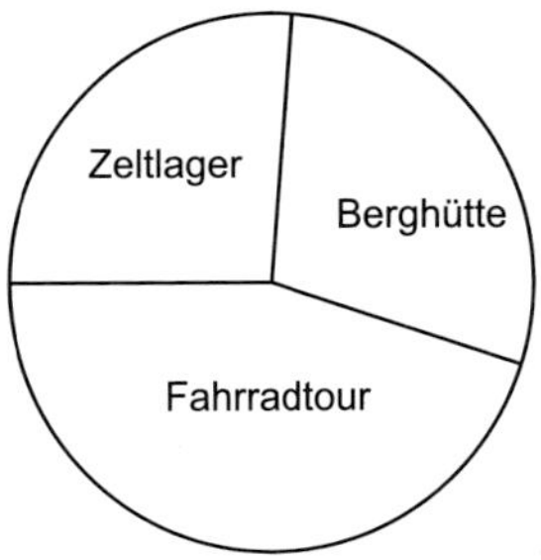

Aufgabe 6:

Prozentuale Veränderungen der Besucherzahlen

Jahr 1/Jahr 2: –11,2 %
Jahr 2/Jahr 3: 21,8 %
Jahr 3/Jahr 4: –3,8 %
Jahr 4/Jahr 5: 35,3 %

Säulendiagramm: Säulenhöhen

(1 % ≙ 2 mm)

Jahr 1/Jahr 2: –2,2 cm
Jahr 2/Jahr 3: 4,4 cm
Jahr 3/Jahr 4: –0,8 cm
Jahr 4/Jahr 5: 7,1 cm

A: Zwischen dem 1. und dem 2. Jahr fällt die Besucherzahl um 11,2 %, zwischen dem 2. und 3. Jahr steigt sie um 21,8 %, zwischen dem 3. und 4. Jahr fällt sie wieder um 3,8 % und vom 4. auf das 5. Jahr steigt sie um 35,3 %.

Säulendiagramm:

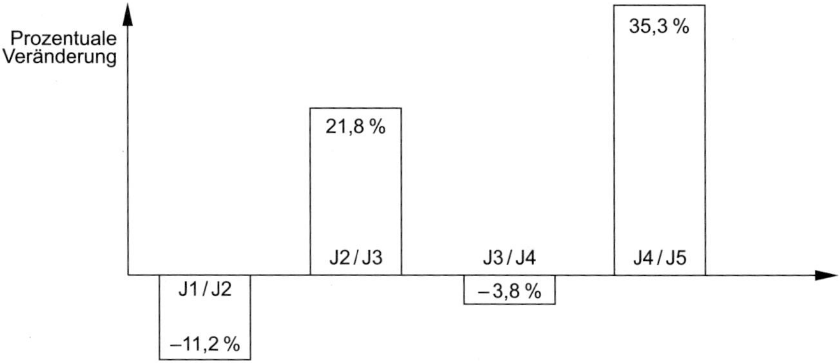

(Die Abbildung zeigt eine maßstäbliche Verkleinerung. Die Originalhöhen der Säulen können der Aufstellung „Säulenhöhen" entnommen werden.)

Differenz zwischen den Zuschüssen pro Besucher in den letzten beiden Jahren: 0,43 €

A: In den letzten beiden Jahren differieren die Zuschüsse pro Besucher um 0,43 €.

Aufgabe 7:

Unterschied der prozentualen Zunahme zwischen 1987–1999 und 1999–2011:
u = 3,33 %

A: Die prozentuale Zunahme der Erdbevölkerung in den beiden Perioden unterscheidet sich um 3,33 Prozentpunkte.

Verbale Erläuterung zur Begründung des Unterschieds:
Bei beiden Zeiträumen beträgt die absolute Zunahme jeweils 1 Mrd. Menschen. Damit ist der Prozentwert jeweils gleich groß. Allerdings sind die Grundwerte, auf die sich diese Zunahme jeweils bezieht, verschieden groß.
Da der Prozentsatz durch das Verhältnis aus Prozentwert und Grundwert bestimmt wird, müssen sich die Prozentsätze der beiden Zunahmeperioden folglich unterscheiden.

Land, dessen Bevölkerungszahl dem aktuellen jährlichen Wachstum der Erdbevölkerung etwa entspricht: Ägypten

A: Die aktuelle jährliche Zunahme der Erdbevölkerung entspricht etwa der Bevölkerung Ägyptens.

Säulenhöhe für das Jahr 2025: h = 56 mm

A: Die Säulenhöhe für das Jahr 2025 beträgt 56 mm.

Erdbevölkerung im Jahr 2050: 9,15 Mrd. Menschen

A: Im Jahr 2050 leben voraussichtlich 9,15 Mrd. Menschen auf der Erde.

Die Zunahme der Erdbevölkerung von 2025 bis 2050 entspricht etwa $\frac{1}{7}$ der Erdbevölkerung von 2025.

A: Die Zunahme der Erdbevölkerung zwischen 2025 und 2050 entspricht etwa $\frac{1}{7}$ der Erdbevölkerung von 2025.

Sparen, Zinsen, Zinseszins

Für alle Aufgaben gilt: Zinsen werden mitverzinst.

1. Familie Müller schließt bei ihrer Bank einen Ratensparvertrag über vier Jahre Laufzeit ab. Jeweils zu Jahresanfang werden 3 600,00 € einbezahlt.
   Die Zinssätze sind gestaffelt: Zinssatz im ersten Jahr: 3,25 %
   Zinssatz im zweiten Jahr: 3,5 %
   Zinssatz im dritten Jahr: 3,8 %
   Zinssatz im vierten Jahr: 4,25 %.
   Berechnen Sie den Auszahlungsbetrag nach Ablauf der vier Jahre.

2. Ein Kapital von 7 500,00 € wird vier Jahre lang mit gleichbleibendem Zinssatz angelegt. Nach vier Jahren erhält der Anleger ein Vermögen von 8 723,43 € ausbezahlt.
   Berechnen Sie den Zinssatz, zu dem das Kapital angelegt wurde.
   Um wie viel Prozent ist das Kapital im Anlagezeitraum angewachsen?

3. Familie Schmidt legt ein Vermögen in Höhe von 6 500,00 € über fünf Jahre fest an. Die Zinssätze für die beiden ersten Jahre betragen 4,25 % und 4,5 %. Im dritten Jahr werden 329,27 € Zinsen gut geschrieben. Der Zinssatz für die letzten beiden Jahre ist gleich. Am Ende der Anlagezeit erhält die Familie ein Vermögen von 8 185,59 € ausbezahlt.
   Berechnen Sie den Zinssatz für die letzten beiden Jahre.
   Wie hoch hätte ein über die gesamte Laufzeit gleichbleibender Zinssatz sein müssen, um denselben Anlageerfolg zu erzielen?

4. Ein Kapital wird für vier Jahre fest angelegt. Im ersten Jahr werden 450,00 € Zinsen gutgeschrieben. Für die folgenden Jahre gilt: Zinssatz im zweiten Jahr: 3,5 %
   Zinssatz im dritten Jahr: 3,75 %
   Zinssatz im vierten Jahr: 4,5 %.
   Nach Ablauf der Anlagezeit werden 17 336,97 € von der Bank an den Anleger ausbezahlt.
   Berechnen Sie den Betrag des angelegten Kapitals.
   Welcher Zinssatz lag den Zinsen für das erste Jahr zugrunde?
   Wie viel Zinsen werden für das vierte Jahr gutgeschrieben?

5. Familie Kugler beabsichtigt, für die nächsten fünf Jahre jährlich 2 750,00 € Ersparnisse fest anzulegen. Ihr liegen zwei Angebote vor.
   Angebot I: Einzahlungsbetrag jeweils am Jahresanfang: 2 750,00 €.
   Die Zinssätze für die ersten beiden Jahre betragen jeweils 4,0 %.
   Für die folgenden Jahre gilt:
   Zinssatz im dritten Jahr: 4,25 %
   Zinssatz im vierten Jahr: 4,5 %.
   Für das letzte Anlagejahr schüttet die Bank 750,00 € Zinsen aus.
   Die Bearbeitungsgebühr von 150,00 € wird von der Bank direkt vor Anlage des Geldes von der ersten Einzahlung abgezogen.
   Angebot II: Wie bei Angebot I liegt der jährlich einzuzahlende Betrag bei 2 750,00 €.
   Der über die gesamte Laufzeit des Vertrages gleichbleibende Zinssatz beträgt 4,5 %. Die Bearbeitungsgebühr beträgt 120,00 € und wird von der Bank direkt vor der Anlage des Geldes von der ersten Einzahlung abgezogen.
   Bei welchem Angebot erzielt Familie Kugler den höheren Anlageerfolg?

Interaktive Aufgaben

1. Zinssatz
2. Wachstumssparen*
3. Anlage über 3 Jahre*

Ausführlich dargestellte Lösungswege zu allen Aufgaben des Kapitels

Die ausführlich dargestellten Lösungswege zu allen Aufgaben des Kapitels stehen als PDF-Download zur Verfügung (siehe Zugangscode vorne im Buch).

Zum Schnellnachschlagen: Lösungen und Endergebnisse

Aufgabe 1:

$K_4 = 15\,843{,}58$ €
(über alternativen Lösungsweg: $K_4 = 15\,843{,}57$ €)

A: Der Auszahlungsbetrag nach vier Jahren beträgt 15 843,58 €.

Aufgabe 2:

Zinssatz: $p\,\% = 3{,}85\,\%$
Wertsteigerung: $p\,\% = 16{,}31\,\%$

A: Der Zinssatz betrug 3,85 %. Die Steigerung des Kapitals beträgt 16,31 %.

Aufgabe 3:

Zinssatz für die letzten beiden Jahre: $p_{4/5}\,\% = 5{,}1\,\%$
Gleichbleibender Zinssatz: $p\,\% = 4{,}72\,\%$

A: Der Zinssatz im vierten und fünften Anlagejahr beträgt 5,1 %. Ein gleichbleibender Zinssatz hätte 4,72 % betragen müssen.

Aufgabe 4:

$K_0 = 15\,000{,}-$ €

$p_1\,\% = 3{,}0\,\%$

$Z_4 = 746{,}57$ €

A: Das angelegte Kapital betrug 15 000,– €. Der Zinssatz für das erste Jahr lag bei 3,0 %. Die Zinsen für das vierte Jahr betrugen 746,57 €.

Aufgabe 5:

Auszahlungsbetrag Anlagemodell I: 15 548,95 €
(über alternativen Lösungsweg: 15 548,96 €)
Auszahlungsbetrag Anlagemodell II: 15 571,91 €

A: Familie Kugler erzielt bei Angebot II den höheren Anlageerfolg.

Preise, Preisbewegungen

1. In einer Sonderaktion zum Ende des Winterschlussverkaufs werden die bereits um 30 % reduzierten Saisonartikel Mützen, Schals und Handschuhe nochmals um 20 % reduziert.

   Wie viel Prozent des ursprünglichen Preises kosten die Artikel jetzt noch?
   Berechnen Sie den ursprünglichen Preis einer Mütze, die nach der Aktion 13,99 € kostet.

2. Der Preis eines interaktiven Lernprogramms wird zunächst um 9,81 €, dann nochmals um 10 % auf 44,99 € herabgesetzt.

   Berechnen Sie den ursprünglichen Preis des Lernprogramms.
   Wie hoch ist der gesamte Preisnachlass in Prozent?

3. Im Preis von Inlineskates sind 23,87 € MwSt. (19 %) enthalten.

   Ein zweites Modell kostet 14,52 € weniger. Um wie viel Prozent liegt der Preis dieses Modells unter dem Preis des ersten Modells?
   Was kostet das Nachfolgemodell von Modell 2, wenn der Preis um 3,71 % angehoben wird?
   Um wie viel Prozent wird das Nachfolgemodell von Modell 1 teurer, wenn dessen Preis auf 159,95 € angehoben wird?

4. Der Preis eines Motorrollers wird um 52,90 € erhöht. Dies entspricht 2,72 %.

   Was kostete der Motorroller vor der Preiserhöhung?
   Geben Sie den Preis des Rollers an, wenn der Händler auf den erhöhten Preis 2,0 % Skonto gewährt.
   Wie hoch ist der in diesem Preis enthaltene MwSt.-Betrag (19 %)?

5. Ein Radsportverein bezieht beim Großhändler 25 neue Fahrradhelme. Auf den Nettopreis des Händlers bekommt der Verein 20 % Rabatt. Auf den verbleibenden Betrag werden 19 % MwSt. aufgeschlagen. Da der Verein die Rechnung bei Lieferung begleicht, gewährt der Großhändler noch 2 % Skonto. Der Verein bezahlt insgesamt 1 567,61 €.

   Berechnen Sie den ursprünglichen Nettopreis eines Helms.
   Wie hoch ist die Preisersparnis pro Helm?

Interaktive Aufgaben

1. Prozentwert
2. Vermehrter Grundwert
3. Heizöl*
4. Hamburger*

Ausführlich dargestellte Lösungswege zu allen Aufgaben des Kapitels

Die ausführlich dargestellten Lösungswege zu allen Aufgaben des Kapitels stehen als PDF-Download zur Verfügung (siehe Zugangscode vorne im Buch).

Zum Schnellnachschlagen: Lösungen und Endergebnisse

Aufgabe 1:

Neuer Preis als Prozentsatz des ursprünglichen Preises: 56,0 %
Ursprünglicher Preis der Mütze: 24,98 €

A: Die Artikel kosten jetzt noch 56,0 % des ursprünglichen Preises.
Die Mütze kostete ursprünglich 24,98 €.

Aufgabe 2:

Ursprünglicher Preis: 59,80 €
Gesamter Preisnachlass in Prozent: p % = 24,77 %

A: Das Lernprogramm kostete ursprünglich 59,80 €. Der Preisnachlass beträgt 24,77 %.

Aufgabe 3:

Prozentuale Preisdifferenz: p % = 9,71 %
Modell 2 inkl. Preiserhöhung: 139,99 €
Prozentualer Preisanstieg bei Modell 1: p % = 6,99 %

A: Der Preis von Modell 2 liegt vor der Preiserhöhung um 9,71 % unter dem Preis von Modell 1. Das Nachfolgemodell von Modell 2 kostet nach der Preiserhöhung 139,99 €. Der Preis von Modell 1 wird um 6,99 % angehoben.

Aufgabe 4:

Preis vor der Preiserhöhung: 1 944,85 €
Neuer Preis abzüglich Skonto: 1 957,80 €
Mehrwertsteuerbetrag: 312,59 €

A: Der Roller kostete ursprünglich 1 944,85 €.
Der neue Preis nach Skonto beträgt 1 957,80 €. Darin sind 312,59 € MwSt. enthalten.

Aufgabe 5:

Ursprünglicher Nettopreis eines Helms: 67,21 €
Preisersparnis pro Helm: 17,28 €

A: Der ursprüngliche Nettopreis eines Helms lag bei 67,21 €.
Die Preisersparnis pro Helm beträgt 17,28 €.

Funktionen

1. Gegeben sei eine Parabel p mit der Gleichung $y = x^2 - 3x - 1{,}75$.
   Zeichnen Sie das Schaubild der Parabel.
   Bestimmen Sie rechnerisch die Koordinaten der Schnittpunkte der Parabel mit der x-Achse.

   Der Scheitelpunkt der Parabel und die beiden Schnittpunkte mit der x-Achse bilden zusammen mit Punkt $P(1{,}5 \mid 6{,}5)$ ein Viereck.
   Berechnen Sie den Flächeninhalt dieses Vierecks.

2. Parabel p wird durch die Gleichung $y = x^2 - 8x + 12{,}5$ festgelegt. Gerade g wird durch die Gleichung $y = -2x + 7{,}5$ festgelegt.

   Eine zweite Gerade h verläuft parallel zu g und schneidet Parabel p im Scheitelpunkt S.
   Berechnen Sie die Koordinaten des Schnittpunkts dieser Geraden mit der x-Achse.

3. Gerade g verläuft durch Punkt $P_1(5 \mid -1{,}5)$. Sie schneidet die y-Achse in Punkt $P_2(0 \mid 6)$.
   Ermitteln Sie rechnerisch die Gleichung der Geraden.

   Gerade g wird in Punkt $P_3(-1 \mid 7{,}5)$ von Parabel p geschnitten. Parabel p hat die Gleichung $y = x^2 + bx + 2{,}5$.
   Ermitteln Sie die Funktionsgleichung der Parabel. Zeichnen Sie die Schaubilder der Geraden und der Parabel in ein Koordinatensystem.

4. Eine nach oben geöffnete Normalparabel p besitzt den Scheitelpunkt $S(-2{,}5 \mid 3)$.

   Zeigen Sie, dass die Parabel die x-Achse nicht schneidet.
   Ermitteln Sie rechnerisch die Koordinaten des Schnittpunkts der Parabel mit der y-Achse.
   Überprüfen Sie rechnerisch, ob die Punkte $P_1(-1{,}5 \mid 6)$ und $P_2(-0{,}5 \mid 7)$ auf der Parabel liegen.

5. Parabel p_1 hat die Funktionsgleichung $y = \frac{1}{2}x^2 - 2$. Parabel p_2 wird durch die Gleichung $y = x^2 - 2x - 2$ bestimmt.
   Ermitteln Sie die Koordinaten der Schnittpunkte P_1 und P_2 der beiden Parabeln rechnerisch.

   Durch die Schnittpunkte P_1 und P_2 verläuft Gerade g.
   Bestimmen Sie rechnerisch die Gleichung der Geraden.

   Zeichnen Sie die Schaubilder der beiden Parabeln und der Geraden in ein Koordinatensystem.

6. Die nach oben geöffnete Normalparabel p verläuft durch die Punkte $A(-6{,}5 \mid 4)$ und $B(-2 \mid -2{,}75)$. Gerade g hat die Steigung $m = 1$. Sie verläuft durch Punkt $C(-7 \mid -2{,}5)$.

   Ermitteln Sie rechnerisch die Koordinaten des Scheitelpunkts S von Parabel p und die Gleichung von Gerade g. Zeichnen Sie die Schaubilder der Parabel und der Geraden in ein Koordinatensystem.
   Berechnen Sie die Koordinaten der Schnittpunkte P_1 und P_2 von Parabel p und Gerade g.
   Ermitteln Sie rechnerisch den Abstand zwischen den beiden Schnittpunkten P_1 und P_2.

7. Ein Architekturbüro plant einen Museumsneubau mit zwei Kuppeln. Die Bogenformen der beiden Kuppeln lassen sich durch Parabeln beschreiben. Beide Kuppeln werden auf das Flachdach des Gebäudes aufgesetzt. Das Architekturbüro legt für alle Berechnungen fest, dass die x-Achse auf der Grundebene des Baus liegt. Der höchste Punkt der höheren Hauptkuppel liegt 35,65 m über der Grundebene des Baus. Die Kuppel selbst ist 15,36 m hoch. Ihr auf dem Dach aufsitzender kreisförmiger Umfang beträgt 97,33 m.

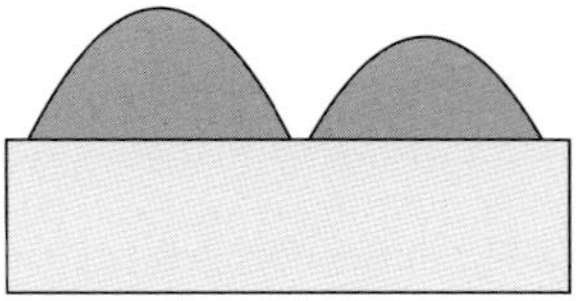

Der Bogen der Hauptkuppel lässt sich durch eine Funktionsgleichung der Form $y = ax^2 + c$ beschreiben. Zeigen Sie, dass für Formfaktor a gilt: $a = -0{,}064$.

In einer Höhe von 30,53 m soll auf der Hauptkuppel ein Ring von 24 Positionsleuchten angebracht werden. Die Positionsleuchten sollen gleichmäßig verteilt werden. Ermitteln Sie den Abstand zwischen den einzelnen Positionsleuchten auf der Kuppel.

Auch der Bogen der zweiten Kuppel lässt sich durch eine Parabelgleichung mit Formfaktor $a = -0{,}064$ beschreiben. Ihr höchster Punkt liegt 27,92 m über der Grundebene des Baus und in einer horizontalen Entfernung von 31,41 m zum höchsten Punkt der Hauptkuppel.
Ermitteln Sie die Koordinaten des Schnittpunkts A der beiden Parabeln.

Interaktive Aufgaben

1. Gerade bestimmen
2. Parabel zuordnen
3. Reihenfolge
4. Parabel zeichnen
5. Parabel zuordnen
6. Vogel
7. Parabel zeichnen
8. Parabel zuordnen
9. Parabel zeichnen
10. Parabel zuordnen
11. Parabel zeichnen
12. Scheitel bestimmen
13. Schnittpunkte mit x-Achse bestimmen
14. Schnittpunkte mit x-Achse bestimmen
15. Schnittpunkte von Gerade und Parabel*
16. Schnittpunkte von 2 Parabeln*
17. Abstand von 2 Punkten bestimmen*
18. Fläche bestimmen*

Ausführlich dargestellte Lösungswege zu allen Aufgaben des Kapitels

Die ausführlich dargestellten Lösungswege zu allen Aufgaben des Kapitels stehen als PDF-Download zur Verfügung (siehe Zugangscode vorne im Buch).

Zum Schnellnachschlagen: Lösungen und Endergebnisse

Aufgabe 1:

$S(1{,}5\,|\,-4)$

$N_1(3{,}5\,|\,0)$

$N_2(-0{,}5\,|\,0)$

$A_{SN_1PN_2} = 21$ FE

Zeichnung:

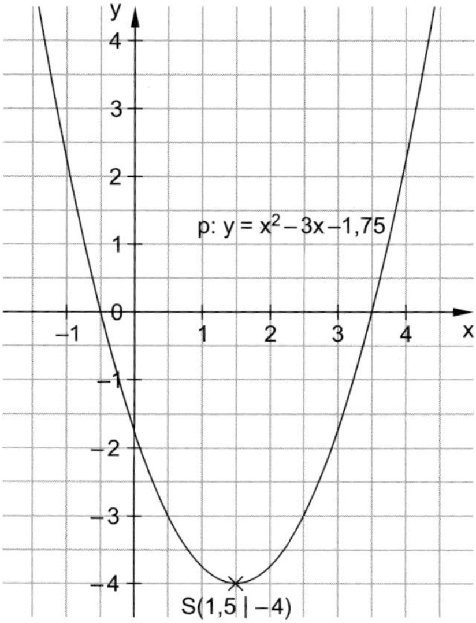

Aufgabe 2:

$N_h(2{,}25\,|\,0)$

Aufgabe 3:

g: $y = -1{,}5x + 6$
p: $y = x^2 - 4x + 2{,}5$
$S(2 \mid -1{,}5)$

Zeichnung:

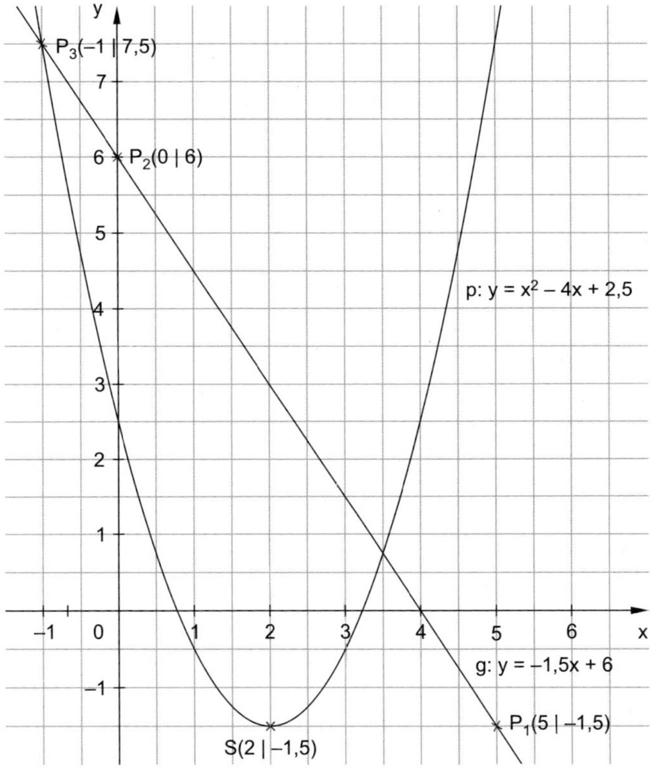

Aufgabe 4:

Die Berechnung der Nullstellen führt zu $L = \{\ \}$. Damit ist gezeigt, dass Parabel p keine Schnittpunkte mit der x-Achse besitzt.

Alternativer Lösungsweg über verbale Argumentation:
Alternativ zum rechnerischen Lösungsweg kann auch verbal gezeigt werden, dass Parabel p keine Schnittpunkte mit der x-Achse hat:
„Da Parabel p nach oben offen ist, ist ihr Scheitelpunkt S der tiefste Punkt der Parabel. Scheitelpunkt S liegt mit $y_S = 3$ über der x-Achse.
Wenn Scheitelpunkt S als tiefster Punkt der Parabel über der x-Achse liegt, liegen alle Punkte der Parabel über der x-Achse. Parabel p kann folglich keine Schnittpunkte mit der x-Achse haben."

Schnittpunkt von Parabel p mit der y-Achse: $P(0 \mid 9{,}25)$
$P_1 \notin p$
$P_2 \in p$

Aufgabe 5:

$P_1(4|6)$

$P_2(0|-2)$

g: $y = 2x - 2$

$S_2(1|-3)$

Wertetabelle für Parabel p_1:

x	−4	−3,5	−3	−2,5	−2	−1,5	−1	−0,5	0	0,5	1	1,5	2	2,5	3	3,5	4
$\frac{1}{2}x^2 - 2$	6	4,1	2,5	1,1	0	−0,9	−1,5	−1,9	−2	−1,9	−1,5	−0,9	0	1,1	2,5	4,1	6

Zeichnung:

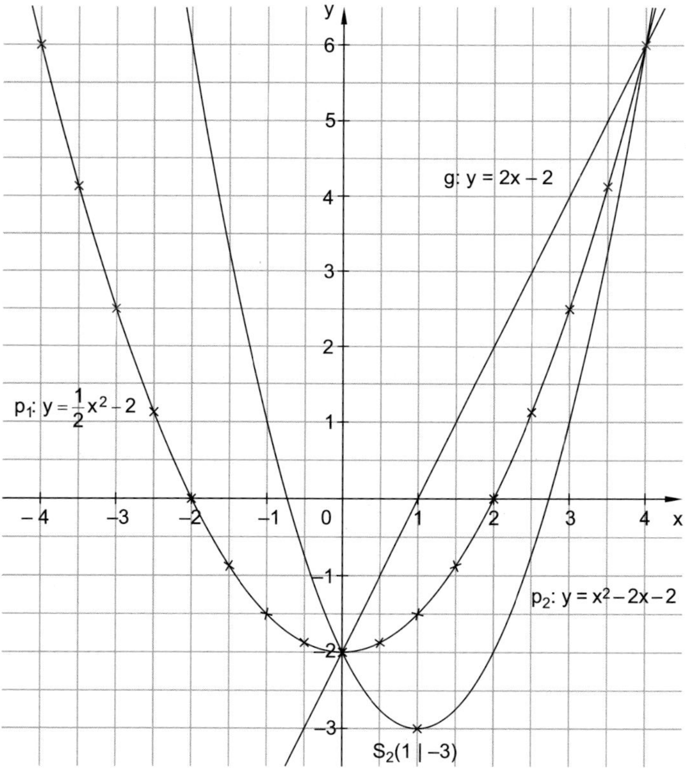

Aufgabe 6:

$S(-3{,}5 \mid -5)$

g: $y = x + 4{,}5$

Zeichnung:

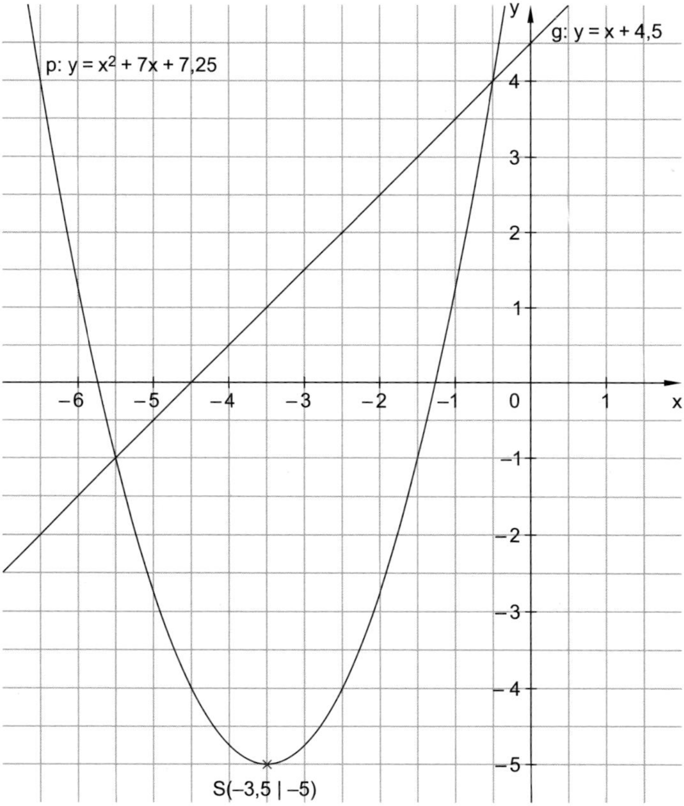

$P_1(-0{,}5 \mid 4)$

$P_2(-5{,}5 \mid -1)$

$\overline{P_1P_2} = 7{,}1$ LE

Aufgabe 7:

Nachweis für $a = -0{,}064$: siehe PDF-Download

Abstand zwischen den Positionsleuchten: $d = 2{,}34$ m

Koordinaten des Schnittpunkts der beiden Parabeln p_1 und p_2: $A(17{,}63 \mid 15{,}76)$

1. Gegeben ist das Fünfeck ABCDE mit:

$\overline{AE} = 6{,}1\ \text{cm}$

$\overline{DE} = 4{,}9\ \text{cm}$

Winkel EBA $= 54{,}2°$

Winkel AEC $= 62{,}5°$

Berechnen Sie die Länge $\overline{CD}$.

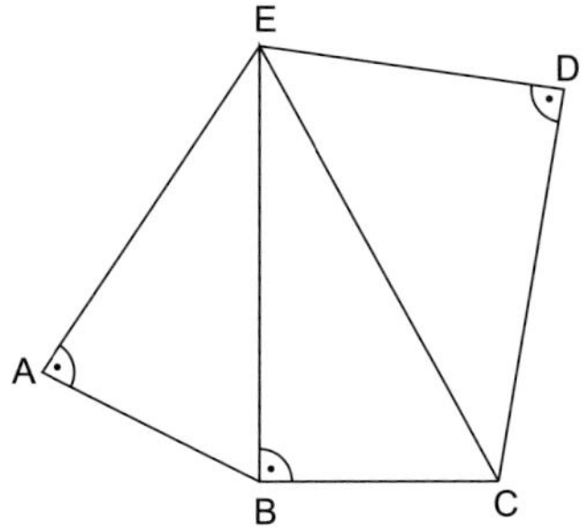

2. Gegeben ist das Viereck ABCD. Es gilt:

$\overline{AD} = 12{,}4\ \text{cm}$

$A_{ABD} = 138{,}9\ \text{cm}^2$

$\overline{BC} = 30{,}4\ \text{cm}$

Winkel CBD $= 60{,}8°$

Berechnen Sie Winkel BDC (δ_1).

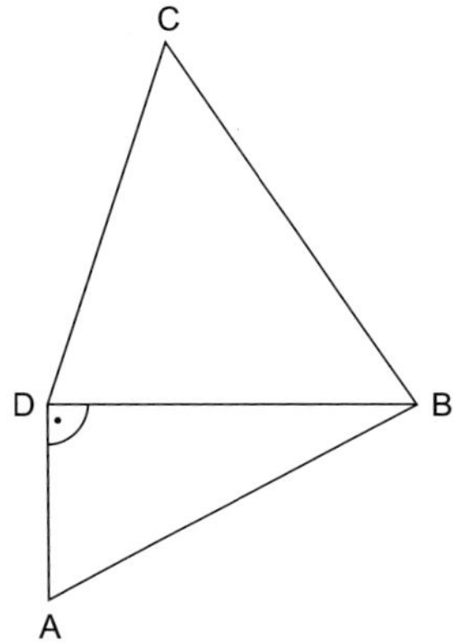

3. Gegeben sind das Quadrat ABCD und das Rechteck EFGH.
Die Ecke C des Quadrats liegt auf $\overline{HE}$.
Ecke G des Rechtecks liegt auf BC.
Ecke B liegt auf AE.

Es gilt:

$\overline{AB} = 4{,}9\ \text{cm}$

$\overline{GH} = \overline{AB}$

$\varepsilon_1 = 37{,}7°$

Berechnen Sie den Abstand des Punktes G von AE.

Ermitteln Sie den prozentualen Anteil der Fläche von Trapez CEFG an der Fläche des Rechtecks EFGH.

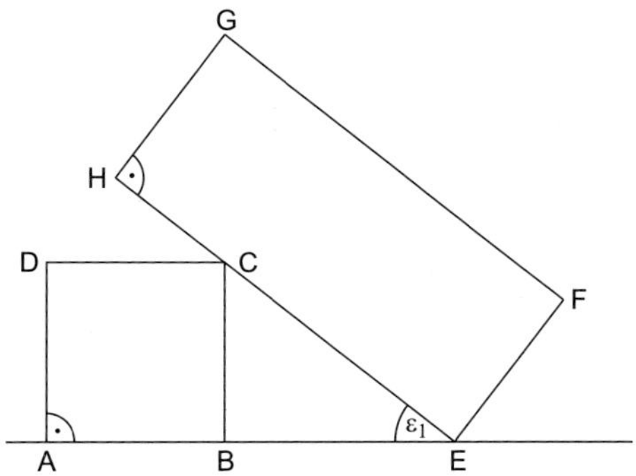

4. Im Fünfeck ABCDE gilt:

$\overline{AB} = 11,6\ \text{cm}$

Winkel $ACB = 71,2°$

$\overline{AE} = 5,4\ \text{cm}$

Winkel $AED = 125,8°$

Berechnen Sie den Umfang des Fünfecks ABCDE.

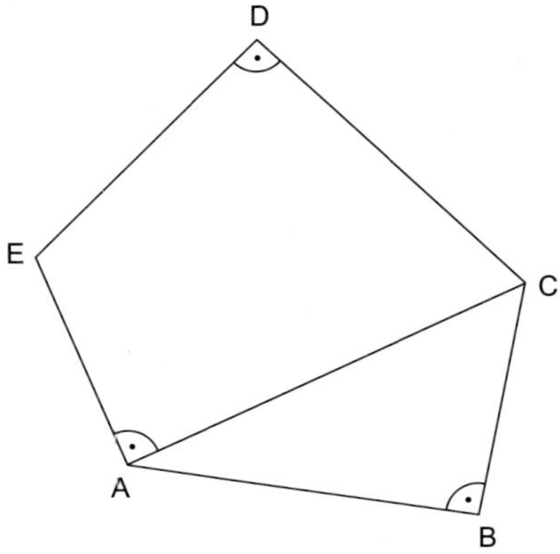

5. Das Fünfeck ABCDE besteht aus dem gleichschenkligen Trapez ABCE und dem rechtwinkligen Dreieck ECD. Es gilt:

$\overline{AB} = 5,4\ \text{cm}$

Winkel $CBA = 118°$

$\overline{CD} = 3,7\ \text{cm}$

Der Abstand von AB zu CE beträgt 4,6 cm.

Berechnen Sie den Flächeninhalt des Fünfecks ABCDE.

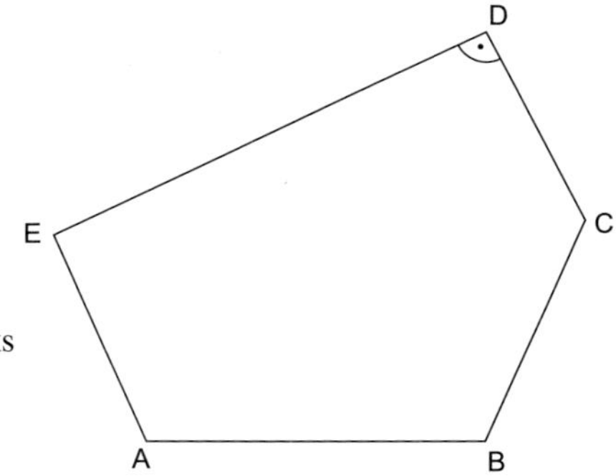

6. Gegeben ist das Trapez ABCD mit den parallel liegenden Seiten AB und CD. Es gilt:

$\overline{BC} = 2e$

$\overline{AB} = e(4+\sqrt{3})$

Winkel $CBA = 60°$

Winkel $ADC = 135°$

Zeigen Sie ohne Verwendung gerundeter Werte, dass für den Flächeninhalt des Trapezes gilt:

$A = \frac{e^2}{2}(7\sqrt{3}+3).$

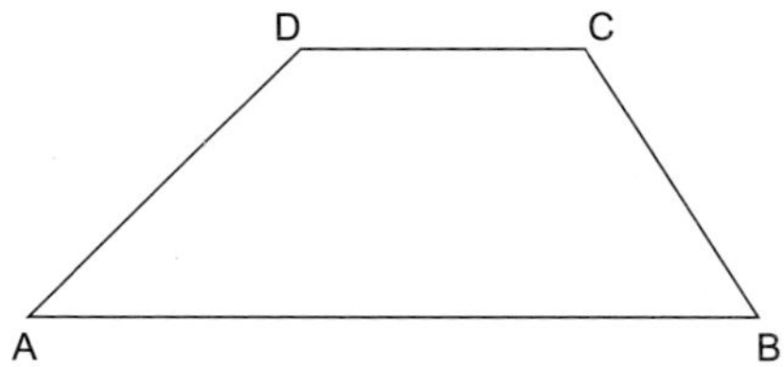

Interaktive Aufgaben

1. Seite bestimmen
2. Seite und Winkel bestimmen
3. Gebäudehöhe bestimmen
4. Zweimal Pythagoras
5. Fernseher*
6. Fläche bestimmen*
7. Umfang bestimmen*
8. Seite bestimmen*
9. Winkel bestimmen*
10. Rechnen mit Variablen (Umfang)*
11. Rechnen mit Variablen (Fläche)*

Ausführlich dargestellte Lösungswege zu allen Aufgaben des Kapitels

Die ausführlich dargestellten Lösungswege zu allen Aufgaben des Kapitels stehen als PDF-Download zur Verfügung (siehe Zugangscode vorne im Buch).

Zum Schnellnachschlagen: Lösungen und Endergebnisse

Aufgabe 1:

$\overline{CD} = 6{,}8\text{ cm}$

Aufgabe 2:

$\delta_1 = 74{,}1°$

Aufgabe 3:

Abstand des Punktes G von AE: $\overline{GB} = 11{,}1\text{ cm}$

Prozentualer Anteil von A_{CEFG} an A_{EFGH}: $p\,\% = 83{,}9\,\%$

Aufgabe 4:

$u_{ABCDE} = 39{,}3\text{ cm}$

Aufgabe 5:

$A_{ABCDE} = 53{,}5\text{ cm}^2$

Aufgabe 6:

Beweisführung für: $A = \frac{e^2}{2}(7\sqrt{3} + 3)$:

$$A = \frac{\overline{AB} + \overline{CD}}{2} \cdot h$$

$$A = \frac{e(4 + \sqrt{3}) + 3e}{2} \cdot e\sqrt{3}$$

$$A = \frac{4e + e\sqrt{3} + 3e}{2} \cdot e\sqrt{3}$$

$$A = \frac{7e + e\sqrt{3}}{2} \cdot e\sqrt{3}$$

$$A = \frac{7e^2\sqrt{3} + 3e^2}{2}$$

$$A = \frac{7e^2\sqrt{3}}{2} + \frac{3e^2}{2} \qquad \Big| \ \tfrac{e^2}{2} \text{ ausklammern}$$

$$\underline{\underline{A = \frac{e^2}{2}(7\sqrt{3} + 3)}}$$

w. z. b. w.

Quadratische Pyramiden

1. Gegeben sei eine quadratische Pyramide mit

   Mantelfläche $M = 82{,}7\ cm^2$
   Höhe auf der Seite $h_S = 7{,}8\ cm$

   Zeichnen Sie das Schrägbild der Pyramide maßgerecht mit Zerrwinkel $\alpha = 45°$ und Streckfaktor $k = 0{,}5$.

2. Eine quadratische Pyramide hat die Maße:

   $s = 14{,}8\ cm$

   $h_S = 13{,}8\ cm$

   Berechnen Sie das Volumen der Pyramide.

   Das Volumen eines Würfels ist doppelt so groß wie das der Pyramide. Berechnen Sie die Oberfläche des Würfels.

3. Die Grundfläche einer quadratischen Pyramide ist $86{,}4\ cm^2$ groß. Winkel α beträgt $61{,}5°$.

   Berechnen Sie Oberfläche O.

   Die Pyramide wird diagonal in zwei kongruente Pyramiden geteilt.
   Ermitteln Sie die Oberfläche der neuen Körper.

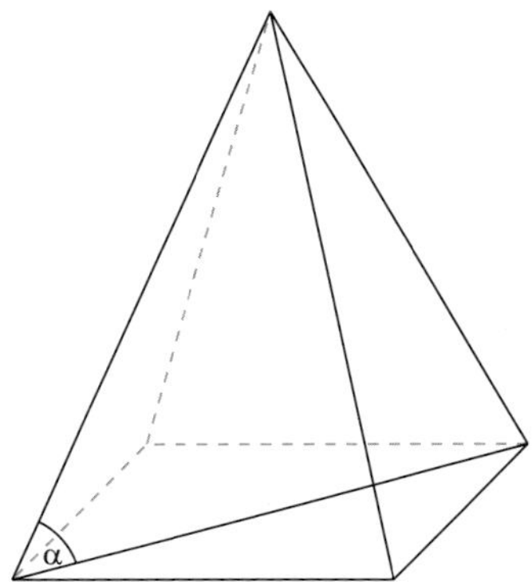

4. Gegeben sei eine quadratische Pyramide mit

   Oberfläche $O = 754{,}1\ cm^2$
   Grundkante $a = 14{,}7\ cm$

   Berechnen Sie die Seitenkante s der Pyramide und Winkel ε.

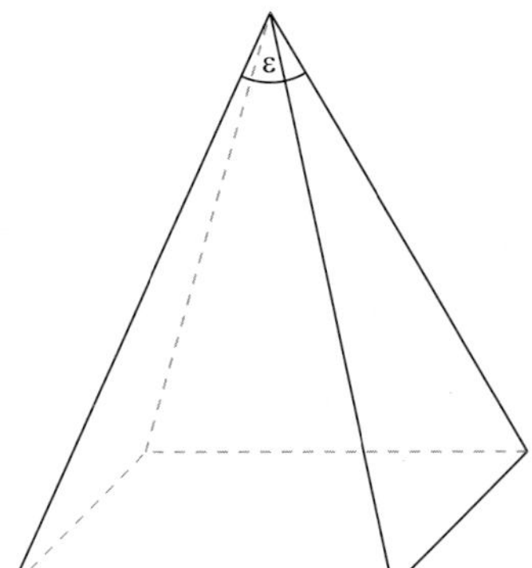

5. Von einer quadratischen Pyramide kennen wir:

   Volumen $V = 39{,}2\ \text{cm}^3$
   Höhe $h = 5{,}1\ \text{cm}$

   Zeichnen Sie das Netz der Pyramide im Maßstab 1 : 2.

6. Gegeben sei eine quadratische Pyramide mit

   $h_S = 3e$
   $\alpha = 60°$

   Zeigen Sie ohne Verwendung gerundeter Werte, dass für das Pyramidenvolumen gilt:

   $V = 4e^3\sqrt{6}$

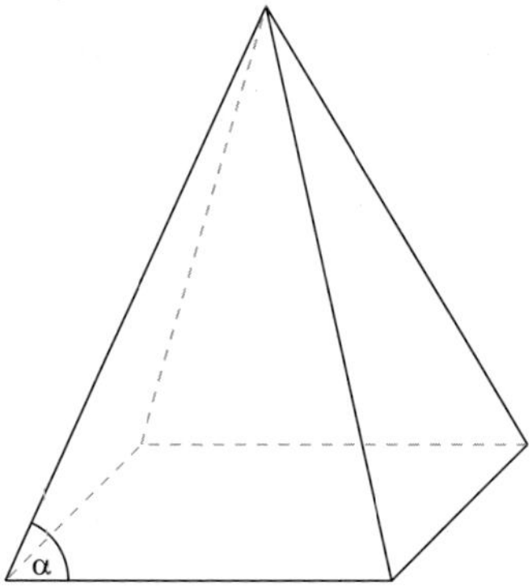

Interaktive Aufgaben

1. Volumen bestimmen
2. Höhe bestimmen
3. Volumen bestimmen
4. Rechnen mit Variablen*
5. Grundkante bestimmen*

Ausführlich dargestellte Lösungswege zu allen Aufgaben des Kapitels

Die ausführlich dargestellten Lösungswege zu allen Aufgaben des Kapitels stehen als PDF-Download zur Verfügung (siehe Zugangscode vorne im Buch).

Zum Schnellnachschlagen: Lösungen und Endergebnisse

Aufgabe 1:

Zeichnung Schrägbild:

Maße für die Zeichnung im Original:

$\alpha = 45°$

$a = 5{,}3\ \text{cm}$

$\frac{a}{2} = 2{,}65\ \text{cm}$

$h = 7{,}3\ \text{cm}$

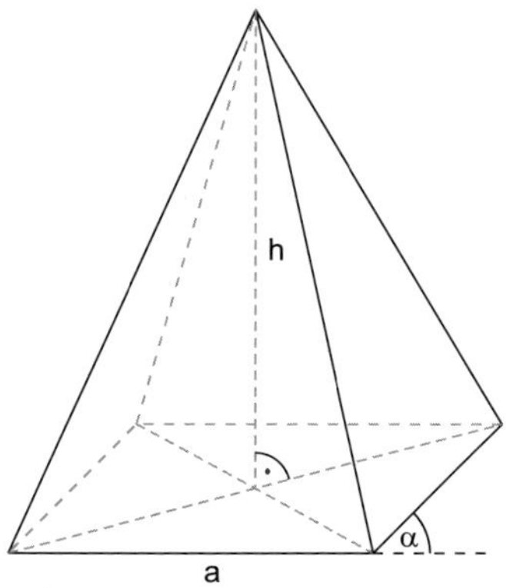

Aufgabe 2:

$V_{\text{Pyramide}} = 476\ \text{cm}^3$

$O_{\text{Würfel}} = 576\ \text{cm}^2$

Aufgabe 3:

$O_{\text{Pyramide}} = 330\ \text{cm}^2$

$O_{\text{neue Pyramide}} = 246\ \text{cm}^2$

Aufgabe 4:

$s = 19{,}7\ \text{cm}$

$\varepsilon = 63{,}8°$

Aufgabe 5:

Zeichnung:

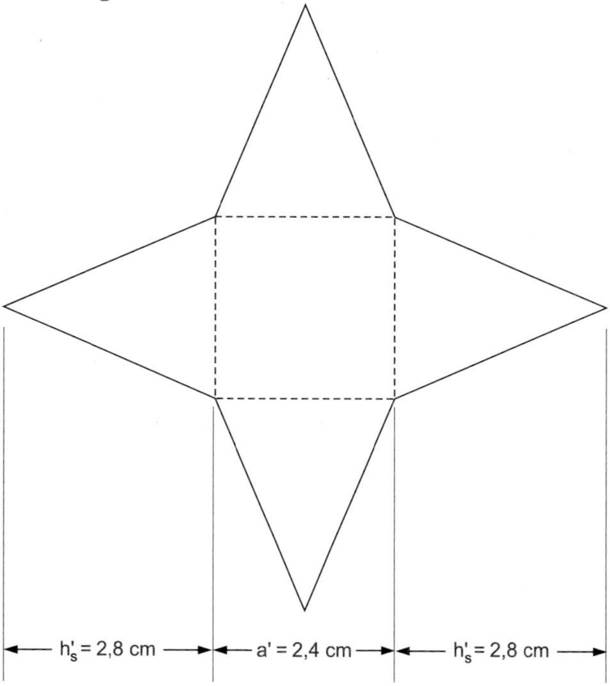

Aufgabe 6:

Beweisführung für: $V = 4e^3\sqrt{6}$:

$$V = \frac{1}{3}a^2h$$

$$V = \frac{1}{3}(2e\sqrt{3})^2 \cdot e\sqrt{6}$$

$$V = \frac{1}{\cancel{3}} \cdot 4e^2 \cdot \cancel{3} \cdot e\sqrt{6}$$

$$V = \underline{\underline{4e^3\sqrt{6}}} \qquad \text{w. z. b. w}$$

Kegel und Kugel

1. Der Umfang u der Grundfläche eines Kreiskegels ist 28,9 cm lang.
   Die Oberfläche O beträgt 222 cm^2.

   Berechnen Sie das Volumen des Kreiskegels.

2. Ein Kreiskegel mit dem Volumen $V = 2\,658\ cm^3$ ist 28,7 cm hoch.

   Berechnen Sie den Radius r der Kugel, deren Oberfläche genauso groß ist, wie die des Kegels.

3. Auf die Grundfläche eines Kreiskegels ist eine Halbkugel aufgesetzt worden.
   Es gilt:
   $M_{Kegel} = 276\ cm^2$
   $r_{Kegel} = 8{,}6\ cm$

   Berechnen Sie das Gesamtvolumen des zusammengesetzten Körpers.

4. Die Grundfläche eines Kreiskegels ist 74,8 cm^2 groß.
   Winkel ε beträgt 73,0°.

   Berechnen Sie die Oberfläche des Zylinders, der denselben Radius und dieselbe Höhe wie der Kreiskegel besitzt.

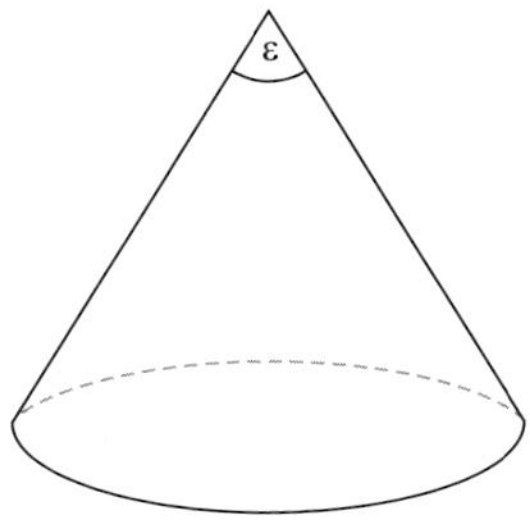

5. Von einem Kegel sind das Volumen und der Grundkreisradius bekannt:

   $V = 321{,}4\ cm^3$
   $r = 5{,}1\ cm$

   Mantellinie s wird um die Hälfte verlängert.
   Berechnen Sie, um wie viel Prozent die Oberfläche des Körpers zunimmt.

6. Gegeben sei ein Kreiskegel mit:
   Körperhöhe $h = 5e$
   Winkel $\alpha = 60°$

   Zeigen Sie ohne Verwendung gerundeter Werte, dass für die Mantelfläche gilt:

   $M = 16\frac{2}{3}\pi e^2$

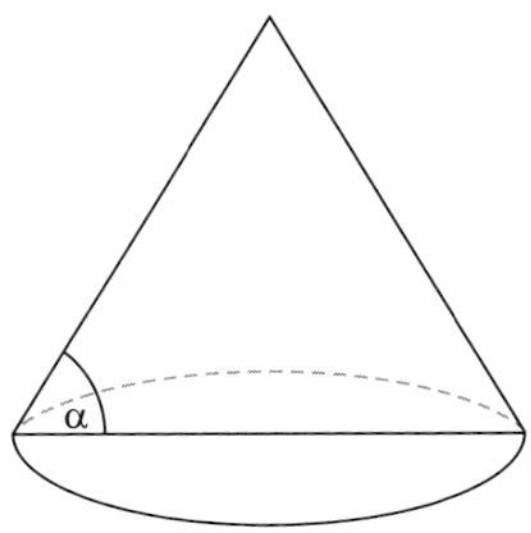

Interaktive Aufgaben

1. Mantellinie Kegel
2. Oberfläche Kegel
3. Tipi*
4. Bowlingkugel
5. Planet*
6. Rechnen mit Variablen*

Ausführlich dargestellte Lösungswege zu allen Aufgaben des Kapitels

Die ausführlich dargestellten Lösungswege zu allen Aufgaben des Kapitels stehen als PDF-Download zur Verfügung (siehe Zugangscode vorne im Buch).

Zum Schnellnachschlagen: Lösungen und Endergebnisse

Aufgabe 1:
$V = 217\ cm^3$

Aufgabe 2:
$r_{Kugel} = 9{,}6\ cm$

Aufgabe 3:
$V = 1\,758\ cm^3$

Aufgabe 4:
$O = 354\ cm^2$

Aufgabe 5:
Prozentuale Zunahme der Oberfläche des Körpers: p % = 127,3 %
A: Die Oberfläche des Körpers nimmt um 127,3 % zu.

Aufgabe 6:
Beweisführung für: $M = 16\frac{2}{3}\pi e^2$:

$$M = \pi r s$$

$$M = \pi \cdot \frac{5}{3}e\sqrt{3} \cdot \frac{10}{3}e\sqrt{3}$$

$$M = \frac{50 \cdot \pi \cdot e^2 \cdot \sqrt{3}^2}{9}$$

$$M = \frac{50 \cdot \pi \cdot e^2 \cdot \cancel{3}^1}{\cancel{9}_3}$$

$$M = \frac{50}{3}\pi e^2$$

$$M = 16\tfrac{2}{3}\pi e^2$$

w. z. b. w.

Besondere Pyramiden

1. **Regelmäßige dreiseitige Pyramide**
   Gegeben ist eine regelmäßige dreiseitige Pyramide mit

   Seitenkante $s = 7{,}8$ cm
   Höhe auf der Seite $h_s = 7{,}1$ cm

   Berechnen Sie das Volumen V der Pyramide.

2. **Regelmäßige fünfseitige Pyramide**
   Von einer regelmäßigen fünfseitigen Pyramide sind gegeben

   Seitenkante $s = 14{,}8$ cm
   Höhe $h = 12{,}3$ cm

   Berechnen Sie die Oberfläche O der Pyramide.

3. **Regelmäßige sechsseitige Pyramide**
   Das Volumen einer regelmäßigen sechsseitigen Pyramide ist 133,8 cm^3 groß.
   Die Körperhöhe h ist 7,3 cm lang.

   Berechnen Sie die Größe der Mantelfläche.

4. **Regelmäßige achtseitige Pyramide**
   Die Zeichnung zeigt einen zu einem Parallelogramm umgelegten Mantel einer regelmäßigen achtseitigen Pyramide. Es gilt:

   $M = 267{,}8\ cm^2$
   $e = 21{,}6$ cm

   Zeichnung:

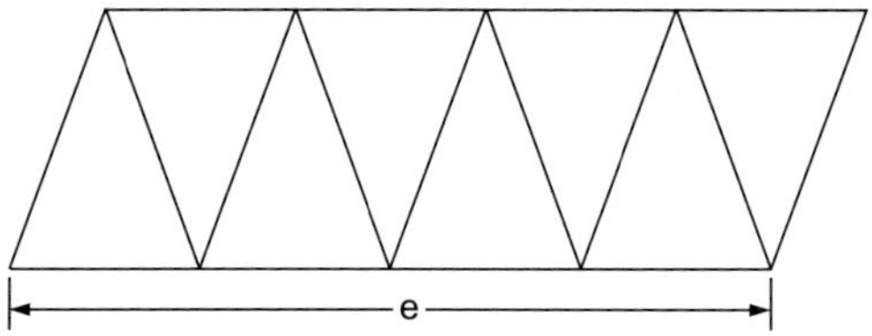

   Berechnen Sie den Neigungswinkel der Seitenkanten s zur Grundfläche der Pyramide.

   Für das Volumen einer zweiten Pyramide mit derselben Grundfläche gilt:

   $V = 2\,216{,}0\ cm^3$

   Berechnen Sie die Körperhöhe dieser Pyramide.

Interaktive Aufgaben

1. Fünfseitige Pyramide*
2. Sechsseitige Pyramide*
3. Dreiseitige Pyramide*
4. Achtseitige Pyramide*

Ausführlich dargestellte Lösungswege zu allen Aufgaben des Kapitels

Die ausführlich dargestellten Lösungswege zu allen Aufgaben des Kapitels stehen als PDF-Download zur Verfügung (siehe Zugangscode vorne im Buch).

Zum Schnellnachschlagen: Lösungen und Endergebnisse

Aufgabe 1:
$V = 40{,}8\ cm^3$

Aufgabe 2:
$O = 496\ cm^2$

Aufgabe 3:
$M = 114{,}5\ cm^2$

Aufgabe 4:
Neigungswinkel der Seitenkanten s zur Grundfläche: $\varepsilon = 56{,}0°$
Körperhöhe der zweiten Pyramide: $h = 47{,}4\ cm$

Zusammengesetzte Körper

1. Aus einem Zylinder wird konzentrisch zur Drehachse ein Kegel herausgearbeitet. Es gilt:

   $V_{Zylinder} = 326,6\ cm^3$
   $r_{Zylinder} = 3,8 cm$

   Das Volumen des Kegels beträgt ein Achtel des Zylindervolumens. Seine Höhe ist zwei Zentimeter kürzer als die des Zylinders.

   Berechnen Sie Winkel δ.

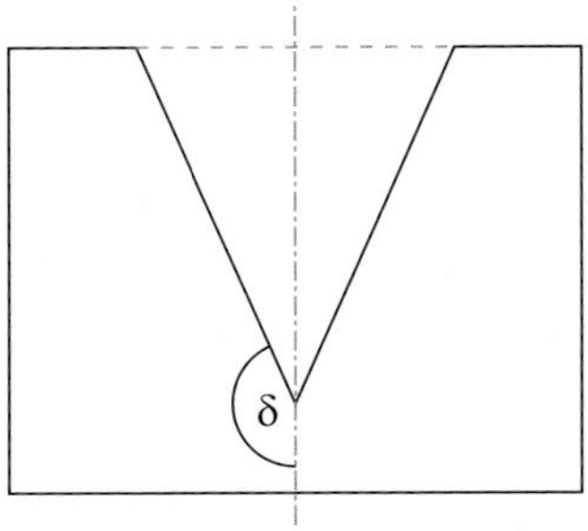

2. Die Abbildung zeigt einen Drehkörper.
   Für den zylinderförmigen Teil gilt:

   $M = 73,9\ cm^2$
   $h = 4,2\ cm$

   Die Größe der Mantelfläche des oberen Kegels entspricht fünf Achtel der Mantelfläche des Zylinders.
   Für Winkel φ gilt:
   $\varphi = 163,1°$.

   Berechnen Sie das Volumen des Drehkörpers.

   Wie groß ist die Oberfläche eines Zylinders, für den gilt:
   $V_{Zylinder} = V_{Drehkörper}$
   $r_{Zylinder} = r_{Drehkörper}$?

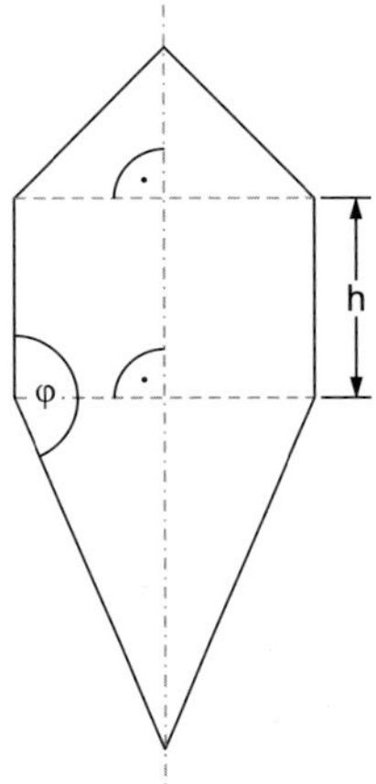

3. Von einem regelmäßigen sechsseitigen Prisma sind bekannt:

   Oberfläche O = 308,4 cm^2
   Grundkante a = 4,2 cm

   Aus dem Prisma werden, wie abgebildet, zwei Teile ausgebohrt. Bohrachsen sind die senkrechten Kanten des Prismas. Die beiden Teile haben die Form von Zylinderausschnitten. Für den Radius der Bohrung gilt:

   $r = \frac{a}{2}$

   Ermitteln Sie die prozentuale Veränderung des Volumens.

   Berechnen Sie die Mantelfläche des neuen Körpers.

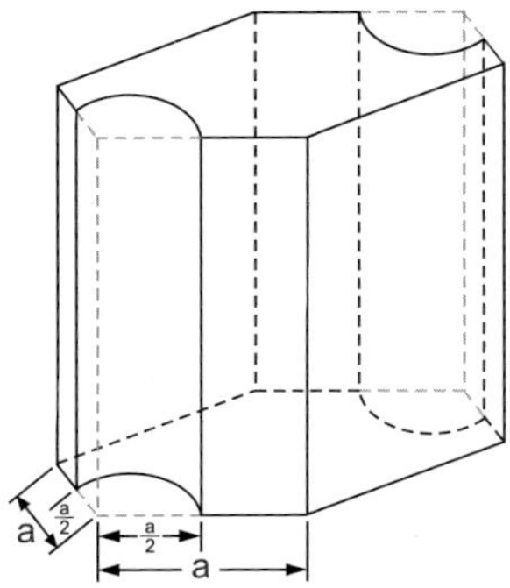

4. Eine quadratische Pyramide wird im Abstand von 6,2 cm parallel zur Grundfläche zerschnitten.

   Die Höhe h_{S2} auf der Seite der Restpyramide ist 13,6 cm lang. Sie ist damit doppelt so lang wie die Höhe h_{S1} auf der Seite des entstandenen Pyramidenstumpfes.

   Berechnen Sie den Neigungswinkel α der Seitenkante s.

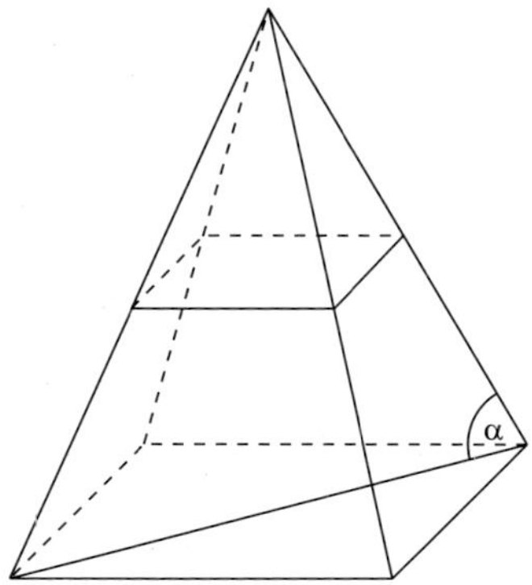

5. Die Abbildung zeigt das Netz eines quadratischen Quaders mit ausgefräster Pyramide. Der Flächeninhalt des Netzes beträgt 230,5 cm².

   Es gilt:
   Winkel $\varepsilon = 55{,}6°$
   Seitenkante $s = 6{,}0$ cm

   Berechnen Sie die Entfernung zwischen den Punkten S und M im Körper.

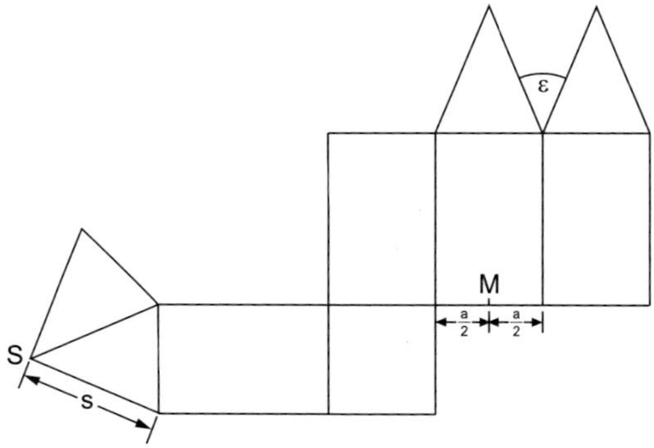

6. Ein Körper besteht aus einem Würfel mit aufgesetzter Pyramide. Es gilt:

   Würfelkante $a = 4e$
   Winkel $\alpha = 60°$

   Zeigen Sie ohne Verwendung gerundeter Werte, dass für die Oberfläche des Körpers gilt:
   $O = 16e^2(5 + \sqrt{7})$.

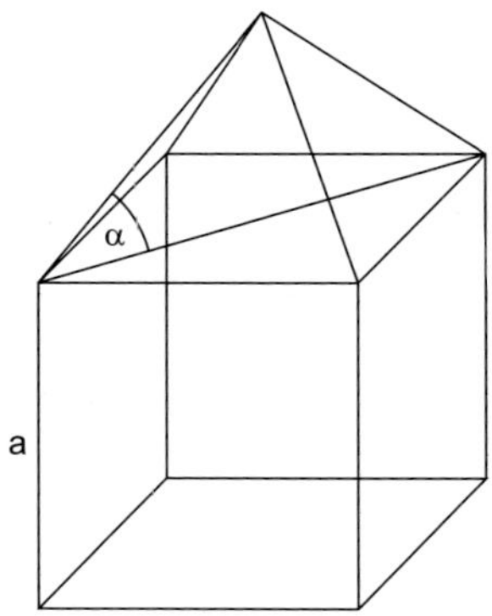

Interaktive Aufgaben

1. Zusammengesetzter Körper
2. Dämmung
3. Restkörper
4. Rotationskörper
5. Restkörper*
6. Zirkuszelt*
7. Kegel, Kugel, Zylinder*
8. Silo*

Ausführlich dargestellte Lösungswege zu allen Aufgaben des Kapitels

Die ausführlich dargestellten Lösungswege zu allen Aufgaben des Kapitels stehen als PDF-Download zur Verfügung (siehe Zugangscode vorne im Buch).

Zum Schnellnachschlagen: Lösungen und Endergebnisse

Aufgabe 1:

$\delta = 152{,}6°$

Aufgabe 2:

$V = 216\ \text{cm}^3$
$O_{Zyl} = 204\ \text{cm}^2$

Aufgabe 3:

Prozentuale Abnahme des Volumens: $p\,\% = 20{,}1\ \%$

A: Das Volumen nimmt um 20,1 % ab.

$M_{neu} = 220\ \text{cm}^2$

Aufgabe 4:

Neigungswinkel der Seitenkante s: $\alpha = 57{,}3°$

Aufgabe 5:

$\overline{SM} = 3{,}3\ \text{cm}$

Aufgabe 6:

Beweisführung für: $O = 16e^2(5 + \sqrt{7})$:

$O = A_{\text{Grundfläche Würfel}} + M_{\text{Würfel}} + M_{\text{Pyramide}}$

$O = a^2 + 4a^2 + 2 \cdot a \cdot h_S$

$O = (4e)^2 + 4 \cdot (4e)^2 + 2 \cdot 4e \cdot 2e\sqrt{7}$

$O = 16e^2 + 64e^2 + 16e^2\sqrt{7}$ | Ausklammern

$O = 16e^2(1 + 4 + \sqrt{7})$

$O = \underline{\underline{16e^2(5 + \sqrt{7})}}$ w. z. b. w.

Streckenzüge und Flächen auf Körpern und im Raum

1. Auf der Oberfläche eines quadratischen Quaders verläuft der geschlossene Streckenzug ABCDEA. Seine Länge beträgt 79,2 cm. Für Körperhöhe h gilt:

   h = 23,4 cm

   Berechnen Sie die Größe von Winkel δ.

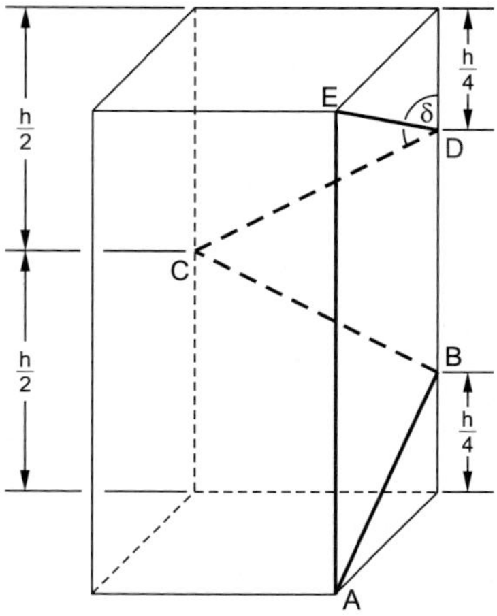

Die Zeichnung zeigt die Netzabwicklung des Körpers mit einem Teil des Streckenzuges ABCDEA.
Vervollständigen Sie den Streckenzug.

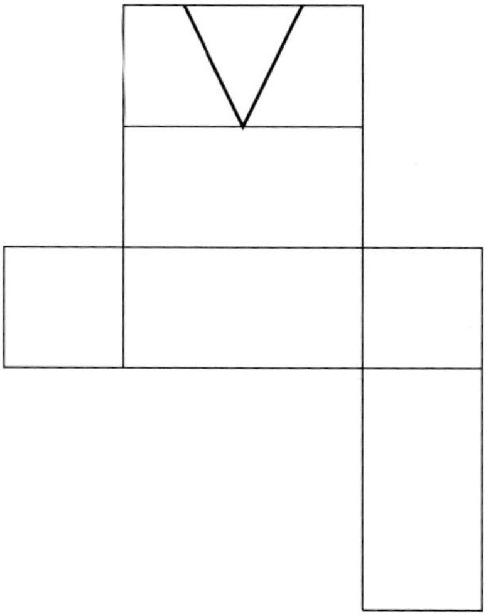

Ermitteln Sie die Oberfläche des Quaders.

2. Gegeben sei ein Würfel mit der Kantenlänge a = 7,2 cm. Durch seinen Körper und auf seiner Oberfläche verläuft der 19,5 cm lange Streckenzug ABCD. Alle vier Punkte liegen auf der Oberfläche des Würfels. Winkel α ist 68,3° groß.

   Berechnen Sie die Länge des mittleren Streckenabschnitts BC.

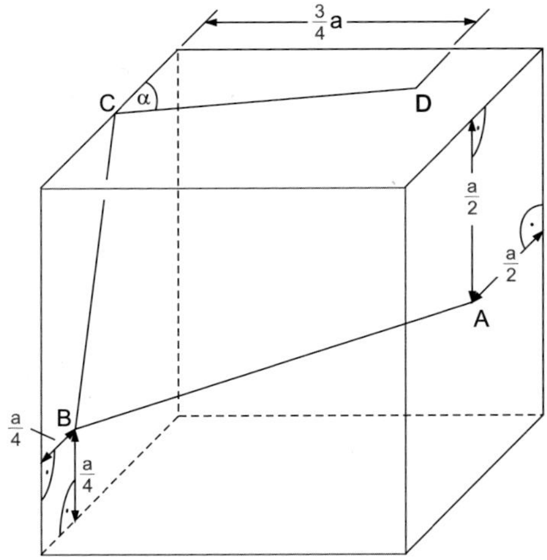

3. Die Zeichnung rechts zeigt die Lage eines Trapezes in einer quadratischen Pyramide. Der Flächeninhalt des Trapezes beläuft sich auf 59,2 cm². Der Abstand zwischen den beiden parallelen Seiten a_1 und a_2 des Trapezes beträgt 8,4 cm. Winkel γ ist 48,9° groß. Seite a_2 des Trapezes halbiert die Seitenkante s der Pyramide.

   Ermitteln Sie das Volumen der Pyramide.

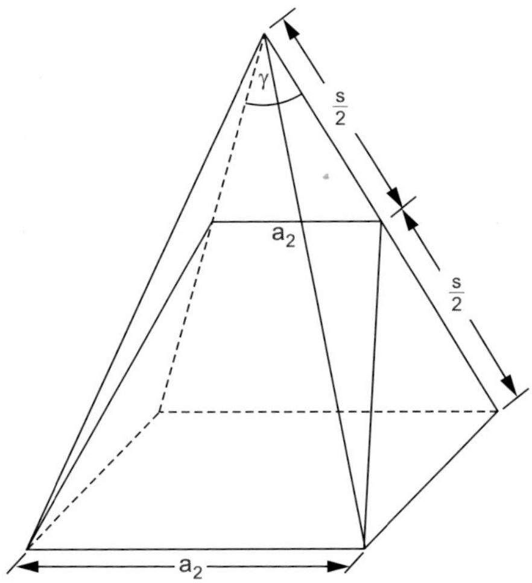

4. Über den Mantel eines Zylinders verläuft eine Linie spiralförmig mit einer Volldrehung von der Grundkante zur Deckkante. Es gelten die Maße:

   Körperhöhe $h = 3a$

   Radius $r = \frac{a}{2}$

   Zeigen Sie ohne Verwendung gerundeter Werte, dass für die Länge x der Linie gilt:

   $x = a\sqrt{9 + \pi^2}$

   Berechnen Sie Winkel α.

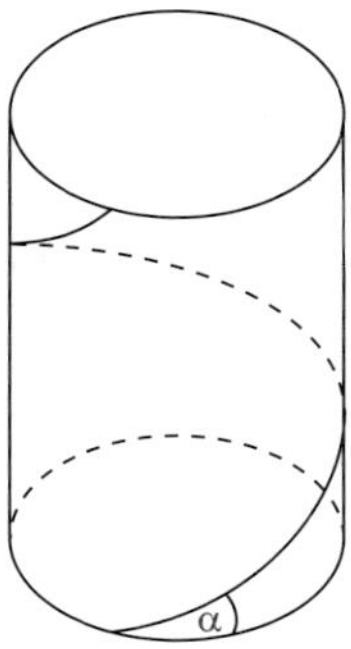

5. Die Zeichnung rechts zeigt die Netzabwicklung eines Quaders mit Teilen eines geschlossenen Streckenzuges. Im Körper selber verläuft der Streckenzug von C zu D und von dort weiter zu E. Die Punkte C und E sind Mittelpunkt ihrer jeweiligen Seite; Punkt D halbiert die Kante, auf der er liegt.

   Zeigen Sie ohne Verwendung gerundeter Werte, dass für den Inhalt der vom Streckenzug umschlossenen Fläche gilt:

   $A = \frac{3}{2}a^2\sqrt{34}$

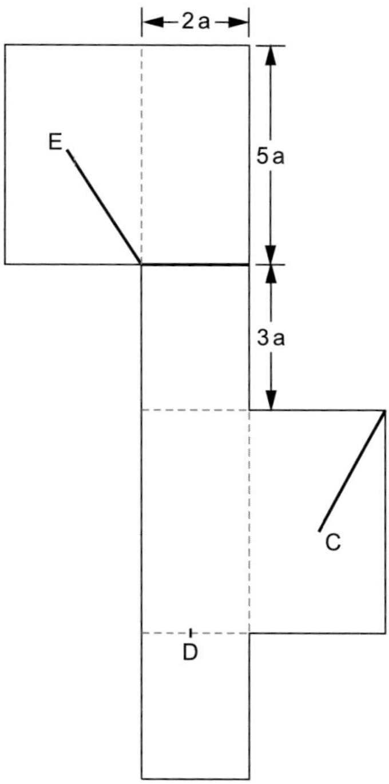

Interaktive Aufgaben

1. Streckenzug auf Quadernetz
2. Streckenzug auf Quader*
3. Streckenzug auf Kegel*
4. Streckenzug: Rechnen mit Variablen*
5. Dreieck in quadratischer Pyramide*
6. Dreieck in sechsseitiger Pyramide*

Ausführlich dargestellte Lösungswege zu allen Aufgaben des Kapitels

Die ausführlich dargestellten Lösungswege zu allen Aufgaben des Kapitels stehen als PDF-Download zur Verfügung (siehe Zugangscode vorne im Buch).

Zum Schnellnachschlagen: Lösungen und Endergebnisse

Aufgabe 1:

Winkel $\delta = 114{,}8°$

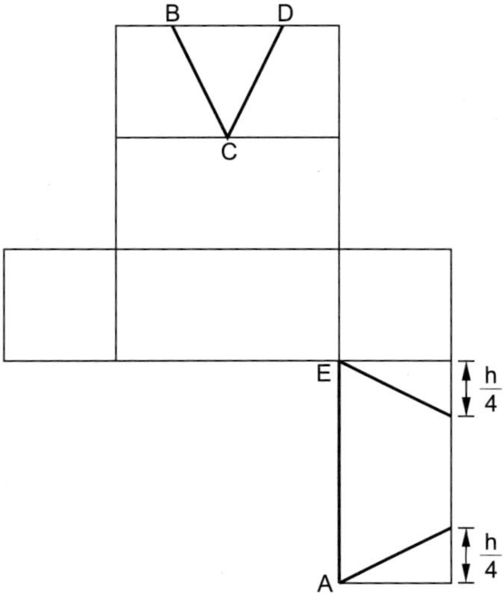

$O = 1\,511\ \text{cm}^2$

Aufgabe 2:

$\overline{BC} = 6{,}1\ \text{cm}$

Aufgabe 3:

$V = 271\ \text{cm}^3$

Aufgabe 4:

Beweisführung für: $x = a\sqrt{9+\pi^2}$:

$x^2 = h^2 + u^2$

$x^2 = (3a)^2 + (a\pi)^2$

$x^2 = 9a^2 + \pi^2 a^2$ | Ausklammern

$x^2 = a^2(9+\pi^2)$ | $\sqrt{\ }$

$x = a\sqrt{9+\pi^2}$ w. z. b. w.

Winkel $\alpha = 43{,}7°$

Aufgabe 5:

Beweisführung für: $A = \frac{3}{2}a^2\sqrt{34}$:

$A = A_{ABCE} + A_{ECD}$

$A = a^2\sqrt{34} + \frac{a^2}{2}\sqrt{34}$

$A = \frac{2a^2}{2}\sqrt{34} + \frac{a^2}{2}\sqrt{34}$

$A = \frac{3}{2}a^2\sqrt{34}$ w. z. b. w.

1. Die Redaktion des Schülerblogs einer Realschule führt eine Erhebung zum Taschengeld durch. Gefragt war nach dem monatlichen Betrag. Für Klassenstufe 5 liegt folgende Strichliste vor:

Betrag (€)	12,50	13,00	14,00	15,00	16,50	17,00	17,50	18,00	20,00	22,50	25,00
Anzahl der Nennungen	I	II	III	~~IIII~~	I	II	II	I	III	I	I

Berechnen Sie den Zentralwert (Median) und das arithmetische Mittel der Stichprobe. Um wie viel Prozent liegt das arithmetische Mittel über dem Zentralwert?

Eric behauptet: „Das Verhältnis zwischen der Spannweite der Erhebung und dem Quartilsabstand beträgt zwei zu eins."
Nehmen Sie Stellung zu der Aussage. Begründen Sie Ihre Stellungnahme durch Rechnung.

Geben Sie den Modalwert an.

Stellen Sie die Verteilung der Werte in einem Boxplot dar.

2. Sabine und Frank bereiten eine Präsentation über gesunde Ernährung vor. Sie erheben dazu in ihren Klassen 10a und 10b, an wie vielen Tagen in der letzten Woche die Schülerinnen und Schüler Gemüse und/oder Salat gegessen haben.

Die für Klasse 10a vorliegenden Werte werden in folgendem Diagramm dargestellt:

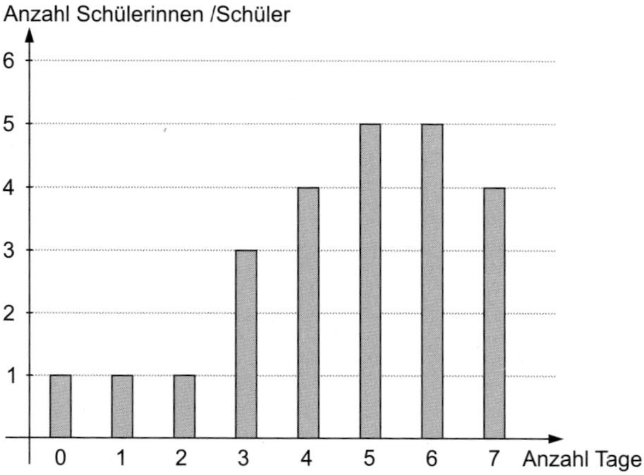

Für die Klasse 10b liegt eine vorläufige Rangliste vor:

Rang	1	2	3	4	5	6	7	8	9	10	11	12	13
Anzahl Tage	0	0	2	2	3	3	4	4	4	5	5	5	5
Rang	14	15	16	17	18	19	20	21	22	23			
Anzahl Tage	5	5	5	6	6	6	6	7	7	7			

Für Klasse 10b gibt es folgende Änderungen:
Marc und Jan liefern ihre Werte nach: 2 Tage bzw. 4 Tage. Luisa korrigiert ihren Wert von 5 Tage auf 6 Tage.
Arbeiten Sie die Änderungen in die Rangliste für die Klasse 10b ein.

Zu welcher Klasse gehört der nachfolgende Boxplot? Begründen Sie Ihre Aussage.

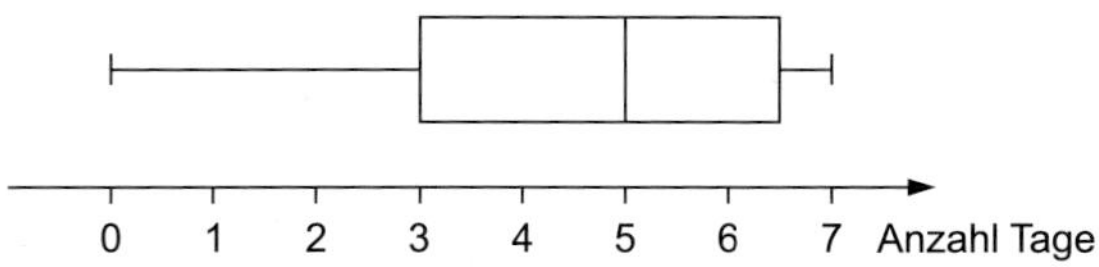

3. Sophie und Christoph wollen sich einen Bluetooth Lautsprecher kaufen. Sie recherchieren folgende Preise für ihr Wunschmodell: 74,99; 89,90; 84,97; 74,30; 58,80; 84,80; 54,49; 79,90; 84,90; 79,50; 89,80 (alle Beträge in €).

   Im Internet entdecken sie ein neues Angebot. Dadurch sinkt der Durchschnittspreis (arithmetisches Mittel) aller Preise um 2,33 €.

   Ermitteln Sie das neue Angebot.

   Um welchen Betrag liegt der neue Zentralwert unter dem bisherigen?

   Um wie viel Prozent liegt der höchste Preis über dem niedrigsten Preis?

4. Der Coopertest ist ein Test zur Überprüfung der allgemeinen Ausdauer. Dabei wird gemessen, welche Streckenlänge innerhalb von 12 Minuten zurücklegt wird. Die gelaufene Streckenlänge gibt Auskunft über den Fitnesszustand.

   Folgende Tabelle zeigt die Zuordnung der Streckenlängen zu den Fitnessstufen für Jugendliche und junge Erwachsene.

Coopertest (Normalsportler und Junioren)

Alter		**Sehr gut**	**Gut**	**Durchschnitt**	**Schlecht**	**Sehr schlecht**
13–14	M	> 2 700 m	2 400 – 2 700 m	2 200 – 2 399 m	2 100 – 2 199 m	< 2 100 m
	W	> 2 000 m	1 900 – 2 000 m	1 600 – 1 899 m	1 500 – 1 599 m	< 1 500 m
15–16	M	> 2 800 m	2 500 – 2 800 m	2 300 – 2 499 m	2 200 – 2 299 m	< 2 200 m
	W	> 2 100 m	2 000 – 2 100 m	1 700 – 1 999 m	1 600 – 1 699 m	< 1 600 m
17–20	M	> 3 000 m	2 700 – 3 000 m	2 500 – 2 699 m	2 300 – 2 499 m	< 2 300 m
	W	> 2 300 m	2 100 – 2 300 m	1 800 – 2 099 m	1 700 – 1 799 m	< 1 700 m

Für die Mitglieder der männlichen Jugendgruppe (15/16 Jahre) eines Leichtathletikvereins liegen folgende Werte (in m) vor:

Jungen: 3 025; 2 925; 2 850; 2 825; 2 800; 2 800; 2 725; 2 700; 2 625; 2 625; 2 475; 2 475; 2 475; 2 450; 2 300; 2 250

Drei Werte werden nachgereicht: 2 775 m, 2 750 m und 2 675 m.

Zeigen Sie, welchen Einfluss die nachgereichten Werte bei den Jungen auf die Kennwerte der Datenreihe haben.

Stellen Sie die Verteilung der gelaufenen Streckenlängen der Jungen in einem Boxplot dar.

Erstellen Sie für die Jungen ein Säulendiagramm, das die Verteilung der Jungen auf die fünf Fitnesszustände aufzeigt.

Die beiden nachfolgenden Boxplots zeigen die Verteilung der gelaufenen Streckenlängen für die Mitglieder der weiblichen Jugendgruppe (15/16 Jahre) des Vereins und der Mitglieder der weiblichen Jugendgruppe (15/16 Jahre) des Nachbarvereins.

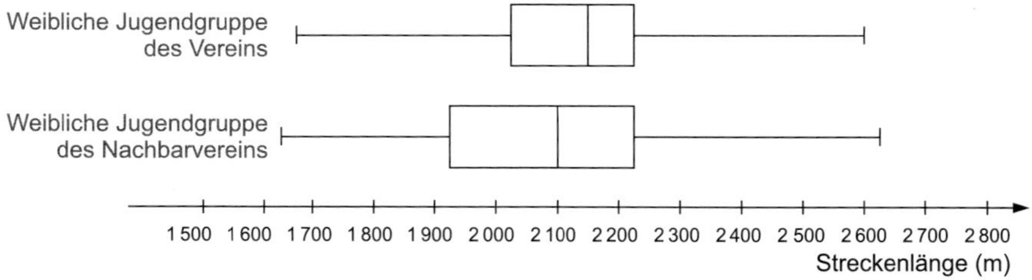

Malika sagt: „Im Nachbarverein gibt es mehr Mädchen, deren Streckenlänge zwischen unterem Quartil und Median liegt.“ Hat Malika recht? Begründen Sie.

5. Die Schulen einer Stadt veranstalten ein gemeinsames Sportfest. Höhepunkt des Sportfests ist der Schüler-Mehrkampf. Schülerinnen und Schüler der Klassenstufe 10 müssen in der Vorausscheidung eine Mindestpunktzahl von 645 erreichen, um zugelassen zu werden. Für die Bewerberinnen und Bewerber einer Schule liegen folgende Werte vor:

   Mädchen: 672; 533; 921; 646; 635; 685; 897; 725; 641; 586
   Jungen: 641; 587; 896; 743; 527; 600; 645; 668; 583; 889; 923

   Erstellen Sie für die Mädchen und für die Jungen jeweils eine Rangliste. Geben Sie dabei, wie im Sport üblich, der Schülerin bzw. dem Schüler mit der jeweils höchsten Punktzahl Rangplatz 1.

   Wie viele Punkte liegen bei den Jungen Median (Zentralwert) und arithmetisches Mittel auseinander?

   Vergleichen Sie die Quote der Qualifizierten bei den Mädchen mit der Quote der Qualifizierten bei den Jungen.

   Der Wert von Elena weist eine Abweichung von 26 zum Zentralwert der Mädchen auf. Ermitteln Sie ihren Rangplatz.
   Hat Elena sich für das Sportfest qualifiziert? Begründen Sie Ihre Antwort.

Interaktive Aufgaben

1. Neue Eissorte
2. Schulmeisterschaft
3. Konzert
4. Punktzahlen
5. Eintrittspreise*
6. Kennwerte und Boxplot bestimmen*
7. Skikurs*

Ausführlich dargestellte Lösungswege zu allen Aufgaben des Kapitels

Die ausführlich dargestellten Lösungswege zu allen Aufgaben des Kapitels stehen als PDF-Download zur Verfügung (siehe Zugangscode vorne im Buch).

Zum Schnellnachschlagen: Lösungen und Endergebnisse

Aufgabe 1:

$z = 15{,}75$ €
$\overline{x} = 16{,}66$ €

Prozentsatz, um den das arithmetische Mittel über dem Zentralwert liegt: $p\,\% = 5{,}8\,\%$

A: Das arithmetische Mittel liegt 5,8 % über dem Zentralwert.

Stellungnahme zur Behauptung von Eric: Die Behauptung stimmt nicht.

Modalwert: $m = 15{,}00$ €

Boxplot:

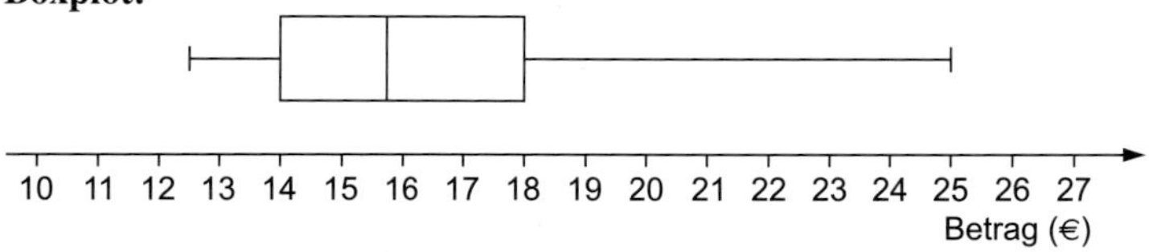

Aufgabe 2:

Aktualisierte Rangliste für Klasse 10b:

Rang	1	2	3	4	5	6	7	8	9	10	11	12	13
Anzahl Tage	0	0	2	2	2	3	3	4	4	4	4	5	5
Rang	14	15	16	17	18	19	20	21	22	23	24	25	
Anzahl Tage	5	5	5	5	6	6	6	6	6	7	7	7	

Feststellung, zu welcher Klasse der abgebildete Boxplot gehört:
Der Boxplot gehört weder zu Klasse 10a, noch zu Klasse 10b.

Aufgabe 3:

Preis des neuen Angebots: 49,89 €

A: Das neue Angebot liegt bei 49,89 €.

Differenz zwischen dem bisherigen und dem neuen Zentralwert: d = 0,20 €

A: Der neue Zentralwert liegt 0,20 € unter dem bisherigen Zentralwert.

Der höchste Preis liegt prozentual über dem niedrigsten Preis: p % = 80,20 %

A: Der höchste Preis liegt 80,20 % über dem niedrigsten Preis.

Aufgabe 4:

Einfluss der nachgereichten Werte auf die Kennwerte bei den Jungen:

	Kennwerte vor dem Nachreichen		**Kennwerte nach dem Nachreichen**
x_{min}	2 250 m	=	2 250 m
q_u	2 475 m	=	2 475 m
z	2 662,5 m	<	2 700 m
q_o	2 812,5 m	>	2 800 m
x_{max}	3 025 m	=	3 025 m

Die drei nachgereichten Werte haben auf das Minimum, das untere Quartil und das Maximum keinen Einfluss. Diese Kennwerte bleiben gleich.

Zentralwert und oberes Quartil hingegen werden beeinflusst: Der Zentralwert steigt um 37,5 m, der Wert des oberen Quartils fällt um 12,5 m.

Boxplot für die Streckenlängen der Jungen:

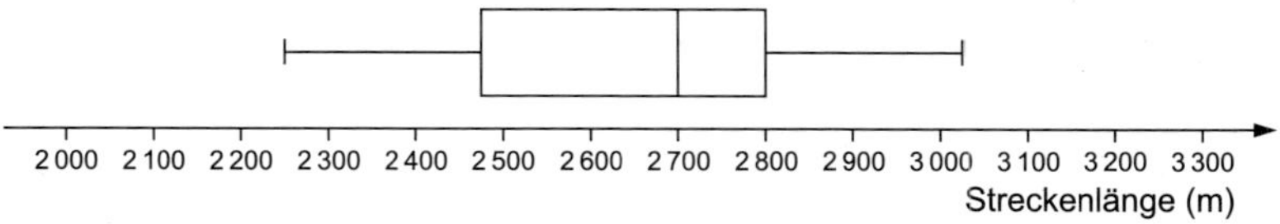

Diagramm mit Verteilung der Jungen auf die Fitnesszustände:

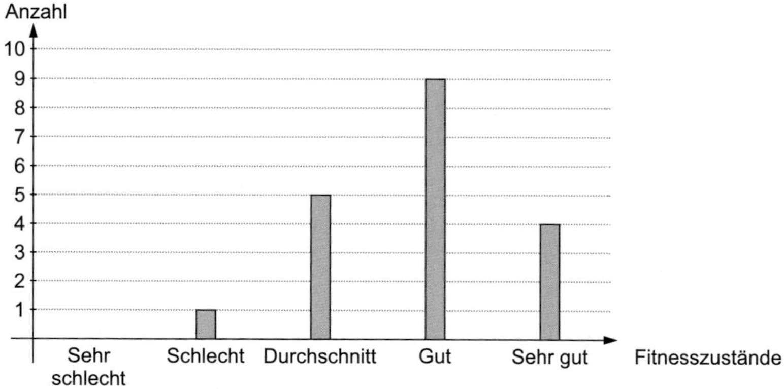

Untersuchung, ob Malika recht hat:

Die Aussage von Malika „Im Nachbarverein gibt es mehr Mädchen, deren Streckenlänge zwischen unterem Quartil und Median liegt.“ lässt sich weder bestätigen noch widerlegen.

Um die Aussage überprüfen zu können, wird die jeweilige Anzahl der Mädchen zwischen unterem Quartil und Median benötigt. Diese lässt sich nicht aus den beiden Boxplots ablesen, da ein Boxplot die Verteilung von Daten zeigt und die Kennwerte für die Verteilung der Daten kennzeichnet, nicht aber die Anzahl der zugrundeliegenden Daten wiedergibt.

Aufgabe 5:

Rangliste Mädchen:

Rang	1	2	3	4	5	6	7	8	9	10
Punkte	921	897	725	685	672	646	641	635	586	533

Rangliste Jungen:

Rang	1	2	3	4	5	6	7	8	9	10	11
Punkte	923	896	889	743	668	645	641	600	587	583	527

Differenz zwischen Median und arithmetischem Mittel bei den Jungen: $d = 55{,}18$ Punkte

A: Bei den Jungen liegen Median und arithmetisches Mittel 55,18 Punkte auseinander.

Vergleich der Quote der Qualifizierten bei den Mädchen mit der Quote der Qualifizierten bei den Jungen: Differenz $e = 5{,}45\ \%$

A: Die Quote der Qualifizierten bei den Mädchen liegt um 5,45 % über der Quote der Qualifizierten bei den Jungen.

Rangplatz von Elena: 4
Feststellung, ob Elena sich qualifiziert hat: Elena hat sich qualifiziert.
Begründung: Der von Elena erreichte Punktwert von 685 liegt über der für die Qualifizierung notwendigen Mindestpunktzahl von 645.

Wahrscheinlichkeit

1. Aus einem Zylinder mit acht Kugeln (rote, weiße, blaue, grüne) werden nacheinander zwei Kugeln mit Zurücklegen gezogen.

   Mit welcher Wahrscheinlichkeit werden eine weiße und eine grüne Kugel gezogen?

   Wie hoch ist die Wahrscheinlichkeit, genau eine blaue Kugel zu ziehen?

   Nennen Sie mindestens zwei Ziehungen, zu denen die Wahrscheinlichkeit $\frac{3}{32}$ passt.

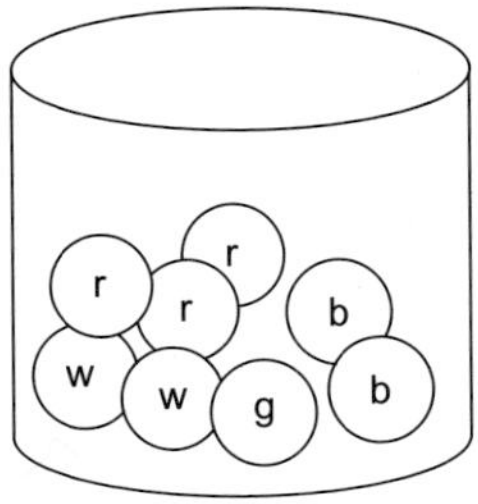

2. In einem Behälter befinden sich 32 Kugeln. Es werden nacheinander zwei Kugeln gezogen. Gezogene Kugeln werden außerhalb des Behälters abgelegt. Die Grafik zeigt Teile des zugehörigen Baumdiagramms.

   Ermitteln Sie die Anzahl der roten Kugeln im Behälter.

   Berechnen Sie die Wahrscheinlichkeit, dass mindestens eine der gezogenen Kugeln blau oder weiß ist.

   Wie hoch ist die Wahrscheinlichkeit, dass keine der gezogenen Kugeln blau ist?

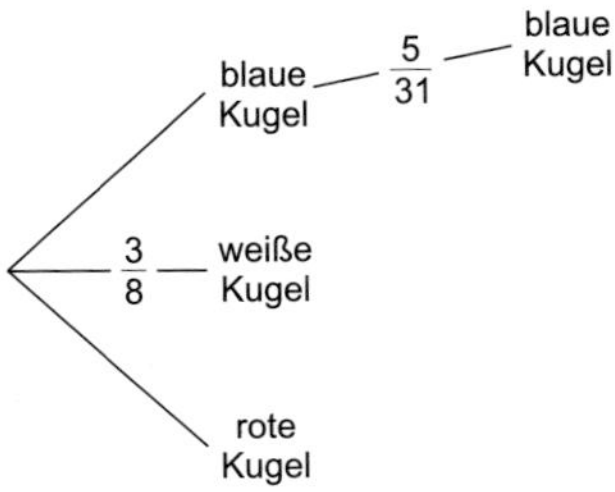

3. Zwei Würfel werden nacheinander geworfen. Der erste ist ein üblicher Würfel mit den Augenzahlen 1, 2, 3, 4, 5 und 6. Auf dem zweiten Würfel gibt es nur die Augenzahlen 1, 2 und 3. Die Augenzahl 1 kommt einmal vor, die Augenzahl 2 zweimal und die Augenzahl 3 dreimal.

   Michaela und Michael untersuchen die Wahrscheinlichkeiten rund um die Eins:

   Wie hoch ist die Wahrscheinlichkeit, mindestens eine Eins zu würfeln?

   Wie hoch ist die Wahrscheinlichkeit, genau einmal die Eins zu würfeln?

   Wie hoch ist die Wahrscheinlichkeit, keine Eins zu würfeln?

4. Schülerinnen und Schüler der Klassenstufe 10 erfassen im Rahmen einer Verkehrszählung das Verkehrsaufkommen in einer Wohnstraße. Die folgende Tabelle gibt das durchschnittliche Aufkommen der verschiedenen Fahrzeugtypen innerhalb einer Stunde an Werktagen von 7 Uhr bis 19 Uhr wieder.

Fahrzeugtyp	**Anzahl Fahrzeuge**
Pkw	17
Lkw/Transporter	6
Zweikrafträder	2
Fahrräder	4
Gesamt:	29

   Gehen Sie im Folgenden davon aus, dass die bei der Verkehrszählung beobachtete Verteilung dem tatsächlichen Aufkommen der verschiedenen Fahrzeugtypen entspricht.

Mit welcher Wahrscheinlichkeit folgt einem Fahrzeug kein Fahrzeug des gleichen Typs?

Wie hoch ist die Wahrscheinlichkeit, dass einem Lkw/Transporter ein Zweikraftrad oder ein Fahrrad folgt?

Ermitteln Sie die Wahrscheinlichkeit, dass auf ein Zweikraftrad kein Pkw folgt.

5. In einer Box befinden sich Karten mit Vokalen: zwei Karten mit dem Vokal A, drei Karten mit E, eine Karte mit I, zwei Karten mit O und eine Karte mit U. Es werden nacheinander zwei Karten gezogen und abgelegt.

   Mit welcher Wahrscheinlichkeit werden zwei Karten mit gleichem Vokal gezogen?

   Ermitteln Sie die Wahrscheinlichkeit, mit der ein O und ein U zusammen gezogen werden.

   Mit den Karten können die Wörter „EI" und „UI" gelegt werden. Die Wörter gelten nur als „geschrieben", wenn die Buchstaben in der richtigen Reihenfolge gezogen werden. Wievielmal höher ist die Wahrscheinlichkeit, das Wort „EI" legen zu können, im Vergleich zur Wahrscheinlichkeit, das Wort „UI" legen zu können?

   Eine der Karten mit einem E geht verloren. Antonia behauptet: „Klar, die Wahrscheinlichkeit, das Wort ‚EI' zu ziehen, wird kleiner, die Wahrscheinlichkeit, das Wort ‚UI' zu ziehen, bleibt gleich."
   Untersuchen Sie rechnerisch, ob Antonia recht hat.

6. Die SMV einer Realschule unterstützt jedes Jahr ein soziales Kinder- oder Jugendprojekt. Das Geld wird auf dem Schulfest mit einem Informationsstand und einem Glücksrad erwirtschaftet.

   Das Glücksrad wird pro Spiel zweimal gedreht.

   Folgende Gewinne sind vorgesehen:
   Das Rad bleibt zweimal auf Elefant stehen: 5,00 €
   Das Rad bleibt zweimal auf Löwe stehen: 3,00 €
   Das Rad bleibt zweimal auf Strauß stehen: 1,50 €

   Die Einsätze hängen vom Alter der Spieler ab:
   Schülerinnen/Schüler: 0,50 €
   Erwachsene: 1,00 €

   Welchen Gewinn kann die SMV bei Schülern und bei Erwachsenen pro Spiel theoretisch jeweils erwarten?

   Die Endabrechnung am Ende des Schulfestes weist folgende Daten auf:
   Anzahl der Spiele von Schülerinnen/Schülern: 372
   Anzahl der Spiele Erwachsener: 214
   Gesamtgewinn: 217,50 €

   Ermitteln Sie die Abweichung zwischen dem zu erwartenden theoretischen Gesamtgewinn und dem tatsächlichen Gesamtgewinn. Nennen Sie mögliche Gründe für die festgestellte Abweichung.

Interaktive Aufgaben

1. Glücksrad
2. Pläne
3. Urne
4. Baumdiagramm ausfüllen (mit ZL)
5. Baumdiagramm ausfüllen (ohne ZL)
6. Produktformel (mit ZL)
7. Produktformel (ohne ZL)
8. Lose
9. Urne mit ZL
10. Urne mit ZL
11. Billard*
12. Imbiss*
13. Klassenfahrt*

Ausführlich dargestellte Lösungswege zu allen Aufgaben des Kapitels

Die ausführlich dargestellten Lösungswege zu allen Aufgaben des Kapitels stehen als PDF-Download zur Verfügung (siehe Zugangscode vorne im Buch).

Zum Schnellnachschlagen: Lösungen und Endergebnisse

Aufgabe 1:

- Wahrscheinlichkeit, …

  … eine weiße und eine grüne Kugel zu ziehen: $\frac{1}{16}$ bzw. 6,3 %

  … genau eine blaue Kugel zu ziehen: $\frac{3}{8}$ bzw. 37,5 %

  A: Die Wahrscheinlichkeit, eine weiße und eine grüne Kugel zu ziehen, beträgt $\frac{1}{16}$ bzw. 6,3 %.

  A: Die Wahrscheinlichkeit, genau eine blaue Kugel zu ziehen, beträgt $\frac{3}{8}$ bzw. 37,5 %.

- Ziehungen, zu denen die Wahrscheinlichkeit $\frac{3}{32}$ passt:
  (rot; weiß); (rot; blau); (weiß; rot); (blau; rot)
  Hinweis: Für die Erfüllung der Aufgabe genügt die Nennung von zwei Ziehungen.

Aufgabe 2:

- Anzahl der roten Kugeln im Behälter: 14

  A: Die Anzahl der roten Kugeln im Behälter beträgt 14.

- Wahrscheinlichkeit, …

  … dass mindestens eine der gezogenen Kugeln blau oder weiß ist: $\frac{405}{496}$ bzw. 81,7 %

  … dass keine der gezogenen Kugeln blau ist: $\frac{325}{496}$ bzw. 65,5 %

A: Die Wahrscheinlichkeit, dass mindestens eine der gezogenen Kugeln blau oder weiß ist, beträgt $\frac{405}{496}$ bzw. 81,7 %.

A: Die Wahrscheinlichkeit, dass keine der gezogenen Kugeln blau ist, beträgt $\frac{325}{496}$ bzw. 65,5 %.

Aufgabe 3:

Wahrscheinlichkeit, …

… mindestens eine Eins zu würfeln: $\frac{11}{36}$ bzw. 30,6 %

… genau einmal die Eins zu würfeln: $\frac{5}{18}$ bzw. 27,8 %

… keine Eins zu würfeln: $\frac{25}{36}$ bzw. 69,4 %

A: Die Wahrscheinlichkeit, mindestens eine Eins zu würfeln, beträgt $\frac{11}{36}$ bzw. 30,6 %.

A: Die Wahrscheinlichkeit, genau einmal die Eins zu würfeln, beträgt $\frac{5}{18}$ bzw. 27,8 %.

A: Die Wahrscheinlichkeit, keine Eins zu würfeln, beträgt $\frac{25}{36}$ bzw. 69,4 %.

Aufgabe 4:

Wahrscheinlichkeit, …

… dass einem Fahrzeug kein Fahrzeug des gleichen Typs folgt: $\frac{124}{203}$ bzw. 61,1 %

… dass einem Lkw/Transporter ein Zweikraftrad oder ein Fahrrad folgt: $\frac{9}{203}$ bzw. 4,4 %

… dass auf ein Zweikraftrad kein Pkw folgt: $\frac{11}{406}$ bzw. 2,7 %

A: Die Wahrscheinlichkeit, dass einem Fahrzeug kein Fahrzeug des gleichen Typs folgt, beträgt $\frac{124}{203}$ bzw. 61,1 %.

A: Die Wahrscheinlichkeit, dass einem Lkw/Transporter ein Zweikraftrad oder ein Fahrrad folgt, beträgt $\frac{9}{203}$ bzw. 4,4 %.

A: Die Wahrscheinlichkeit, dass auf ein Zweikraftrad kein Pkw folgt, beträgt $\frac{11}{406}$ bzw. 2,7 %.

Aufgabe 5:

- Wahrscheinlichkeit, …

  … zwei Karten mit gleichem Vokal zu ziehen: $\frac{5}{36}$ bzw. 13,9 %

  … ein O und ein U zusammen zu ziehen: $\frac{1}{18}$ bzw. 5,6 %

A: Die Wahrscheinlichkeit, zwei Karten mit gleichem Vokal zu ziehen, beträgt $\frac{5}{36}$ bzw. 13,9 %.

A: Die Wahrscheinlichkeit, ein O und ein U zusammen zu ziehen, beträgt $\frac{1}{18}$ bzw. 5,6 %.

- Vergleich, wievielmal höher die Wahrscheinlichkeit ist, das Wort „EI" legen zu können, als die Wahrscheinlichkeit, das Wort „UI" legen zu können: Faktor $k = 3$

  A: Die Wahrscheinlichkeit, das Wort „EI" legen zu können, ist dreimal höher als die Wahrscheinlichkeit, das Wort „UI" legen zu können.

- Feststellung, ob Antonia recht hat:

  (1) $P(EI) = 4{,}17\ \%$ und $P(EI)_{neu} = 3{,}57\ \%$ $\Rightarrow$ $\underline{P(EI) > P(EI)_{neu}}$

  (2) $P(UI) = 1{,}39\ \%$ und $P(UI)_{neu} = 1{,}79\ \%$ $\Rightarrow$ $\underline{P(UI) \neq P(UI)_{neu}}$

  $\Rightarrow$ Antonia hat recht, dass die Wahrscheinlichkeit, das Wort „EI" zu ziehen, kleiner wird. Sie hat aber nicht recht mit der Aussage, dass die Wahrscheinlichkeit, mit der das Wort „UI" gezogen wird, gleich bleibt.

Aufgabe 6:

Zu erwartender theoretischer Gewinn pro Spiel bei Schülern: 0,21 €

Zu erwartender theoretischer Gewinn pro Spiel bei Erwachsenen: 0,71 €

A: Die SMV kann bei Schülern theoretisch 0,21 € Gewinn pro Spiel erwarten und bei Erwachsenen theoretisch 0,71 € pro Spiel.

Abweichung zwischen dem zu erwartenden theoretischen Gesamtgewinn und dem tatsächlichen Gesamtgewinn: 12,56 €

A: Der tatsächliche Gesamtgewinn fällt um 12,56 € geringer aus als der zu erwartende theoretische Gesamtgewinn.

Mögliche Gründe für die festgestellte Abweichung:

- Ein mit den Verfahren der Wahrscheinlichkeitsrechnung ermittelter Wert ist immer ein theoretischer Wert, von dem der jeweils reale Wert jederzeit abweichen kann.
- Das Glücksrad ist nicht ideal im Sinne der Mathematik, sodass durch bauliche Gegebenheiten (Aufteilung der Felder, Gewichtsverteilung, Reibung) die tatsächlichen Wahrscheinlichkeiten von den errechneten abweichen können.
- Die Spielerinnen und Spieler versuchen, durch geschicktes Drehen für sie günstige Ergebnisse herbeizuführen.

Abschlussprüfungsaufgaben Mathematik für Realschulen (Baden-Württemberg): Haupttermin 2014 – Pflichtbereich

Aufgabe P 1

Im Viereck ABCD sind gegeben:

$\overline{AE} = 3,2\ \text{cm}$

$\overline{CD} = 5,8\ \text{cm}$

$\varepsilon_1 = 54,6°$

Berechnen Sie den Umfang des Dreiecks EBC.

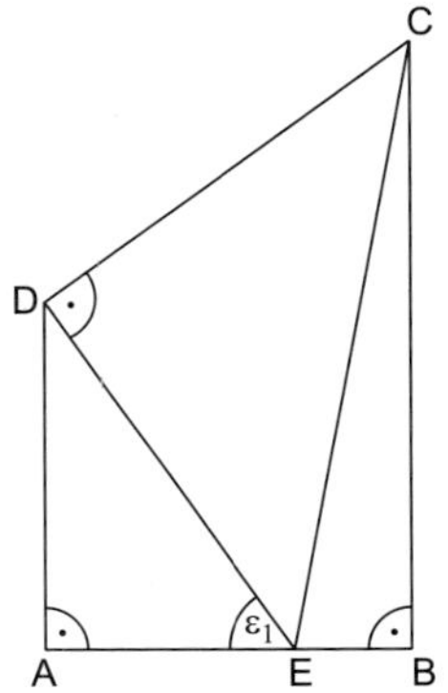

4 P

Aufgabe P 2

Das Dreieck ABC und das Dreieck DBE überdecken sich teilweise.

Es gilt:

$\overline{AB} = 6,2\ \text{cm}$

$\alpha = 36,2°$

M ist Mittelpunkt von $\overline{AC}$

Berechnen Sie die Länge $\overline{DE}$.

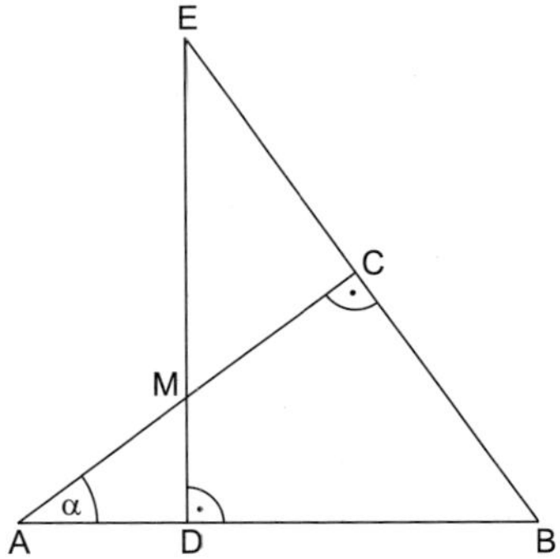

4 P

Aufgabe P 3

Eine quadratische Pyramide wurde aus Wachs hergestellt.

Es gilt:

$s = 11,2\ \text{cm}$

$\gamma = 34,0°$

Die Pyramide wird eingeschmolzen und zu einer Kugel umgeformt.

Berechnen Sie den Radius der Kugel.

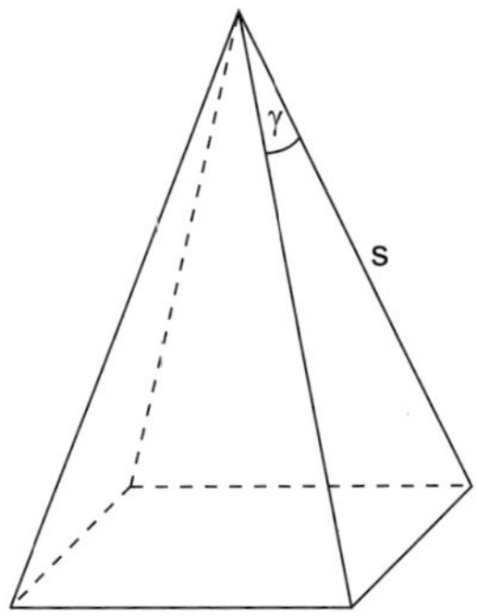

4 P

Aufgabe P 4

Das Schaubild zeigt den Ausschnitt einer verschobenen Normalparabel p.

Eine Gerade g geht durch den Punkt R(2,5 | –4) und hat die Steigung m = –2.

Berechnen Sie die Koordinaten der Schnittpunkte von p und g.

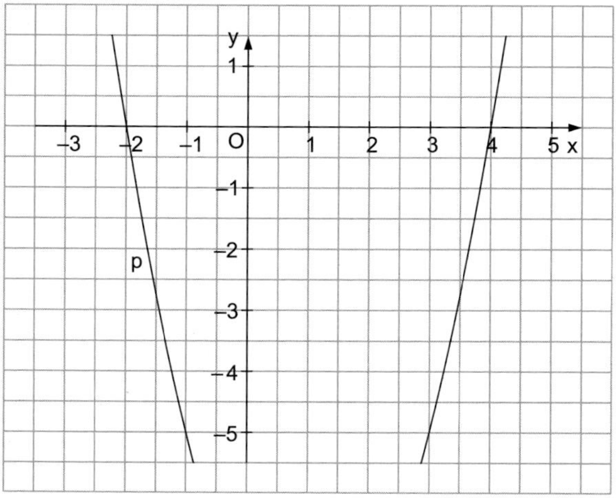

3,5 P

Aufgabe P 5

Geben Sie die Definitions- und Lösungsmenge der Gleichung an:

$$\frac{x}{x+4} = \frac{3x+28}{x^2+4x} + \frac{1}{x}$$

3,5 P

Aufgabe P 6

Die Französischgruppe der Klasse 10a mit 17 Schülerinnen und Schülern hat einen Vokabeltest geschrieben. Es konnten maximal 20 Punkte erreicht werden. Dabei wurden nur ganze Punkte verteilt. Der Durchschnitt (arithmetisches Mittel) betrug 10 Punkte.

Der Boxplot zeigt die Verteilung der Punkte.

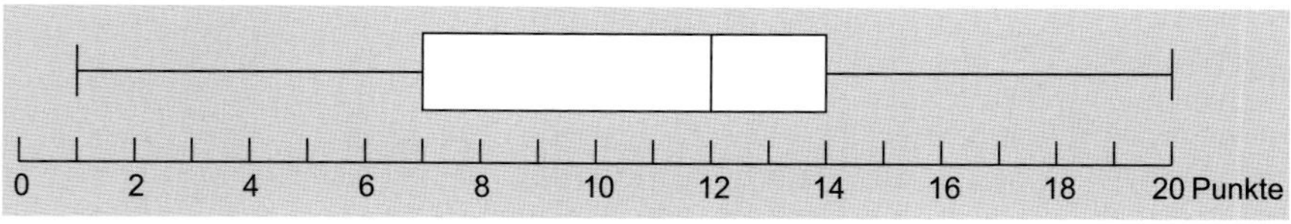

Zum Boxplot gehört die unvollständig ausgefüllte Rangliste.

Rangplatz	1	2	3	4	5	6	7	8	9	10	11	12	13	14	15	16	17
Punkte	1	1		5		7	7	9		12	12	13	14		16	17	

Vervollständigen Sie die Rangliste. Beachten Sie dabei die Kennwerte und den Durchschnitt.

Pauline behauptet:
„Mehr als die Hälfte aller Schülerinnen und Schüler ist besser als der Durchschnitt.“

Hat Pauline recht? Begründen Sie. 3,5 P

Aufgabe P 7

Die Polizei informiert:

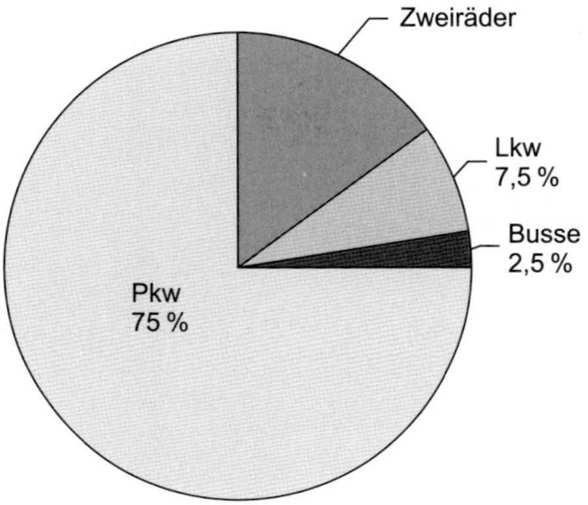

Bei insgesamt 640 Fahrzeugen wurde die Geschwindigkeit kontrolliert.

Dabei überschritt jeder Achte der Pkw-Fahrer die zulässige Höchstgeschwindigkeit.
5 % dieser Pkw-Fahrer droht sogar ein zeitweiliges Fahrverbot.

Wie viele Zweiräder wurden kontrolliert?

Wie viele der kontrollierten Pkw-Fahrer müssen mit einem zeitweiligen Fahrverbot rechnen? 3,5 P

Aufgabe P 8

In einem Behälter liegen 50 gleich große Kugeln.
Sie sind mit den Zahlen 1, 2 und 3 beschriftet.
Es werden zwei Kugeln ohne Zurücklegen gezogen.

Die Grafik zeigt ein unvollständiges Baumdiagramm.

Vervollständigen Sie dieses Baumdiagramm.

Mit welcher Wahrscheinlichkeit zieht man zwei Kugeln, die mit der gleichen Zahl beschriftet sind?

Wie groß ist die Wahrscheinlichkeit, dass die erste gezogene Zahl größer als die zweite ist?

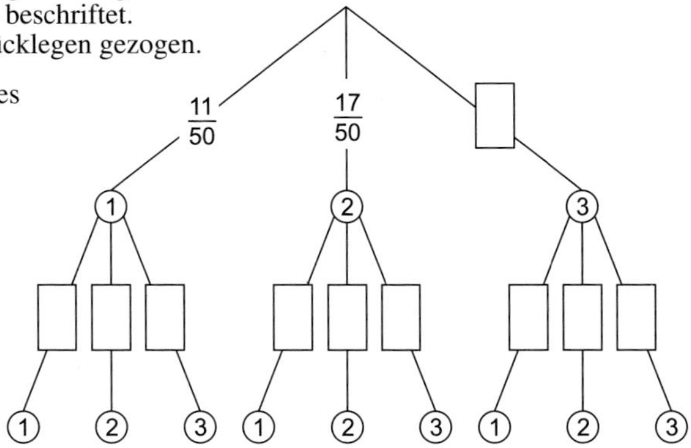

4 P

Abschlussprüfungsaufgaben Mathematik für Realschulen (Baden-Württemberg): Haupttermin 2014 – Wahlbereich

Aufgabe W 1

a) Im Rechteck ABCD sind gegeben:

$\overline{AD} = 6{,}8\text{ cm}$

$\overline{BF} = 4{,}2\text{ cm}$

$\alpha = 25{,}0°$

$\overline{AD} = \overline{DE}$

Berechnen Sie die Länge $\overline{CE}$.

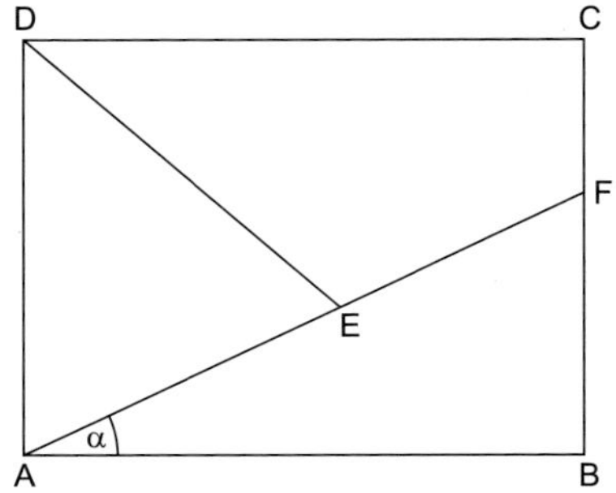

5,5 P

b) Gegeben ist das Dreieck ABC.

M ist Mittelpunkt von $\overline{AC}$.

Weisen Sie ohne Verwendung gerundeter Werte nach, dass für den Flächeninhalt des eingefärbten Vierecks gilt:

$$A = \frac{5}{6}e^2\sqrt{3}$$

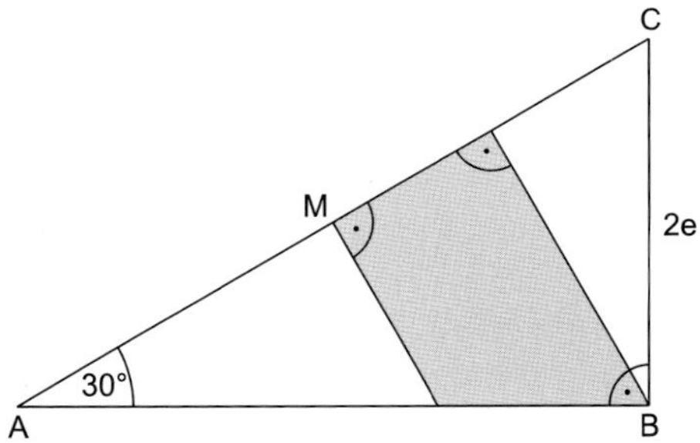

4,5 P

Aufgabe W 2

a) Eine regelmäßige achtseitige Pyramide hat die Grundkante $a = 12{,}0$ cm.

Berechnen Sie die Länge $\overline{PQ}$.

Diese Pyramide hat das Volumen $V = 8\,346\text{ cm}^3$.

Berechnen Sie die Länge $\overline{PR}$.

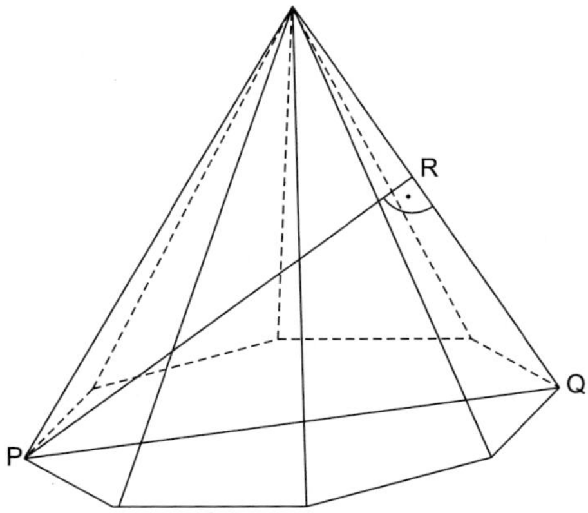

5 P

b) Aus einer Kreisfläche werden die Mantelflächen einer quadratischen Pyramide und eines Kegels ausgeschnitten.

Der Kreis hat den Radius r = 20,0 cm.

Berechnen Sie die Differenz der beiden Körperhöhen.

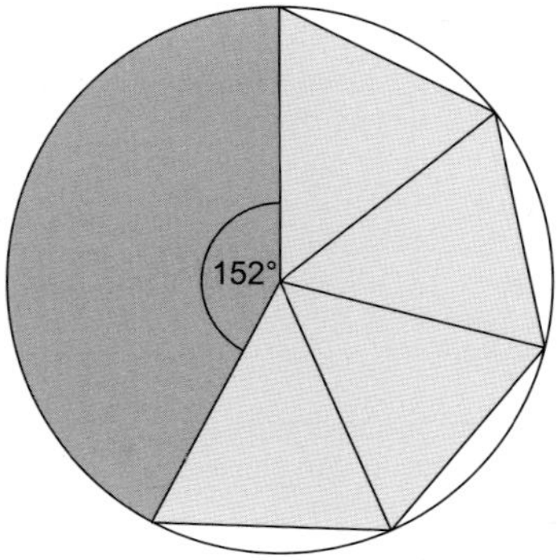

5 P

Aufgabe W 3

a) Zu einer verschobenen, nach oben geöffneten Normalparabel p_1 gehört die unvollständig ausgefüllte Wertetabelle.

x	–3	–2	–1	0	1	2
y		3		3		

Geben Sie die Gleichung der Parabel p_1 an und vervollständigen Sie die Wertetabelle.

Eine Parabel p_2 hat die Gleichung $y = -\frac{1}{2}x^2 - 1$.

Zeichnen Sie die beiden Parabeln p_1 und p_2 in ein Koordinatensystem.

Eine Parabel p_3 hat die Gleichung $y = ax^2$.

Geben Sie einen möglichen Wert für den Faktor a so an, dass p_3 weder mit p_1 noch mit p_2 einen gemeinsamen Punkt hat.
Überprüfen Sie durch Rechnung. 5,5 P

b) Eine Parabel p_1 mit der Gleichung $y = x^2 + bx - 1$ geht durch den Punkt $A(-1 \mid 2)$.

Eine weitere Parabel p_2 mit der Gleichung $y = -x^2 + c$ verläuft ebenfalls durch den Punkt A.

Berechnen Sie den zweiten Schnittpunkt B der beiden Parabeln.

Die Parabel p_1 hat den Scheitel S_1, die Parabel p_2 hat den Scheitel S_2.

Luca behauptet:
„Die Gerade S_1B ist parallel zur Geraden S_2A."

Hat Luca recht? Begründen Sie Ihre Antwort durch Rechnung.

Hinweis: In der Gleichung von Parabel p_1 wurde die Variable für den linearen Vorfaktor an die neue Notation angepasst und von „p" auf „b" geändert. 4,5 P

Aufgabe W 4

a) Acht gleich große Karten sind mit den Buchstaben A, B und C beschriftet.
Die Karten liegen so auf dem Tisch, dass die Buchstaben nicht sichtbar sind.
Es werden zwei Karten gleichzeitig gezogen.

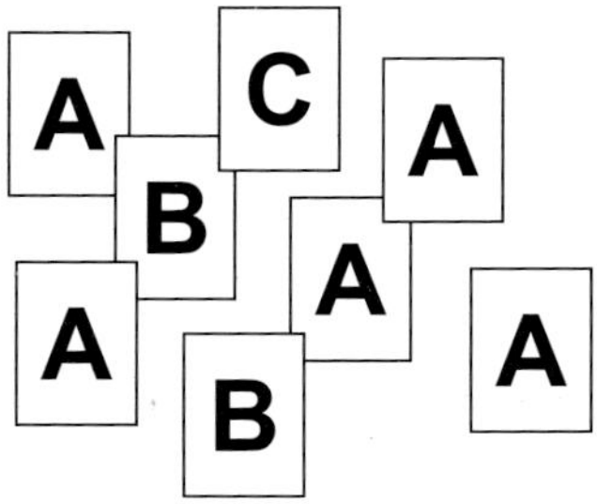

Wie groß ist die Wahrscheinlichkeit, zwei Karten mit verschiedenen Buchstaben zu ziehen?

Die Karten sollen für ein Glücksspiel verwendet werden. Nebenstehende Gewinnpläne werden geprüft.

Für welchen Gewinnplan soll sich der Betreiber entscheiden?
Begründen Sie Ihre Aussage.

Ergebnis der Ziehung	Gewinnplan 1	Gewinnplan 2
Zwei gleiche Buchstaben	3,00 €	5,00 €
Der Buchstabe C ist gezogen	5,00 €	3,00 €
Restliche Möglichkeiten	kein Gewinn	kein Gewinn
Einsatz pro Spiel: 2,50 €		

5,5 P

b) Die Abbildung zeigt eine Brücke, deren Tragseile annähernd die Form einer Parabel haben.

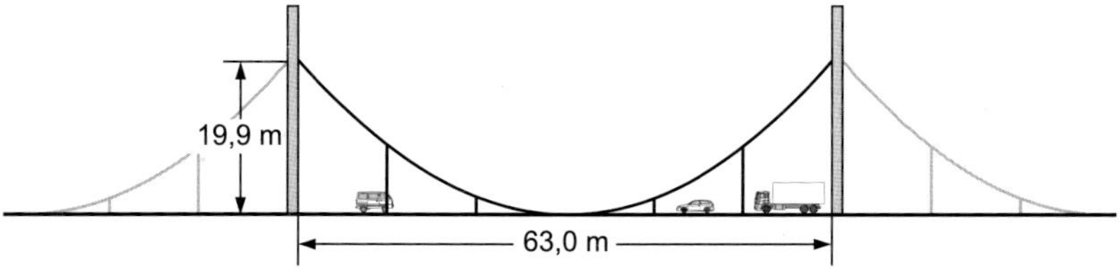

Erstellen Sie die Gleichung der zugehörigen Parabel.

Zwischen den Säulen (Pylonen) im mittleren Bereich der Brücke befinden sich acht Stahlseile (vier auf jeder Fahrbahnseite). Sie verlaufen in gleich großen Abständen senkrecht zur Fahrbahn.

Berechnen Sie die Gesamtlänge dieser acht Stahlseile im mittleren Brückenabschnitt. 4,5 P

Ausführlich dargestellte Lösungswege zu allen Aufgaben des Jahrgangs 2014

Die ausführlich dargestellten Lösungswege zu allen Aufgaben des Jahrgangs 2014 stehen als PDF-Download zur Verfügung (siehe Zugangscode vorne im Buch).

Zum Schnellnachschlagen: Lösungen und Endergebnisse

Aufgabe P 1:

$u_{EBC} = 17{,}4$ cm

Aufgabe P 2:

$\overline{DE} = 5{,}7$ cm

Aufgabe P 3:

Radius der Kugel: $r = 3{,}3$ cm

Aufgabe P 4:

Schnittpunkt $P(3\,|\,-5)$
Schnittpunkt $Q(-3\,|\,7)$

Aufgabe P 5:

$D = \mathbb{R} \setminus \{-4; 0\}$
$L = \{8\}$

Aufgabe P 6:

Vervollständigte Rangliste:

Rangplatz	1	2	3	4	5	6	7	8	9	10	11	12	13	14	15	16	17
Punkte	1	1	○	5	7	7	7	9	12	12	12	13	14	○	16	17	20

entweder ① ——— und ——— ⑯
oder ② ——— und ——— ⑮
oder ③ ——— und ——— ⑭

Feststellung, ob Pauline recht hat:

Hälfte der Schülerzahl: $\frac{n}{2} = 8{,}5$ Schülerinnen/Schüler

Anzahl an Schülerinnen/Schülern, die besser als der Durchschnitt sind:
$n_g = 9$ Schülerinnen/Schüler
Damit ist gezeigt, dass mehr als die Hälfte aller Schülerinnen/Schüler besser als der Durchschnitt ist: Pauline hat recht.

Aufgabe P 7:

Anzahl der kontrollierten Zweiräder: 96
A: Es wurden 96 Zweiräder kontrolliert.

Anzahl der kontrollierten Pkw-Fahrer, die mit einem zeitweiligen Fahrverbot rechnen müssen: 3
A: Drei Pkw-Fahrer müssen mit einem zeitweiligen Fahrverbot rechnen.

Aufgabe P 8:

Vervollständigtes Baumdiagramm:

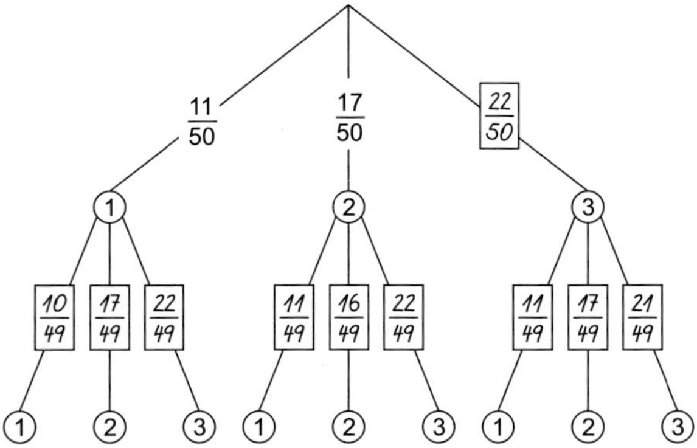

Wahrscheinlichkeit, zwei mit der gleichen Zahl beschriftete Kugeln zu ziehen: $\frac{422}{1\,225}$ oder alternativ 34,4 %.

A: Die Wahrscheinlichkeit, zwei mit der gleichen Zahl beschriftete Kugeln zu ziehen, beträgt $\frac{422}{1\,225}$ bzw. 34,4 %.

Wahrscheinlichkeit, dass die erste gezogene Zahl größer ist als die zweite: $\frac{803}{2\,450}$ oder alternativ 32,8 %.

A: Die Wahrscheinlichkeit, dass die erste gezogene Zahl größer ist als die zweite, beträgt $\frac{803}{2\,450}$ bzw. 32,8 %.

Aufgabe W 1:

a) $\overline{CE} = 5{,}8\,\text{cm}$

b) Beweisführung für: $A = \frac{5}{6}e^2\sqrt{3}$:

$$A = \frac{1}{2}(\overline{BD} + \overline{ME}) \cdot \overline{DM}$$

$$= \frac{1}{2}\left(e\sqrt{3} + \frac{2}{3}e\sqrt{3}\right) \cdot e$$

$$= \frac{1}{2}\left(\frac{3}{3}e\sqrt{3} + \frac{2}{3}e\sqrt{3}\right) \cdot e$$

$$= \frac{1}{2} \cdot \frac{5}{3}e\sqrt{3} \cdot e$$

$$A = \underline{\underline{\frac{5}{6}e^2\sqrt{3}}} \quad \text{w. z. b. w.}$$

Aufgabe W 2:

a) $\overline{PQ} = 31{,}4$ cm

$\overline{PR} = 28{,}8$ cm

b) Differenz zwischen der Höhe des Kegels und der Höhe der Pyramide: 2,4 cm

Aufgabe W 3:

a) p_1: $y = x^2 + 2x + 3$ oder alternativ: p_1: $y = (x+1)^2 + 2$

Vervollständigte Wertetabelle für Parabel p_1:

x	–3	–2	–1	0	1	2
y	**6**	3	**2**	3	**6**	**11**

Zeichnung der Parabeln p_1 und p_2:

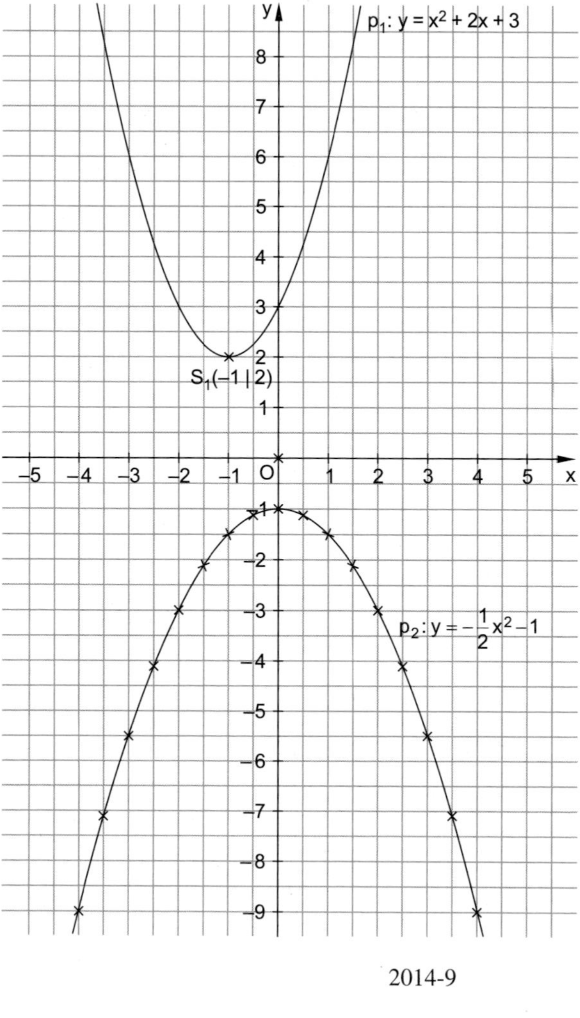

Benennung eines Werts für Faktor a von Parabel p_3, sodass Parabel p_3 weder mit Parabel p_1 noch mit Parabel p_2 einen gemeinsamen Punkt hat:

Es gibt unendlich viele Werte für Faktor a, für welche die Parabel p_3: $y = ax^2$ weder mit Parabel p_1 noch mit Parabel p_2 einen gemeinsamen Punkt hat. Alle die Bedingung erfüllenden Werte für Faktor a liegen im Intervall $I = \left[-\frac{1}{2}; \frac{2}{3}\right[\setminus \{0\}$ (Für $a = 0$ ergibt sich keine Parabelgleichung.). In der Musterlösung wird exemplarisch genannt: $a = \frac{1}{2}$

Nachweis, dass Parabel p_3 für $a = \frac{1}{2}$ keinen gemeinsamen Punkt mit Parabel p_1 besitzt:

$$p_3 = p_1$$

$$\frac{1}{2}x^2 = x^2 + 2x + 3 \qquad \left| -\frac{1}{2}x^2 \right.$$

$$\frac{1}{2}x^2 + 2x + 3 = 0 \qquad |\cdot 2$$

$$x^2 + 4x + 6 = 0$$

$$x_{1/2} = -\frac{p}{2} \pm \sqrt{\left(\frac{p}{2}\right)^2 - q}$$

$$= -\frac{4}{2} \pm \sqrt{\left(\frac{4}{2}\right)^2 - 6}$$

$$= -2 \pm \sqrt{4-6}$$

$$= -2 \pm \sqrt{-2}$$

Diskriminante $D < 0 \Rightarrow \underline{\underline{L = \{\ \}}}$ w. z. b. w.

Damit ist gezeigt, dass Parabel p_3 keinen gemeinsamen Punkt mit Parabel p_1 besitzt.

Nachweis, dass Parabel p_3 für $a = \frac{1}{2}$ keinen gemeinsamen Punkt mit Parabel p_2 besitzt:

$$p_3 = p_2$$

$$\frac{1}{2}x^2 = -\frac{1}{2}x^2 - 1 \qquad \left| +\frac{1}{2}x^2 \right.$$

$$x^2 = -1 \qquad |\sqrt{}$$

$$x_{1/2} = \pm\sqrt{-1}$$

Diskriminante $D < 0 \Rightarrow \underline{\underline{L = \{\ \}}}$ w. z. b. w.

Damit ist gezeigt, dass Parabel p_3 keinen gemeinsamen Punkt mit Parabel p_2 besitzt.

b) Schnittpunkt $B(2\,|\,-1)$

Untersuchung, ob Luca mit der Behauptung „Die Gerade S_1B ist parallel zur Geraden S_2A“ recht hat:
Luca hat recht.

Zur Begründung:
$m_{S_1B} = 1$ und $m_{S_2A} = 1 \Rightarrow S_1B \parallel S_2A$

Aufgabe W 4:

a) P(zwei verschiedene Buchstaben) $= \frac{17}{28}$ oder alternativ 60,7 %

A: Die Wahrscheinlichkeit, zwei Karten mit verschiedenen Buchstaben zu ziehen, beträgt $\frac{17}{28}$ bzw. 60,7 %.

Untersuchung der Fragestellung, für welchen Gewinnplan sich der Betreiber entscheiden soll:
Der Betreiber sollte sich für Gewinnplan 1 entscheiden.

Begründung:

$E_1 = -0{,}07$ € $\Rightarrow$ Der Betreiber kann einen durchschnittlichen Gewinn von 0,07 € pro Spiel erwarten.

$E_2 = 0{,}21$ € $\Rightarrow$ Der Betreiber muss mit einem durchschnittlichen Verlust von 0,21 € pro Spiel rechnen.

b) p: $y = 0{,}02x^2$ oder alternativ: p: $y = \frac{19{,}9}{(-31{,}5)^2}x^2$

Abhängig von der für die Berechnung genutzten Parabelformel ergibt sich für die Gesamtlänge der acht Stahlseile im mittleren Brückenabschnitt:

(1) Für p: $y = 0{,}02x^2$: Gesamtlänge $s = 44{,}1$ m

(2) Für p: $y = \frac{19{,}9}{(-31{,}5)^2}x^2$: Gesamtlänge $s = 44{,}2$ m

Abschlussprüfungsaufgaben Mathematik für Realschulen (Baden-Württemberg): Haupttermin 2015 – Pflichtbereich

Aufgabe P 1

Im Dreieck ABC gilt:

$\overline{AC} = \overline{CE} = 9{,}2\text{ cm}$

$\alpha = 64{,}0°$

$\beta = 40{,}0°$

Berechnen Sie den Umfang des Dreiecks EBC.

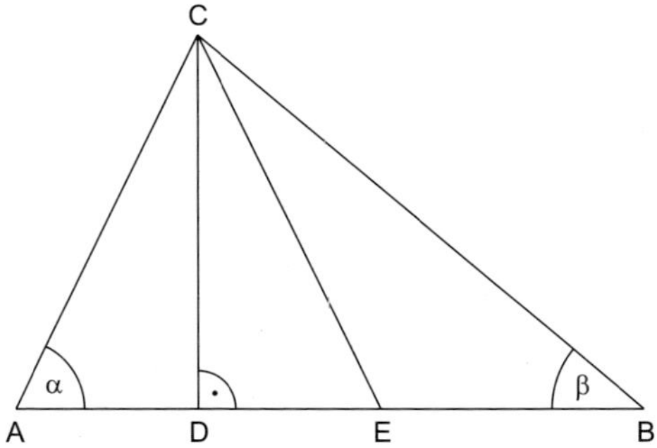

4 P

Aufgabe P 2

Das Viereck ABCD ist ein Quadrat.

Es gilt:

$\overline{AE} = 7{,}8\text{ cm}$

$\alpha_1 = 34{,}0°$

Berechnen Sie die Länge von $\overline{CE}$.

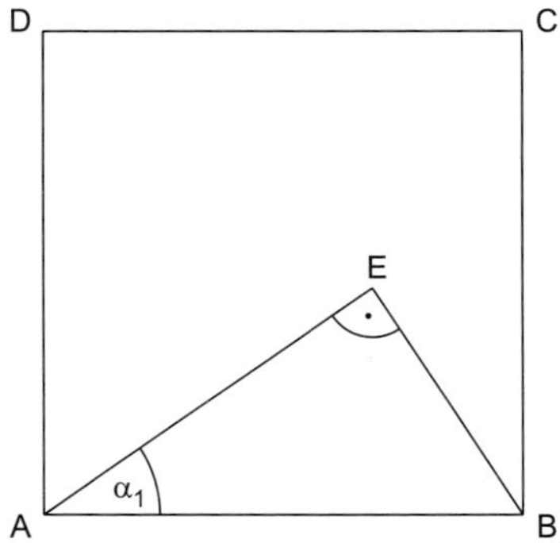

4 P

Aufgabe P 3

Ein Kegel ist teilweise mit Wasser gefüllt. Dabei nimmt das Wasser die Hälfte des Kegelvolumens ein. Dieses Wasser soll vollständig in eine quadratische Pyramide umgefüllt werden.

Es gilt:

$d_K = 20{,}0\text{ cm}$

$h_K = 30{,}0\text{ cm}$

$a = 16{,}0\text{ cm}$

$s_P = 24{,}0\text{ cm}$

Läuft das Wasser über? Überprüfen Sie durch Rechnung.

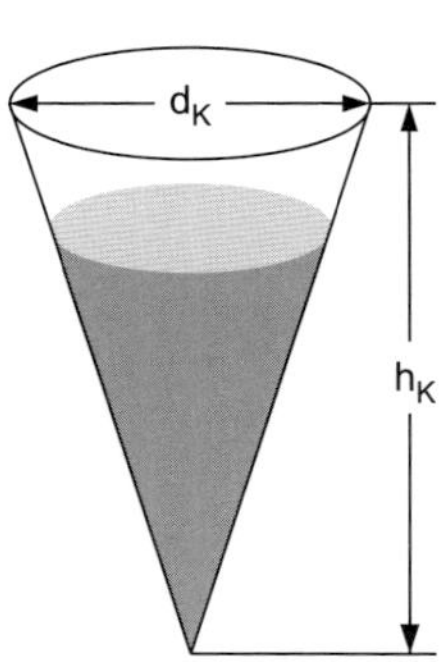

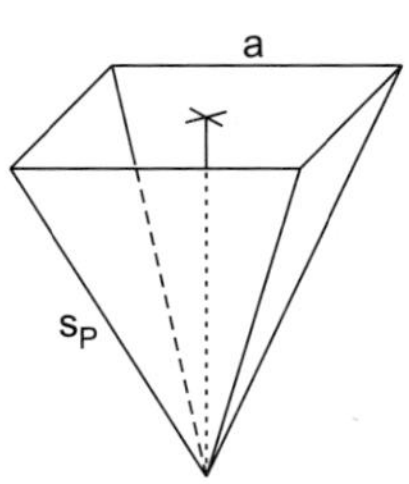

3,5 P

Aufgabe P 4

In einem Behälter liegen 20 Kugeln. Sie sind rot, blau und grün gefärbt. Es werden zwei Kugeln gleichzeitig gezogen.

Im Baumdiagramm fehlt eine Wahrscheinlichkeitsangabe. Ergänzen Sie diese.

Wie groß ist die Wahrscheinlichkeit, höchstens eine grüne Kugel zu ziehen?

In einem anderen Behälter liegen von jeder Farbe doppelt so viele Kugeln, also insgesamt 40 Kugeln. Es werden ebenfalls zwei Kugeln gleichzeitig gezogen.

Uli sagt: „Die Wahrscheinlichkeit, höchstens eine grüne Kugel zu ziehen, ist gleich.“

Hat Uli recht?
Begründen Sie durch Rechnung.

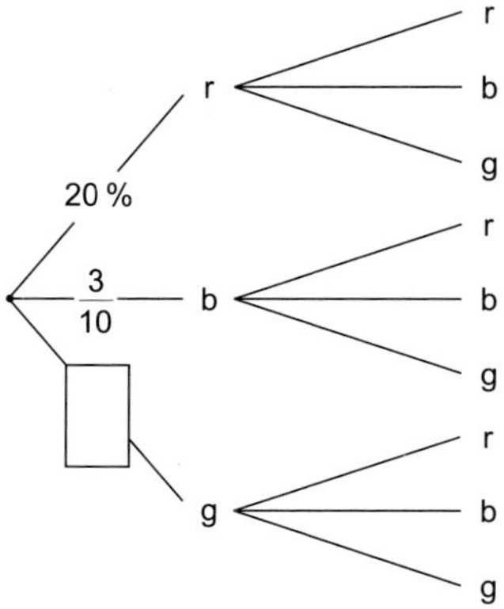

4 P

Aufgabe P 5

Das Schaubild zeigt die Ausschnitte von vier Parabeln.

Welcher Graph gehört zur angegebenen Wertetabelle? Begründen Sie Ihre Entscheidung.

x	0	1	2	3
y	1	0	–3	–8

Berechnen Sie die Koordinaten des Schnittpunktes Q der beiden verschobenen Normalparabeln p_1 und p_2.

Wie heißt die Gleichung der Parabel p_4?
Entnehmen Sie dazu erforderliche Werte dem Schaubild.

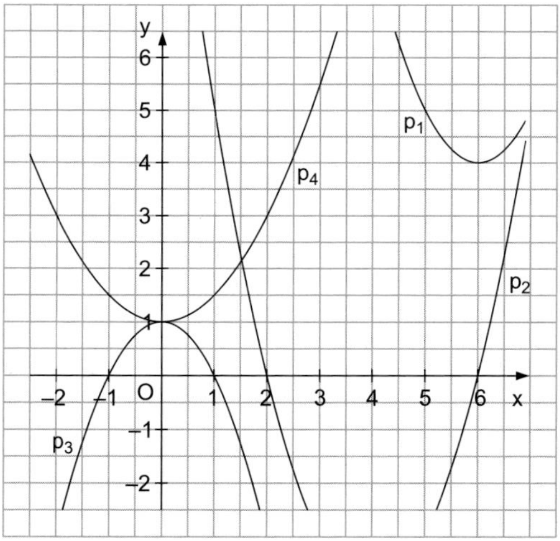

4 P

Aufgabe P 6

Lösen Sie das Gleichungssystem:

(1) $\frac{x-4y}{3}=4$

(2) $3(2x+y)-17=\frac{x-2}{2}$ 3 P

Aufgabe P 7

Das Diagramm zeigt den Wert der Aktie „Motelo" jeweils am Jahresende.

Um wie viel Prozent ist der Wert der Aktie von 2010 bis 2013 insgesamt angestiegen?

Am Ende des Jahres 2014 lag der Wert der Aktie 15,4 % über dem Wert am Ende des Jahres 2013.

Zeichnen Sie im Diagramm den Jahresendwert von 2014 ein.

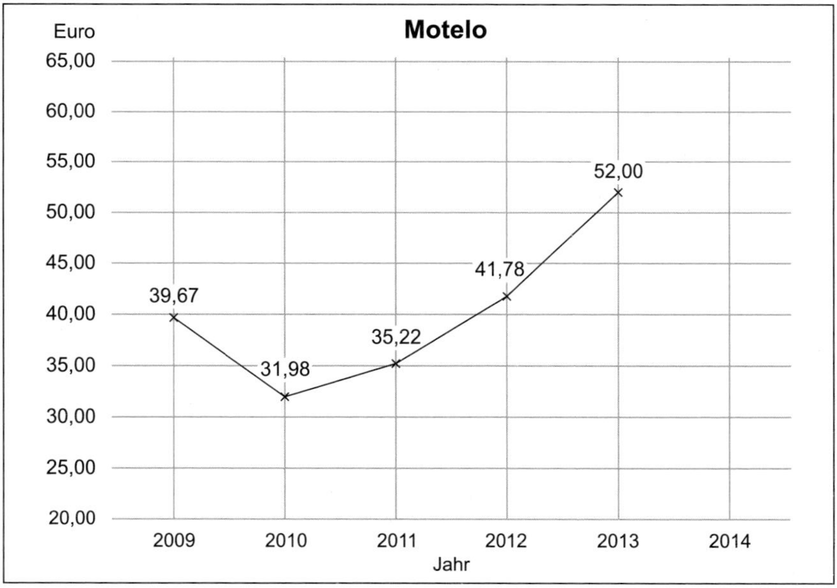

Welchen jährlich gleichbleibenden Zinssatz hätte eine Bank bieten müssen, um von 2009 bis 2013 den gleichen Wertzuwachs zu erzielen? 3,5 P

Aufgabe P 8

Die Klassen 10 a und 10 b machen einen gemeinsamen Ausflug und spielen Minigolf. Beim Minigolf zählt jeder Schlag als Punkt.
Hat der Ball nach sechs Punkten das Ziel nicht erreicht, ist ein Zusatzpunkt anzurechnen.
Die Höchstpunktzahl an einer Bahn beträgt also sieben Punkte.

Die Diagramme und die Boxplots zeigen die Ergebnisse der beiden Klassen nach der ersten Bahn.

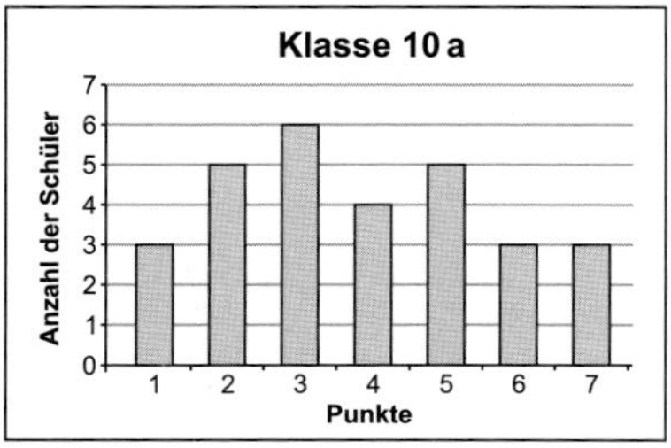

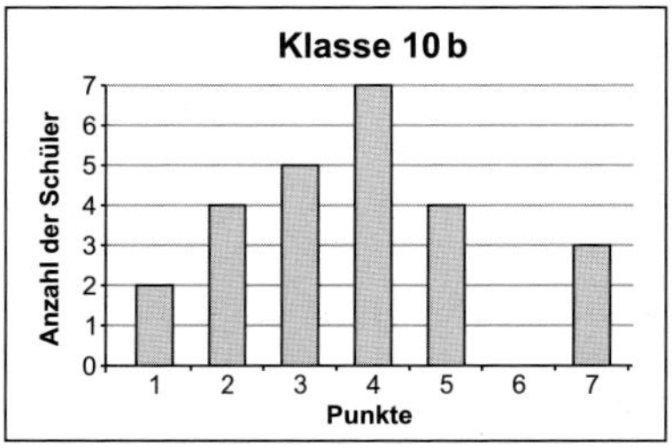

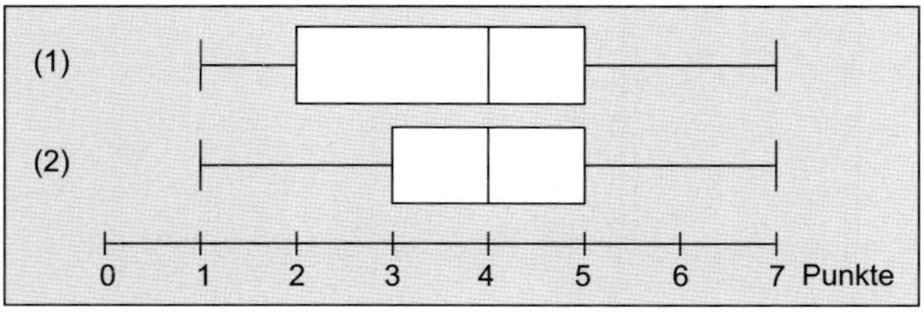

Zu welcher Klasse gehört der jeweilige Boxplot? Begründen Sie.

Wie viel Prozent der Schüler der Klasse 10 a haben fünf oder mehr Punkte?

Überprüfen Sie folgende Aussage:
„Die durchschnittliche Punktzahl der Klasse 10 b beträgt genau vier Punkte.“ 4 P

Aufgabe W 1

a) Im Trapez ABCD gilt:

$\overline{AD} = 8{,}4\,\text{cm}$

$\overline{AE} = 7{,}8\,\text{cm}$

$\alpha = 50{,}0°$

$\overline{BE} = \overline{DE}$

Berechnen Sie den Winkel δ_1.

Berechnen Sie den Flächeninhalt des Dreiecks EBD.

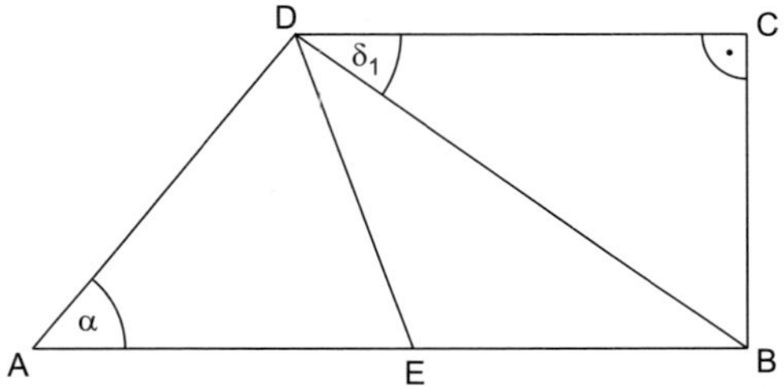

5,5 P

b) Von einem rechteckigen Blatt Papier wird entlang der gestrichelten Linie ein Stück abgeschnitten und an anderer Stelle angelegt (siehe Skizze).

Es gilt:

$\overline{AB} = 6e$

$\overline{BC} = 3e$

M ist Mittelpunkt von $\overline{CD}$

Bea behauptet:
„Das Viereck AEFG hat den gleichen Umfang wie das Rechteck ABCD."

Hat Bea recht?
Begründen Sie Ihre Aussage rechnerisch oder durch Argumentation.

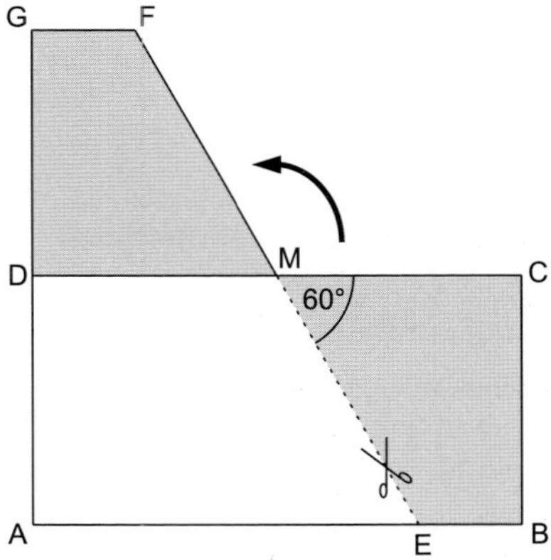

4,5 P

Aufgabe W 2

a)

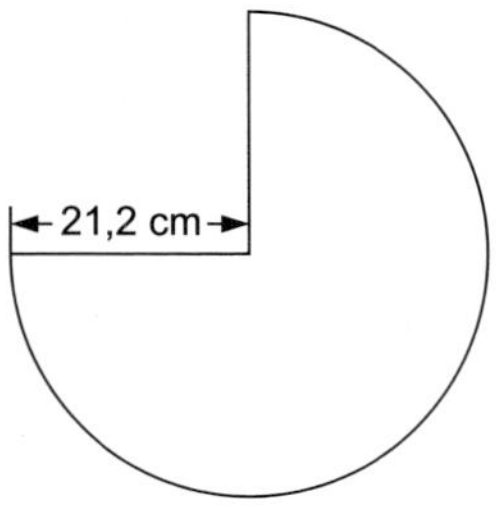

Gegeben sind zwei Dreiviertelkreise.
Aus ihnen werden der Mantel eines Kegels und der Mantel einer regelmäßigen sechsseitigen Pyramide gefertigt.

Berechnen Sie die Differenz der beiden Körperhöhen.

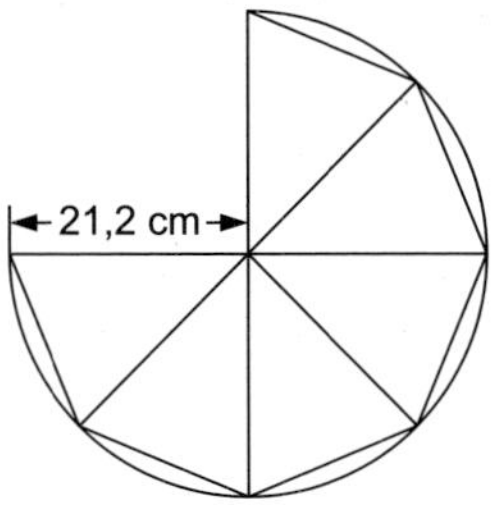

5,5 P

b) Ein zusammengesetzter Körper besteht aus einem gleichschenkligen Dreiecksprisma und einem halben Kegel (siehe Skizze).

Es gilt:

$\overline{AC} = \overline{BC}$

$\overline{AB} = 11{,}4\ \text{cm}$

$\beta = 62{,}0°$

$V_{ges} = 1\,280\ \text{cm}^3$ (Volumen des zusammengesetzten Körpers)

Berechnen Sie die Gesamtlänge k des zusammengesetzten Körpers. 4,5 P

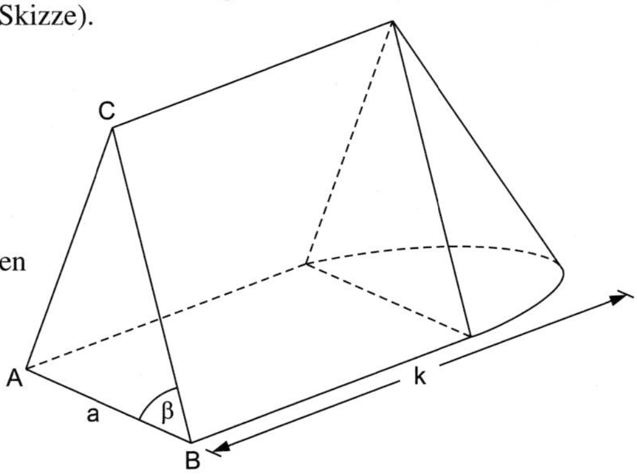

Aufgabe W 3

a) Zu einer verschobenen nach oben geöffneten Normalparabel p gehört die unvollständig ausgefüllte Wertetabelle.

x	0	1	2	3	4	5
y	11	6			3	

Geben Sie die Gleichung der Parabel p an.

Vervollständigen Sie die Wertetabelle.

Eine Gerade g hat die Steigung $m = -1$ und geht durch den Punkt $P(-2{,}5\,|\,6)$.
Weisen Sie rechnerisch nach, dass p und g keine gemeinsamen Punkte haben.

Eine Gerade h verläuft parallel zur Geraden g und geht durch den Scheitelpunkt von p. Berechnen Sie die Koordinaten des Schnittpunktes R der Geraden h mit der x-Achse. 5,5 P

b) Eine Parabel p_1 der Form $y = ax^2 + c$ mit dem Scheitelpunkt $S_1(0\,|\,4{,}5)$ schneidet die x-Achse in den Punkten $N_1(-3\,|\,0)$ und $N_2(3\,|\,0)$.

Eine nach oben geöffnete Normalparabel p_2 hat den Scheitelpunkt $S_2(3\,|\,1{,}5)$.

Die beiden Parabeln haben einen gemeinsamen Punkt T.
Berechnen Sie die Koordinaten von T.

Die Punkte N_1, N_2 und T bilden ein Dreieck.
Berechnen Sie den Flächeninhalt des Dreiecks N_1N_2T.

Der Punkt T bewegt sich auf der Parabel p_1 oberhalb der x-Achse.
Für welche Lage von T wird der Flächeninhalt des Dreiecks N_1N_2T am größten?
Begründen Sie Ihre Aussage rechnerisch oder durch Argumentation. 4,5 P

Aufgabe W 4

a) In einem Kartenstapel liegen zwölf Karten. Die Verteilung ist in der Tabelle dargestellt.

Kartenfarbe			
schwarz		rot	
♣ Kreuz	♠ Pik	♥ Herz	♦ Karo
Anzahl			
6	1	3	2

Die Karten werden gemischt und verdeckt auf den Tisch gelegt. Zwei Karten werden gleichzeitig gezogen.

Wie groß ist die Wahrscheinlichkeit, eine rote und eine schwarze Karte zu erhalten?

Die zwölf Karten werden für ein Glücksspiel eingesetzt. Es sollen ebenfalls zwei Karten gleichzeitig gezogen werden.

Dazu wird nebenstehender Gewinnplan geprüft.

Ergebnisse	**Gewinn**
zweimal Karo	10,00 €
zweimal Herz	5,00 €
sonstige	kein Gewinn
Einsatz pro Spiel: 1,00 €	

Berechnen Sie den Erwartungswert.

Sophie macht den Vorschlag, den Gewinn für „zweimal Karo“ auf 20,00 € hochzusetzen und alles andere zu belassen. Der Betreiber des Glücksspiels protestiert und behauptet, er würde dann Verlust machen.

Hat der Betreiber recht? Begründen Sie durch Rechnung. 5,5 P

b) David und Tim messen sich im Kugelstoßen. Beim Stoß von David verlässt die Kugel seine Hand in einer Höhe von 2,20 m (siehe Skizze).

Nach einer horizontalen Entfernung von 4,30 m hat die Kugel ihre maximale Höhe von 3,90 m erreicht.

Die Flugbahn der Kugel lässt sich annähernd durch eine Parabel mit der Funktionsgleichung $y = ax^2 + c$ beschreiben.

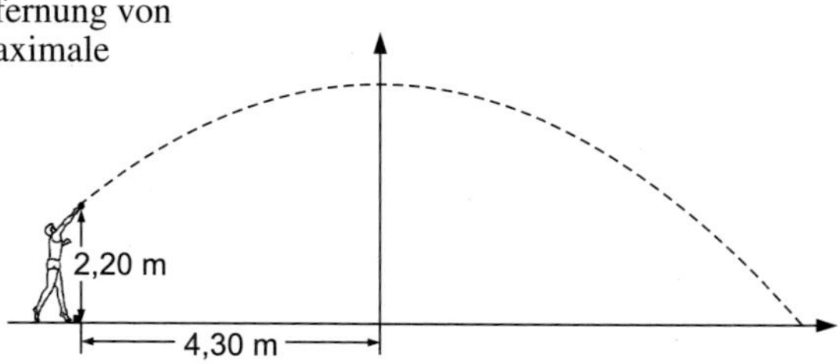

Welche Weite hat David erzielt?

Tim stößt die Kugel ebenfalls aus dem Stoßkreis. Die Kugel verlässt seine Hand in einer Höhe von 1,90 m.

Die Parabelgleichung für diesen Stoß lautet: $y = -\frac{1}{10}x^2 + 3{,}5$.

Vergleichen Sie die beiden Kugelstoßweiten. 4,5 P

Ausführlich dargestellte Lösungswege zu allen Aufgaben des Jahrgangs 2015

Die ausführlich dargestellten Lösungswege zu allen Aufgaben des Jahrgangs 2015 stehen als PDF-Download zur Verfügung (siehe Zugangscode vorne im Buch).

Zum Schnellnachschlagen: Lösungen und Endergebnisse

Aufgabe P 1:

$u_{EBC} = 27{,}9\ \text{cm}$

Aufgabe P 2:

$\overline{CE} = 5{,}8\ \text{cm}$

Aufgabe P 3:

Feststellung, ob das Wasser überläuft: Das Wasser läuft nicht über.

Begründung:

$V_{Pyramide} = 1\,806{,}51\ \text{cm}^3$ und $V_{Wasser} = 1\,570{,}80\ \text{cm}^3$

$\Rightarrow \quad V_{Pyramide} > V_{Wasser}$

Aufgabe P 4:

- Ergänzung der fehlenden Wahrscheinlichkeit im Baumdiagramm:

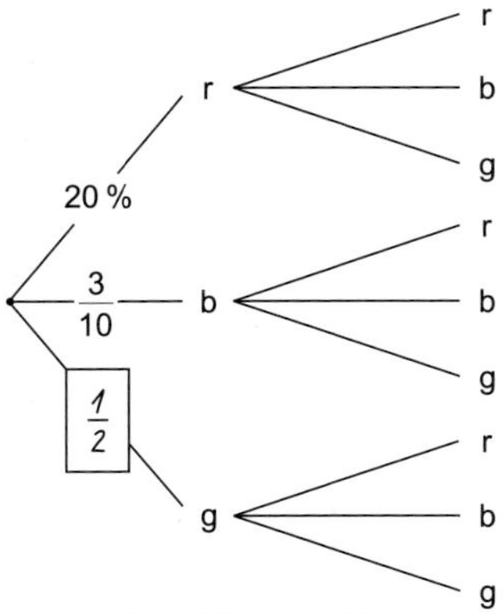

(Alternativ: 50 % oder 0,5)

- Wahrscheinlichkeit, höchstens eine grüne Kugel zu ziehen: $\frac{29}{38}$ oder alternativ 76,3 %.
  A: Die Wahrscheinlichkeit, höchstens eine grüne Kugel zu ziehen, beträgt $\frac{29}{38}$ bzw. 76,3 %.
- Feststellung, ob Uli recht hat: Uli hat nicht recht.
  Begründung:
  $P(\text{höchstens eine grüne Kugel})_{20} = 76{,}3\ \%$ und $P(\text{höchstens eine grüne Kugel})_{40} = 75{,}64\ \%$
  $\Rightarrow$ Die beiden Wahrscheinlichkeiten sind nicht gleich.

Aufgabe P 5:

- Parabel p_3 gehört zur angegebenen Wertetabelle.
  Zur Begründung siehe bitte PDF-Download.
- Schnittpunkt Q(7 | 5)
- p_4: $y = \frac{1}{2}x^2 + 1$ oder alternativ: p_4: $y = 0{,}5x^2 + 1$

Aufgabe P 6:

$L = \{(4; -2)\}$

Aufgabe P 7:

- Prozentualer Anstieg des Aktienwerts von 2010 bis 2013: 62,6 %
  A: Der Wert der Aktie ist von 2010 bis 2013 um insgesamt 62,6 % gestiegen.
- Eintrag des Jahresendwerts von 2014 in das Diagramm in der Aufgabenstellung:

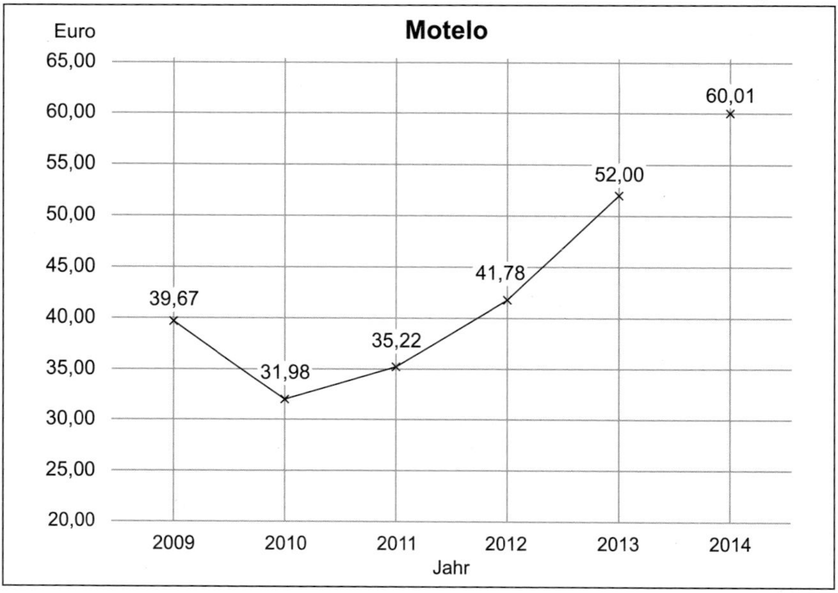

Hinweis: Für die Erfüllung der Aufgabe reicht es aus, den Jahresendwert der Aktie einzuzeichnen. Eine Fortführung der den Kursverlauf darstellenden Linie ist nicht erforderlich. Andererseits wäre das Einzeichnen einer solchen Linie auch nicht falsch.

- Jährlich gleichbleibender Zinssatz, den eine Bank hätte bieten müssen, um von 2009 bis 2013 den gleichen Wertzuwachs wie die Aktie zu erzielen: 7,0 %
  A: Um von 2009 bis 2013 den gleichen Wertzuwachs wie die Aktie zu erzielen, hätte eine Bank einen gleichbleibenden Zinssatz von 7,0 % bieten müssen.

Aufgabe P 8:

- Feststellung, welcher Boxplot zu welcher Klasse gehört:
  Boxplot (1) gehört zu Klasse 10 a; Boxplot (2) gehört zu Klasse 10 b

  Begründung:
  Die Kennwerte der beiden Boxplots sind – bis auf das untere Quartil – identisch. Folglich beschränkt sich die Untersuchung der Frage, welcher Boxplot zu welcher Klasse gehört, auf die Betrachtung der Werte der unteren Quartile.

  1) $q_{u(10\,a)} = 2$ Punkte und $q_{u(1)} = 2$ Punkte und $q_{u(2)} \neq 2$ Punkte

     $\Rightarrow$ Boxplot (1) gehört zu Klasse 10 a.

  2) Boxplot (1) gehört zu Klasse 10 a

     $\Rightarrow$ Boxplot (2) gehört zu Klasse 10 b.

- Prozentualer Anteil der Schüler von Klasse 10 a, die fünf oder mehr Punkte haben: 37,9 %.

  A: 37,9 % der Schüler von Klasse 10 a haben fünf oder mehr Punkte.

- Überprüfung der Aussage:

  1) Aussage: „Die durchschnittliche Punktzahl der Klasse 10 b beträgt genau vier Punkte."

  2) $\overline{x}_{10\,b}$: 3,76 Punkte

  $\Rightarrow$ Die Aussage ist falsch.

Aufgabe W 1:

a) • $\delta_1 = 34{,}8°$

   • $A_{EBD} = 22{,}1\,\text{cm}^2$

b) Feststellung, ob Bea recht hat:
   Bea hat nicht recht.

   Begründung:

   1) $u_{ABCD} = 18e$

   2) $u_{AEFG} = e(12 + 4\sqrt{3}) = 18{,}93e$

   $\Rightarrow$ $u_{AEFG} \neq u_{ABCD}$

Aufgabe W 2:

a) Differenz der beiden Körperhöhen: $d = 0{,}4$ cm

b) Gesamtlänge k des zusammengesetzten Körpers: $k = 23{,}7$ cm

Aufgabe W 3:

a) • p: $y = x^2 - 6x + 11$ oder alternativ: p: $y = (x-3)^2 + 2$

• Vervollständigte Wertetabelle für Parabel p:

x	0	1	2	3	4	5
y	11	6	3	2	3	6

• Rechnerischer Nachweis, dass Parabel p und Gerade g keine gemeinsamen Punkte haben:

$$p = g$$

$$x^2 - 6x + 11 = -x + 3{,}5 \quad |+x;\ -3{,}5$$

$$x^2 - 5x + 7{,}5 = 0$$

$$x_{1/2} = -\frac{p}{2} \pm \sqrt{\left(\frac{p}{2}\right)^2 - q}$$

$$x_{1/2} = -\frac{-5}{2} \pm \sqrt{\left(\frac{-5}{2}\right)^2 - 7{,}5}$$

$$x_{1/2} = 2{,}5 \pm \sqrt{6{,}25 - 7{,}5}$$

$$x_{1/2} = 2{,}5 \pm \sqrt{-1{,}25}$$

Diskriminante $D < 0 \Rightarrow L = \{\ \}$ w. z. b. w.

Damit ist gezeigt, dass Parabel p und Gerade g keine gemeinsamen Punkte haben.

• Schnittpunkt $R(5\,|\,0)$

b) • $T(2\,|\,2{,}5)$

• $A_{N_1N_2T} = 7{,}5$ FE

• $T_{max}(0\,|\,4{,}5)$

A: Der Flächeninhalt von Dreieck N_1N_2T erreicht seine maximale Größe für $T_{max}(0\,|\,4{,}5)$.

Zur Begründung siehe bitte PDF-Download.

Aufgabe W 4:

a) • P(eine rote und eine schwarze Karte) $= \frac{35}{66}$ oder alternativ 53,0 %

A: Die Wahrscheinlichkeit, eine rote und eine schwarze Karte zu ziehen, beträgt $\frac{35}{66}$ bzw. 53,0 %.

• Erwartungswert für den abgebildeten Gewinnplan: $E_1 = -0{,}62$ €

• Feststellung, ob der Betreiber recht hat:
Der Betreiber hat nicht recht.

Begründung:

$E_2 = -0{,}47$ € $\Rightarrow$ Der Betreiber kann einen durchschnittlichen Gewinn von 0,47 € pro Spiel erwarten.

Hinweis: Die Klärung der Frage, ob der Betreiber mit seiner Aussage recht hat, er würde nach der von Sophie vorgeschlagenen Änderung des Gewinnplans Verlust machen, hängt von der Definition des Begriffs Verlust ab.

Die Situation der Aufgabe lässt zwei Definitionen zu:

1) Definition von Verlust im betriebswirtschaftlichen Sinn: Die Aufwendungen des Betreibers sind höher als seine Erträge.
Der Erwartungswert E_2 beträgt $-0{,}47$ €. Das heißt, der Betreiber kann pro Spiel einen durchschnittlichen Gewinn von 0,47 € erwarten. Seine Aufwendungen sind damit nicht höher als seine Erträge, sondern niedriger. Bei dieser Definition des Begriffs Verlust hat der Betreiber nicht recht.

2) Definition von Verlust im Sinne von „weniger Gewinn als beim ursprünglichen Gewinnplan".
Da der nach dem Vorschlag von Sophie geänderte Gewinnplan eine Minderung des zu erwartenden Gewinns pro Spiel um 0,15 € für den Betreiber zur Folge hätte, hat der Betreiber bei der Nutzung dieser Definition des Begriffs Verlust recht.

Die Musterlösung folgt der üblichen, betriebswirtschaftlichen Definition.

b) • Stoßweite von David: $w_1 = 10{,}81$ m

• Vergleich der Kugelstoßweiten von David und Tim:
Stoßweite von Tim: $w_2 = 9{,}92$ m

$\Rightarrow$ David stößt 89 cm weiter als Tim.

Mathematik für Realschulen (Baden-Württemberg): Haupttermin 2016 – Pflichtbereich

Aufgabe P 1

Gegeben ist das Dreieck ABC.

Es gilt:

$\overline{BC} = 9,0\ \text{cm}$

$\overline{AD} = 7,3\ \text{cm}$

$\beta = 55,0°$

$\delta_1 = 69,4°$

Berechnen Sie die Länge $\overline{CD}$ und den Flächeninhalt des Dreiecks ADC.

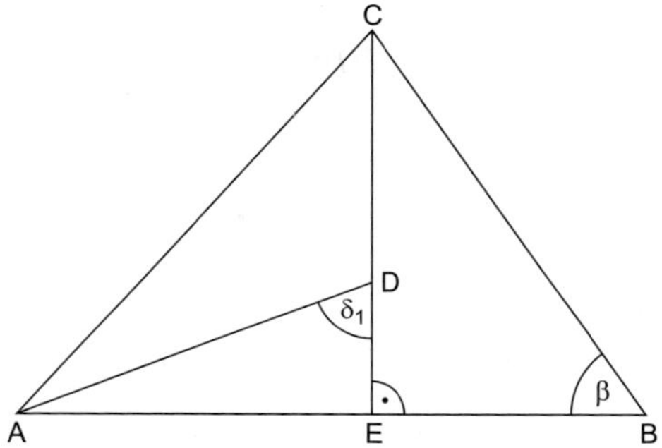

4 P

Aufgabe P 2

Im rechtwinkligen Trapez ABCD sind gegeben:

$\overline{AE} = 3,1\ \text{cm}$

$\overline{BE} = 8,4\ \text{cm}$

$\overline{AB} = \overline{BC}$

Berechnen Sie den Umfang des Dreiecks ACD.

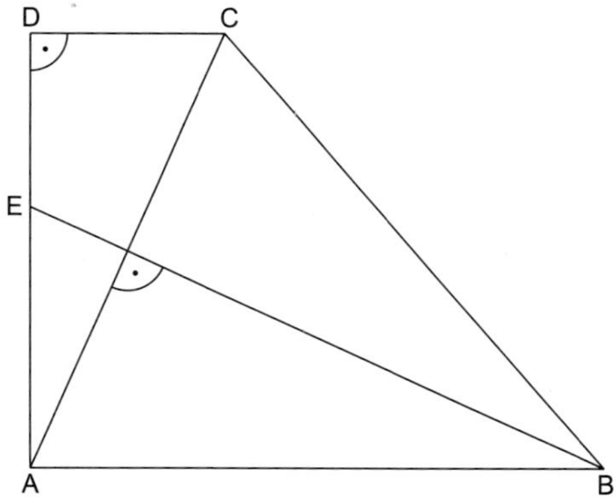

4,5 P

Aufgabe P 3

Ein Zylinder und ein Kegel haben gleich große Mantelflächen. Die Durchmesser der beiden Grundflächen sind ebenfalls gleich.

Es gilt:

$M_{Zyl} = M_{Ke} = 340\ \text{cm}^2$

$s = 18,0\ \text{cm}$

Berechnen Sie die Differenz der beiden Rauminhalte.

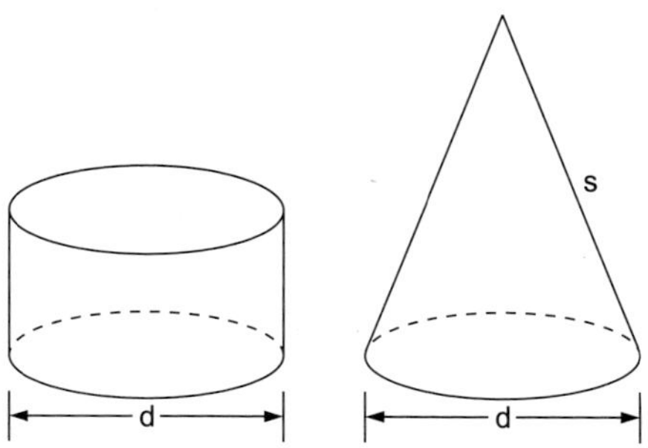

4 P

Aufgabe P 4

Bei einer Umfrage wurden Frauen und Männer getrennt befragt.
„Wie viele Euro haben Sie für Ihr zuletzt gekauftes Paar Schuhe bezahlt?“

Preise der Frauenschuhe in Euro (gerundet):

30	30	50	60	70	70	80	90	90	100	120	140	140	150	160	180	200

Vervollständigen Sie den zugehörigen Boxplot.

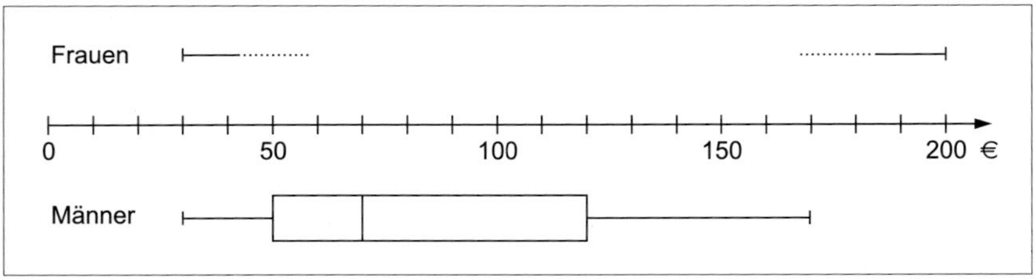

Zum Boxplot der Preise der Männerschuhe gehört die unvollständig ausgefüllte Rangliste. Ergänzen Sie passende Werte.

Preise der Männerschuhe in Euro (gerundet):

Rang	1	2	3	4	5	6	7	8	9	10	11	12	13
Preis		30			50	50					120	140	

4 P

Aufgabe P 5

Geben Sie die Definitionsmenge und die Lösungsmenge der Gleichung an:

$$\frac{x+3}{x} = \frac{9}{x^2-3x} - \frac{3}{x-3}$$

3,5 P

Aufgabe P 6

Die Parabel p hat die Gleichung $y = x^2 - 6x + 10{,}5$.
Eine Gerade g mit der Steigung $m = 2$ geht durch den Scheitelpunkt der Parabel p.

Berechnen Sie die Koordinaten des zweiten Schnittpunkts Q der Parabel p und der Geraden g. 3,5 P

Aufgabe P 7

Hannah legt Buchstabenkärtchen.

Auf dem Tisch liegen bereits folgende vier Buchstabenkärtchen.

S C H A _ _

In einem Beutel befinden sich die rechts abgebildeten zehn Buchstabenkärtchen.

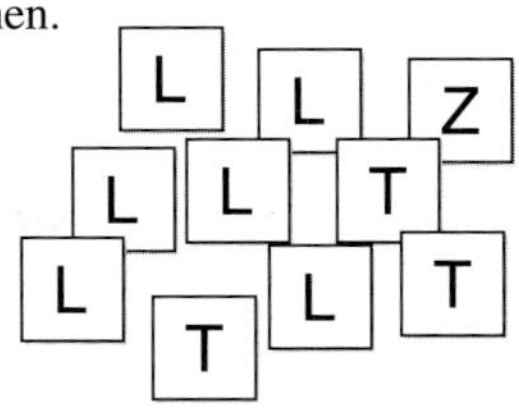

Daraus zieht Hannah zwei Buchstabenkärtchen gleichzeitig.

Wie groß ist die Wahrscheinlichkeit, mit den beiden gezogenen Buchstaben

- das Wort S C H A L L legen zu können?
- das Wort S C H A T Z legen zu können?

3,5 P

Aufgabe P 8

In der abgebildeten Weltkarte sind die Bevölkerungszahlen der Kontinente für das Jahr 2014 und die voraussichtlichen Werte für das Jahr 2050 dargestellt.

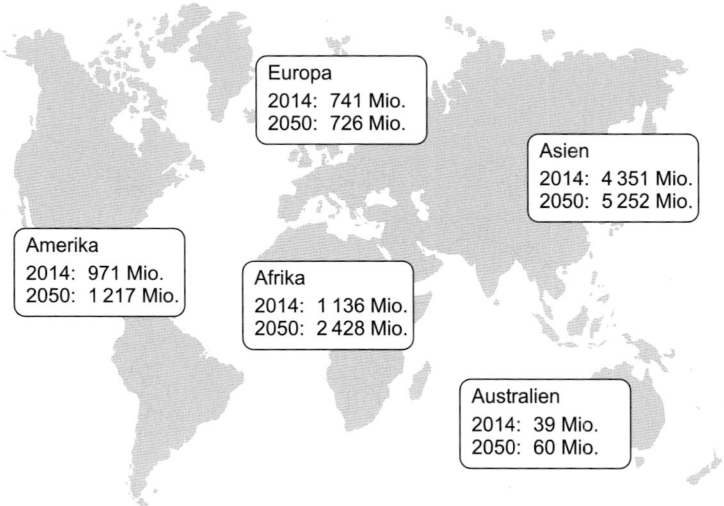

Um wie viel Prozent wird die Bevölkerungszahl von Europa im Zeitraum von 2014 bis 2050 voraussichtlich sinken?

In Afrika steigt die Bevölkerungszahl.
In den drei Jahren von 2014 bis 2017 nimmt sie jährlich durchschnittlich um 2,5 % zu.

Wie hoch ist die zu erwartende Bevölkerungszahl in Afrika im Jahr 2017?

Eine Zeitungsmeldung lautet:

„Im Jahr 2050 ist etwa jeder vierte Mensch ein Afrikaner."

Stimmt diese Aussage?
Begründen Sie Ihre Antwort.

3 P

Abschlussprüfungsaufgaben Mathematik für Realschulen (Baden-Württemberg): Haupttermin 2016 – Wahlbereich

Aufgabe W 1

a) Die Eckpunkte des Vierecks ABCD liegen auf den Parallelen g und h.
Die Parallelen haben einen Abstand von 9,0 cm.

Es gilt:

$\overline{AD} = 10{,}4\text{ cm}$

$\beta = 70{,}0°$

$\overline{AB} = \overline{AC}$

Berechnen Sie den Umfang des Vierecks ABCD.

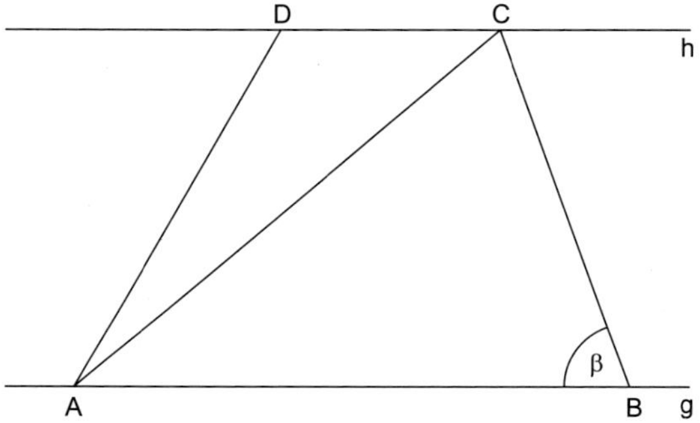

5,5 P

b) Für das Papierdreieck ABC gilt:

$\gamma = 50{,}0°$

$\overline{AC} = 11{,}4\text{ cm}$

$\overline{AD} = 5{,}0\text{ cm}$

Das Dreieck wird entlang der Strecke $\overline{DE}$ gefaltet (siehe Skizze).

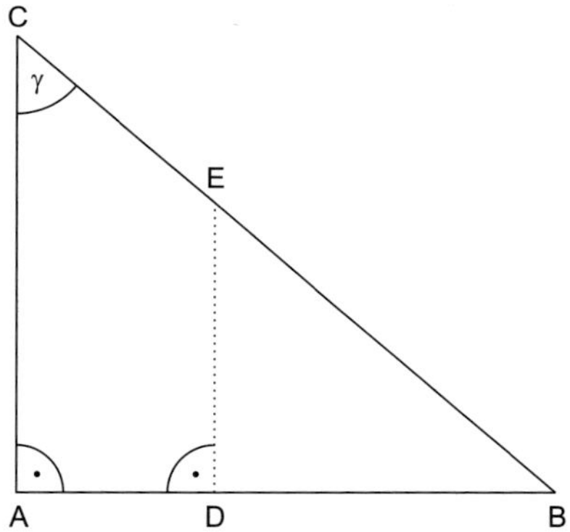

Berechnen Sie den Flächeninhalt des Trapezes ADEF.

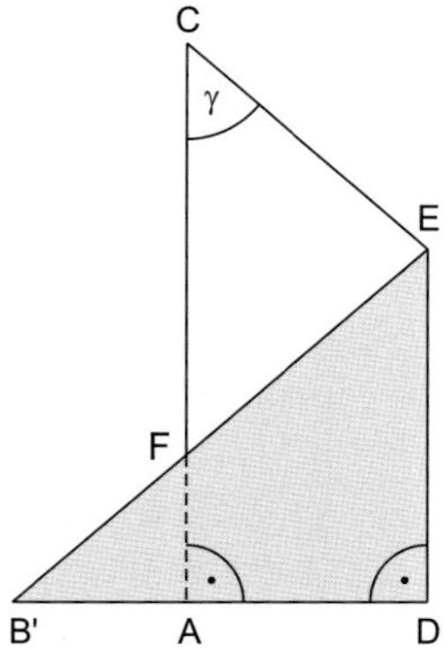

4,5 P

Aufgabe W 2

a) Aus einer Kreisfläche wird die Mantelfläche einer regelmäßigen fünfseitigen Pyramide ausgeschnitten.

Der Kreis hat einen Radius von 8,3 cm.

Berechnen Sie das Volumen der Pyramide.

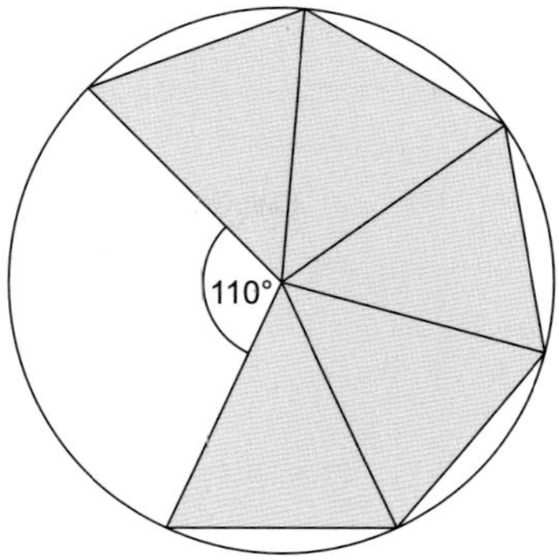

5,5 P

b) Eine quadratische Pyramide ist zweimal abgebildet. In der linken Abbildung ist das Dreieck ABS markiert und in der rechten das Dreieck CDS.
Die Punkte C und D halbieren jeweils die Grundkante.

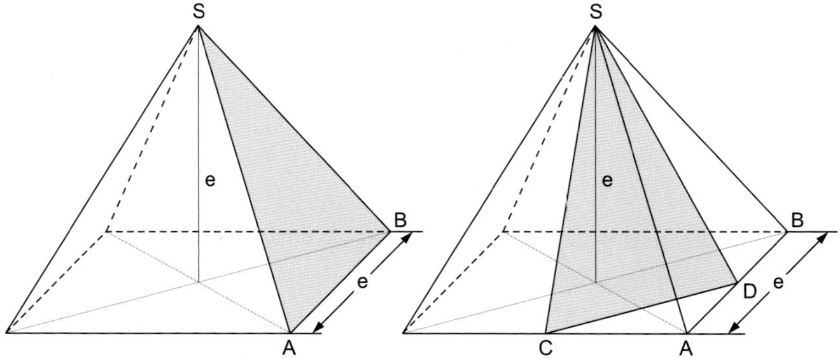

Welche der folgenden Formeln gehört zur Dreiecksfläche ABS und welche zur Dreiecksfläche CDS? Begründen Sie Ihre Entscheidung ohne Verwendung gerundeter Werte.

(1) $A = \frac{3e^2}{8}$ (2) $A = \frac{e^2}{4}\sqrt{6}$ (3) $A = \frac{e^2}{4}\sqrt{5}$ 4,5 P

Aufgabe W 3

a) Das Schaubild zeigt einen Ausschnitt der verschobenen Normalparabel p_1.
Die Punkte $A(-3|-1)$ und $B(1|-1)$ liegen auf p_1.
Bestimmen Sie die Gleichung der Parabel p_1.

Die nach unten geöffnete Normalparabel p_2 hat den Scheitelpunkt $S_2(0|8)$.

Durch die beiden Scheitelpunkte verläuft eine Gerade g.

Berechnen Sie die Gleichung der Geraden g.

Eine Gerade h verläuft parallel zu g und geht durch einen der beiden Schnittpunkte von p_1 und p_2.

Berechnen Sie eine mögliche Gleichung der Geraden h.

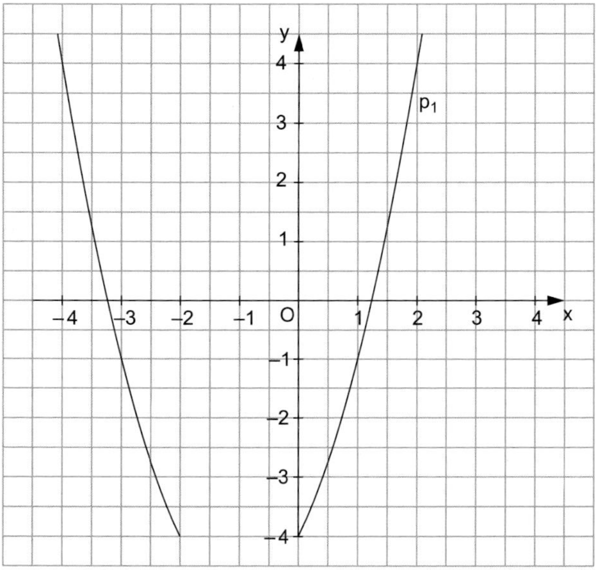

5,5 P

b) Eine Parabel p_1 hat die Gleichung $y = \frac{1}{4}x^2 + c$ und geht durch den Punkt $R(4|0)$.

Eine nach unten geöffnete Normalparabel p_2 hat die Gleichung $y = -x^2 + 1$.

Berechnen Sie die Koordinaten der Schnittpunkte P und Q von p_1 und p_2.

Die Scheitelpunkte S_1 und S_2 sowie die Schnittpunkte P und Q der beiden Parabeln bilden das Viereck S_1PS_2Q.

Mia behauptet: „Das Viereck S_1PS_2Q hat zwei rechte Winkel."
Hat Mia recht?
Begründen Sie Ihre Antwort durch Rechnung. 4,5 P

Aufgabe W 4

a) Bei einer Wohltätigkeitsveranstaltung werden zwei Glücksräder eingesetzt.

Beide Glücksräder werden gedreht. Wenn sie stehen bleiben, erkennt man im Sichtfenster eine zweistellige Zahl. Die Abbildung zeigt die Zahl 13.

Mit welcher Wahrscheinlichkeit ist im Sichtfenster eine Zahl mit zwei gleichen Ziffern zu sehen?

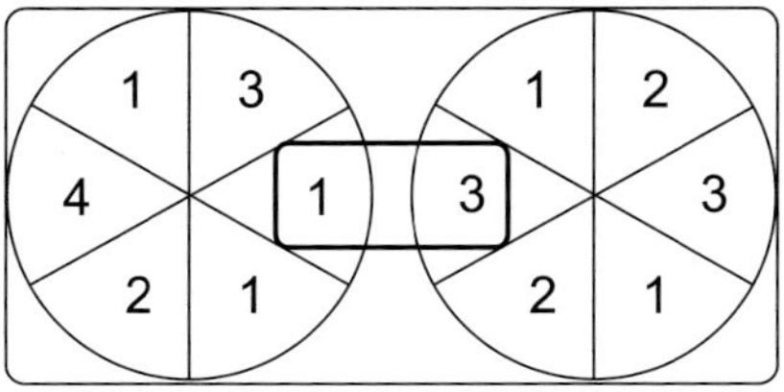

Die Glücksräder werden für ein Glücksspiel eingesetzt. Dazu wird nebenstehender Gewinnplan geprüft. Berechnen Sie den Erwartungswert.

Gewinnplan	
Ergebnisse	**Gewinn**
zwei gleiche Ziffern	3,00 €
Zahl größer als 40	5,00 €
restliche Möglichkeiten	kein Gewinn
Einsatz 2,00 €	

Bei der Wohltätigkeitsveranstaltung soll ein höherer Erlös erzielt werden. Dazu soll beim rechten Glücksrad eine der beiden Dreien durch eine Fünf ersetzt werden.
Der Gewinnplan bleibt gleich.

Wäre dies vorteilhaft?
Begründen Sie durch Rechnung oder Argumentation. 5,5 P

b) Dirk wirft im Basketballtraining auf den Korb (siehe Skizze).

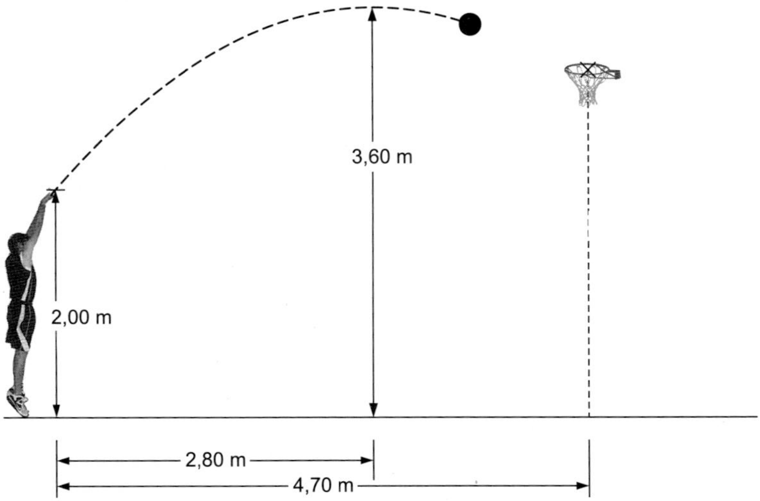

Die annähernd parabelförmige Flugkurve des Balles lässt sich mit der Gleichung $y = ax^2 + c$ beschreiben.
Geben Sie eine mögliche Gleichung der zugehörigen Parabel p an.

Trifft Dirk bei diesem Wurf direkt in den Korb, der in einer Höhe von 3,05 m hängt? Begründen Sie durch Rechnung.

Vor Dirk steht der Abwehrspieler Dennis im Abstand von 0,60 m. Mit nach oben gestreckten Armen erreicht Dennis eine Höhe von 2,30 m.

Berührt er den Ball, ohne hochzuspringen?
Begründen Sie durch Rechnung. 4,5 P

Ausführlich dargestellte Lösungswege zu allen Aufgaben des Jahrgangs 2016

Die ausführlich dargestellten Lösungswege zu allen Aufgaben des Jahrgangs 2016 stehen als PDF-Download zur Verfügung (siehe Zugangscode vorne im Buch).

Zum Schnellnachschlagen: Lösungen und Endergebnisse

Aufgabe P 1:

$\overline{CD} = 4{,}8\text{ cm}$

$A_{ADC} = 16{,}4\text{ cm}^2$

Aufgabe P 2:

$u_{ACD} = 13{,}2\text{ cm}$

Aufgabe P 3:

Differenz der beiden Rauminhalte: $V_{Diff} = 379\text{ cm}^3$

Aufgabe P 4:

- Vervollständigung des Boxplots für die Frauen (in der Aufgabenstellung):

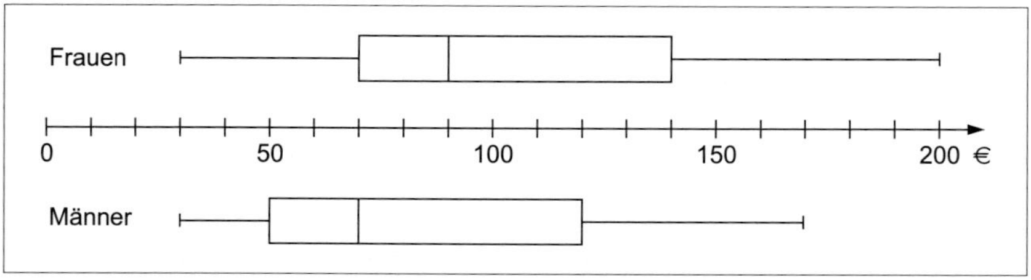

- Eine mögliche Lösung für die Ergänzung der Rangliste für die Preise der Männerschuhe:

Rang	1	2	3	4	5	6	7	8	9	10	11	12	13
Preis (€)	30	30	35	50	50	50	70	70	95	120	120	140	170

$30 \le x_3 \le 50$ $\qquad$ $70 \le x_8 \le x_9 \le 120$

Aufgabe P 5:

$D = \mathbb{R} \setminus \{0; 3\}$

$L = \{-6\}$

Aufgabe P 6:

Zweiter Schnittpunkt: $Q(5 \mid 5{,}5)$

Aufgabe P 7:

- Wahrscheinlichkeit, das Wort SCHALL legen zu können: $\frac{1}{3}$ oder alternativ 33,3 %.

  A: Die Wahrscheinlichkeit, mit den beiden gezogenen Buchstaben das Wort SCHALL legen zu können, beträgt $\frac{1}{3}$ bzw. 33,3 %.
- Wahrscheinlichkeit, das Wort SCHATZ legen zu können: $\frac{1}{15}$ oder alternativ 6,7 %.

  A: Die Wahrscheinlichkeit, mit den beiden gezogenen Buchstaben das Wort SCHATZ legen zu können, beträgt $\frac{1}{15}$ bzw. 6,7 %.

Aufgabe P 8:

- Voraussichtlicher prozentualer Rückgang der Bevölkerungszahl Europas von 2014 bis 2050: 2,0 %

  A: Die Bevölkerungszahl von Europa wird von 2014 bis 2050 um voraussichtl. 2,0 % sinken.
- In Afrika zu erwartende Bevölkerungszahl im Jahr 2017: 1 223 Mio. (Alternativ: 1,223 Mrd. oder 1 223 000 000)

  A: Die im Jahr 2017 zu erwartende Bevölkerungszahl in Afrika beträgt 1 223 Mio.
- Feststellung, ob die Aussage „Im Jahr 2050 ist etwa jeder vierte Mensch ein Afrikaner“ stimmt: Die Aussage stimmt.

  Mögliche Begründung:

  Möglichkeit 1: Der Anteil Afrikas an der Weltbevölkerung im Jahr 2050 beträgt voraussichtlich 25,07 % und damit etwa $\frac{1}{4}$ der Weltbevölkerung.

  Möglichkeit 2: Im Jahr 2050 beträgt die Weltbevölkerung voraussichtlich 9 683 Mio. Menschen. Ein Viertel davon sind 2 420,75 Mio. Menschen. Das entspricht etwa der für das Jahr 2050 erwarteten Bevölkerungszahl Afrikas in Höhe von 2 428 Mio. Menschen.

  Möglichkeit 3: Der Anteil Afrikas an der Weltbevölkerung im Jahr 2050 beträgt voraussichtlich $\frac{1}{3{,}99}$ und damit etwa $\frac{1}{4}$.

  (Die Musterlösung folgt Möglichkeit 3.)

Aufgabe W 1:

a) $u_{ABCD} = 39{,}5\ \text{cm}$

b) $A_{ADEF} = 25{,}6\ \text{cm}^2$

Hinweis: Je nach Lösungsweg kann das Endergebnis leicht von dem der Musterlösung abweichen.

Aufgabe W 2:

a) $V_{Pyramide} = 163{,}0\ \text{cm}^3$

b) Feststellung, welche der angegebenen Formeln zu Dreiecksfläche ABS und welche zu Dreiecksfläche CDS gehört:

- Formel (3) gehört zu Dreiecksfläche ABS
  Beweisführung: Berechnung des Flächeninhalts A_{ABS} von Dreieck ABS:

  $$A_{ABS} = \frac{1}{2}\overline{AB} \cdot \overline{DS}$$

  $$A_{ABS} = \frac{1}{2} \cdot e \cdot \frac{e}{2}\sqrt{5}$$

  $$A_{ABS} = \frac{e^2}{4}\sqrt{5}$$

- Formel (1) gehört zu Dreiecksfläche CDS
  Beweisführung: Berechnung des Flächeninhalts A_{CDS} von Dreieck CDS:

  $$A_{CDS} = \frac{1}{2} \cdot \overline{CD} \cdot \overline{SG}$$

  $$A_{CDS} = \frac{1}{2} \cdot \frac{e}{2}\sqrt{2} \cdot \frac{3e}{4}\sqrt{2}$$

  $$A_{CDS} = \frac{3e^2 \cdot \cancel{2}^{1}}{\cancel{16}_{8}}$$

  $$A_{CDS} = \frac{3e^2}{8}$$

Aufgabe W 3:

a) • p_1: $y = x^2 + 2x - 4$ oder alternativ: p_1: $y = (x+1)^2 - 5$

- g: $y = 13x + 8$
- Mögliche Gleichungen für Gerade h:
  h_1: $y = 13x - 22$
  h_2: $y = 13x + 38$

b) • Schnittpunkt $P(2\,|\,{-3})$
Schnittpunkt $Q({-2}\,|\,{-3})$

- Feststellung, ob Mia recht hat: Mia hat recht.
  Zur Begründung siehe bitte PDF-Download.

Aufgabe W 4:

a) • P(Zahl mit zwei gleichen Ziffern) $= \frac{5}{18}$ oder alternativ 27,8 %

A: Die Wahrscheinlichkeit, dass im Sichtfenster eine Zahl mit zwei gleichen Ziffern zu sehen ist, beträgt $\frac{5}{18}$ bzw. 27,8 %.

- Erwartungswert für den abgebildeten Gewinnplan: $E = -0{,}33$ €
- Feststellung, ob das Ersetzen einer der beiden Dreien im rechten Glücksrad durch eine Fünf vorteilhaft für einen höheren Erlös wäre:
  Ja, das Ersetzen einer der beiden Dreien im rechten Glücksrad durch eine Fünf wäre vorteilhaft für einen höheren Erlös.

Begründung:

(1) $E = -0,33\ €$ $\Rightarrow$ Der Betreiber kann mit einem durchschnittlichen Gewinn von 0,33 € pro Spiel rechnen.

(2) $E_{neu} = -0,42\ €$ $\Rightarrow$ Der Betreiber kann mit einem durchschnittlichen Gewinn von 0,42 € pro Spiel rechnen.

b) • Mögliche Gleichung für Parabel p:

p: $y = -0,204x^2 + 3,6$ oder alternativ: p: $y = -\frac{10}{49}x^2 + 3,6$

• Feststellung, ob Dirk direkt in den Korb trifft:
Dirk trifft nicht direkt in den Korb.

Begründung:

Ermittlung der Koordinaten von Korbringmittelpunkt K:

(1) x-Koordinate: 4,7 m – 2,8 m = 1,9 m $\Rightarrow$ $x_K = 1,9$

(2) y-Koordinate: Korbhöhe: 3,05 m $\Rightarrow$ $y_K = 3,05$ $\Rightarrow$ $K(1,9 \mid 3,05)$

Punktprobe für Punkt K und Parabel p:

$y = -0,204x^2 + 3,6 \qquad | \, x_K = 1,9$

$y = -0,204 \cdot 1,9^2 + 3,6$

$y = 2,86 \qquad \Rightarrow \quad K \notin p$

Feststellung, ob Dirk direkt in den Korb trifft:
Der für y errechnete Wert 2,86 entspricht nicht dem Wert 3,05 der y-Koordinate von Punkt K. Damit liegt Korbringmittelpunkt K nicht auf Parabel p.
Der ermittelte Wert liegt 0,19 LE unter dem Korbringmittelpunkt K. Dies bedeutet, dass Parabel p 0,19 LE unterhalb von K verläuft. In die Aufgabensituation übertragen bedeutet dies, dass der Ballmittelpunkt theoretisch 0,19 m bzw. 19 cm unter dem Korbringmittelpunkt K durchfliegen würde.

• Feststellung, ob Dennis den Ball berührt, ohne hochzuspringen:
Dennis berührt den Ball nicht, ohne hochzuspringen.

Begründung:

Ermittlung der Koordinaten des die Fingerspitzen von Dennis markierenden Punkts D:

x-Koordinate:
2,80 m – 0,60 m links vom Ursprung = 2,2 m links vom Ursprung $\Rightarrow$ $x_D = -2,2$

y-Koordinate:
Höhe von Dennis mit nach oben gestreckten Armen: 2,30 m $\Rightarrow$ $y_D = 2,3$
$\Rightarrow$ $D(-2,2 \mid 2,3)$

Berechnung der Flughöhe des Balls bei Punkt D bzw. bei Dennis:

$y = -0,204x^2 + 3,6 \qquad | \, x_D = -2,2$

$y = -0,204 \cdot (-2,2)^2 + 3,6$

$y = 2,61$ $\Rightarrow$ Flughöhe des Balls bei Dennis: 2,61 m

Feststellung, ob Dennis den Ball, ohne hochzuspringen, berührt:
Der Ball fliegt bei Dennis 2,61 m hoch und damit 0,31 m bzw. 31 cm höher, als Dennis ist, ohne hochzuspringen.

Abschlussprüfungsaufgaben Mathematik für Realschulen (Baden-Württemberg): Haupttermin 2017 – Pflichtbereich

Aufgabe P 1

Gegeben ist das rechtwinklige Dreieck ABC.

Es gilt:

$\overline{BC} = 5{,}8\ \text{cm}$

$\overline{BF} = 6{,}6\ \text{cm}$

BF halbiert den Winkel β

Berechnen Sie den Umfang des Dreiecks ABF.

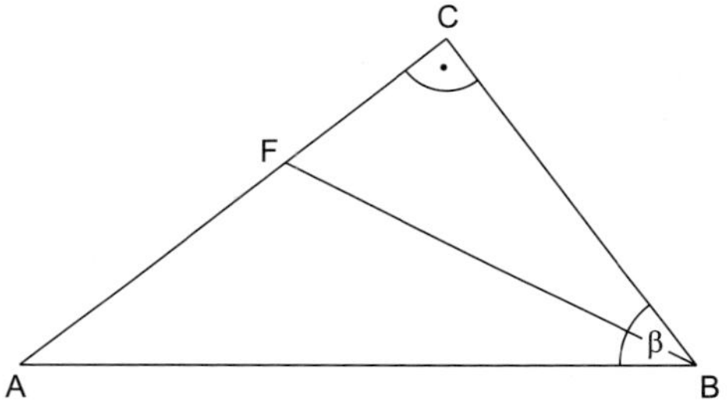

4 P

Aufgabe P 2

Im Quadrat ABCD liegen das rechtwinklige Dreieck BCE und das gleichschenklige Dreieck ABF.

Es gilt:

$\overline{BC} = 11{,}8\ \text{cm}$

$\varepsilon = 72{,}0°$

$\overline{AB} = \overline{AF}$

Berechnen Sie die Länge von $\overline{EF}$.

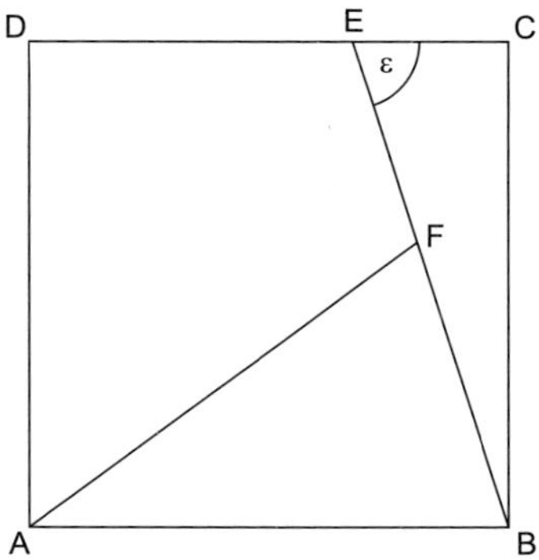

4 P

Aufgabe P 3

Ein Körper setzt sich aus einem halben Zylinder und einer quadratischen Pyramide zusammen.

Es gilt:

$h_P = 16{,}0\ \text{cm}$

$\varepsilon = 58{,}0°$

Berechnen Sie die Oberfläche des zusammengesetzten Körpers.

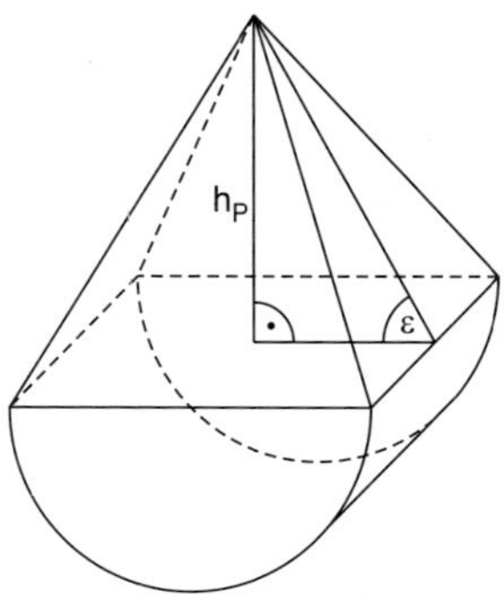

4,5 P

Aufgabe P 4

Max und Nele spielen ein Würfelspiel.
Zwei Würfel werden gleichzeitig geworfen.
Die beiden Augenzahlen werden addiert (Augensumme).
Gewonnen hat der Spieler mit der größeren Augensumme.

Überprüfen Sie die Aussage:
„Die Wahrscheinlichkeit für Augensumme 6 ist größer als die Wahrscheinlichkeit für Augensumme 9."
Begründen Sie Ihre Antwort durch Rechnung oder Argumentation.

Max hat eine 5 und eine 3 geworfen.
Wie groß ist die Wahrscheinlichkeit, dass Nele mit dem nächsten Wurf das Spiel gewinnt? 3,5 P

Aufgabe P 5

Das Schaubild zeigt den Ausschnitt einer verschobenen Normalparabel p.

Die Gerade g mit der Gleichung $y = 3x + c$ geht durch den Scheitelpunkt S der Parabel p.

Berechnen Sie die Koordinaten des zweiten Schnittpunkts Q von p und g.

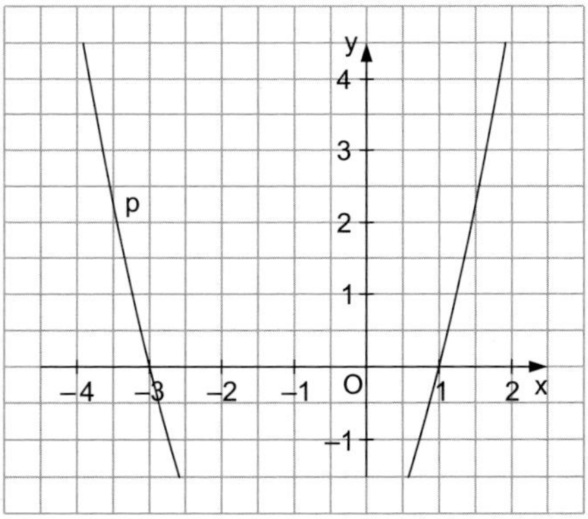

Hinweis auf die Änderung der Originalaufgabenstellung: In der Gleichung von Gerade g wurde die Variable für den y-Achsenabschnitt an die neue Notation angepasst und von „b" auf „c" geändert. 3,5 P

Aufgabe P 6

Lösen Sie die Gleichung:

$(2x - 1)(2x + 1) - x(x - 2) = (x - 5)^2 + 6$ 3,5 P

Aufgabe P 7

Beim Reiseveranstalter *Holiday* wurden im Jahr 2015 insgesamt 54 000 Reisen gebucht. Das Balkendiagramm zeigt die Verteilung der Reisen.

Im Kreisdiagramm sind die Reisen innerhalb Deutschlands dargestellt.

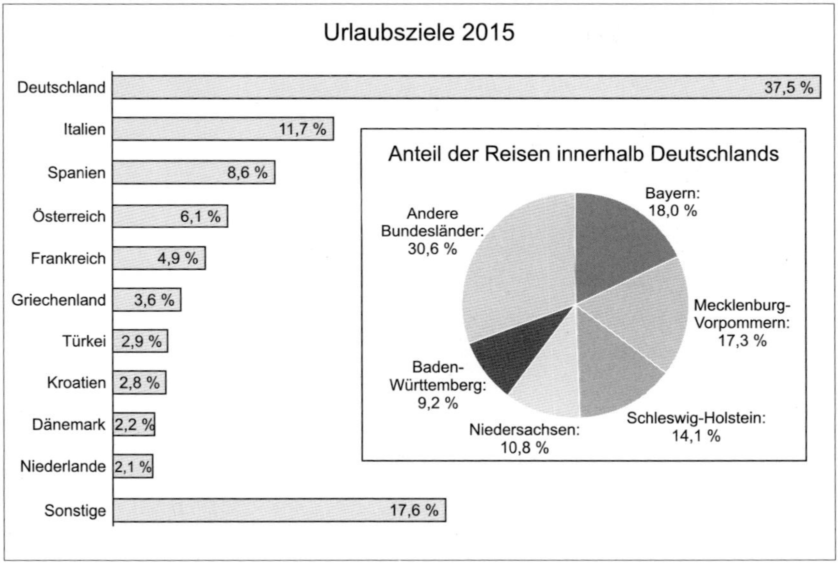

Wie viele Reisen nach Österreich wurden gebucht?

Innerhalb Deutschlands ist Bayern das beliebteste Urlaubsziel.
Wie viele Reisen gingen nach Bayern?

Es wurden 704 Reisen in die USA gebucht.
Wie hoch ist der prozentuale Anteil der Reisen in die USA an den „sonstigen" Urlaubszielen? 3,5 P

Aufgabe P 8

Die Klasse 10 a der Mörike-Realschule hat eine Klassenarbeit geschrieben.

Welcher der beiden folgenden Boxplots zeigt die Verteilung der Ergebnisse der Klasse 10 a?

Begründen Sie Ihre Entscheidung mithilfe geeigneter Kennwerte.

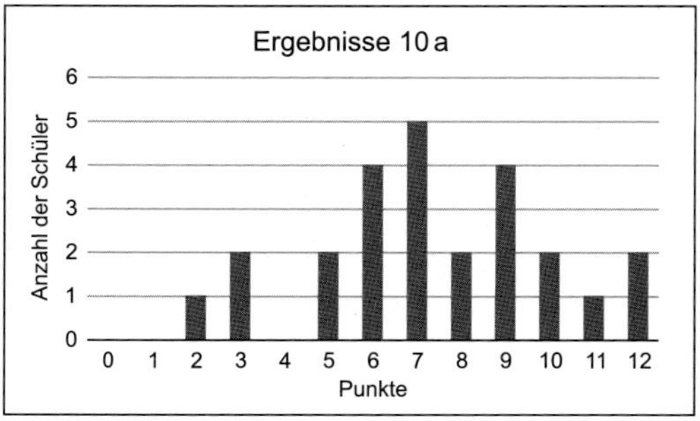

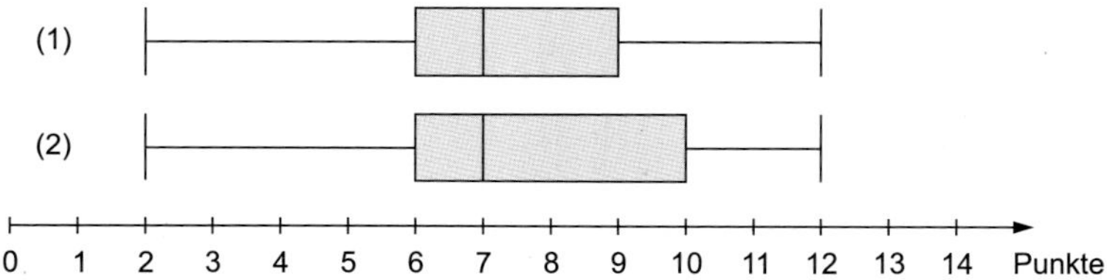

Die Klasse 10 b mit 29 Schülerinnen und Schülern hat die gleiche Klassenarbeit geschrieben. Der andere Boxplot zeigt die Verteilung der Ergebnisse dieser Klasse.

Für die Punktzahlen 9 und 10 fehlen im Diagramm die Säulen.

Zeichnen Sie eine mögliche Lösung in das nebenstehende Diagramm ein.

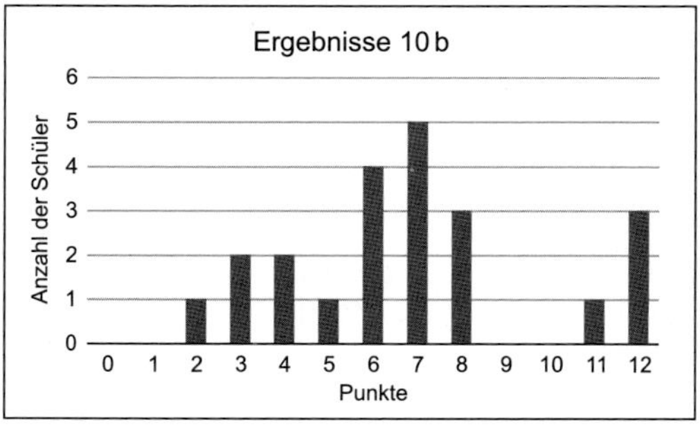

3,5 P

Abschlussprüfungsaufgaben Mathematik für Realschulen (Baden-Württemberg): Haupttermin 2017 – Wahlbereich

Aufgabe W 1

a) Das rechtwinklige Dreieck ABD und das gleichschenklige Dreieck ABC haben die Seite $\overline{AB}$ gemeinsam.

Es gilt:

$$\overline{BD} = 7{,}2\text{ cm}$$
$$\overline{DE} = 3{,}0\text{ cm}$$
$$\alpha = 42{,}0°$$
$$\overline{AC} = \overline{BC}$$

Berechnen Sie den Abstand des Punktes E von $\overline{AB}$ sowie den Winkel γ.

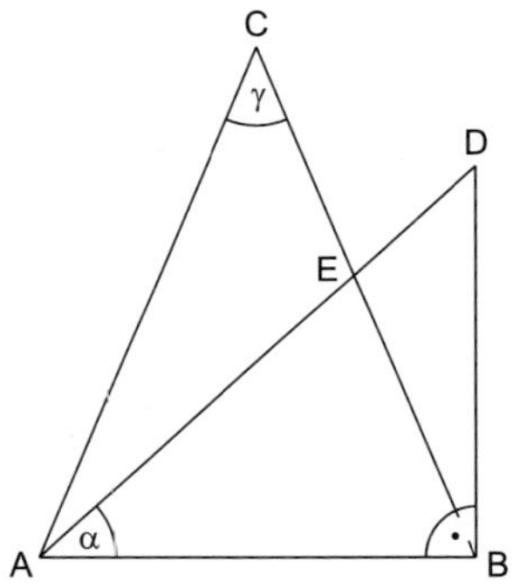

5,5 P

b) Gegeben sind ein rechtwinkliges Trapez ABCD und ein regelmäßiges Sechseck.

Die Eckpunkte des Sechsecks liegen auf den Seiten des Trapezes (siehe Skizze).

Zeigen Sie ohne Verwendung gerundeter Werte, dass für den Flächeninhalt des Trapezes ABCD gilt:

$$A = 8e^2\sqrt{3}$$

Geben Sie die Länge der Diagonale $\overline{AC}$ ohne Verwendung gerundeter Werte an.

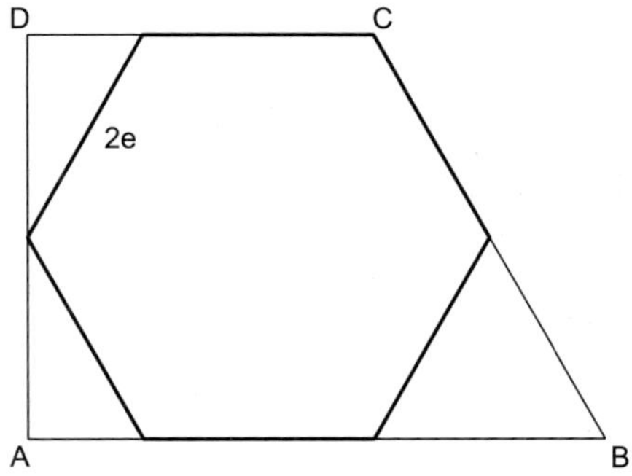

4,5 P

Aufgabe W 2

a) Für einen Zylinder gilt:

$r = 3{,}5 \text{ cm}$

$h = 12{,}0 \text{ cm}$

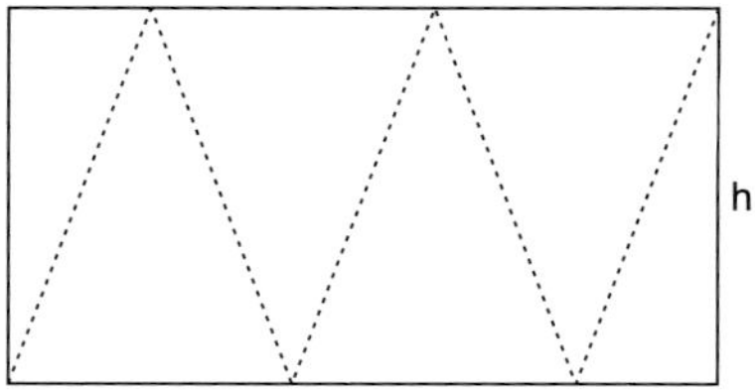

Die Mantelfläche des Zylinders wird abgerollt (siehe Skizze).

Mit den Einzelteilen dieses Rechtecks wird die Mantelfläche einer regelmäßigen fünfseitigen Pyramide vollständig beklebt.

Berechnen Sie das Volumen dieser Pyramide. 5 P

b) Die Eckpunkte des gleichschenkligen Trapezes ABCD liegen auf den Kanten bzw. Eckpunkten einer quadratischen Pyramide.

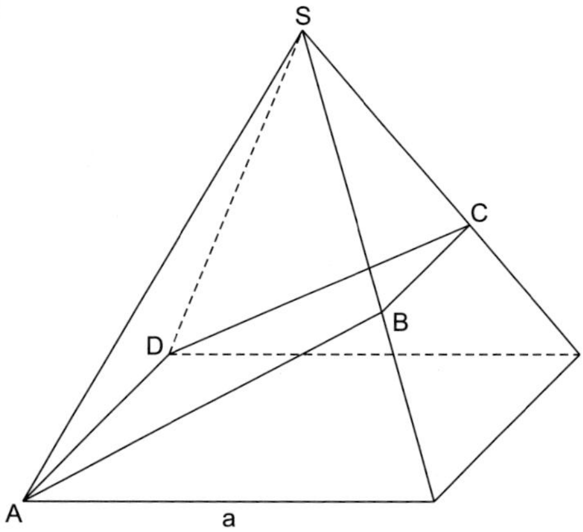

Es gilt:

$O_{Pyr} = 357 \text{ cm}^2$

$a = 10{,}0 \text{ cm}$

$\overline{AB} = \overline{BS}$

Berechnen Sie den Umfang des Trapezes ABCD. 5 P

Aufgabe W 3

a) Drei Gleichungen – drei Graphen

(A) $y = ax^2 - 1$

(B) $y = x^2 - 6x + 5$

(C) $y = x^2 + 4x + c$

Welcher Graph gehört zu welcher Funktionsgleichung?
Begründen Sie Ihre Entscheidung.

Vervollständigen Sie die Funktionsgleichungen von (A) und (C).

Die Gerade g geht durch die Scheitelpunkte von p_2 und p_3.
Berechnen Sie die Funktionsgleichung von g.

Weisen Sie rechnerisch nach, dass der Scheitelpunkt von p_1 ebenfalls auf g liegt.

Hinweis auf die Änderung der Originalaufgabenstellung: In Gleichung (C) wurde die Variable für das absolute Glied an die neue Notation angepasst und von „q" auf „c" geändert.

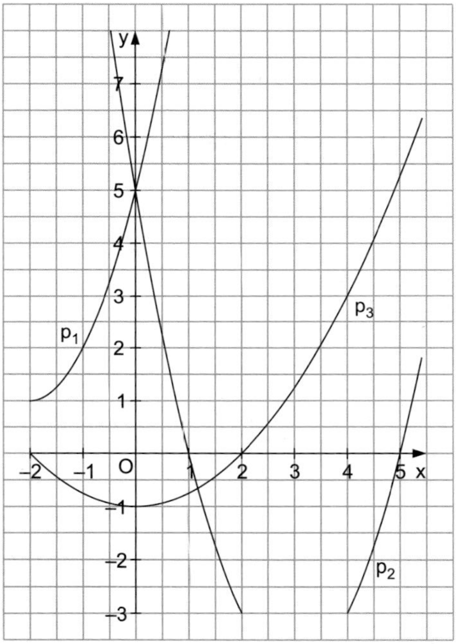

5 P

b) Die Parabel p_1 mit $y = \frac{1}{4}x^2 - 4$ und die nach oben geöffnete Normalparabel p_2 mit dem Scheitel $S_2(1{,}5\,|\,-3{,}25)$ haben einen gemeinsamen Punkt R.
Die Gerade h geht durch den Ursprung $(0\,|\,0)$ und den Punkt R.
Bestimmen Sie die Funktionsgleichung der Geraden h.

Die Schnittpunkte der Parabel p_1 mit der x-Achse und der Punkt R bilden ein Dreieck. Bestimmen Sie den Flächeninhalt dieses Dreiecks.

Bastian behauptet: „Die Gerade h halbiert den Flächeninhalt des Dreiecks."
Hat Bastian recht?
Begründen Sie Ihre Antwort durch Rechnung oder Argumentation. 5 P

Aufgabe W 4

a) Bei einer Wohltätigkeitsveranstaltung wird ein Glücksrad eingesetzt.
Die Mittelpunktswinkel betragen 60°, 90° und 210°.
Das Glücksrad wird zweimal gedreht.

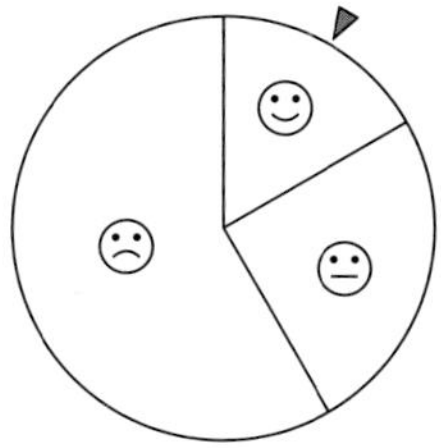

Mit welcher Wahrscheinlichkeit erhält man höchstens einmal das Symbol ☺?

Das Glücksrad wird für ein Glücksspiel verwendet.
Berechnen Sie den Erwartungswert unter Berücksichtigung des nebenstehenden Gewinnplans.

Ereignisse	Gewinn
zweimal ☺	4,00 €
zweimal 😐	2,00 €
sonstige	kein Gewinn
Einsatz pro Spiel: 0,50 €	

Der Gewinnplan soll so verändert werden, dass das Spiel fair wird.
Wie hoch muss der Gewinn für das Ereignis „zweimal ☺" sein, wenn alles andere unverändert bleibt? 5,5 P

b)

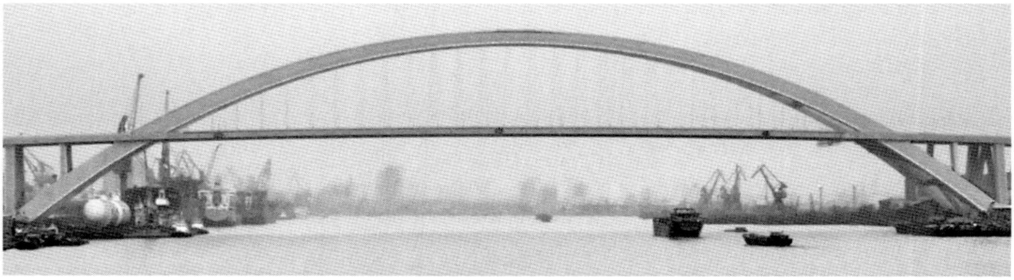

Die Lupu-Brücke überspannt den Fluss Huangpu in Shanghai. Sie ist die zweitlängste Bogenbrücke der Welt und hat annähernd die Form einer Parabel.
Sie kann mit der Funktionsgleichung $y = ax^2 + c$ beschrieben werden.

Die Bogenbrücke hat auf Höhe der Wasseroberfläche eine Weite von 550 m.
Die Fahrbahn befindet sich 50 m über der Wasseroberfläche. Das ist die Hälfte der maximalen Höhe der Brücke.

Bestimmen Sie eine mögliche Funktionsgleichung für den Brückenbogen.

Berechnen Sie die Länge der Fahrbahn innerhalb des Brückenbogens. 4,5 P

Ausführlich dargestellte Lösungswege zu allen Aufgaben des Jahrgangs 2017

Die ausführlich dargestellten Lösungswege zu allen Aufgaben des Jahrgangs 2017 stehen als PDF-Download zur Verfügung (siehe Zugangscode vorne im Buch).

Zum Schnellnachschlagen: Lösungen und Endergebnisse

Aufgabe P 1:

$u_{ABF} = 23{,}0\ \text{cm}$

Aufgabe P 2:

$\overline{EF} = 5{,}1\ \text{cm}$

Aufgabe P 3:

Oberfläche des zusammengesetzten Körpers: $O_{ges} = 1\,697\ \text{cm}^2$

Aufgabe P 4:

- Überprüfung der Aussage „Die Wahrscheinlichkeit für Augensumme 6 ist größer als die Wahrscheinlichkeit für Augensumme 9"
  Feststellung: Die Aussage stimmt.

  Begründung:

  $P(\text{Augensumme } 6) = \frac{5}{36}$ und $P(\text{Augensumme } 9) = \frac{4}{36}$

  $\Rightarrow\ P(\text{Augensumme } 6) > P(\text{Augensumme } 9)$

- Wahrscheinlichkeit, dass Nele das Spiel mit dem nächsten Wurf gewinnt:

  $P(\text{Augensumme} > 8) = \frac{5}{18}$ oder alternativ 27,8 %.

  A: Die Wahrscheinlichkeit, dass Nele das Spiel mit dem nächsten Wurf gewinnt, beträgt $\frac{5}{18}$ bzw. 27,8 %.

Aufgabe P 5:

Zweiter Schnittpunkt: $Q(2\,|\,5)$

Aufgabe P 6:

$x_1 = 2$

$x_2 = -8$

bzw. optional: $L = \{-8;\ 2\}$

Aufgabe P 7:

- Anzahl der nach Österreich gebuchten Reisen: 3 294
  A: Es wurden 3 294 Reisen nach Österreich gebucht.
- Anzahl der nach Bayern gehenden Reisen: 3 645
  A: Es gingen 3 645 Reisen nach Bayern.

- Prozentualer Anteil der Reisen in die USA an den „sonstigen" Urlaubszielen: 7,4 %
  A: Der prozentuale Anteil der Reisen in die USA an den „sonstigen" Urlaubszielen beträgt 7,4 %.

Aufgabe P 8:

- Klärung, welcher Boxplot die Verteilung der Ergebnisse der Klasse 10a zeigt:

  Feststellung: Boxplot (1) gehört zu Klasse 10a.

  Begründung: Die Kennwerte der beiden Boxplots sind – bis auf das obere Quartil – identisch. Folglich beschränkt sich die Untersuchung der Frage auf die Betrachtung der Werte der oberen Quartile: $q_{o(10a)} = 9$ Punkte und $q_o(1) = 9$ Punkte und $q_o(2) \neq 9$ Punkte

- Nachtrag möglicher Säulen für die Punktzahlen 9 und 10 im Säulendiagramm von Klasse 10b:

  Mögliche Säulenpaare:

	Säule mit 9 Punkten		**Säule mit 10 Punkten**
entweder:	0 Schüler/innen	und	7 Schüler/innen
oder:	1 Schüler/in	und	6 Schüler/innen
oder:	2 Schüler/innen	und	5 Schüler/innen
oder:	3 Schüler/innen	und	4 Schüler/innen

  Nachtrag möglicher Säulen für die Punktzahlen 9 und 10 am Beispiel des letzten Säulenpaars:

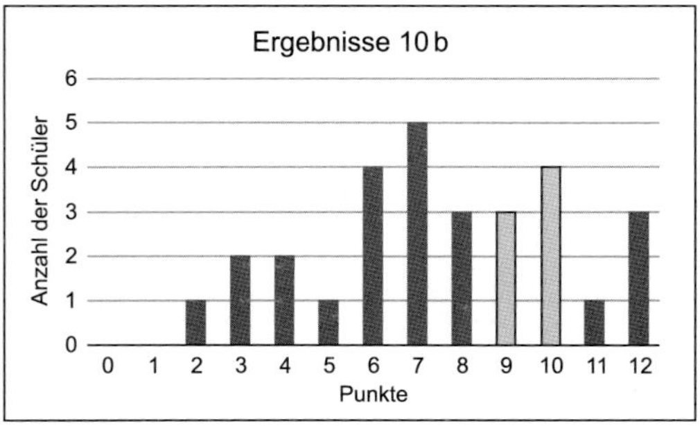

Aufgabe W 1:

a)
- Abstand $\overline{EF}$ des Punktes E von Strecke AB: $\overline{EF} = 5{,}2\text{ cm}$
- Winkel $\gamma = 46{,}4°$

b)
- Beweisführung für $A = 8e^2\sqrt{3}$:

$$A = \frac{\overline{AB} + \overline{CD}}{2} \cdot \overline{DA}$$

$$A = \frac{5e + 3e}{{}_1\not{2}} \cdot \not{2}^1 e\sqrt{3}$$

$$A = 8e \cdot e\sqrt{3}$$

$$A = 8e^2\sqrt{3} \qquad \text{w. z. b. w.}$$

- $\overline{AC} = e\sqrt{21}$

Aufgabe W 2:

a) $V_{Pyramide} = 460\ cm^3$

b) $u_{ABCD} = 35{,}5\ cm$

Aufgabe W 3:

a) • Zuordnung der Graphen zu den Funktionsgleichungen:
   – Graph p_1 gehört zu Gleichung (C) $y = x^2 + 4x + c$
   – Graph p_2 gehört zu Gleichung (B) $y = x^2 - 6x + 5$
   – Graph p_3 gehört zu Gleichung (A) $y = ax^2 - 1$

   Begründung: Siehe bitte PDF-Download.

• Vervollständigung der Funktionsgleichungen von (A) und (C):

   – (A) $y = \frac{1}{4}x^2 - 1$ oder alternativ: (A) $y = 0{,}25x^2 - 1$

   – (C) $y = x^2 + 4x + 5$

• g: $y = -x - 1$

• Nachweis, dass Scheitelpunkt S_1 von p_1 auf Gerade g liegt:

   $y = -x - 1 \qquad |S_1(-2\,|\,1)$

   $1 \overset{?}{=} -(-2) - 1$

   $1 \overset{?}{=} 2 - 1$

   $1 \overset{!}{=} 1$ w. z. b. w.

b) • h: $y = -\frac{3}{2}x$ oder alternativ: h: $y = -1{,}5x$

• $A_{N_2RN_1} = 12$ FE

• Untersuchung, ob Bastian recht hat:
   Feststellung: Bastian hat recht.
   Begründung: Siehe bitte PDF-Download.

Aufgabe W 4:

a) • P(höchstens einmal ☺) $= \frac{35}{36}$ oder alternativ 97,2 %

   A: Die Wahrscheinlichkeit, mit der man höchstens einmal das Symbol ☺ erhält, beträgt $\frac{35}{36}$ bzw. 97,2 %.

• Erwartungswert für den abgebildeten Gewinnplan: E = –0,26 €

   A: Der Erwartungswert beträgt –0,26 €.

• $G_{fair} = 13{,}50$ €

   A: Wenn nur der Gewinn für das Ereignis „zweimal ☺“ geändert werden soll und alles andere unverändert bleibt, muss der Gewinn für „zweimal ☺“ 13,50 € betragen, damit das Spiel fair wird.

b) • Mögliche Funktionsgleichung für den Brückenbogen:

$p\colon\ y = -\frac{4}{3\,025}x^2 + 100$ oder alternativ: $p\colon\ y = -0{,}0013x^2 + 100$

• Länge der Fahrbahn innerhalb des Brückenbogens: $\ell = 389$ m

Hinweis: Wird für die Ermittlung der Fahrbahnlänge innerhalb des Brückenbogens der alternative Wert –0,0013 für Vorfaktor a genutzt, erhält man als Ergebnis $\ell = 392$ m.

Abschlussprüfungsaufgaben Mathematik für Realschulen (Baden-Württemberg): Haupttermin 2018 – Pflichtbereich

Aufgabe P 1

Im Rechteck ABCD gilt:

$$\overline{AB} = 14{,}5\text{ cm}$$
$$\overline{AD} = 5{,}4\text{ cm}$$
$$\delta_1 = 52{,}0°$$

Berechnen Sie den Flächeninhalt des Trapezes EBCF.

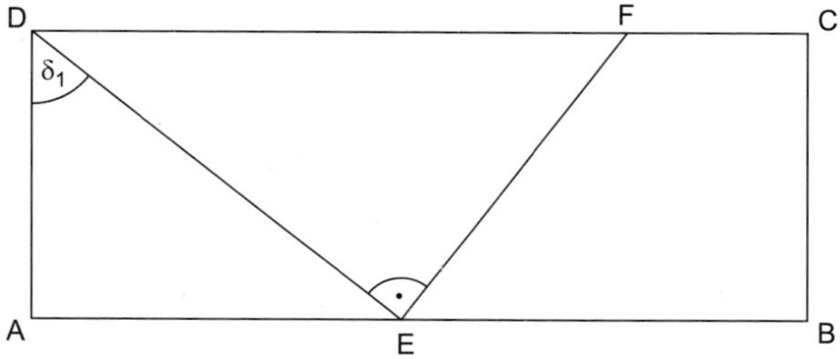

4 P

Aufgabe P 2

Gegeben sind das gleichschenklige Dreieck ABC und das rechtwinklige Dreieck AEC.

Es gilt:

$$\overline{AE} = 9{,}4\text{ cm}$$
$$\varepsilon = 55{,}0°$$
$$\overline{AC} = \overline{BC}$$

Berechnen Sie die Länge von $\overline{BE}$.

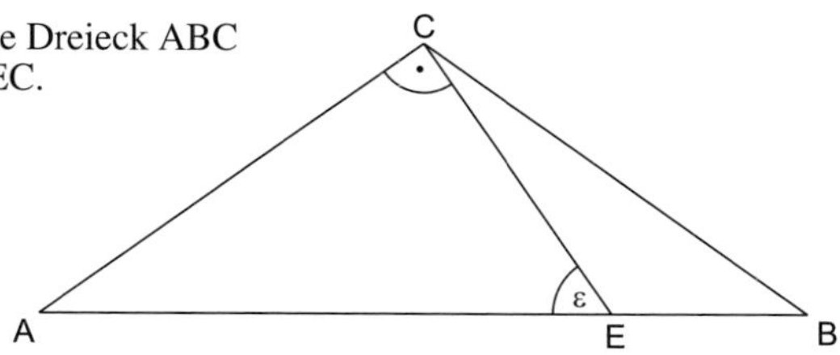

4 P

Aufgabe P 3

Die Abbildung zeigt ein quadratisches Prisma und einen zusammengesetzten Körper. Der zusammengesetzte Körper besteht aus einem Kegel mit aufgesetztem Zylinder.

Das quadratische Prisma ist vollständig mit Wasser gefüllt. Dieses Wasser wird in den zusammengesetzten Körper umgefüllt.

Es gilt:

$$a = 10{,}0\text{ cm}$$
$$h_{Pr} = h_{ges} = 25{,}0\text{ cm}$$
$$s = 20{,}0\text{ cm}$$
$$d = 17{,}8\text{ cm}$$

Wie hoch steht das Wasser im zusammengesetzten Körper?

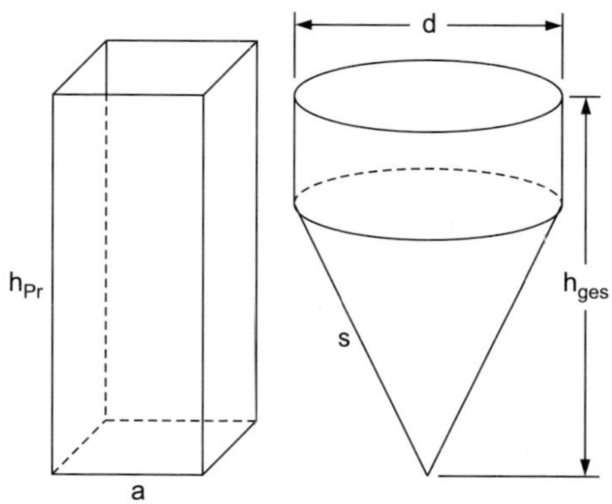

4 P

Aufgabe P 4

Die Grafik zeigt den täglichen Wasserverbrauch pro Kopf in Deutschland.

Um wie viel Prozent hat der Wasserverbrauch pro Kopf im Zeitraum von 1990 bis 2010 abgenommen?

Berechnen Sie, wie viele Liter Wasser im Jahr 2015 täglich für die Körperpflege pro Einwohner verbraucht wurden.

Einer Studie zufolge nimmt der Wasserverbrauch pro Kopf in den fünf Jahren von 2015 bis 2020 ab. Man geht davon aus, dass sich der Wasserverbrauch um 1 % pro Jahr, bezogen auf das Vorjahr, verringert.

Mit welchem täglichen Wasserverbrauch pro Kopf ist 2020 zu rechnen?

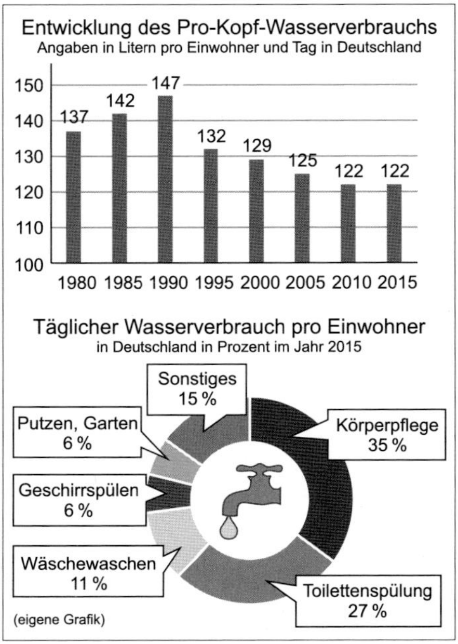

3,5 P

Aufgabe P 5

Geben Sie die Definitions- und Lösungsmenge der Gleichung an:

$$\frac{4}{x} + \frac{2x-2}{x+2} = \frac{3x^2}{x^2+2x}$$

3,5 P

Aufgabe P 6

Zu einer verschobenen, nach oben geöffneten Normalparabel p gehört die teilweise ausgefüllte Wertetabelle.

x	0	1	2	3	4	5	6
y	5						5

Geben Sie die Funktionsgleichung der Parabel p an.

Ergänzen Sie die fehlenden Werte in der Tabelle.

Durch den Schnittpunkt R der Parabel p mit der y-Achse und den Scheitelpunkt S verläuft die Gerade g.

Berechnen Sie die Steigung m der Geraden g. 4 P

Aufgabe P 7

In einer Schale liegen rote, grüne und weiße Gummibärchen. Insgesamt sind es 12 Stück. Antonetta nimmt, ohne hinzusehen, gleichzeitig zwei Gummibärchen aus der Schale.

Die Grafik zeigt ein unvollständiges Baumdiagramm dieses Zufallsversuchs.

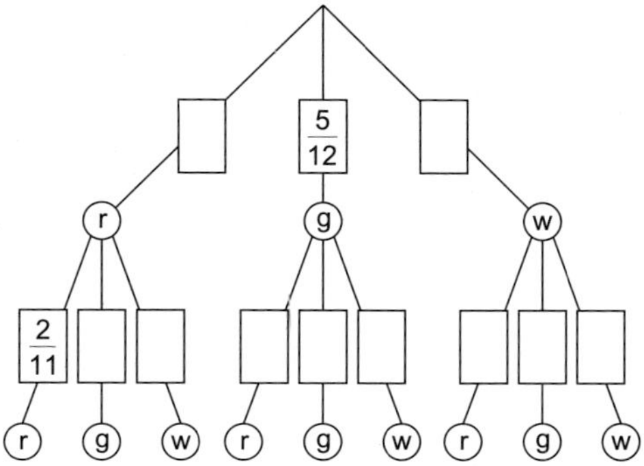

Vervollständigen Sie dieses Baumdiagramm.

Mit welcher Wahrscheinlichkeit zieht Antonetta bei diesem Zufallsversuch

- genau ein rotes Gummibärchen?
- höchstens ein weißes Gummibärchen? 3,5 P

Aufgabe P 8

Die Jungen der Klassen 7 a und 7 b werfen im Sportunterricht mit einem 200-g-Ball. Die Wurfweiten werden in ganzen Metern erfasst.

Die Verteilungen der Wurfweiten der 17 Jungen der Klasse 7 a und der 13 Jungen der Klasse 7 b sind in den beiden Boxplots dargestellt.

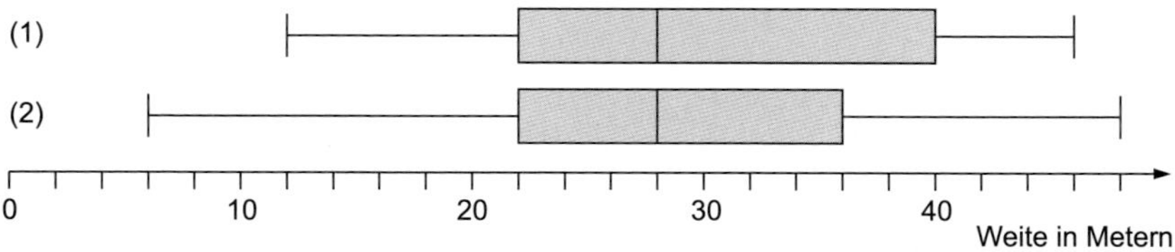

Rangplatz	1	2	3	4	5	6	7	8	9	10	11	12	13	14	15	16	17
Klasse 7 a						23	25	28	28	35	36	38	40				

Rangplatz	1	2	3	4	5	6	7	8	9	10	11	12	13
Klasse 7 b					24	25	28	28	29	36	38	40	

Ordnen Sie die Boxplots den unvollständigen Ranglisten der Klassen 7 a und 7 b zu. Begründen Sie Ihre Entscheidung mithilfe geeigneter Kennwerte.

Ergänzen Sie die Ranglisten mit möglichen Werten.

Tom und Marc aus der Klasse 7 a wurden im Nachhinein aus der Wertung genommen, da sie übertreten hatten. Tom hatte den Ball 23 m und Marc 36 m weit geworfen. Alex behauptet: „Der Zentralwert ändert sich nicht, wenn Tom und Marc aus der Wertung genommen werden.“

Hat Alex recht? Begründen Sie Ihre Antwort. 3,5 P

Abschlussprüfungsaufgaben Mathematik für Realschulen (Baden-Württemberg): Haupttermin 2018 – Wahlbereich

Aufgabe W 1

a) Gegeben ist das Dreieck ABC.

Es gilt:

$\overline{AB} = 12,0 \text{ cm}$

$\overline{BC} = 11,6 \text{ cm}$

$A_{ABC} = 54,0 \text{ cm}^2$

Berechnen Sie den Winkel α sowie den Abstand des Punktes D zur Strecke $\overline{AB}$.

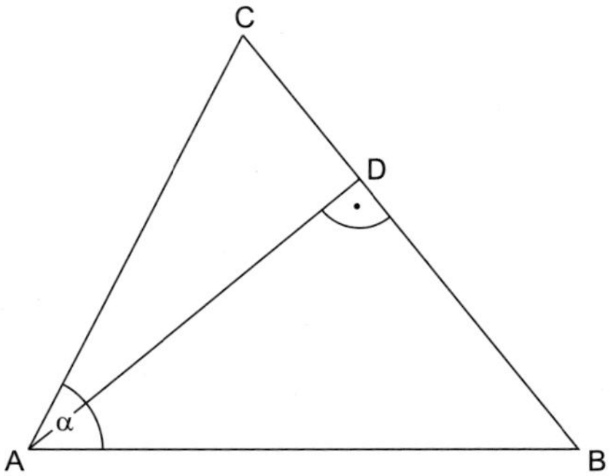

5,5 P

b) Im rechtwinkligen Dreieck ABC liegt das gleichseitige Dreieck DBC.

Zeigen Sie ohne Verwendung gerundeter Werte, dass die beiden Dreiecke ADC und DBC flächengleich sind.

Der Flächeninhalt des Dreiecks ABC soll 200 cm^2 betragen.

Für welchen Wert von e trifft dies zu?

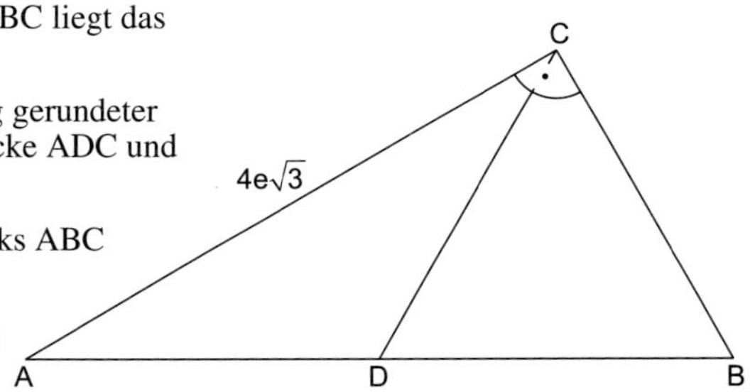

4,5 P

Aufgabe W 2

a) Ein massiver Kegel hat folgende Maße:

$V_{Kegel} = 500 \text{ cm}^3$

$d_{Kegel} = 13,0 \text{ cm}$

Dieser Kegel wird so bearbeitet, dass eine regelmäßige achtseitige Pyramide gleicher Höhe entsteht.

Ein Manteldreieck ist bereits sichtbar.

Berechnen Sie das Volumen der entstehenden Pyramide.

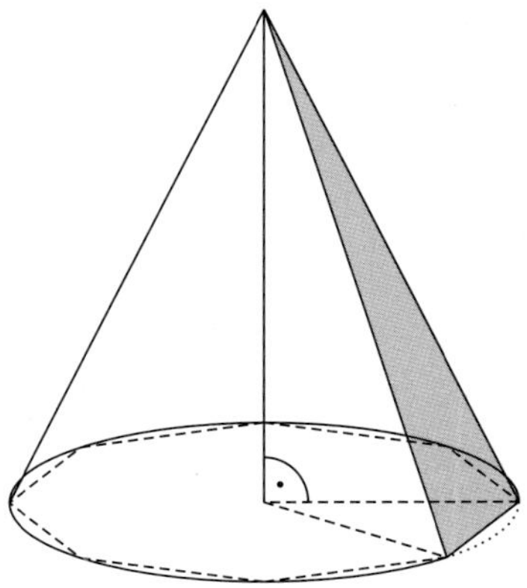

5 P

b) Aus einem quadratischen Blatt Papier wird das Netz einer quadratischen Pyramide hergestellt.

Es gilt:

$b = 20{,}0\,\text{cm}$
$\varepsilon = 140{,}0°$

Berechnen Sie die Höhe der quadratischen Pyramide.

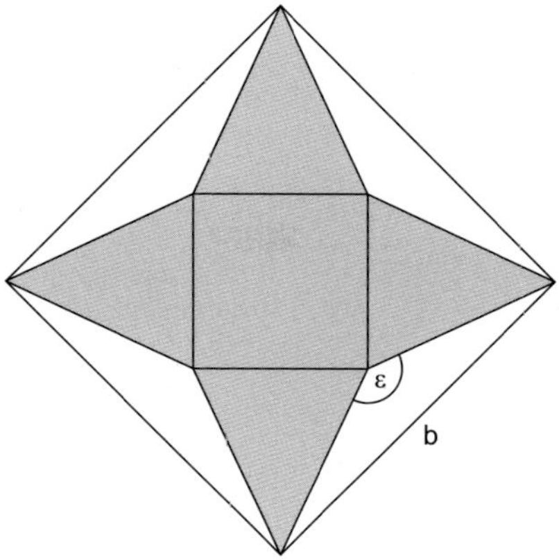

5 P

Aufgabe W 3

a) Das Schaubild zeigt Ausschnitte einer verschobenen Normalparabel p_1 und einer Geraden g.

Bestimmen Sie die Funktionsgleichungen der Parabel p_1 und der Geraden g.

Die verschobene, nach oben geöffnete Normalparabel p_2 hat den Scheitelpunkt $S_2(5\,|\,-2)$.

Prüfen Sie rechnerisch, ob der Schnittpunkt Q der beiden Parabeln auf der Geraden g liegt.

Die Gerade h verläuft durch die beiden Scheitelpunkte S_1 und S_2.

Berechnen Sie die Funktionsgleichung der Geraden h.

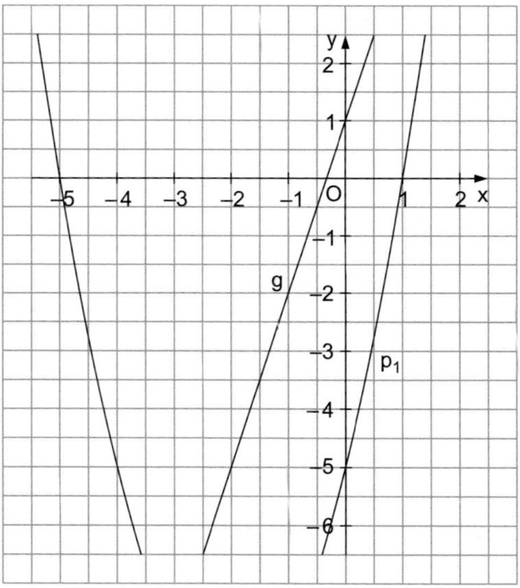

5,5 P

b) Die Parabel p der Form $y = ax^2 + c$ hat den Scheitel $S(0\,|\,-4{,}5)$.
Sie geht durch den Punkt $P(-3\,|\,0)$.

Die Gerade g mit der Steigung $m = 1{,}5$ geht durch den Punkt $R(0\,|\,0{,}5)$.
Sie schneidet die Parabel p in den Punkten A und C.

Die Punkte A und C sind Eckpunkte des Rechtecks ABCD.
Zudem sind die Punkte A und C Anfangs- und Endpunkt einer Diagonalen dieses Rechtecks.
Die Seiten des Rechtecks verlaufen parallel zur x- bzw. y-Achse.

Berechnen Sie den Flächeninhalt des Rechtecks. 4,5 P

Aufgabe W 4

a) Im Technikunterricht wurde für ein Schulfest ein Zufallsgerät gebaut, bei dem sich zwei Walzen unabhängig voneinander drehen.
Die Walzen sind mit Symbolen beklebt. Auf jeder Walze sind vier Zitronen, zwei Glocken und eine Sieben abgebildet.
Wenn sie stehen bleiben, erkennt man im Sichtfenster zwei Symbole nebeneinander.

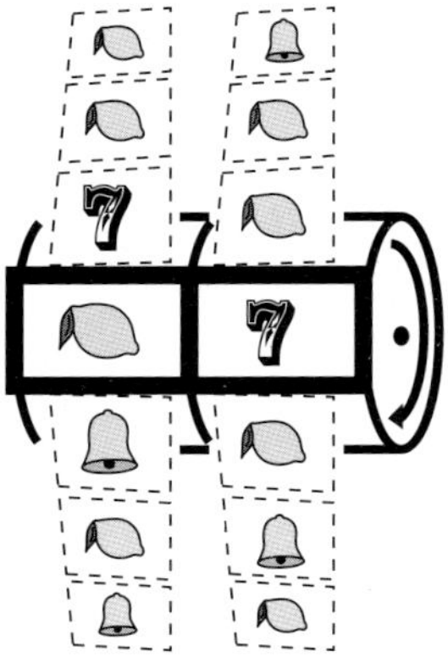

Wie groß ist die Wahrscheinlichkeit für das Ereignis „zweimal Glocke“?

Das Zufallsgerät wird für ein Glücksspiel eingesetzt. Dazu wird nebenstehender Gewinnplan geprüft.

Berechnen Sie den Erwartungswert.
Was bedeutet dies für den Spieler?

Der Einsatz soll auf 1,20 € erhöht werden.
Der Gewinn für „zweimal Glocke“ sowie der Erwartungswert bleiben gleich.

Merle behauptet: „Der Gewinn für ‚zweimal Sieben‘ beträgt dann etwa 20 €.“

Hat Merle recht? Begründen Sie rechnerisch.

Ereignis	Gewinn
zweimal Glocke	4,00 €
zweimal Sieben	10,00 €
sonstige	kein Gewinn
Einsatz pro Spiel: 1,00 €	

5,5 P

b) Ein Golfspieler schlägt seinen Golfball ab. Die Flugbahn des Golfballes ist annähernd parabelförmig. In einer horizontalen Entfernung von 95 m zum Abschlag erreicht der Ball seine maximale Flughöhe von 25 m über dem Boden.

Geben Sie eine Gleichung der zugehörigen Parabel an.

Ein 15 m hoher Baum steht in 45 m Entfernung vom Abschlag.
In welchem Abstand überfliegt der Ball die Baumspitze?

Das Loch befindet sich auf einer 2 m höher gelegenen Ebene in 180 m horizontaler Entfernung vom Abschlag.
In welcher Entfernung vom Loch trifft der Ball auf der höher gelegenen Ebene auf?

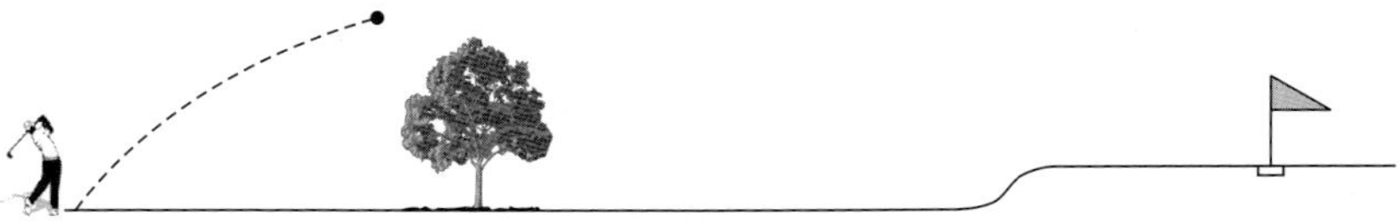

(Die Skizze ist nicht maßstabsgerecht.)

Golfspieler: © https://www.vectorportal.com/StockVectors/People/GOLF-PLAYER/16680.aspx 4,5 P

Lösungen

Pflichtbereich Aufgabe P 1

Lösungshinweise:

Skizze:

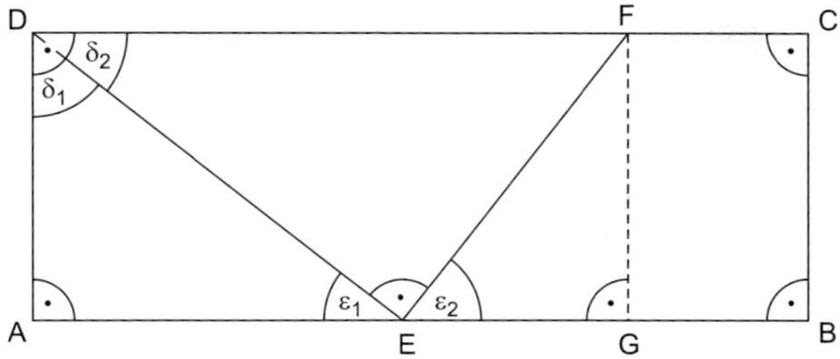

Für die Berechnung des Flächeninhalts von Trapez EBCF stehen drei Lösungsansätze zur Verfügung.
Bei Lösungsansatz 1 wird der Flächeninhalt von Trapez EBCF direkt mit der Flächeninhaltsformel für Trapeze berechnet. Bei den beiden anderen Lösungsansätzen wird der Flächeninhalt von Trapez EBCF indirekt ermittelt. Dazu wird bei Lösungsansatz 2 der Flächeninhalt des Trapezes AEFD vom Flächeninhalt des Rechtecks ABCD subtrahiert. Bei Lösungsansatz 3 werden zunächst die Flächeninhalte der Dreiecke AED und DEF ermittelt und anschließend vom Flächeninhalt des Rechtecks ABCD subtrahiert.

Die Musterlösung folgt Lösungsansatz 1.
Für die Nutzung der Flächeninhaltsformel für Trapeze sind zunächst $\overline{EB}$, $\overline{CF}$ und $\overline{BC}$ zu ermitteln.
$\overline{EB}$ gewinnen wir, nachdem wir $\overline{AE}$ in Dreieck AED berechnet haben.
Für die Berechnung von $\overline{CF}$ bieten sich zwei Varianten an. In der Musterlösung wird $\overline{CF}$ mithilfe von $\overline{FD}$ und $\overline{CD}$ ermittelt. $\overline{FD}$ lässt sich in Dreieck DEF berechnen, nachdem $\overline{ED}$ in Dreieck AED sowie Winkel δ_2 ermittelt worden sind. $\overline{CD}$ bestimmen wir mithilfe der Eigenschaften von Rechteck ABCD. Bei der zweiten Variante wird $\overline{CF}$ indirekt über $\overline{GB}$ ermittelt. Dazu benötigen wir neben der bekannten $\overline{EB}$ noch $\overline{EG}$. Wir gewinnen $\overline{EG}$ in Dreieck EGF, nachdem $\overline{GF}$ bestimmt und Winkel ε_2 ermittelt worden ist.
Auch $\overline{BC}$ gewinnen wir mithilfe der Eigenschaften von Rechteck ABCD.
Abschließend lässt sich der gesuchte Flächeninhalt von Trapez EBCF berechnen.

Alternativen:
Lösungsansatz 2:
Die für die Berechnung des Flächeninhalts von Rechteck ABCD notwendigen Größen werden in der Aufgabenstellung genannt. Für die Berechnung des Flächeninhalts von Trapez AEFD werden neben der bekannten $\overline{AD}$ noch $\overline{AE}$ und $\overline{FD}$ benötigt. Ihre Berechnung erfolgt analog zum Vorgehen in der Musterlösung.

Lösungsansatz 3:
Wie bei Lösungsansatz 2 liegen für die Berechnung des Flächeninhalts von Rechteck ABCD alle notwendigen Größen vor.
Für die Berechnung des Flächeninhalts von Dreieck AED mit der klassischen Flächeninhaltsformel für Dreiecke benötigen wir neben der bekannten $\overline{AD}$ noch $\overline{AE}$. Alternativ kann auch die trigonometrische Flächeninhaltsformel genutzt werden. Dafür benötigen wir neben den

bekannten Größen $\overline{AD}$ und δ_1 noch $\overline{ED}$.
Für die Berechnung des Flächeninhalts von Dreieck DEF mit der klassischen Flächeninhaltsformel wird neben $\overline{AD}$ noch $\overline{FD}$ benötigt. Wird die trigonometrische Flächeninhaltsformel genutzt, benötigen wir dazu $\overline{ED}$, $\overline{FD}$ und δ_2.
Sämtliche benötigten Größen werden wie in der Musterlösung berechnet.

Ausführliche Lösung:

Skizze:

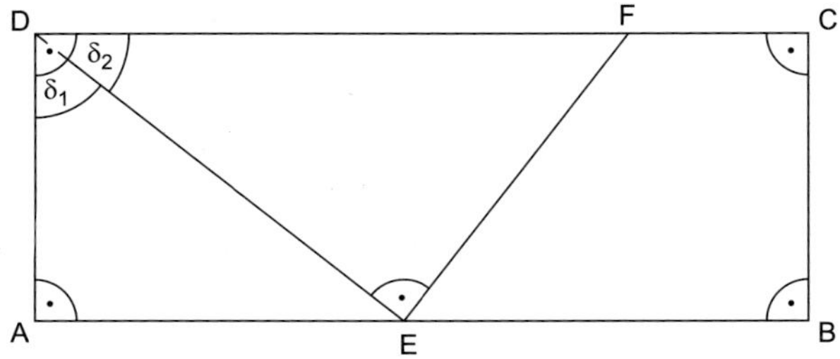

Berechnung von $\overline{AE}$:

$$\tan\delta_1 = \frac{\overline{AE}}{\overline{AD}} \qquad |\cdot\overline{AD}$$

$$\overline{AE} = \overline{AD}\cdot\tan\delta_1$$

$$\overline{AE} = 5{,}4\cdot\tan 52{,}0^\circ$$

$$\overline{AE} = \underline{6{,}91\ \text{cm}}$$

Berechnung von $\overline{EB}$:

$$\overline{EB} = \overline{AB} - \overline{AE}$$

$$\overline{EB} = 14{,}5 - 6{,}91$$

$$\overline{EB} = \underline{7{,}59\ \text{cm}}$$

Berechnung von $\overline{ED}$:

$$\cos\delta_1 = \frac{\overline{AD}}{\overline{ED}} \qquad |\cdot\overline{ED}$$

$$\overline{ED}\cdot\cos\delta_1 = \overline{AD} \qquad |:\cos\delta_1$$

$$\overline{ED} = \frac{\overline{AD}}{\cos\delta_1}$$

$$\overline{ED} = \frac{5{,}4}{\cos 52{,}0^\circ}$$

$$\overline{ED} = \underline{8{,}77\ \text{cm}}$$

Berechnung von $\overline{FD}$:

$$\cos\delta_2 = \frac{\overline{ED}}{\overline{FD}} \qquad |\cdot\overline{FD}$$

$$\overline{FD}\cdot\cos\delta_2 = \overline{ED} \qquad |:\cos\delta_2$$

$$\overline{FD} = \frac{\overline{ED}}{\cos\delta_2}$$

$$\overline{FD} = \frac{8{,}77}{\cos 38{,}0°}$$

$$\overline{FD} = \underline{11{,}13\text{ cm}}$$

NR: **Berechnung von Winkel δ_2:**

$$\delta_2 = \sphericalangle ADF - \delta_1$$

$$\delta_2 = 90{,}0° - 52{,}0°$$

$$\delta_2 = \underline{38{,}0°}$$

Berechnung von $\overline{CF}$:

$$\overline{CF} = \overline{CD} - \overline{FD} \qquad |\overline{CD} = \overline{AB} = \underline{14{,}5\text{ cm}};\text{ Eigenschaften des Rechtecks ABCD}$$

$$\overline{CF} = 14{,}5 - 11{,}13$$

$$\overline{CF} = \underline{3{,}37\text{ cm}}$$

Berechnung des Flächeninhalts A_{EBCF} von Trapez EBCF:

$$A_{EBCF} = \frac{\overline{EB} + \overline{CF}}{2}\cdot\overline{BC} \qquad |\overline{BC} = \overline{AD} = \underline{5{,}4\text{ cm}};\text{ Eigenschaften des Rechtecks ABCD}$$

$$A_{EBCF} = \frac{7{,}59 + 3{,}37}{2}\cdot 5{,}4$$

$$A_{EBCF} = 29{,}59\text{ cm}^2$$

$$A_{EBCF} = \underline{\underline{29{,}6\text{ cm}^2}}$$

Pflichtbereich Aufgabe P 2

Lösungshinweise:

Skizze:

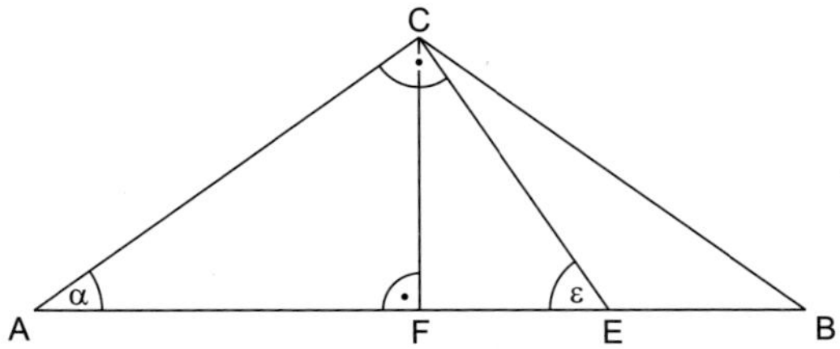

Die gesuchte Länge von Strecke BE lässt sich zum einen über die Differenz aus $\overline{AB}$ und $\overline{AE}$ berechnen, zum anderen über die Differenz aus $\overline{FB}$ und $\overline{FE}$.

Die Musterlösung folgt dem ersten Lösungsansatz über die Differenz aus $\overline{AB}$ und $\overline{AE}$. $\overline{AE}$ ist bekannt.

Für die Berechnung von $\overline{AB}$ ermitteln wir in der Musterlösung in einem ersten Schritt $\overline{AF}$ in Dreieck AFC. Dazu sind zunächst $\overline{AC}$ und die Größe von Winkel α zu ermitteln. Um an-

schließend in einem zweiten Schritt mit $\overline{AF}$ die Länge von Strecke AB ermitteln zu können, ist in Dreieck ABC noch zu zeigen, dass $\overline{AF}$ und $\overline{FB}$ gleich lang sind.
Alternativ kann $\overline{AB}$ auch über $\overline{FB}$ gewonnen werden. $\overline{FB}$ erhalten wir in Dreieck FBC. Dafür benötigen wir $\overline{CF}$ und Winkel CBE. $\overline{CF}$ gewinnen wir in Dreieck FEC, nachdem wir $\overline{EC}$ in Dreieck AEC berechnet haben. Für die Bestimmung von Winkel CBE in Dreieck ABC ermitteln wir zunächst Winkel α in Dreieck AEC. Im Anschluss an die Berechnung von $\overline{FB}$ wird $\overline{AB}$ analog zur Musterlösung ermittelt, nachdem gezeigt wurde, dass $\overline{AF}$ und $\overline{FB}$ gleich lang sind.
Abschließend erhalten wir die gesuchte Länge von Strecke BE über die Differenz aus $\overline{AB}$ und $\overline{AE}$.

Alternative: Berechnung von $\overline{BE}$ über die Differenz aus $\overline{FB}$ und $\overline{FE}$
Dieser Lösungsansatz knüpft an die Variante zur Berechnung von $\overline{AB}$ über $\overline{FB}$ an. Ist $\overline{FB}$ wie beschrieben ermittelt, wird anstatt $\overline{AB}$ die Länge von Strecke FE in Dreieck FEC ermittelt. Anschließend lässt sich $\overline{BE}$ über die Differenz aus $\overline{FB}$ und $\overline{FE}$ berechnen.

Ausführliche Lösung:

Skizze:

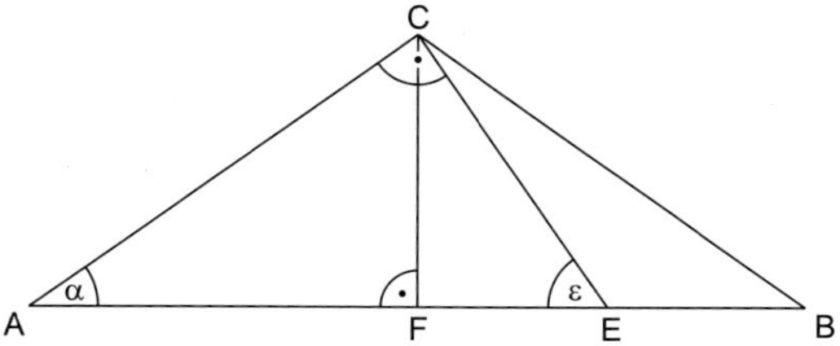

Berechnung von $\overline{AC}$:

$$\sin\varepsilon = \frac{\overline{AC}}{\overline{AE}} \qquad |\cdot \overline{AE}$$

$$\overline{AC} = \overline{AE}\cdot\sin\varepsilon$$

$$\overline{AC} = 9{,}4\cdot\sin 55{,}0°$$

$$\overline{AC} = \underline{7{,}7\ \text{cm}}$$

Berechnung von Winkel α:

$$\alpha + \varepsilon + \sphericalangle ACE = 180° \qquad |-(\varepsilon + \sphericalangle ACE)$$

$$\alpha = 180° - (\varepsilon + \sphericalangle ACE)$$

$$\alpha = 180° - (55{,}0° + 90{,}0°)$$

$$\alpha = \underline{35{,}0°}$$

Berechnung von $\overline{AF}$:

$\cos\alpha = \dfrac{\overline{AF}}{\overline{AC}} \quad |\cdot \overline{AC}$

$\overline{AF} = \overline{AC} \cdot \cos\alpha$

$\overline{AF} = 7{,}7 \cdot \cos 35{,}0°$

$\overline{AF} = \underline{6{,}31\text{ cm}}$

Berechnung von $\overline{AB}$:

$\overline{AB} = \overline{AF} + \overline{FB}$

$\overline{AB} = 2 \cdot \overline{AF}$

$\overline{AB} = 2 \cdot 6{,}31$

$\overline{AB} = \underline{12{,}62\text{ cm}}$

NR: **Nachweis, dass gilt: $\overline{FB} = \overline{AF}$:**
$\overline{AC} = \overline{BC}$ $\Rightarrow$ Dreieck ABC ist gleichschenklig mit den Schenkeln AC und BC.
$\Rightarrow$ Lotfußpunkt F des Lots von Punkt C auf Strecke AB halbiert Strecke AB.
$\Rightarrow$ $\overline{FB} = \overline{AF} = \underline{6{,}31\text{ cm}}$

Berechnung von $\overline{BE}$:

$\overline{BE} = \overline{AB} - \overline{AE}$

$\overline{BE} = 12{,}62 - 9{,}4$

$\overline{BE} = 3{,}22\text{ cm}$

$\overline{BE} = \underline{\underline{3{,}2\text{ cm}}}$

Pflichtbereich Aufgabe P 3

Lösungshinweise:

Skizze:

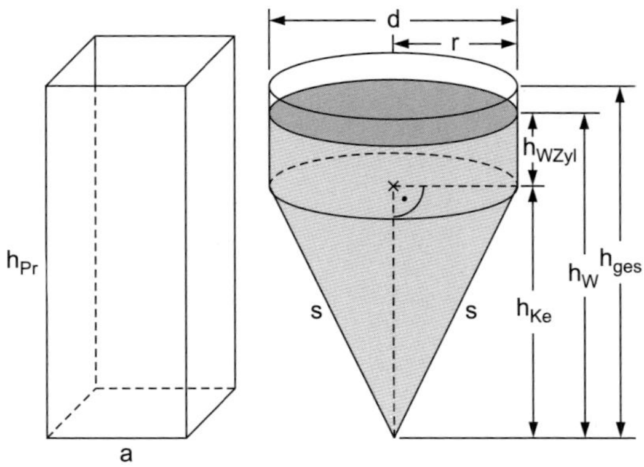

Grundlage für die Klärung der Frage, wie hoch das Wasser im zusammengesetzten Körper steht, ist die Ermittlung des Wasservolumens V_W über das Volumen V_{Pr} des quadratischen Prismas.

In einem zweiten Schritt ermitteln wir das Volumen V_{Ke} des Kegels des zusammengesetzten Körpers. Hierfür benötigen wir Radius r und Kegelhöhe h_{Ke}. Radius r bestimmen wir über den bekannten Durchmesser d des zusammengesetzten Körpers, Kegelhöhe h_{Ke} lässt sich anschließend im Schnitt des Kegels berechnen.

Der Vergleich des Kegelvolumens V_{Ke} mit dem Wasservolumen V_W zeigt, dass das Wasser im zusammengesetzten Körper über den Kegel hinaus auch im zylinderförmigen Teil des zusammengesetzten Körpers steht.

Die gesuchte Höhe h_W des Wassers im zusammengesetzten Körper setzt sich folglich aus der Kegelhöhe h_{Ke} und der Höhe h_{WZyl} der Wassersäule im Zylinder zusammen.

Kegelhöhe h_{Ke} kennen wir. Die noch unbekannte Höhe h_{WZyl} der Wassersäule im Zylinder lässt sich über die Volumenformel für Zylinder ermitteln. Dazu muss zunächst noch das Volumen V_{WZyl} des Wassers im Zylinder berechnet werden.

Abschließend gewinnen wir die gesuchte Höhe h_W des Wassers im zusammengesetzten Körper über die Summe aus h_{Ke} und h_{WZyl}.

Ausführliche Lösung:

Skizze:

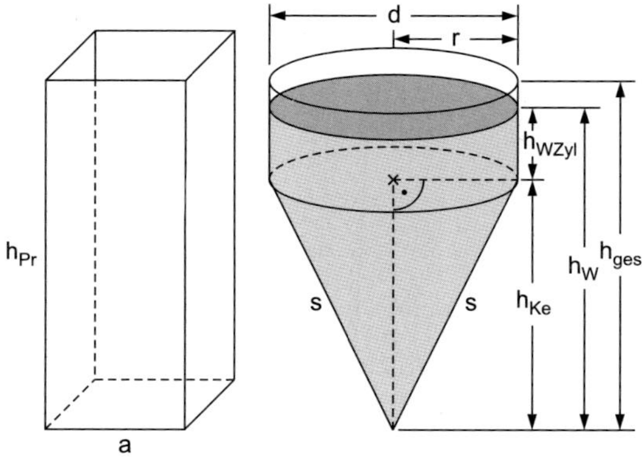

Berechnung des Wasservolumens V_W über das Prismenvolumen V_{Pr}:

$V_{Pr} = a^2 \cdot h_{Pr}$

$V_{Pr} = 10{,}0^2 \cdot 25{,}0$

$V_{Pr} = 2\,500{,}0 \text{ cm}^3 \quad | V_W = V_{Pr}$

$V_W = \underline{2\,500{,}0 \text{ cm}^3}$

Berechnung des Kegelvolumens V_{Ke}:

$V_{Ke} = \frac{1}{3}\pi r^2 h_{Ke}$

$V_{Ke} = \frac{1}{3}\pi \cdot 8{,}9^2 \cdot 17{,}91$

$V_{Ke} = \underline{1\,485{,}61\text{ cm}^3}$

NR: **Bestimmung von Radius r:**

$r = \frac{d}{2} = \frac{17{,}8}{2} = \underline{8{,}9\text{ cm}}$

NR: **Berechnung von Kegelhöhe h_{Ke}:**

$h_{Ke}^2 + r^2 = s^2 \quad |-r^2$

$h_{Ke}^2 = s^2 - r^2$

$h_{Ke}^2 = 20{,}0^2 - 8{,}9^2 \quad |\sqrt{\ }$

$h_{Ke} = \underline{17{,}91\text{ cm}}$

Berechnung des Wasservolumens V_{WZyl} im Zylinder:

$V_{WZyl} = V_W - V_{Ke}$

$V_{WZyl} = 2\,500{,}0 - 1\,485{,}61$

$V_{WZyl} = \underline{1\,014{,}39\text{ cm}^3}$

Berechnung der Höhe h_{WZyl} der Wassersäule im Zylinder:

$V_{WZyl} = \pi r^2 \cdot h_{WZyl} \quad |:(\pi r^2)$

$h_{WZyl} = \frac{V_{WZyl}}{\pi r^2}$

$h_{WZyl} = \frac{1\,014{,}39}{\pi \cdot 8{,}9^2}$

$h_{WZyl} = \underline{4{,}08\text{ cm}}$

Berechnung der Höhe h_W des Wassers im zusammengesetzten Körper:

$h_W = h_{Ke} + h_{WZyl}$

$h_W = 17{,}91 + 4{,}08$

$h_W = 21{,}99\text{ cm}$

$h_W = \underline{\underline{22\text{ cm}}}$

A: Im zusammengesetzten Körper steht das Wasser 22 cm hoch.

Pflichtbereich Aufgabe P 4

Lösungshinweise:

1. Berechnung der prozentualen Abnahme des Wasserverbrauchs pro Kopf von 1990 bis 2010

Für die Berechnung der prozentualen Abnahme des Wasserverbrauchs pro Kopf von 1990 bis 2010 stehen alternativ der Dreisatz oder die in der Musterlösung verwendete Grundformel der Prozentrechnung zur Verfügung. Bei beiden Verfahren ist zunächst die Abnahme des Wasserverbrauchs pro Kopf von 1990 bis 2010 in Litern zu ermitteln.

2. Berechnung, wie viele Liter Wasser 2015 täglich pro Einwohner für die Körperpflege verbraucht worden sind

Auch bei der Berechnung, wie viele Liter Wasser 2015 täglich pro Einwohner für die Körperpflege verbraucht worden sind, stehen alternativ der Dreisatz oder die in der Musterlösung verwendete Grundformel der Prozentrechnung zur Auswahl.

Der tägliche Pro-Kopf-Wasserverbrauch im Jahr 2015 wird dem Säulendiagramm entnommen, der prozentuale Anteil für die Körperpflege dem Ringdiagramm.

3. Berechnung, mit welchem täglichen Wasserverbrauch pro Kopf 2020 zu rechnen ist

Für die Klärung der Frage, mit welchem täglichen Wasserverbrauch pro Kopf 2020 zu rechnen ist, nutzen wir die Formel für exponentielles Wachstum. Dazu wird neben dem bekannten täglichen Pro-Kopf-Wasserverbrauch im Jahr 2015 noch Abnahmefaktor q benötigt.

Ausführliche Lösung:

1. Berechnung der prozentualen Abnahme des Wasserverbrauchs pro Kopf von 1990 bis 2010

$$W = G \cdot p\,\% \quad |:G$$

$$p\,\% = \frac{W}{G}$$

$$p\,\% = \frac{25}{147}$$

$$p\,\% = 17{,}01\,\%$$

$$p\,\% = \underline{\underline{17\,\%}}$$

NR: **Berechnung der Abnahme des Wasserverbrauchs pro Kopf von 1990 bis 2010 in Litern:**

$$W = \text{Verbrauch } 1990 - \text{Verbrauch } 2010$$

$$W = 147 - 122$$

$$W = \underline{25\,\ell}$$

A: Der Wasserverbrauch pro Kopf hat von 1990 bis 2010 um 17 % abgenommen.

2. Berechnung, wie viele Liter Wasser 2015 täglich pro Einwohner für die Körperpflege verbraucht worden sind

$$W = G \cdot p\,\%$$

$$W = 122 \cdot 35\,\%$$

$$W = 42{,}7\,\ell$$

$$W = \underline{\underline{43\,\ell}}$$

A: Im Jahr 2015 wurden täglich 43 ℓ Wasser pro Einwohner für die Körperpflege verbraucht.

3. Berechnung, mit welchem täglichen Wasserverbrauch pro Kopf 2020 zu rechnen ist

$$G_{2020} = G_{2015} \cdot q^n$$

$$G_{2020} = 122 \cdot 0{,}99^5$$

$$G_{2020} = 116{,}02\,\ell$$

$$G_{2020} = \underline{\underline{116\,\ell}}$$

NR: **Berechnung von Abnahmefaktor q:**

$$q = 1 - \frac{p}{100}$$

$$q = 1 - \frac{1}{100}$$

$$q = \underline{0{,}99}$$

A: Im Jahr 2020 ist mit einem täglichen Wasserverbrauch von 116 ℓ pro Kopf zu rechnen.

Pflichtbereich Aufgabe P 5

Lösungshinweise:

Zunächst bestimmen wir den Hauptnenner.

Zur Bestimmung der Definitionsmenge werden die Nenner daraufhin untersucht, für welche Werte von x sie den Wert null annehmen. Diese Werte werden aus der Grundmenge ausgeschlossen.

Die Umformung der Bruchgleichung führt auf eine gemischtquadratische Gleichung.
In der Musterlösung wird der Lösungsweg über die p-q-Formel dargestellt. Alternativ kann die a-b-c-Formel genutzt werden.

Die ermittelten Ergebnisse müssen in der Definitionsmenge enthalten sein, um in die Lösungsmenge aufgenommen werden zu können.

Ausführliche Lösung:

Bestimmung des Hauptnenners:

Nenner 1: x

Nenner 2: $x+2$

Nenner 3: $x^2+2x = x(x+2)$

Hauptnenner: $\Rightarrow \underline{x(x+2)}$

Bestimmung der Definitionsmenge:

Nenner 1: $x = \underline{0}$

Nenner 2: $x+2 = 0 \quad |-2$

$x = \underline{-2}$

Nenner 3: Faktor 1: bei Nenner 1 bereits untersucht
Faktor 2: bei Nenner 2 bereits untersucht

$\Rightarrow \quad D = \underline{\underline{\mathbb{R} \setminus \{-2; 0\}}}$

Berechnung der Lösungsmenge:

$$\frac{4}{x} + \frac{2x-2}{x+2} = \frac{3x^2}{x^2+2x} \qquad |\cdot \text{HN}$$

$$\frac{4 \cdot \cancel{x}(x+2)}{\cancel{x}} + \frac{(2x-2)x\,\cancel{(x+2)}}{\cancel{x+2}} = \frac{3x^2 \cdot \cancel{x}\,\cancel{(x+2)}}{\cancel{x}\,\cancel{(x+2)}}$$

$$4x+8+2x^2-2x = 3x^2 \qquad |\text{Zfs.}$$

$$2x^2+2x+8 = 3x^2 \qquad |-3x^2$$

$$-x^2+2x+8 = 0 \qquad |\cdot(-1)$$

$$x^2-2x-8 = 0$$

$$x_{1/2} = -\frac{p}{2} \pm \sqrt{\left(\frac{p}{2}\right)^2 - q}$$

$$x_{1/2} = -\frac{-2}{2} \pm \sqrt{\left(\frac{-2}{2}\right)^2 + 8}$$

$$x_{1/2} = 1 \pm \sqrt{1+8}$$

$$x_{1/2} = 1 \pm \sqrt{9}$$

$$x_{1/2} = 1 \pm 3$$

$$x_1 = \underline{4}$$

$$x_2 = \underline{-2}$$

$$L = \underline{\underline{\{4\}}}$$

Lösungshinweise:

Skizze:

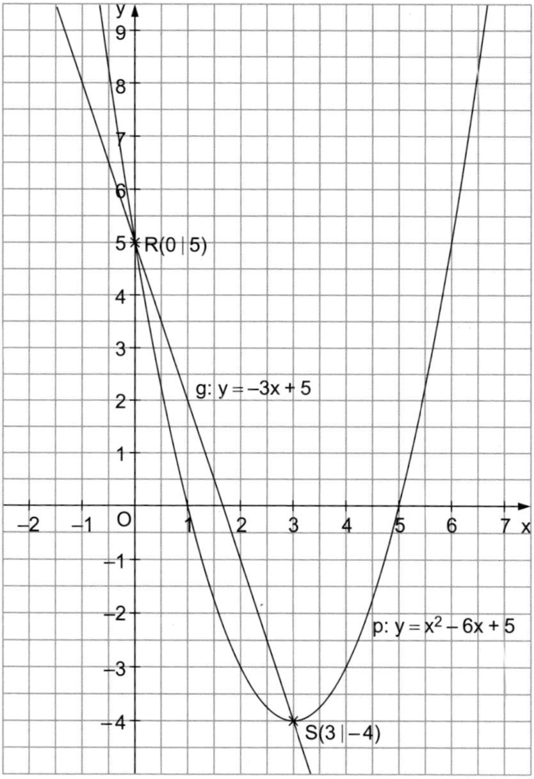

1. Ermittlung der Funktionsgleichung von Parabel p

Die Wertetabelle in der Aufgabenstellung gibt die Koordinaten zweier Punkte auf Parabel p vollständig an, sodass sich die Funktionsgleichung von Parabel p ausgehend von einem Gleichungssystem mit zwei Gleichungen ermitteln lässt.

Die Koordinatenwerte der beiden Punkte werden jeweils in die Normalform für quadratische Funktionen eingesetzt. Da der Wert von c in der Musterlösung in Gleichung (1') bereits ausgewiesen wird, muss er nicht mehr separat ermittelt werden. Zur Berechnung von b setzen wir den für c ermittelten Wert in Gleichung (2') ein.

Das Einsetzen der für b und c ermittelten Werte in die Normalform für quadratische Funktionen führt zur Gleichung von Parabel p.

Alternativer Lösungsweg zur Ermittlung der Funktionsgleichung von Parabel p
Die Wertetabelle gibt uns für zwei auf Parabel p liegende Punkte beide Koordinatenwerte an: $(0|5)$ und $(6|5)$. Da die Werte der beiden y-Koordinaten gleich sind, liegen die beiden Punkte auf einer zur x-Achse parallelen Geraden.

So kann die Funktionsgleichung von Parabel p alternativ auch gewonnen werden, indem man mithilfe ihrer Symmetrieeigenschaften und ihrer Eigenschaften als Graph einer quadratischen Funktion die Koordinaten ihres Scheitelpunkts S bestimmt, um dann ihre Funktionsgleichung über die Scheitelform quadratischer Funktionen aufzustellen.

2. Ergänzung der fehlenden Werte in der Wertetabelle

Für die Berechnung der in der Wertetabelle fehlenden y-Werte nutzen wir die jeweiligen x-Werte und die Gleichung von Parabel p.

3. Berechnung der Steigung m von Gerade g

Für die Berechnung der Steigung m von Gerade g benötigen wir die Koordinaten des Schnittpunkts R der Parabel mit der y-Achse und die Koordinaten von Scheitelpunkt S. Da das Wertepaar (0 | 5) aus der Wertetabelle die Bedingung für Schnittpunkte von Graphen mit der y-Achse erfüllt, sind die Koordinaten von Schnittpunkt R bekannt. Für die Ermittlung der Koordinaten von Scheitelpunkt S nutzen wir die Scheitelform der Parabelgleichung.

Ausführliche Lösung:

Skizze:

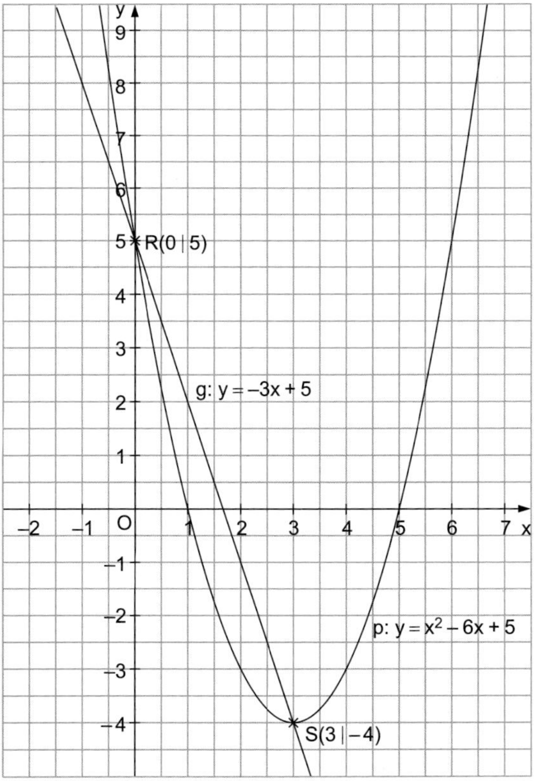

1. Ermittlung der Funktionsgleichung von Parabel p

Berechnung von b und von c für Parabel p:

		$y = x^2 + bx + c$	
(1)	(0 | 5):	$5 = 0^2 + b \cdot 0 + c$	
(2)	(6 | 5):	$5 = 6^2 + b \cdot 6 + c$	
(1')		$\underline{5} = c$	| (1') in (2')
(2')		$5 = 36 + 6b + c$	
		$5 = 36 + 6b + 5$	| − 41
		$6b = -36$	| : 6
		$b = \underline{-6}$	

Bestimmung der Gleichung von Parabel p:

p: $y = x^2 + bx + c$

p: $\underline{\underline{y = x^2 - 6x + 5}}$ (alternativ: p: $\underline{\underline{y = (x-3)^2 - 4}}$)

2. Ergänzung der fehlenden Werte in der Wertetabelle

x	0	1	2	3	4	5	6
y	5	0	−3	−4	−3	0	5

Beispiel für die Berechnung der fehlenden y-Werte anhand von x = 1:

$y = x^2 - 6x + 5 \qquad | \, x = 1$

$y = 1^2 - 6 \cdot 1 + 5$

$y = \underline{0}$

3. Berechnung der Steigung m von Gerade g

Bestimmung der Koordinaten des Schnittpunkts R von Parabel p mit der y-Achse:

In der Wertetabelle wird der Punkt (0 | 5) angegeben.
Da die x-Koordinate des Schnittpunkts eines Graphen mit der y-Achse den Wert null besitzt, ist Punkt (0 | 5) der Schnittpunkt von Parabel p mit der y-Achse. ⇒ $\underline{R(0 \mid 5)}$

Berechnung der Koordinaten des Scheitelpunkts S von Parabel p:

$y = x^2 - 6x + 5 \qquad |$ quadratisch ergänzen

$y = x^2 - 6x + 3^2 + 5 - 3^2$

$y = (x-3)^2 - 4$

⇒ Scheitelpunkt $\underline{S(3 \mid -4)}$

Berechnung der Steigung m von Gerade g:

$$m = \frac{y_R - y_S}{x_R - x_S}$$

$$m = \frac{5-(-4)}{0-3}$$

$$m = \frac{9}{-3}$$

$$m = \underline{\underline{-3}}$$

Pflichtbereich Aufgabe P 7

Lösungshinweise:

Skizze:

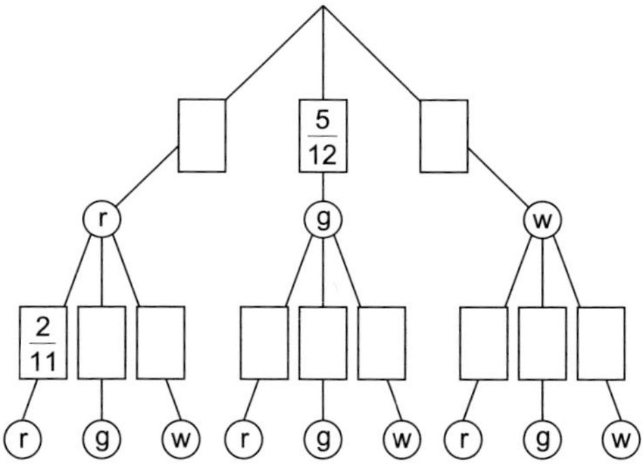

1. Vervollständigung des Baumdiagramms

Zunächst ermitteln wir die fehlenden Wahrscheinlichkeiten für die erste Ziehung.

Im Baumdiagramm ist die Wahrscheinlichkeit angegeben, bei der zweiten Ziehung ebenfalls ein rotes Gummibärchen zu ziehen, nachdem zuvor in der ersten Ziehung bereits ein rotes Gummibärchen gezogen wurde. Die Wahrscheinlichkeit, bei der ersten Ziehung ein rotes Gummibärchen zu ziehen, lässt sich folglich ausgehend von der bekannten Wahrscheinlichkeit für die zweite Ziehung rasch ermitteln.

Die Wahrscheinlichkeit, bei der ersten Ziehung ein weißes Gummibärchen zu ziehen, erhalten wir mithilfe der Wahrscheinlichkeiten, bei der ersten Ziehung ein rotes bzw. ein grünes Gummibärchen zu ziehen.

Mit den bekannten Daten vervollständigen wir abschließend das Baumdiagramm.

2. Berechnung der Wahrscheinlichkeit, mit der Antonetta genau ein rotes Gummibärchen zieht

Für die Berechnung der Wahrscheinlichkeit, mit der Antonetta genau ein rotes Gummibärchen zieht, kombinieren wir die Produkt- und die Summenregel.

3. Berechnung der Wahrscheinlichkeit, mit der Antonetta höchstens ein weißes Gummibärchen zieht

Das Ereignis, „höchstens ein weißes Gummibärchen zu ziehen", schließt sowohl den Fall „genau ein weißes Gummibärchen" als auch den Fall „kein weißes Gummibärchen" mit ein.

Für die Berechnung der Wahrscheinlichkeit, höchstens ein weißes Gummibärchen zu ziehen, empfiehlt es sich folglich, das Gegenereignis zu nutzen.

Ausführliche Lösung:

1. Vervollständigung des Baumdiagramms

Berechnung der Wahrscheinlichkeit, bei der ersten Ziehung ein rotes Gummibärchen zu ziehen:

Bei der zweiten Ziehung beträgt die Wahrscheinlichkeit, ein zweites rotes Gummibärchen zu ziehen, $\frac{2}{11}$. Da bei der ersten Ziehung noch ein rotes Gummibärchen mehr vorhanden war, gilt:

$$P(\text{rot})_{1.\,\text{Ziehung}} = \frac{2+1}{11+1} = \underline{\frac{3}{12}}$$

Berechnung der Wahrscheinlichkeit, bei der ersten Ziehung ein weißes Gummibärchen zu ziehen:

$$P(\text{weiß})_{1.\,\text{Ziehung}} = 1 - [P(\text{rot})_{1.\,\text{Ziehung}} + P(\text{grün})_{1.\,\text{Ziehung}}]$$

$$P(\text{weiß})_{1.\,\text{Ziehung}} = 1 - \left[\frac{3}{12} + \frac{5}{12}\right]$$

$$P(\text{weiß})_{1.\,\text{Ziehung}} = 1 - \frac{8}{12}$$

$$P(\text{weiß})_{1.\,\text{Ziehung}} = \underline{\frac{4}{12}}$$

Vervollständigung des Baumdiagramms:

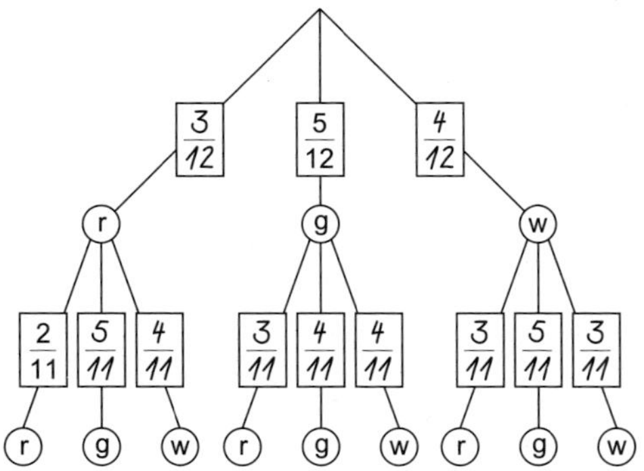

2. Berechnung der Wahrscheinlichkeit, mit der Antonetta genau ein rotes Gummibärchen zieht

$$P(\text{genau ein rotes Gb.}) = P(r;\, g) + P(r;\, w) + P(g;\, r) + P(w;\, r)$$

$$P(\text{genau ein rotes Gb.}) = \frac{3}{12} \cdot \frac{5}{11} + \frac{3}{12} \cdot \frac{4}{11} + \frac{5}{12} \cdot \frac{3}{11} + \frac{4}{12} \cdot \frac{3}{11}$$

$$P(\text{genau ein rotes Gb.}) = \frac{15}{132} + \frac{12}{132} + \frac{15}{132} + \frac{12}{132}$$

$$P(\text{genau ein rotes Gb.}) = \frac{54}{132}$$

$$P(\text{genau ein rotes Gb.}) = \underline{\underline{\frac{9}{22}}}$$

$$P(\text{genau ein rotes Gb.}) = 40{,}91\,\%$$

$$P(\text{genau ein rotes Gb.}) = \underline{\underline{40{,}9\,\%}}$$

A: Die Wahrscheinlichkeit, mit der Antonetta genau ein rotes Gummibärchen zieht, beträgt $\frac{9}{22}$ bzw. 40,9 %.

3. Berechnung der Wahrscheinlichkeit, mit der Antonetta höchstens ein weißes Gummibärchen zieht

$$P(\text{höchstens ein weißes Gb.}) = 1 - P(w;\, w)$$

$$P(\text{höchstens ein weißes Gb.}) = 1 - \frac{4}{12} \cdot \frac{3}{11}$$

$$P(\text{höchstens ein weißes Gb.}) = 1 - \frac{12}{132}$$

$$P(\text{höchstens ein weißes Gb.}) = \frac{120}{132}$$

$$P(\text{höchstens ein weißes Gb.}) = \underline{\underline{\frac{10}{11}}}$$

$$P(\text{höchstens ein weißes Gb.}) = 90{,}91\,\%$$

$$P(\text{höchstens ein weißes Gb.}) = \underline{\underline{90{,}9\,\%}}$$

A: Die Wahrscheinlichkeit, mit der Antonetta höchstens ein weißes Gummibärchen zieht, beträgt $\frac{10}{11}$ bzw. 90,9 %.

Pflichtbereich Aufgabe P 8

Lösungshinweise:

1. Zuordnung der Boxplots zu den Ranglisten der Klassen 7 a und 7 b

Ein Blick auf die beiden abgebildeten Boxplots zeigt, dass das untere Quartil und der Zentralwert jeweils identisch sind. Von den unterschiedlichen Kennwerten Minimum, oberes Quartil und Maximum lassen sich lediglich die Werte für die oberen Quartile aus den beiden Ranglisten bestimmen. Dadurch reduziert sich die Untersuchung, welcher Boxplot zu Klasse 7 a und welcher Boxplot zu Klasse 7 b gehört, auf die Betrachtung der Werte für die oberen Quartile.

Um feststellen zu können, welcher Boxplot zu Klasse 7 a gehört, ermitteln wir den Wert des oberen Quartils von Klasse 7 a aus der Rangliste und vergleichen diesen mit den Werten der oberen Quartile der beiden Boxplots.

Aus der Aufgabenstellung geht hervor, dass jeder Boxplot zu einer der beiden Klassen gehört. Folglich gehört der nicht zu Klasse 7 a gehörige Boxplot zu Klasse 7 b.

2. Ergänzung der Ranglisten mit möglichen Werten

Wir beginnen mit der Ergänzung der Rangliste von Klasse 7 a.
Ein Teil der fehlenden Werte in der Rangliste von Klasse 7 a kann über die Bestimmung der Kennwerte aus Boxplot (1) und deren Zuordnung zu den entsprechenden Rangplätzen in der Rangliste gewonnen werden.
In einem ersten Schritt entnehmen wir dazu die Kennwerte aus Boxplot (1). In einem zweiten Schritt ermitteln wir die Rangplätze der Kennwerte in der Rangliste von Klasse 7 a.
Abschließend ordnen wir die Kennwerte den entsprechenden Rangplätzen zu und tragen die fehlenden Werte in die Rangliste ein.
Auf diese Weise gelingt es, die fehlenden Werte für die Rangplätze 1, 5 und 17 zu ermitteln.

Für die Rangplätze 2, 3, 4, 14, 15 und 16 können mit den vorliegenden Angaben nicht eindeutig Werte ermittelt werden.
Allerdings können mithilfe der Eigenschaften von Ranglisten Intervalle für mögliche Werte bestimmt werden. Die Ränder dieser Intervalle werden durch die bereits bekannten Werte unter- und oberhalb der noch offenen Rangplätze 2, 3 und 4 sowie 14, 15 und 16 bestimmt.
Bei der Bestimmung der Werte für die Rangplätze 2, 3 und 4 sowie die Rangplätze 14, 15 und 16 muss mitberücksichtigt werden, dass der Wert des jeweils links stehenden Rangplatzes kleiner als oder gleich groß wie der Wert des rechts stehenden Rangplatzes sein kann, aber nicht größer als dieser.
Der abschließende Eintrag der bestimmten Werte vervollständigt die Rangliste von Klasse 7 a.

Bei der Ergänzung der Rangliste von Klasse 7 b verfahren wir entsprechend.

3. Überprüfung der Behauptung von Alex, dass der Zentralwert sich nicht ändert, wenn Tom und Marc aus der Wertung genommen werden

Für die Überprüfung der Behauptung von Alex, dass der Zentralwert sich nicht ändert, wenn Tom und Marc aus der Wertung genommen werden, stehen zwei Lösungsansätze zur Verfügung.

Zum einen kann der neue Zentralwert nach Herausnahme der beiden Werte aus der Rangliste von Klasse 7 a rechnerisch ermittelt werden und mit dem bisherigen Zentralwert verglichen werden. Sind beide gleich, hat Alex recht, weicht der neue Zentralwert vom bisherigen Zentralwert ab, hat Alex nicht recht.

Zum anderen kann untersucht werden, ob das Herausnehmen der Werte von Tom und Marc Auswirkungen auf die Struktur und den Zentralwert der Rangliste von Klasse 7 a hat, welche dies gegebenenfalls sind und ob der Zentralwert sich ändert oder ob der Zentralwert Bestand hat. Bei diesem Vorgehen werden die angestellten Betrachtungen und die Schlussfolgerungen verbal als Text dargestellt.

Die Musterlösung folgt dem zweiten Lösungsansatz.

Ausführliche Lösung:

1. Zuordnung der Boxplots zu den Ranglisten der Klassen 7 a und 7 b

Analyse der Kennwerte der beiden Boxplots:

Das untere Quartil und der Zentralwert der beiden Boxplots sind jeweils identisch. Von den unterschiedlichen Kennwerten Minimum, oberes Quartil und Maximum lassen sich lediglich die Werte für die oberen Quartile aus den beiden Ranglisten bestimmen. Folglich beschränkt sich die Untersuchung, welcher Boxplot zu Klasse 7 a und welcher Boxplot zu Klasse 7 b gehört, auf die Betrachtung der Werte für die oberen Quartile.

Boxplot (1): $q_{o(1)} = \underline{40\text{ m}}$

Boxplot (2): $q_{o(2)} = \underline{36\text{ m}}$

Ermittlung des oberen Quartils $q_{o(7a)}$ von Klasse 7 a:

$n_{7a} \cdot 0{,}75 = 17 \cdot 0{,}75 = 12{,}75 \notin \mathbb{Z} \quad \Rightarrow \quad q_{o(7a)} = x_{13} = \underline{40\text{ m}}$

Feststellung, welcher Boxplot zur Rangliste von Klasse 7 a gehört:

$q_{o(7a)} = 40\text{ m}$ und $q_{o(1)} = 40\text{ m}$ und $q_{o(2)} \neq 40\text{ m}$

$\Rightarrow$ Boxplot (1) gehört zur Rangliste von Klasse 7a.

Feststellung, welcher Boxplot zur Rangliste von Klasse 7 b gehört:

Jeder der beiden Boxplots gehört zu einer der beiden Ranglisten, wobei Boxplot (1) zur Rangliste von Klasse 7 a gehört.

$\Rightarrow$ Boxplot (2) gehört zur Rangliste von Klasse 7b.

2. Ergänzung der Ranglisten mit möglichen Werten

2.1 Rangliste der Klasse 7 a

Feststellung der Kennwerte von Boxplot (1):

$x_{min} = 12\text{ m}$
$q_u = 22\text{ m}$
$z = 28\text{ m}$
$q_o = 40\text{ m}$
$x_{max} = 46\text{ m}$

Feststellung und Berechnung der Rangplätze der Kennwerte von Klasse 7 a:

Minimum: Rangplatz $x_{min} = \underline{1}$

unteres Quartil: $n \cdot 0{,}25 = 17 \cdot 0{,}25 = 4{,}25 \notin \mathbb{Z} \quad \Rightarrow$ Rangplatz $q_u = \underline{5}$

Zentralwert: $n \cdot 0{,}5 = 17 \cdot 0{,}5 = 8{,}5 \notin \mathbb{Z} \quad \Rightarrow$ Rangplatz $z = \underline{9}$

oberes Quartil: Rangplatz $q_o = \underline{13}$

Maximum: Rangplatz $x_{max} = \underline{17}$

Eintrag der fehlenden Werte für die Rangplätze 1, 5 und 17 in die Rangliste:

siehe Rangliste

Ermittlung möglicher Werte für die Rangplätze 2, 3, 4, 14, 15 und 16:

(1) Feststellung:
Aufgrund fehlender Angaben ist für die Rangplätze 2, 3, 4, 14, 15 und 16 die eindeutige Bestimmung eines Werts nicht möglich.

(2) Feststellung des Intervalls für die Werte auf den Rangplätzen 2, 3 und 4 sowie der Beziehung zwischen ihnen:

$$x_1 \le x_2 \le x_3 \le x_4 \le x_5 \quad \Rightarrow \quad \underline{12\text{ m} \le x_2 \le x_3 \le x_4 \le 22\text{ m}}$$

(3) Feststellung des Intervalls für die Werte auf den Rangplätzen 14, 15 und 16 sowie der Beziehung zwischen ihnen:

$$x_{13} \le x_{14} \le x_{15} \le x_{16} \le x_{17} \quad \Rightarrow \quad \underline{40\text{ m} \le x_{14} \le x_{15} \le x_{16} \le 46\text{ m}}$$

Eine mögliche Lösung für die Ergänzung der Rangliste von Klasse 7 a:

Rang	1	2	3	4	5	6	7	8	9	10	11	12	13	14	15	16	17
Weite (m)	*12*	*12*	*15*	*19*	*22*	23	25	28	28	35	36	38	40	*44*	*44*	*45*	*46*

$x_{min} \le x_2 \le x_3 \le x_4 \le q_u$ (Rangplätze 1–5); z (Rangplatz 9); $q_o \le x_{14} \le x_{15} \le x_{16} \le x_{max}$ (Rangplätze 13–17)

2.2 Rangliste der Klasse 7 b

Feststellung der Kennwerte von Boxplot (2):

$x_{min} = 6$ m
$q_u = 22$ m
$z = 28$ m
$q_o = 36$ m
$x_{max} = 48$ m

Feststellung und Berechnung der Rangplätze der Kennwerte von Klasse 7 b:

Minimum: Rangplatz $x_{min} = \underline{1}$

unteres Quartil: $n \cdot 0{,}25 = 13 \cdot 0{,}25 = 3{,}25 \notin \mathbb{Z} \quad \Rightarrow$ Rangplatz $q_u = \underline{4}$

Zentralwert: $n \cdot 0{,}5 = 13 \cdot 0{,}5 = 6{,}5 \notin \mathbb{Z} \quad \Rightarrow$ Rangplatz $z = \underline{7}$

oberes Quartil: $n \cdot 0{,}75 = 13 \cdot 0{,}75 = 9{,}75 \notin \mathbb{Z} \quad \Rightarrow$ Rangplatz $q_o = \underline{10}$

Maximum: Rangplatz $x_{max} = \underline{13}$

Eintrag der fehlenden Werte für die Rangplätze 1, 4 und 13 in die Rangliste:

siehe Rangliste

Ermittlung möglicher Werte für die Rangplätze 2 und 3:

(1) Feststellung:
Aufgrund fehlender Angaben ist für die Rangplätze 2 und 3 die eindeutige Bestimmung eines Werts nicht möglich.

(2) Feststellung des Intervalls für die Werte auf den Rangplätzen 2 und 3 sowie der Beziehung zwischen ihnen:

$$x_1 \le x_2 \le x_3 \le x_4 \quad \Rightarrow \quad 6\text{ m} \le x_2 \le x_3 \le 22\text{ m}$$

Eine mögliche Lösung für die Ergänzung der Rangliste von Klasse 7 b:

Rang	1	2	3	4	5	6	7	8	9	10	11	12	13
Weite (m)	6	22	22	22	24	25	28	28	29	36	38	40	48
	↑	↑	↑	↑			↑			↑			↑
	x_{min} ≤	x_2 ≤	x_3 ≤	q_u			z			q_o			x_{max}

3. Überprüfung der Behauptung von Alex, dass der Zentralwert sich nicht ändert, wenn Tom und Marc aus der Wertung genommen werden

Der Zentralwert einer Rangliste teilt diese in zwei (gleich große) Hälften.

Der Zentralwert der Rangliste von Klasse 7 a liegt auf Rangplatz 9.

Der Wert von Tom mit 23 m liegt auf Rangplatz 6 und damit in der unteren Hälfte der Rangliste der Klasse 7 a; der Wert von Marc mit 36 m liegt auf Rangplatz 11 und damit in der oberen Hälfte der Rangliste der Klasse 7 a. Werden beide Jungen aus der Wertung genommen, verlieren folglich beide Hälften der Rangliste je einen Wert.

So werden die beiden Hälften der Rangliste von Klasse 7 a zwar jeweils um einen Wert kleiner, bleiben im Vergleich miteinander aber gleich groß.

Damit bleibt auch der Zentralwert erhalten, ändert sich also nicht: Alex hat recht.

Wahlbereich Aufgabe W 1 a

Lösungshinweise:

Skizze:

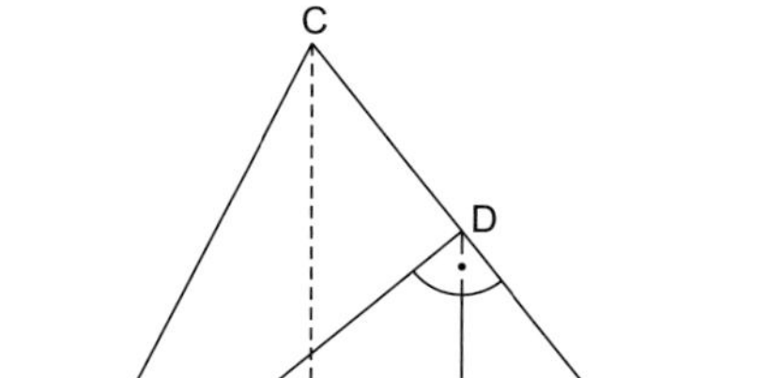

1. Berechnung von Winkel α

Für die Berechnung der Größe von Winkel α stehen drei Lösungsansätze zur Verfügung. Bei Lösungsansatz 1 wird Winkel α über die Summe seiner beiden Teilwinkel α_1 und α_2 ermittelt. Bei Lösungsansatz 2 erfolgt die Berechnung von Winkel α über die trigonometrische Flächeninhaltsformel für Dreiecke. Bei Lösungsansatz 3 ermitteln wir Winkel α in Dreieck AHC. Dreieck AHC entsteht durch das Fällen des Lots von Ecke C auf Strecke AB. Die Musterlösung folgt Lösungsansatz 1. Die alternativen Lösungsansätze werden anschließend skizziert.

Die Größe von Winkel α_1 lässt sich in Dreieck ABD berechnen. Dazu benötigen wir neben der bekannten Länge von Seite AB noch eine weitere Seitenlänge des Dreiecks. Wir erhalten

diese, indem wir mithilfe der bekannten Größen A_{ABC} und $\overline{BC}$ die Länge von Strecke DA ermitteln.
Um die Größe von Winkel α_2 in Dreieck ADC berechnen zu können, benötigen wir neben der inzwischen bekannten $\overline{DA}$ (wie oben) eine weitere Seitenlänge des Dreiecks. Wir erhalten diese, indem wir $\overline{DC}$ mithilfe der beiden Längen $\overline{BC}$ und $\overline{BD}$ ermitteln. $\overline{BC}$ ist bekannt, $\overline{BD}$ gewinnen wir in Dreieck ABD.
Abschließend berechnen wir Winkel α über die Summe aus α_1 und α_2.

2. Berechnung des Abstands $\overline{DE}$ des Punkts D zur Strecke AB

Der Abstand von Punkt D zur Strecke AB ist identisch mit dem Lot von Punkt D auf Strecke AB. Durch das Fällen des Lots entsteht das rechtwinklige Dreieck AED, in dem sich der gesuchte Abstand ohne weitere Vorarbeiten mit den bekannten Größen berechnen lässt.

Alternativen:
Lösungsansatz 2:
Für die Berechnung von Winkel α über die trigonometrische Flächeninhaltsformel wird neben den beiden bekannten Größen A_{ABC} und $\overline{AB}$ noch $\overline{CA}$ benötigt. $\overline{CA}$ lässt sich in Dreieck ADC berechnen. Dazu werden wie in der Musterlösung zunächst $\overline{DA}$ und $\overline{DC}$ ermittelt.

Wird dieser Lösungsansatz für die Ermittlung von Winkel α gewählt, bieten sich für die Ermittlung des Abstands von Punkt D zur Strecke AB zwei Lösungswege an.
Zum einen kann der gesuchte Abstand wie in der Musterlösung in Dreieck AED ermittelt werden. Dazu ist zunächst noch die Größe von Winkel α_1 in Dreieck ABD zu berechnen.

Alternativ kann der gesuchte Abstand von Punkt D zur Strecke AB über den Strahlensatz in der Strahlensatzfigur mit den Strahlen AB und BC sowie den Parallelen DE und CH ermittelt werden. Die dafür noch notwendige Länge von Strecke CH erhalten wir in Dreieck AHC oder alternativ über die Flächeninhaltsformel für Dreiecke in Dreieck ABC.

Lösungsansatz 3:
Um die Größe von Winkel α in Dreieck AHC berechnen zu können, ermitteln wir zunächst $\overline{CH}$ und $\overline{AH}$. $\overline{CH}$ lässt sich mithilfe der bekannten Größen A_{ABC} und $\overline{AB}$ über die Flächeninhaltsformel für Dreiecke gewinnen. $\overline{AH}$ erhalten wir, nachdem $\overline{HB}$ in Dreieck HBC berechnet wurde.

Für die Berechnung des gesuchten Abstands von Punkt D zur Strecke AB bieten sich bei diesem Lösungsansatz die beiden folgenden Alternativen an.
Zum einen werden wie in der Musterlösung zunächst $\overline{DA}$ und Winkel α_1 ermittelt, um dann den gesuchten Abstand in Dreieck AED berechnen zu können. Zum anderen kann der gesuchte Abstand in Dreieck EBD berechnet werden. Dazu ermitteln wir zunächst die Größe von Winkel β in Dreieck HBC und $\overline{BD}$ in Dreieck ABD.

Ausführliche Lösung:

Skizze:

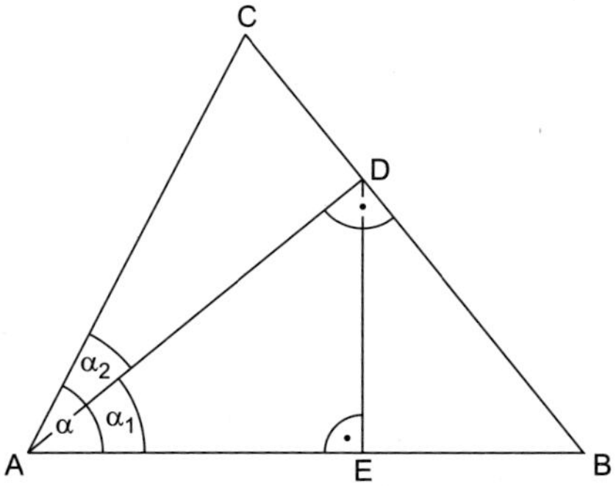

1. Berechnung von Winkel α

Berechnung von $\overline{DA}$:

$$A_{ABC} = \frac{1}{2} \cdot \overline{BC} \cdot \overline{DA} \qquad \left| : \left(\frac{1}{2}\right) \right.$$

$$\overline{BC} \cdot \overline{DA} = 2 \cdot A_{ABC} \qquad | : \overline{BC}$$

$$\overline{DA} = \frac{2 \cdot A_{ABC}}{\overline{BC}}$$

$$\overline{DA} = \frac{2 \cdot 54{,}0}{11{,}6}$$

$$\overline{DA} = \underline{9{,}31\text{ cm}}$$

Berechnung von Winkel α_1:

$$\cos\alpha_1 = \frac{\overline{DA}}{\overline{AB}}$$

$$\cos\alpha_1 = \frac{9{,}31}{12{,}0}$$

$$\alpha_1 = \underline{39{,}12°}$$

Berechnung von $\overline{BD}$:

$$\overline{BD}^2 + \overline{DA}^2 = \overline{AB}^2 \qquad | - \overline{DA}^2$$

$$\overline{BD}^2 = \overline{AB}^2 - \overline{DA}^2$$

$$\overline{BD}^2 = 12{,}0^2 - 9{,}31^2 \qquad | \sqrt{}$$

$$\overline{BD} = \underline{7{,}57\text{ cm}}$$

Berechnung von $\overline{DC}$:

$\overline{DC} = \overline{BC} - \overline{BD}$

$\overline{DC} = 11{,}6 - 7{,}57$

$\overline{DC} = \underline{4{,}03 \text{ cm}}$

Berechnung von Winkel α_2:

$\tan\alpha_2 = \frac{\overline{DC}}{\overline{DA}}$

$\tan\alpha_2 = \frac{4{,}03}{9{,}31}$

$\alpha_2 = \underline{23{,}41°}$

Berechnung von Winkel α:

$\alpha = \alpha_1 + \alpha_2$

$\alpha = 39{,}12° + 23{,}41°$

$\alpha = 62{,}53°$

$\alpha = \underline{\underline{62{,}5°}}$ *Hinweis: Bei Lösungsansatz 2: $\alpha = 62{,}6°$*

2. Berechnung des Abstands $\overline{DE}$ des Punkts D zur Strecke AB

$\sin\alpha_1 = \frac{\overline{DE}}{\overline{DA}} \quad | \cdot \overline{DA}$

$\overline{DE} = \overline{DA} \cdot \sin\alpha_1$

$\overline{DE} = 9{,}31 \cdot \sin 39{,}12°$

$\overline{DE} = 5{,}87 \text{ cm}$

$\overline{DE} = \underline{\underline{5{,}9 \text{ cm}}}$

Wahlbereich Aufgabe W 1 b

Lösungshinweise:

Skizze:

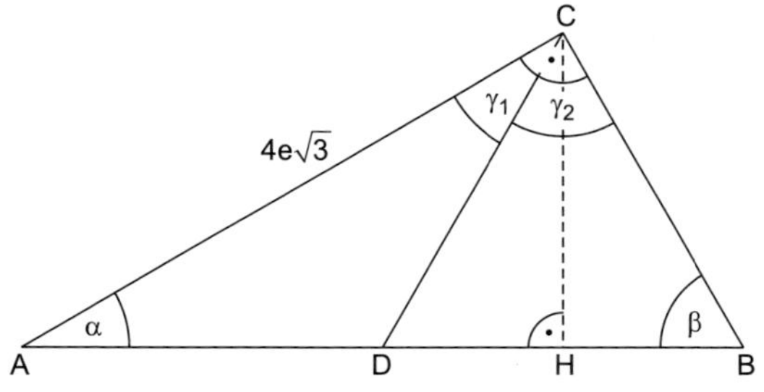

1. Nachweis, dass die beiden Dreiecke ADC und DBC flächengleich sind

Für den Nachweis, dass die beiden Dreiecke ADC und DBC flächengleich sind, stehen drei Lösungsansätze zur Verfügung.

Lösungsansatz 1:
Wir ermitteln den Flächeninhalt von Dreieck ADC sowie den Flächeninhalt von Dreieck DBC und zeigen, dass die beiden Flächeninhalte gleich groß sind.

Lösungsansatz 2:
Die beiden Dreiecke ADC und DBC bilden zusammen das Dreieck ABC. Zum Nachweis, dass die beiden Dreiecke ADC und DBC flächengleich sind, zeigen wir folglich, dass der Flächeninhalt eines der beiden Dreiecke halb so groß ist wie der Flächeninhalt von Dreieck ABC.
Dazu werden der Flächeninhalt von Dreieck ABC und der Flächeninhalt von wahlweise Dreieck ADC oder DBC ermittelt und dann wird gezeigt, dass dieser Flächeninhalt halb so groß wie der Flächeninhalt von Dreieck ABC ist.

Lösungsansatz 3:
Aus der Flächeninhaltsformel $A = \frac{1}{2} \cdot g \cdot h$ für Dreiecke folgt, dass zwei Dreiecke, die eine gleich lange Seite besitzen und bei denen die Höhen auf diese Seiten ebenfalls gleich lang sind, den gleichen Flächeninhalt haben.

Dementsprechend wird bei diesem Lösungsansatz gezeigt, dass die beiden Dreiecke ADC und DBC eine gleich lange Seite besitzen und dass die jeweils zugehörigen Höhen ebenfalls gleich lang sind.
Bei diesem Lösungsansatz fallen bis auf die Berechnung von Winkel α und von Winkel γ_1 keine weiteren Berechnungen an. Stattdessen wird mit den Eigenschaften der beiden Dreiecke ADC und DBC argumentiert.

Die Musterlösung folgt Lösungsansatz 1.
Lösungsansatz 2 und der argumentative Lösungsansatz 3 werden unten skizziert.

In einem ersten Schritt berechnen wir den Flächeninhalt von Dreieck DBC mithilfe der Flächeninhaltsformel für gleichseitige Dreiecke. Dazu benötigen wir die Länge der Seiten des Dreiecks. Diese erhalten wir, indem wir $\overline{BC}$ in Dreieck ABC ermitteln. Neben der bekannten Länge von Seite CA benötigen wir hierfür noch die Größe von Winkel β.

In einem zweiten Schritt ermitteln wir den Flächeninhalt von Dreieck ADC. Hierfür stehen zwei Varianten zur Verfügung.
In der Musterlösung wird der Flächeninhalt von Dreieck ADC über die Differenz aus den Flächeninhalten von Dreieck ABC und von Dreieck DBC gewonnen. Der Flächeninhalt von Dreieck DBC ist bereits bekannt; für die Berechnung des Flächeninhalts von Dreieck ABC liegen alle notwendigen Größen vor.
Alternativ – und aufwendiger – kann der Flächeninhalt von Dreieck ADC auch mit der Flächeninhaltsformel für Dreiecke gewonnen werden. Es empfiehlt sich, als Grundseite Seite AD zu wählen. Zugehörige Höhe ist das Lot CH von Ecke C auf Seite AB. Wir erhalten $\overline{AD}$, indem wir mit den Eigenschaften von Dreieck ADC als gleichschenkligem Dreieck zeigen, dass die Seiten AD und DC gleich lang sind. Als Seite des gleichseitigen Dreiecks DBC ist Seite DC wiederum genauso lang wie die bereits ermittelte Seite BC. Um nachweisen zu können, dass Dreieck ADC gleichschenklig ist, ermitteln wir zunächst die Größe der Winkel α und γ_1.
$\overline{CH}$ gewinnen wir im gleichseitigen Dreieck DBC.

Der abschließende Vergleich der beiden ermittelten Flächeninhalte zeigt, dass die beiden Dreiecke ADC und DBC flächengleich sind.

Alternativen:
Lösungsansatz 2:
Für die Beweisführung über Lösungsansatz 2 empfiehlt es sich, neben dem Flächeninhalt von Dreieck ABC den Flächeninhalt von Dreieck DBC zu nutzen. Beide gewinnen wir wie in der Musterlösung.
Der Vergleich des Flächeninhalts von Dreieck DBC mit dem Flächeninhalt von Dreieck ABC zeigt, dass der Flächeninhalt von Dreieck DBC halb so groß ist wie der Flächeninhalt von Dreieck ABC. Damit ist gezeigt, dass die beiden Dreiecke ADC und DBC flächengleich sind.

Lösungsansatz 3:
In einem ersten Schritt zeigen wir, dass Seite AD von Dreieck ADC und Seite DB von Dreieck DBC gleich lang sind.
Dies gelingt, indem wir zeigen, dass sowohl Seite AD von Dreieck ADC als auch Seite DB von Dreieck DBC genauso lang wie die gemeinsame Seite DC (bzw. CD) der beiden Dreiecke ist. Da Dreieck DBC gleichseitig ist, sind seine Seiten DB und CD gleich lang. Um in Dreieck ADC zeigen zu können, dass Seite AD ebenfalls genauso lang wie DC bzw. CD ist, ist zunächst nachzuweisen, dass Dreieck ADC gleichschenklig mit den Schenkeln AD und DC ist. Dies gelingt mit den Winkeln α und γ_1. Beide lassen sich in Dreieck ABC berechnen.

In einem zweiten Schritt wird festgestellt, dass die beiden Seiten AD von Dreieck ADC und DB von Dreieck DBC eine gemeinsame Höhe haben, nämlich das Lot von der gemeinsamen Ecke C der beiden Dreiecke auf die gemeinsame Trägergerade der beiden Seiten AD und DB.

Mit dem Nachweis, dass die beiden Dreiecke ADC und DBC eine gleich lange Seite besitzen und dass die Höhen auf diese Seiten identisch und damit ebenfalls gleich lang sind, ist gezeigt, dass die beiden Dreiecke ADC und DBC flächengleich sind.

2. Berechnung des Werts von e, für den der Flächeninhalt von Dreieck ABC 200 cm² beträgt

Hinweis: Die Formulierung der Aufgabe und die Angabe der Länge von Strecke CA als Term lassen den Schluss zu, dass der gesuchte Wert für e ungerundet anzugeben ist. So wird in der Musterlösung ein ungerundeter Wert für e als Lösung angegeben.
Wird ungeachtet dessen ein gerundeter Wert für e angegeben, beträgt dieser (auf Zehntel gerundet) 3,8 cm.

Als Grundlage für die Berechnung des Werts von e nutzen wir den oben für A_{ABC} erarbeiteten Term ($A_{ABC} = 8e^2\sqrt{3}$). Für die Variable A_{ABC} wird der Wert 200 in den Term eingesetzt. Das Auflösen des Terms nach e führt zum gesuchten Wert für e.

Ausführliche Lösung:

Skizze:

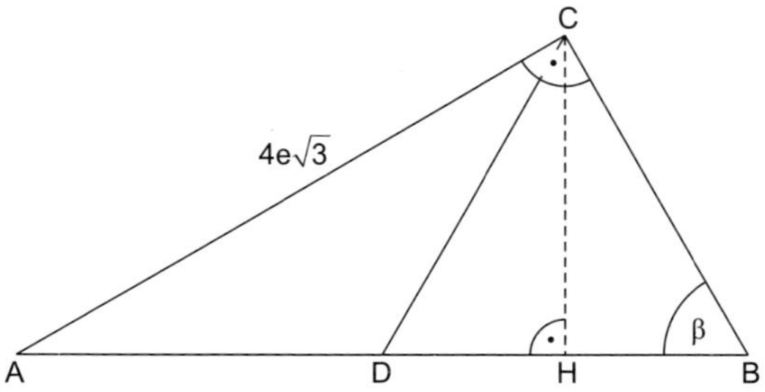

1. Nachweis, dass die beiden Dreiecke ADC und DBC flächengleich sind

Berechnung von $\overline{BC}$:

$$\tan\beta = \frac{\overline{CA}}{\overline{BC}} \qquad |\cdot \overline{BC}$$

$$\overline{BC}\cdot\tan\beta = \overline{CA} \qquad |:\tan\beta$$

$$\overline{BC} = \frac{\overline{CA}}{\tan\beta} \qquad |\text{Dreieck DBC ist gleichseitig} \Rightarrow \underline{\beta = 60^\circ}$$

$$\overline{BC} = \frac{4e\sqrt{3}}{\tan 60^\circ}$$

$$\overline{BC} = \frac{4e\cancel{\sqrt{3}}^{1}}{\cancel{\sqrt{3}}_{1}}$$

$$\overline{BC} = \underline{4e}$$

Berechnung des Flächeninhalts A_{DBC} von Dreieck DBC:

$$A_{DBC} = \frac{\overline{BC}^2}{4}\sqrt{3}$$

$$A_{DBC} = \frac{(4e)^2}{4}\sqrt{3}$$

$$A_{DBC} = \frac{{}^{4}\cancel{16}\,e^2}{\cancel{4}_{1}}\sqrt{3}$$

$$A_{DBC} = \underline{4e^2\sqrt{3}}$$

Berechnung des Flächeninhalts A_{ABC} von Dreieck ABC:

$$A_{ABC} = \frac{1}{2}\cdot\overline{BC}\cdot\overline{CA}$$

$$A_{ABC} = \frac{1}{2}\cdot 4e\cdot 4e\sqrt{3}$$

$$A_{ABC} = \underline{8e^2\sqrt{3}}$$

Berechnung des Flächeninhalts A_{ADC} von Dreieck ADC:

$$A_{ADC} = A_{ABC} - A_{DBC}$$

$$A_{ADC} = 8e^2\sqrt{3} - 4e^2\sqrt{3}$$

$$A_{ADC} = \underline{4e^2\sqrt{3}}$$

Beweisschluss:

$A_{ADC} = 4e^2\sqrt{3}$ und $A_{DBC} = 4e^2\sqrt{3}$

$\Rightarrow$ Die beiden Dreiecke ADC und DBC sind flächengleich. w. z. b. w.

2. Berechnung des Werts von e, für den der Flächeninhalt von Dreieck ABC 200 cm² beträgt

$$A_{ABC} = 8e^2\sqrt{3} \qquad |\, A_{ABC} = 200$$

$$200 = 8e^2\sqrt{3} \qquad |: (8\sqrt{3})$$

$$e^2 = \frac{\cancel{200}^{25}}{{}_1\cancel{8}\sqrt{3}} \qquad |\,\text{Rationalmachen des Nenners}$$

$$e^2 = \frac{25\sqrt{3}}{\sqrt{3}\cdot\sqrt{3}}$$

$$e^2 = \frac{25\sqrt{3}}{3} \qquad |\sqrt{\ }$$

$$\underline{\underline{e_1 = 5\sqrt{\frac{\sqrt{3}}{3}}\text{ cm}}}$$

$$e_2 = -5\sqrt{\frac{\sqrt{3}}{3}}\text{ cm} \quad \Rightarrow \quad \text{Der negative Wert scheidet als Ergebnis aus.}$$

A: Der Wert von e, für den der Flächeninhalt von Dreieck ABC 200 cm² groß ist, beträgt $5\sqrt{\frac{\sqrt{3}}{3}}$ cm.

Hinweis: Zur Angabe der Lösung siehe bitte den Hinweis in den Lösungshinweisen.

Wahlbereich Aufgabe W 2 a

Lösungshinweise:

Skizze 1: Kegel/Pyramide

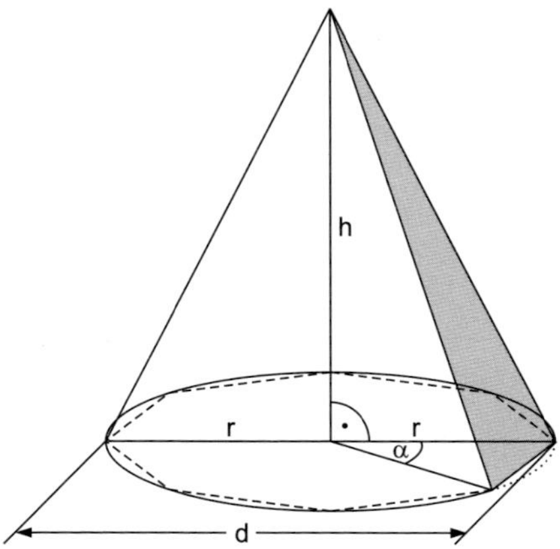

Skizze 2 zur Alternative: Grundfläche

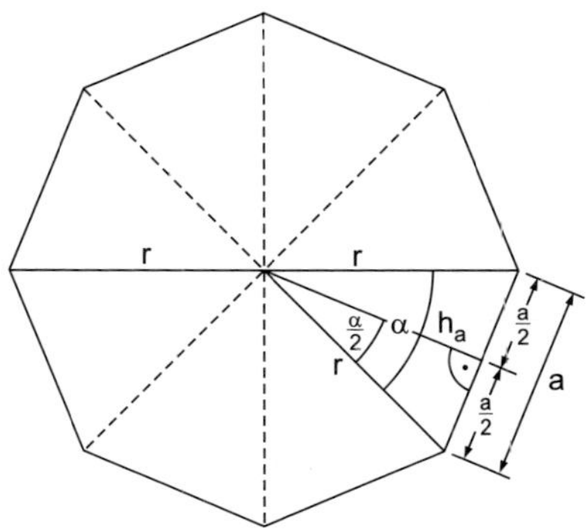

In der Regel geben Formelsammlungen keine Formel für das Volumen regelmäßiger Achteckpyramiden an. Anknüpfend an die Grundformel $V = \frac{1}{3}G \cdot h$ für das Volumen von Pyramiden lässt sich aber rasch eine Formel für die Berechnung des Volumens einer Achteckpyramide aufstellen.

Für den Teil der Formel, mit dem die Größe der Grundfläche ermittelt wird, stehen zwei Alternativen zur Verfügung. Zum einen kann die Größe der Grundfläche über die Summe der Flächeninhalte ihrer acht kongruenten Teildreiecke ermittelt werden. Zum anderen kann diejenige Flächeninhaltsformel für regelmäßige n-Ecke verwendet werden, welche den Umkreisradius des n-Ecks und den Mittelpunktswinkel der Teildreiecke nutzt. In der Musterlösung wird dieser zweite, kürzere Ansatz dargestellt. Der erste Ansatz wird unten kurz skizziert.

Für die Berechnung des Volumens der Pyramide benötigen wir Umkreisradius r der Pyramidengrundfläche, Mittelpunktswinkel α der Teildreiecke und Pyramidenhöhe h.

Da die Eckpunkte der Pyramidengrundfläche auf der Kreislinie der Kegelgrundfläche liegen, erhalten wir den Umkreisradius r der Pyramidengrundfläche über den bekannten Durchmesser des Kegels. Mittelpunktswinkel α gewinnen wir mit der Formel für Mittelpunktswinkel in regelmäßigen Vielecken. Pyramidenhöhe h lässt sich aufgrund der Höhengleichheit der Pyramide und des Kegels indirekt über die Höhe des Kegels ermitteln.
Nach der Ermittlung der drei Größen wird das gesuchte Volumen der Achteckpyramide mittels der aufgestellten Formel berechnet.

Alternative:
Wird die Grundfläche der Pyramide über die Summe der Flächeninhalte ihrer acht kongruenten Teildreiecke ermittelt, benötigen wir Grundkante a sowie die Höhe h_a der Dreiecke auf Grundkante a.
Wir gewinnen beide Größen in einem der acht kongruenten Dreiecke. Für die Berechnungen nutzen wir die Eigenschaften der Dreiecke als gleichschenklige Dreiecke.
Voraussetzung für die Berechnung der beiden Größen ist die vorherige Ermittlung von Umkreisradius r und von Mittelpunktswinkel α (vgl. oben).
Für die Berechnung des gesuchten Volumens der Pyramide empfiehlt es sich, ausgehend von der Grundformel $V = \frac{1}{3}G \cdot h$, eine Formel aufzustellen. Alternativ kann die Größe der Grundfläche auch separat ermittelt werden und der ermittelte Wert für die Variable G in die Formel $V = \frac{1}{3}G \cdot h$ eingesetzt werden.

Ausführliche Lösung:

Skizze:

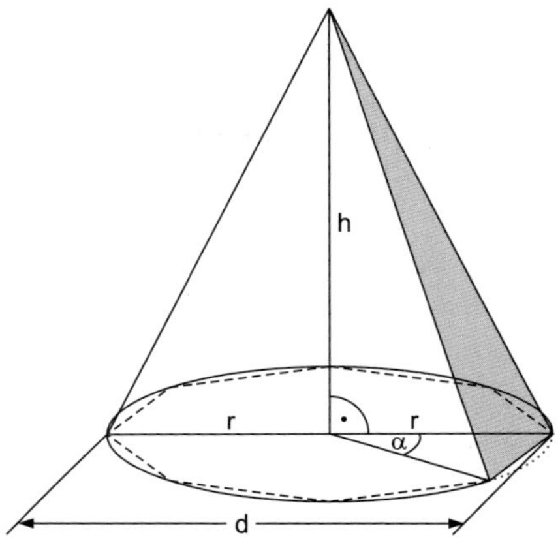

Berechnung von Radius/Umkreisradius r:

$$r = \frac{d_{Kegel}}{2} = \frac{13{,}0}{2} = \underline{6{,}5\ \text{cm}}$$

Berechnung von Mittelpunktswinkel α:

$$\alpha = \frac{360°}{n} \qquad |\, n = 8$$

$$\alpha = \frac{360°}{8}$$

$$\alpha = \underline{45{,}0°}$$

Berechnung von Pyramidenhöhe h über Kegelhöhe h_{Ke}:

$$V_{Kegel} = \frac{1}{3}\pi r^2 \cdot h_{Ke} \qquad \left|:\left(\frac{1}{3}\right)\right.$$

$$\pi r^2 h_{Ke} = 3 \cdot V_{Kegel} \qquad |:(\pi r^2)$$

$$h_{Ke} = \frac{3 \cdot V_{Kegel}}{\pi r^2}$$

$$h_{Ke} = \frac{3 \cdot 500{,}0}{\pi \cdot 6{,}5^2}$$

$$h_{Ke} = \underline{11{,}30\ \text{cm}}$$

$$\Rightarrow \qquad h = \underline{11{,}30\ \text{cm}}$$

Berechnung des Pyramidenvolumens V:

$$V = \frac{1}{3} G \cdot h$$

$$V = \frac{1}{3} \cdot \frac{n \cdot r^2}{2} \cdot \sin\alpha \cdot h$$

$$V = \frac{1}{3} \cdot \frac{8 \cdot 6{,}5^2}{2} \cdot \sin 45{,}0° \cdot 11{,}3$$

$$V = 450{,}12 \text{ cm}^3$$

$$\underline{\underline{V = 450 \text{ cm}^3}}$$

Wahlbereich Aufgabe W 2 b

Lösungshinweise:

Für die Berechnung der Höhe der quadratischen Pyramide bieten sich zwei Alternativen an.

Bei der ersten Alternative wird die Höhe der Pyramide auf dem Diagonalschnitt im Inneren der Pyramide ermittelt. Bei der zweiten Alternative erfolgt die Berechnung auf dem Parallelschnitt im Inneren der Pyramide. Die Musterlösung stellt den Lösungsweg über Alternative 1 dar. Der Lösungsweg über Alternative 2 wird anschließend kurz skizziert.

Skizze 1: Quadratisches Blatt mit Pyramidennetz

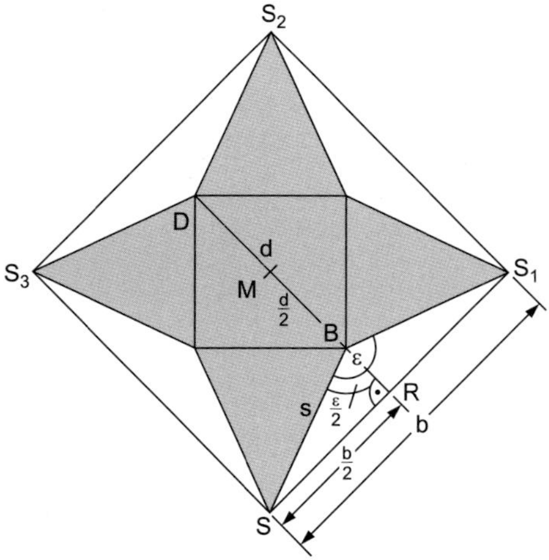

Skizze 2: Pyramide

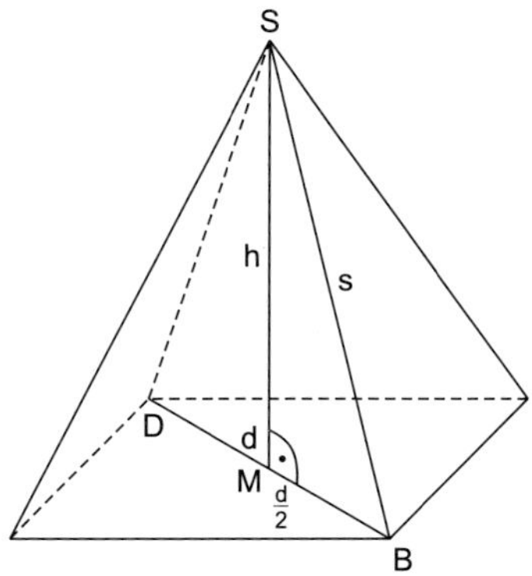

Für die Berechnung der gesuchten Höhe auf dem Diagonalschnitt der Pyramide benötigen wir die Länge von Seitenkante s und die Länge einer Diagonalenhälfte. Beide Größen gewinnen wir in der Ausgangsfigur, dem quadratischen Blatt.

Durch das Fällen des Lots von Eckpunkt B auf Seite SS_1 des quadratischen Blatts entsteht das rechtwinklige Dreieck SRB. Mit den bekannten Angaben lassen sich zwei Größen des Dreiecks rasch bestimmen, sodass die Länge von Seitenkante s in diesem Dreieck ermittelt werden kann.

Die Länge einer Diagonalenhälfte $\frac{d}{2}$ erhalten wir über die Differenz aus $\overline{MR}$ und $\overline{RB}$. Dazu bestimmen wir die Länge von Strecke MR aus der bekannten Seitenlänge b des Quadrats $SS_1S_2S_3$ mithilfe der Eigenschaften des Quadrats sowie des Pyramidennetzes. $\overline{RB}$ ermitteln wir in Dreieck SRB.

Abschließend wird die gesuchte Höhe der Pyramide im Diagonalschnitt der Pyramide ermittelt.

Alternative:

Skizze 1: Quadratisches Blatt mit Pyramidennetz

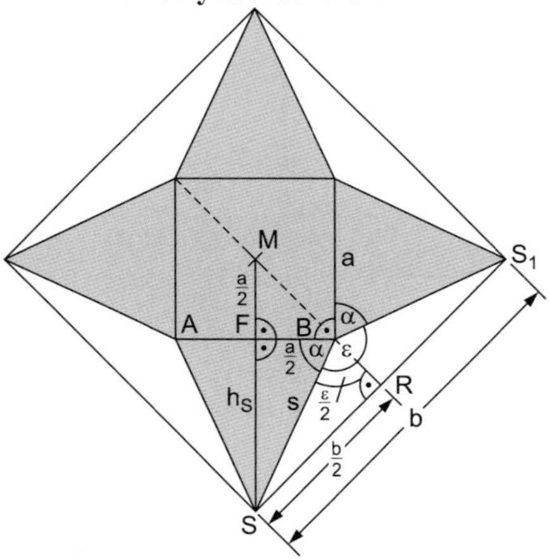

Skizze 2: Pyramide

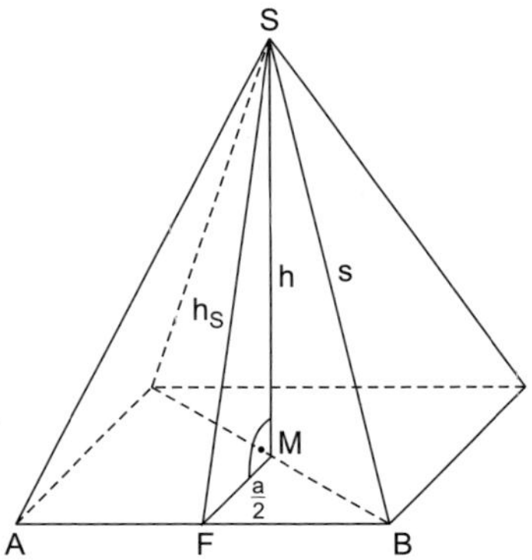

Wird die Höhe der Pyramide im Parallelschnitt der Pyramide ermittelt, werden die Länge der halben Seitenkante $\frac{a}{2}$ sowie die Länge von Höhe h_S auf der Seitenfläche der Pyramide benötigt.

Beide Größen gewinnen wir in Dreieck SBF auf dem quadratischen Blatt, nachdem wir die Länge von Seitenkante s und die Größe von Winkel α ermittelt haben. Die Berechnung von Seitenkante s erfolgt wie in der Musterlösung. Die Größe von Winkel α gewinnen wir mithilfe des Vollwinkels bei Ecke B und dessen bekannter Teilwinkel.

Ausführliche Lösung:

Skizze 1: Quadratisches Blatt mit Pyramidennetz

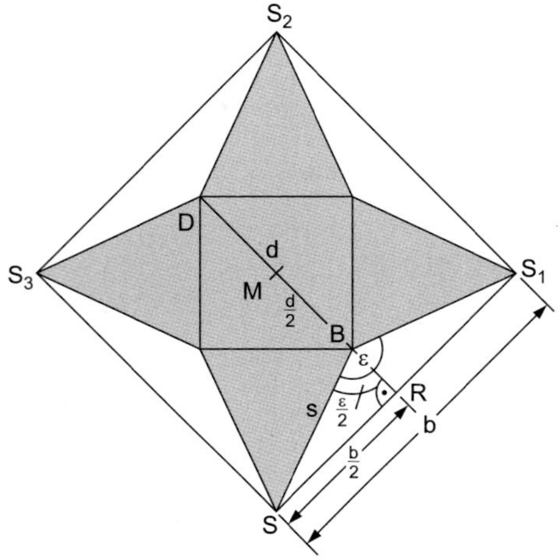

Skizze 2: Pyramide

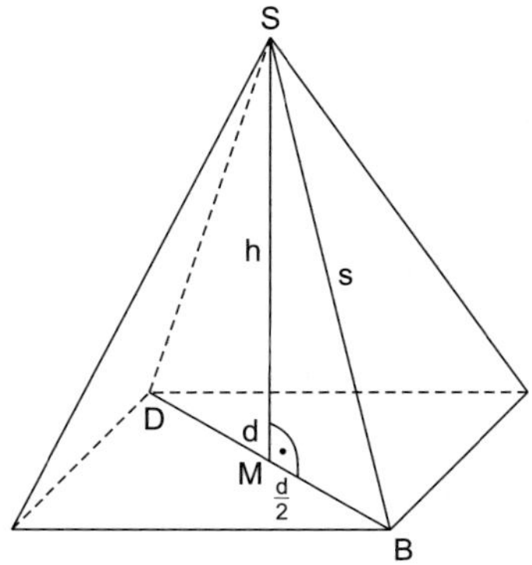

Berechnung von Seitenkante s:

$$\sin\frac{\varepsilon}{2} = \frac{\frac{b}{2}}{s} \qquad \Big| \cdot s$$

$$s \cdot \sin\frac{\varepsilon}{2} = \frac{b}{2} \qquad \Big| : \sin\frac{\varepsilon}{2}$$

$$s = \frac{b}{2 \cdot \sin\frac{\varepsilon}{2}} \qquad \Big| \frac{\varepsilon}{2} = \frac{140°}{2} = \underline{70{,}0°}$$

$$s = \frac{20{,}0}{2 \cdot \sin 70{,}0°}$$

$$s = \underline{10{,}64\text{ cm}}$$

Berechnung von $\overline{RB}$:

$$\tan\frac{\varepsilon}{2} = \frac{\frac{b}{2}}{\overline{RB}} \qquad \Big| \cdot \overline{RB}$$

$$\overline{RB} \cdot \tan\frac{\varepsilon}{2} = \frac{b}{2} \qquad \Big| : \tan\frac{\varepsilon}{2}$$

$$\overline{RB} = \frac{b}{2 \cdot \tan\frac{\varepsilon}{2}}$$

$$\overline{RB} = \frac{20{,}0}{2 \cdot \tan 70{,}0°}$$

$$\overline{RB} = \underline{3{,}64\text{ cm}}$$

Berechnung von $\frac{d}{2}$:

$$\frac{d}{2} = \overline{MR} - \overline{RB}$$ | $\overline{MR} = \frac{b}{2} = \frac{20{,}0\,\text{cm}}{2} = \underline{10\,\text{cm}}$; Eigenschaften des Quadrats $SS_1S_2S_3$ und des Pyramidennetzes

$$\frac{d}{2} = 10 - 3{,}64$$

$$\frac{d}{2} = \underline{6{,}36\,\text{cm}}$$

Berechnung von Pyramidenhöhe h:

$$h^2 + \left(\frac{d}{2}\right)^2 = s^2 \qquad \left| -\left(\frac{d}{2}\right)^2\right.$$

$$h^2 = s^2 - \left(\frac{d}{2}\right)^2$$

$$h^2 = 10{,}64^2 - 6{,}36^2 \qquad |\sqrt{}$$

$$h = 8{,}53\,\text{cm}$$

$$h = \underline{\underline{8{,}5\,\text{cm}}}$$

Lösungshinweise:

Skizze:

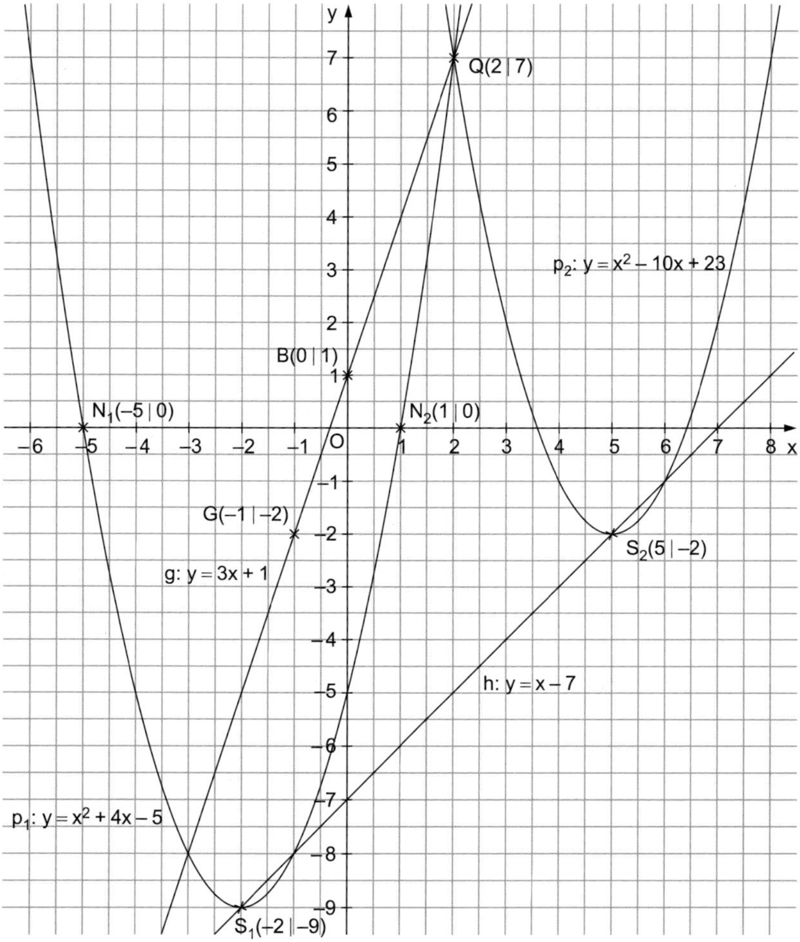

1. Ermittlung der Funktionsgleichung von Parabel p_1

Parabel p_1 ist eine verschobene, nach oben offene Normalparabel. Ihre Gleichung lässt sich ausgehend von einem Gleichungssystem mit zwei Gleichungen ermitteln.

Dazu werden die Koordinaten zweier auf Parabel p_1 liegender Punkte aus der Zeichnung entnommen und jeweils in die Normalform für quadratische Funktionen eingesetzt. Über das entstandene Gleichungssystem erhalten wir den Wert für b. Für die Berechnung von c setzen wir den Wert von b in eine geeignete Gleichung aus der Berechnung von b ein. Das Einsetzen der für b und c berechneten Werte in die Normalform für quadratische Funktionen führt zur Gleichung von Parabel p_1.

Alternativer Lösungsweg zur Ermittlung der Gleichung von Parabel p_1
Alternativ kann die Funktionsgleichung von Parabel p_1 auch gewonnen werden, indem man mithilfe ihrer Symmetrieeigenschaften und ihrer Eigenschaft als Graph einer quadratischen Funktion die Koordinaten ihres Scheitelpunkts S_1 bestimmt, um dann ihre Funktionsgleichung über die Scheitelform quadratischer Funktionen aufzustellen.

2. Berechnung der Funktionsgleichung von Gerade g

Die Funktionsgleichung von Gerade g lässt sich mit der Hauptform für lineare Funktionen ermitteln. Dazu benötigen wir Steigungsfaktor m_g und y-Achsenabschnitt c_g.
y-Achsenabschnitt c_g lässt sich rasch über die Koordinatenwerte des Schnittpunkts B von Gerade g mit der y-Achse bestimmen.
Da der Wert für y-Achsenabschnitt c_g bereits bestimmt ist, wird in der Musterlösung für die Ermittlung von Steigungsfaktor m_g die Hauptform für lineare Funktionen genutzt. Dafür benötigen wir neben y-Achsenabschnitt c_g noch die Koordinaten eines auf Gerade g liegenden Punkts ungleich B (in der Musterlösung: Punkt G).

3. Überprüfung, ob Schnittpunkt Q der beiden Parabeln p_1 und p_2 auf Gerade g liegt

Die Aufgabenstellung verlangt ausdrücklich die rechnerische Überprüfung. Um festzustellen, ob Schnittpunkt Q der beiden Parabeln p_1 und p_2 auf Gerade g liegt, führen wir folglich eine Punktprobe für Schnittpunkt Q und Gerade g durch.

Dazu benötigen wir neben der bekannten Funktionsgleichung von Gerade g noch die Koordinatenwerte von Schnittpunkt Q.
Für die Berechnung der x-Koordinate von Schnittpunkt Q werden die Funktionsgleichungen der beiden Parabeln gleichgesetzt. Die Funktionsgleichung von Parabel p_1 ist bereits bekannt. Parabel p_2 ist eine verschobene, nach oben geöffnete Normalparabel. Da die Koordinaten ihres Scheitelpunkts S_2 bekannt sind, erhalten wir die Funktionsgleichung von Parabel p_2 über die Scheitelform der Parabelgleichung.
Für die Ermittlung der y-Koordinate von Schnittpunkt Q setzen wir den Wert der x-Koordinate in eine der beiden Parabelgleichungen ein.

Die abschließende Punktprobe zeigt, ob Schnittpunkt Q auf Gerade g liegt.

4. Berechnung der Funktionsgleichung von Gerade h

Gerade h lässt sich mit der Hauptform für lineare Funktionen bestimmen.
Dafür sind zunächst noch Steigungsfaktor m_h und y-Achsenabschnitt c_h zu ermitteln.
Für die Berechnung von Steigungsfaktor m_h werden neben den bekannten Koordinaten von Scheitelpunkt S_2 noch die Koordinaten von Scheitelpunkt S_1 benötigt. Diese gewinnen wir, indem wir die bekannte Funktionsgleichung von Parabel p_1 in die Scheitelform umformen.
y-Achsenabschnitt c_h berechnen wir anschließend mit dem Wert von m_h und den Koordinaten von einem der beiden Scheitelpunkte S_1 oder S_2.

Ausführliche Lösung:

Skizze:

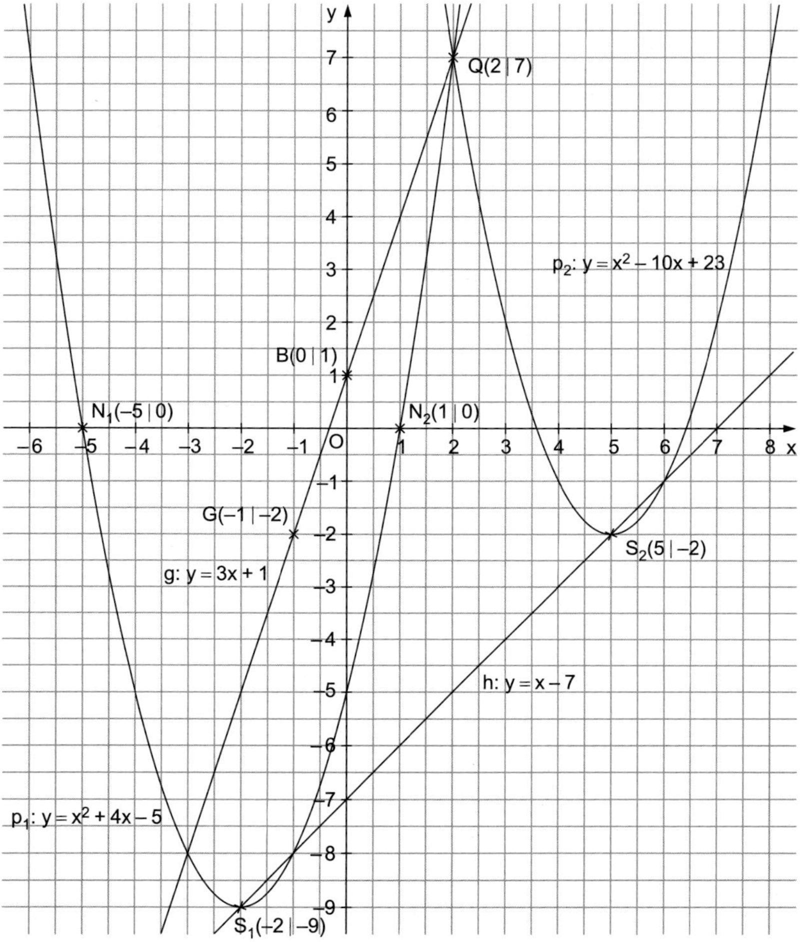

1. Ermittlung der Funktionsgleichung von Parabel p_1

Berechnung von b und von c:

		$y = x^2 + bx + c$	
(1)	$N_1(-5 \mid 0)$:	$0 = (-5)^2 + b \cdot (-5) + c$	
(2)	$N_2(1 \mid 0)$:	$0 = 1^2 + b \cdot 1 + c$	
(1')		$0 = 25 - 5b + c$	$\mid \cdot (-1)$
(2')		$0 = 1 + b + c$	

$$
\begin{array}{lll}
(1'') & 0 = -25 + 5b - c & \multirow{2}{*}{$|(1'') + (2')$} \\
(2') & 0 = 1 + b + c & \\
\hline
 & 0 = -24 + 6b & |+24 \\
 & 6b = 24 & |:6 \\
 & b = \underline{4} &
\end{array}
$$

$$
\begin{array}{lll}
\text{b in (2'):} & 0 = 1 + b + c & |b = 4 \\
 & 0 = 1 + 4 + c & |-5 \\
 & c = \underline{-5} &
\end{array}
$$

Bestimmung der Funktionsgleichung von Parabel p_1:

$p_1\text{: } y = x^2 + bx + c$

$p_1\text{: } \underline{\underline{y = x^2 + 4x - 5}}$ (alternativ: $p_1\text{: } \underline{\underline{y = (x+2)^2 - 9}}$)

2. Berechnung der Funktionsgleichung von Gerade g

$g\text{: } y = m_g x + c_g$

$g\text{: } \underline{\underline{y = 3x + 1}}$

NR: **Bestimmung von y-Achsenabschnitt c_g:**
Gerade g schneidet die y-Achse in Punkt $B(0 \mid 1)$

$\Rightarrow c_g = y_B = \underline{1}$

NR: **Berechnung von Steigungsfaktor m_g:**

$$
\begin{array}{rll}
y = m_g x + c_g & |c_g = 1;\ G(-1 \mid -2) \\
-2 = m_g \cdot (-1) + 1 & |-1 \\
-m_g = -3 & |\cdot(-1) \\
m_g = \underline{3} &
\end{array}
$$

3. Überprüfung, ob Schnittpunkt Q der beiden Parabeln p_1 und p_2 auf Gerade g liegt

Berechnung der Funktionsgleichung von Parabel p_2:

$p_2\text{: } y = (x - d)^2 + e \quad |S_2(5 \mid -2) \Rightarrow d = \underline{5};\ e = \underline{-2}$

$p_2\text{: } y = (x - 5)^2 - 2$

$p_2\text{: } y = x^2 - 10x + 25 - 2$

$p_2\text{: } \underline{y = x^2 - 10x + 23}$

Berechnung der Koordinaten von Schnittpunkt Q:

$$
\begin{array}{rl}
p_1 = p_2 & \\
x^2 + 4x - 5 = x^2 - 10x + 23 & |-x^2;\ +10x;\ +5 \\
14x = 28 & |:14 \\
x = \underline{2} &
\end{array}
$$

x in p_1: $y = x^2 + 4x - 5 \quad | x = 2$

$y = 2^2 + 4 \cdot 2 - 5$

$y = \underline{7} \quad \Rightarrow \quad \underline{Q(2|7)}$

Punktprobe für Schnittpunkt Q und Gerade g:

$y = 3x + 1 \quad | Q(2|7)$

$7 \stackrel{?}{=} 3 \cdot 2 + 1$

$7 \stackrel{!}{=} 7$

$\Rightarrow$ $\underline{\underline{Q \in g}}$ (alternativ: $\underline{\underline{\text{Schnittpunkt Q liegt auf Gerade g.}}}$)

4. Berechnung der Funktionsgleichung von Gerade h

Berechnung der Koordinaten des Scheitelpunkts S_1 von Parabel p_1:

$y = x^2 + 4x - 5 \quad |$ quadratisch ergänzen

$y = x^2 + 4x + 2^2 - 5 - 2^2$

$y = (x + 2)^2 - 9$

$\Rightarrow$ Scheitelpunkt $\underline{S_1(-2|-9)}$

Bestimmung der Funktionsgleichung von Gerade h:

h: $y = m_h x + c_h$

h: $\underline{\underline{y = x - 7}}$

NR: **Berechnung von Steigungsfaktor m_h:**

$m_h = \frac{y_{S_2} - y_{S_1}}{x_{S_2} - x_{S_1}} \quad | S_1(-2|-9); \; S_2(5|-2)$

$m_h = \frac{-2 - (-9)}{5 - (-2)}$

$m_h = \frac{7}{7}$

$m_h = \underline{1}$

NR: **Berechnung von y-Achsenabschnitt c_h:**

$y = m_h x + c_h \quad | m_h = 1; \; S_2(5|-2)$

$-2 = 1 \cdot 5 + c_h \quad | -5$

$c_h = \underline{-7}$

Lösungshinweise:

Skizze:

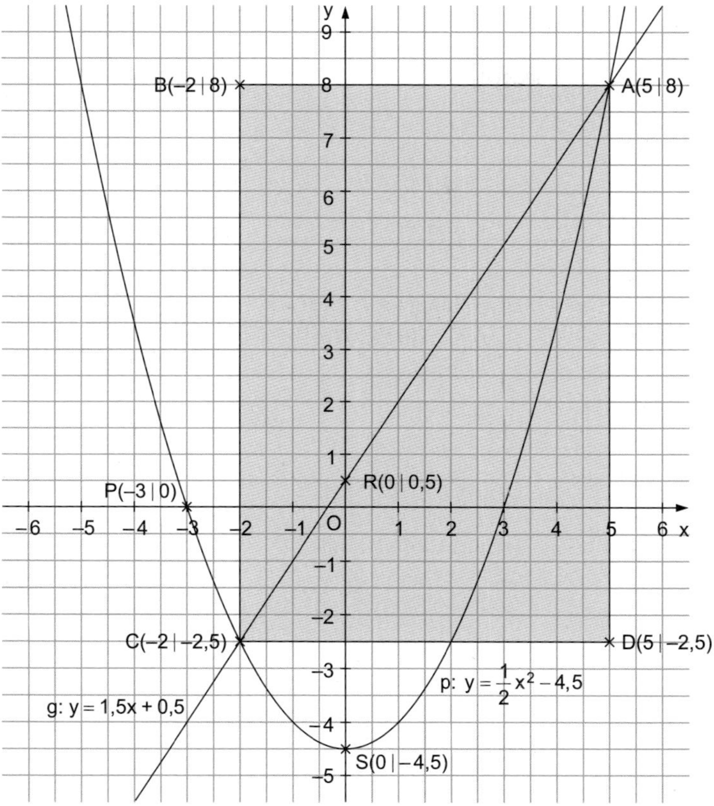

Die beiden Schnittpunkte A und C von Parabel p und Gerade g bestimmen als Eckpunkte des Rechtecks ABCD sowie als Anfangs- und Endpunkte einer der Diagonalen des Rechtecks dessen Lage und Größe. Für die Berechnung des Flächeninhalts von Rechteck ABCD benötigen wir folglich die Koordinaten der beiden Punkte. Diese lassen sich mithilfe der Funktionsgleichungen von Parabel p und Gerade g ermitteln.

Als Grundlage für die Berechnung des Flächeninhalts von Rechteck ABCD sind folglich zunächst die Funktionsgleichungen von Parabel p und Gerade g zu ermitteln.

1. Ermittlung der Funktionsgleichung von Parabel p

Die Form der Funktionsgleichung von Parabel p wird mit $y = ax^2 + c$ angegeben.
Der Wert für c lässt sich folglich mit den Koordinatenwerten von Scheitelpunkt S bestimmen.
Für die Ermittlung des Werts von Vorfaktor a verwenden wir die Funktionsgleichung von p sowie den Wert von c und die Koordinaten des auf Parabel p liegenden Punkts P.

2. Bestimmung der Funktionsgleichung von Gerade g

Die Funktionsgleichung von Gerade g lässt sich mit der Hauptform für lineare Funktionen bestimmen.
Steigungsfaktor m ist bekannt. Der noch unbekannte y-Achsenabschnitt c_g lässt sich über die Koordinatenwerte von Punkt R bestimmen.

3. Berechnung des Flächeninhalts A_{ABCD} von Rechteck ABCD

Für die Berechnung des Flächeninhalts von Rechteck ABCD nutzen wir die Flächeninhaltsformel für Rechtecke.

Dafür werden in der Musterlösung zunächst die Längen der Seiten CD und DA des Rechtecks ermittelt. $\overline{CD}$ gewinnen wir über die Beträge der x-Koordinaten der beiden Punkte C und D. $\overline{DA}$ lässt sich analog über die Beträge der y-Koordinaten der beiden Punkte D und A berechnen.

Die Koordinaten der beiden Schnittpunkte A und C von Gerade g und Parabel p erhalten wir mithilfe des Verfahrens zur Ermittlung von Schnittpunkten zweier Graphen. Für die Berechnung der x-Koordinaten werden die Funktionsgleichungen von Parabel p und von Gerade g gleichgesetzt. Für die Berechnung der y-Koordinaten setzen wir die für die x-Koordinaten ermittelten Werte in eine der beiden Funktionsgleichungen ein.
Bei der Bestimmung der Koordinaten von Eckpunkt D berücksichtigen wir die Lage der Punkte A und C in Rechteck ABCD, die Lage der Seiten des Rechtecks im Koordinatensystem und die Koordinaten der beiden Punkte A und C.

Abschließend ermitteln wir den Flächeninhalt von Rechteck ABCD.

Ausführliche Lösung:

Skizze:

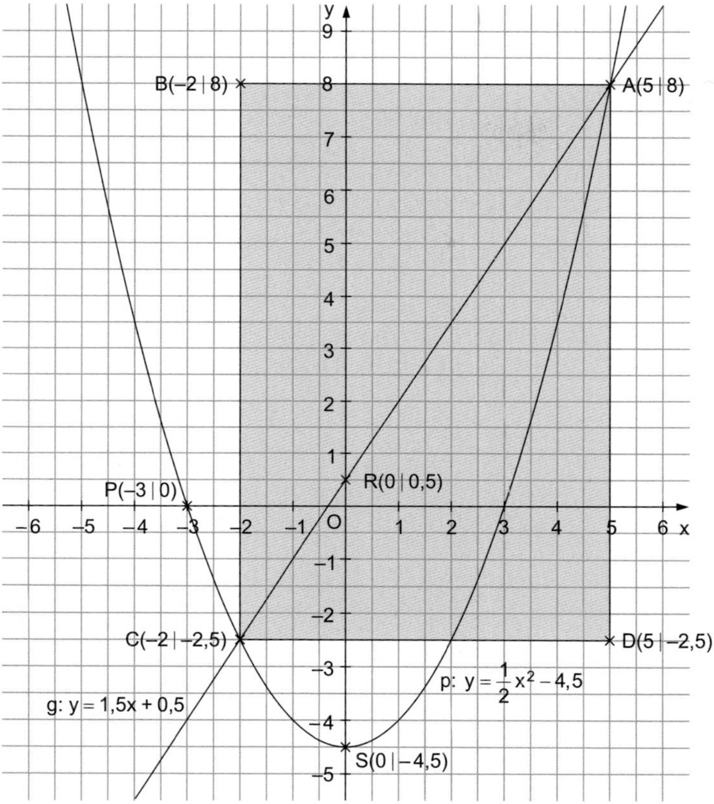

1. Ermittlung der Funktionsgleichung von Parabel p

p: $y = ax^2 + c$

p: $\underline{y = \frac{1}{2}x^2 - 4{,}5}$

NR: **Bestimmung von c:**

$S(0\,|\,-4{,}5) \;\Rightarrow\; c = \underline{-4{,}5}$

NR: **Berechnung von Vorfaktor a:**

$$y = ax^2 + c \qquad |-c$$

$$ax^2 = y - c \qquad |:x^2$$

$$a = \frac{y-c}{x^2} \qquad |\,c = -4{,}5;\; P(-3\,|\,0)$$

$$a = \frac{0-(-4{,}5)}{(-3)^2}$$

$$a = \underline{\frac{1}{2}} \qquad \text{(alternativ: } a = \underline{0{,}5}\text{)}$$

2. Bestimmung der Funktionsgleichung von Gerade g

g: $y = mx + c_g$ $\quad | m = 1{,}5$

g: $\underline{y = 1{,}5x + 0{,}5}$

NR: **Bestimmung von y-Achsenabschnitt c_g:**
Gerade g verläuft durch R(0 | 0,5);
da $x_R = 0$, liegt R auf der y-Achse
$\Rightarrow \quad c_g = y_R = \underline{0{,}5}$

3. Berechnung des Flächeninhalts A_{ABCD} von Rechteck ABCD
Berechnung der Koordinaten der Schnittpunkte A und C von Parabel p und Gerade g:

$$p = g$$

$$\frac{1}{2}x^2 - 4{,}5 = 1{,}5x + 0{,}5 \quad | \cdot 2$$

$$x^2 - 9 = 3x + 1 \quad | -3x; \ -1$$

$$x^2 - 3x - 10 = 0$$

$$x_{1/2} = -\frac{p}{2} \pm \sqrt{\left(\frac{p}{2}\right)^2 - q}$$

$$x_{1/2} = -\frac{-3}{2} \pm \sqrt{\left(\frac{-3}{2}\right)^2 + 10}$$

$$x_{1/2} = \frac{3}{2} \pm \sqrt{2{,}25 + 10}$$

$$x_{1/2} = \frac{3}{2} \pm \sqrt{12{,}25}$$

$$x_{1/2} = \frac{3}{2} \pm 3{,}5$$

$$x_1 = \underline{5}$$

$$x_2 = \underline{-2}$$

x_1 in g: $y = 1{,}5x + 0{,}5 \quad | x = 5$
$y = 1{,}5 \cdot 5 + 0{,}5$
$y = \underline{8} \quad \Rightarrow \quad \underline{A(5 | 8)}$

x_2 in g: $y = 1{,}5x + 0{,}5 \quad | x = -2$
$y = 1{,}5 \cdot (-2) + 0{,}5$
$y = \underline{-2{,}5} \quad \Rightarrow \quad \underline{C(-2 | -2{,}5)}$

Bestimmung der Koordinaten des Eckpunkts D von Rechteck ABCD:

(1) „Die Punkte A und C sind Eckpunkte des Rechtecks ABCD“ sowie „Anfangs- und Endpunkt einer Diagonalen dieses Rechtecks“ und

(2) „Die Seiten des Rechtecks verlaufen parallel zur x- bzw. y-Achse“ und

(3) A(5 | 8) sowie C(–2 | –2,5)

$\Rightarrow$ $\underline{D(5 | -2{,}5)}$

Berechnung des Flächeninhalts A_{ABCD} von Rechteck ABCD:

$A_{ABCD} = \overline{CD} \cdot \overline{DA}$

$A_{ABCD} = 7 \cdot 10{,}5$

$A_{ABCD} = \underline{\underline{73{,}5 \text{ FE}}}$

NR: **Berechnung von $\overline{CD}$:**

$\overline{CD} = |x_C| + |x_D|$

$\overline{CD} = |-2| + |5|$

$\overline{CD} = \underline{7 \text{ LE}}$

NR: **Berechnung von $\overline{DA}$:**

$\overline{DA} = |y_D| + |y_A|$

$\overline{DA} = |-2{,}5| + |8|$

$\overline{DA} = \underline{10{,}5 \text{ LE}}$

Wahlbereich Aufgabe W 4 a

Lösungshinweise:

1. Berechnung der Wahrscheinlichkeit für das Ereignis „zweimal Glocke"

Für die Berechnung der Wahrscheinlichkeit des Ereignisses „zweimal Glocke" ist zunächst noch die jeweilige Gesamtzahl der Symbole auf den beiden Walzen festzustellen.

2. Berechnung des Erwartungswerts E und Klärung von dessen Bedeutung für die Spielerinnen und Spieler

Für die Berechnung des Erwartungswerts E für den abgebildeten Gewinnplan stellen wir unter Nutzung des Verfahrens zur Berechnung von Erwartungswerten einen Term auf.
Dafür sind zunächst noch die Wahrscheinlichkeiten für die Ereignisse „zweimal Sieben" und „Sonstige" zu ermitteln.

Die Bedeutung des ermittelten Erwartungswerts für die Spielerinnen und Spieler beschreiben wir verbal.

3. Untersuchung, ob Merle mit ihrer Behauptung recht hat

Um die Frage beantworten zu können, ob Merle mit ihrer Behauptung recht hat, vergleichen wir den neuen Gewinnbetrag für „zweimal Sieben" mit dem von Merle genannten Betrag. Dazu ist zunächst der neue Gewinnbetrag für „zweimal Sieben" zu ermitteln. Bei der Schlussfolgerung, ob Merle recht hat, ist die Formulierung „… etwa …" zu beachten.

Da der Gewinnplan in seiner Struktur gleich bleibt, lässt sich oben aufgestellter Term auch als Grundlage für die Berechnung des neuen Gewinns für das Ereignis „zweimal Sieben" nutzen. Für die Variable E tragen wir den oben ermittelten Erwartungswert ein; den bisherigen Betrag des Spieleinsatzes ersetzen wir durch den neuen Betrag und den bisherigen Gewinnbetrag für „zweimal Sieben" durch die Variable $G_{2 \times 7_{neu}}$. Anschließend lösen wir die Gleichung nach $G_{2 \times 7_{neu}}$ auf und berechnen $G_{2 \times 7_{neu}}$.

Abschließend vergleichen wir den neuen Gewinn für „zweimal Sieben" mit der Behauptung von Merle und entscheiden, ob sie recht hat.

Ausführliche Lösung:

1. Berechnung der Wahrscheinlichkeit für das Ereignis „zweimal Glocke"

$$P(\text{zweimal Glocke}) = P(\text{Glocke; Glocke})$$

$$P(\text{zweimal Glocke}) = \frac{2}{7} \cdot \frac{2}{7}$$

$$P(\text{zweimal Glocke}) = \underline{\underline{\frac{4}{49}}}$$

$$P(\text{zweimal Glocke}) = 8{,}16\ \%$$

$$P(\text{zweimal Glocke}) = \underline{\underline{8{,}2\ \%}}$$

NR: **Feststellung der jeweiligen Gesamtzahl der Symbole auf den beiden Walzen:**

Zitronen:	4
Glocken:	2
Sieben:	1
Summe:	7

A: Die Wahrscheinlichkeit für das Ereignis „zweimal Glocke" beträgt $\frac{4}{49}$ bzw. 8,2 %.

2. Berechnung des Erwartungswerts E und Klärung von dessen Bedeutung für die Spielerinnen und Spieler

Berechnung des Erwartungswerts E für den abgebildeten Gewinnplan:

$$E = P(\text{zweimal Glocke}) \cdot (G_{2\times \text{Gl.}} - S) + P(\text{zweimal Sieben}) \cdot (G_{2\times 7} - S) + P(\text{Sonstige}) \cdot (G_{\text{Sonstige}} - S)$$

$$E = \frac{4}{49} \cdot (4{,}00 - 1{,}00) + \frac{1}{49} \cdot (10{,}00 - 1{,}00) + \frac{44}{49} \cdot (0{,}00 - 1{,}00)$$

$$E = \underline{\underline{-0{,}47\ €}}$$

Legende:
G: Gewinn
S: Spieleinsatz

NR: **Berechnung der Wahrscheinlichkeit für das Ereignis „zweimal Sieben":**

$$P(\text{zweimal Sieben}) = P(\text{Sieben; Sieben}) = \frac{1}{7} \cdot \frac{1}{7} = \underline{\frac{1}{49}}$$

NR: **Berechnung der Wahrscheinlichkeit für das Ereignis „Sonstige":**

$$P(\text{Sonstige}) = 1 - [P(\text{zweimal Glocke}) + P(\text{zweimal Sieben})]$$

$$P(\text{Sonstige}) = 1 - \left[\frac{4}{49} + \frac{1}{49}\right]$$

$$P(\text{Sonstige}) = \underline{\frac{44}{49}}$$

A: Der Erwartungswert E beträgt −0,47 €.

Klärung der Bedeutung des ermittelten Erwartungswerts für die Spielerinnen und Spieler:

Unter der Voraussetzung, dass es sich bei den Walzen des Zufallsgeräts um „ideale" Walzen handelt, bedeutet der Erwartungswert E = −0,47 € für Spielerinnen und Spieler, dass sie auf lange Sicht gesehen durchschnittlich 0,47 € pro Spiel verlieren werden.

3. Untersuchung, ob Merle mit ihrer Behauptung recht hat

Berechnung des neuen Gewinns $G_{2\times 7_{neu}}$ für „zweimal Sieben“:

$$\begin{aligned} E = {} & P(\text{zweimal Glocke}) \cdot (G_{2\times \text{Gl.}} - S_{neu}) + \\ & P(\text{zweimal Sieben}) \cdot (G_{2\times 7_{neu}} - S_{neu}) + \\ & P(\text{Sonstige}) \cdot (G_{\text{Sonstige}} - S_{neu}) \end{aligned}$$

$$-0{,}47 = \frac{4}{49} \cdot (4{,}00 - 1{,}20) + \frac{1}{49} \cdot (G_{2\times 7_{neu}} - 1{,}20) + \frac{44}{49} \cdot (0{,}00 - 1{,}20)$$

$$-0{,}47 = \frac{4 \cdot 2{,}8}{49} + \frac{1}{49} \cdot G_{2\times 7_{neu}} - \frac{1{,}2}{49} - \frac{44 \cdot 1{,}2}{49}$$

$$-0{,}47 = -\frac{42{,}8}{49} + \frac{1}{49} \cdot G_{2\times 7_{neu}} \qquad \left| + \frac{42{,}8}{49}\right.$$

$$\frac{1}{49} \cdot G_{2\times 7_{neu}} = -0{,}47 + \frac{42{,}8}{49} \qquad | \cdot 49$$

$$G_{2\times 7_{neu}} = \underline{19{,}77\ €}$$

Hinweis: Zwischenrechnungen bei der Berechnung des neuen Gewinns für „zweimal Sieben“ führen zu Ergebnissen, die von 19,77 € abweichen.

Feststellung, ob Merle recht hat:

Merle behauptet: „Der Gewinn für ‚zweimal Sieben‘ beträgt dann etwa 20 €.“

Der neue Gewinn für „zweimal Sieben“ beträgt 19,77 € und weicht damit um 0,23 € von 20,00 € ab.
Obwohl bei Geldbeträgen Genauigkeit verlangt wird, kann unter Berücksichtigung der Formulierung „etwa“ festgestellt werden:
Merle hat recht.

Lösungshinweise:

Es empfiehlt sich, die Situation aus der Aufgabenstellung zunächst in ein Koordinatensystem einzubetten.

Skizze:

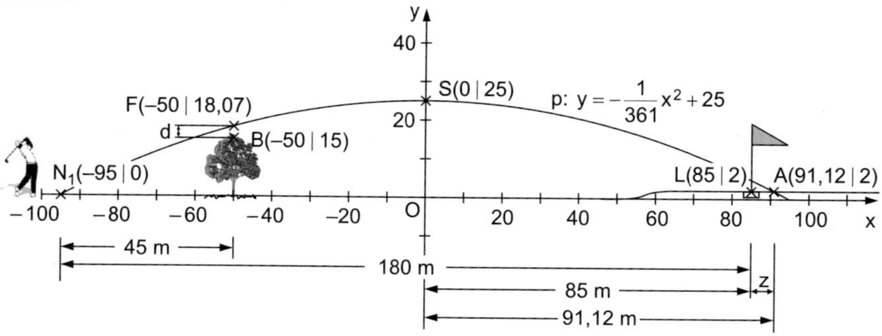

1. Ermittlung einer Funktionsgleichung für die zur Flugbahn des Balls zugehörige Parabel p

Aus der in der Skizze gewählten Einbettung der zur Flugbahn des Balls zugehörigen Parabel p in das Koordinatensystem folgt, dass die Parabelgleichung die Form $y = ax^2 + c$ besitzt. Der Wert für c lässt sich folglich mit den Koordinatenwerten von Scheitelpunkt S (höchster Punkt der Flugbahn des Balls) bestimmen. Für die Ermittlung des Werts von Vorfaktor a nutzen wir die Funktionsgleichung von p sowie den Wert von c und die Koordinatenwerte des Abschlagpunkts N_1 des Balls.

Um bei den anschließenden Berechnungen möglichst genaue Werte zu erhalten, wird der Wert von a in der Musterlösung als Bruch angegeben. Der auf Zehntausendstel gerundete Wert wird lediglich als Alternative genannt.

2. Berechnung des Abstands, mit dem der Ball die Baumspitze überfliegt

Für die Berechnung des Abstands, mit dem der Ball die Baumspitze überfliegt, benötigen wir neben der bekannten Höhe des Baums noch die Flughöhe des Balls über der Baumspitze.

Zunächst ermitteln wir mit den bekannten Größen die x-Koordinate von Baumspitze B. Für die Berechnung der Flughöhe des Balls über der Baumspitze setzen wir diese anschließend in Parabelgleichung p ein und ermitteln den Wert der zugehörigen y-Koordinate. Dieser Wert gibt, in die Aufgabensituation übertragen, die Flughöhe des Balls über der Baumspitze an.

Abschließend wird der gesuchte Abstand über die Differenz aus der Flughöhe des Balls über der Baumspitze und der Höhe des Baums gewonnen.

3. Berechnung der Entfernung des Ballaufschlagpunkts vom Loch

Für die Berechnung der Entfernung des Ballaufschlagpunkts vom Loch benötigen wir die Entfernung des Lochs vom Ursprung sowie die Entfernung des Ballaufschlagpunkts vom Ursprung.

Als Grundlage für die Berechnungen sind zunächst die x-Koordinate des Lochs und die y-Koordinate des Ballaufschlagpunkts zu ermitteln. Der Wert der x-Koordinate des Lochs gibt die Entfernung des Lochs vom Ursprung an.

Für die Berechnung der Entfernung des Ballaufschlagpunkts vom Ursprung setzen wir die y-Koordinate des Ballaufschlagpunkts in Parabelgleichung p ein. Wir erhalten zwei Werte. Der positive Wert gibt die Entfernung des Ballaufschlagpunkts vom Ursprung an. Der negative Wert liegt links vom Ursprung und scheidet damit als Wert für die Entfernung des Ballaufschlagpunkts vom Ursprung aus.

Abschließend wird die gesuchte Entfernung des Ballaufschlagpunkts vom Loch über die Differenz aus der Entfernung des Ballaufschlagpunkts zum Ursprung sowie der Entfernung des Lochs zum Ursprung gewonnen.

Ausführliche Lösung:

Skizze: Einbettung der Aufgabensituation in ein Koordinatensystem

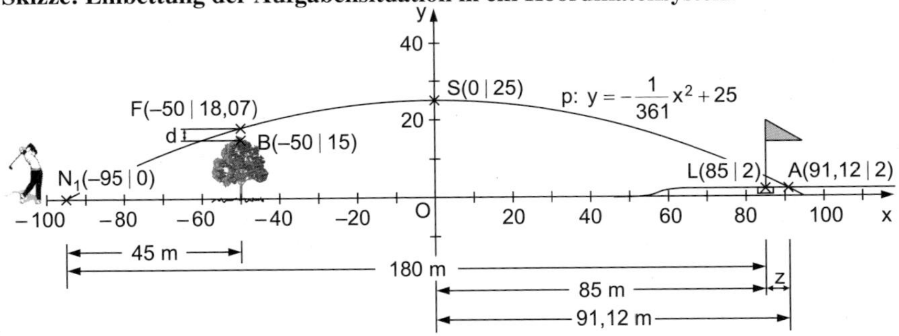

1. Ermittlung einer Funktionsgleichung für die zur Flugbahn des Balls zugehörige Parabel p

p: $y = ax^2 + c$

p: $y = -\frac{1}{361}x^2 + 25$

(alternativ: p: $y = -0{,}0028x^2 + 25$)

NR: **Bestimmung von c:**

$S(0\,|\,25) \Rightarrow c = 25$

NR: **Berechnung von Vorfaktor a:**

$$y = ax^2 + c \quad |-c$$

$$ax^2 = y - c \quad |: x^2$$

$$a = \frac{y-c}{x^2} \quad |c = 25;\ N_1(-95\,|\,0)$$

$$a = \frac{0-25}{(-95)^2}$$

$$a = -\frac{1}{361} \quad \text{(alternativ: } a = -0{,}0028\text{)}$$

2. Berechnung des Abstands, mit dem der Ball die Baumspitze überfliegt

Feststellung der x-Koordinate von Baumspitze B:

x-Koordinate: 95 m – 45 m links vom Ursprung = 50 m links vom Ursprung $\Rightarrow$ $x_B = -50$

Berechnung der Flughöhe h des Balls über der Baumspitze:

$y = -\frac{1}{361}x^2 + 25 \quad |\, x = x_B = \underline{-50}$

$y = -\frac{1}{361}(-50)^2 + 25$

$y = \underline{18{,}07}$

$\Rightarrow$ Flughöhe h des Balls über der Baumspitze: $\underline{h = 18{,}07\text{ m}}$

Berechnung des Abstands d, mit dem der Ball die Baumspitze überfliegt:

d = Flughöhe h des Balls über der Baumspitze – Baumhöhe

$d = 18{,}07 - 15$

$d = 3{,}07\text{ m}$

$d = \underline{\underline{3\text{ m}}}$

A: Der Ball überfliegt die Baumspitze in einem Abstand von ca. 3 m.

3. Berechnung der Entfernung des Ballaufschlagpunkts vom Loch

Ermittlung der Entfernung des Lochs vom Ursprung:

x-Koordinate des Lochs: 180 m – 95 m = 85 m rechts vom Ursprung $\Rightarrow \quad x_L = \underline{85}$

$\Rightarrow$ Entfernung des Lochs vom Ursprung: $\underline{85\text{ m}}$

Feststellung der y-Koordinate des Ballaufschlagpunkts:

Höhe der höher gelegenen Ebene: 2 m $\Rightarrow \quad y_A = \underline{2}$

Ermittlung der Entfernung des Ballaufschlagpunkts vom Ursprung:

$y = -\frac{1}{361}x^2 + 25 \quad |\, y = y_A = \underline{2}$

$2 = -\frac{1}{361}x^2 + 25 \quad |\, -25$

$-\frac{1}{361}x^2 = -23 \quad \left|\, :\left(-\frac{1}{361}\right)\right.$

$x^2 = -23 \cdot (-361) \quad |\, \sqrt{\ }$

$x_1 = \underline{91{,}12}$ $\quad\Rightarrow$ Entfernung des Ballaufschlagpunkts vom Ursprung: $\underline{91{,}12\text{ m}}$

$x_2 = \underline{-91{,}12}$ $\quad\Rightarrow$ Liegt links des Ursprungs, scheidet folglich von den weiteren Betrachtungen aus.

Berechnung der Entfernung z zwischen dem Ballaufschlagpunkt und dem Loch:

z = Entfernung des Ballaufschlagpunkts vom Ursprung – Entfernung des Lochs vom Ursprung

$z = 91{,}12 - 85$

$z = 6{,}12\text{ m}$

$z = \underline{\underline{6\text{ m}}}$

A: Der Ball trifft auf der höher gelegenen Ebene in einer Entfernung von ca. 6 m vom Loch auf.

Abschlussprüfungsaufgaben Mathematik für Realschulen (Baden-Württemberg): Haupttermin 2019 – Pflichtbereich

Aufgabe P 1

Im Rechteck ABCD gilt:

$\overline{AB} = 6{,}6\text{ cm}$

$\overline{EF} = 7{,}2\text{ cm}$

$\varphi = 59{,}0°$

Berechnen Sie den Umfang des Vierecks EBCF.

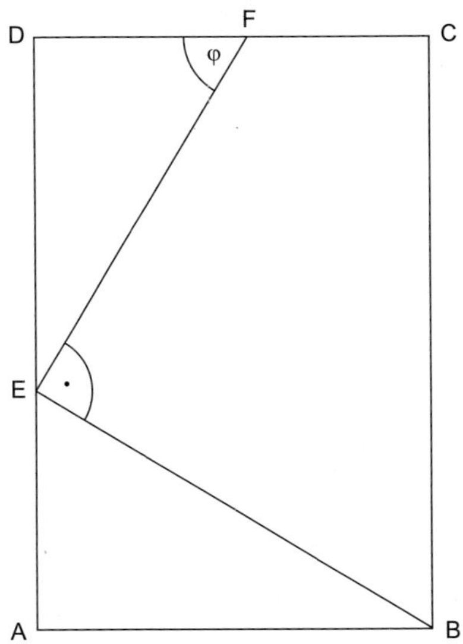

4,5 P

Aufgabe P 2

Das Dreieck ABC und das Rechteck ABDF überdecken sich teilweise.

Es gilt:

$\overline{CE} = 6{,}3\text{ cm}$

$\overline{DE} = 5{,}1\text{ cm}$

$\gamma = 38{,}0°$

Berechnen Sie den Flächeninhalt des Trapezes ABEF.

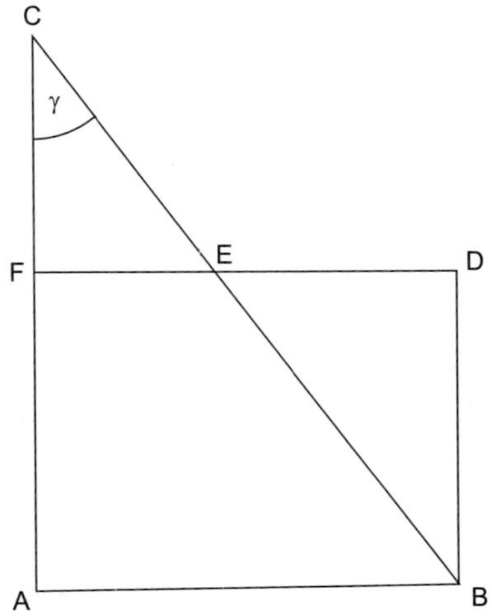

4 P

Aufgabe P 3

Ein zusammengesetzter Körper besteht aus einem Würfel und zwei quadratischen Pyramiden.
Die Pyramiden haben die gleiche Höhe.

Es gilt:

$s = 8{,}5\ \text{cm}$
$\varepsilon = 41{,}4°$

Berechnen Sie den Oberflächeninhalt des zusammengesetzten Körpers.

Wie weit sind die beiden Pyramidenspitzen A und B voneinander entfernt?

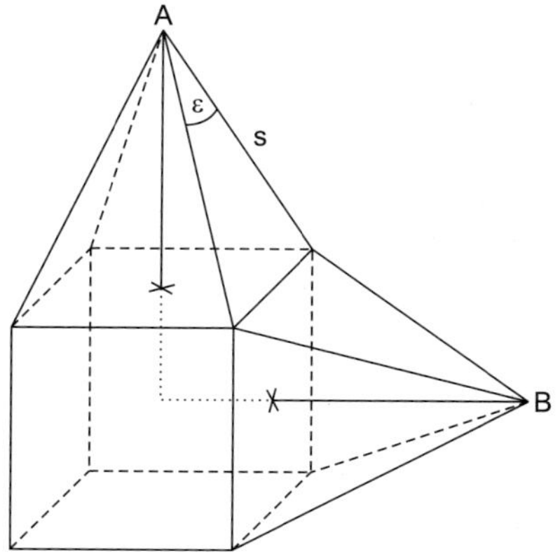

4 P

Aufgabe P 4

In Deutschland boomt der Verkauf von E-Bikes.

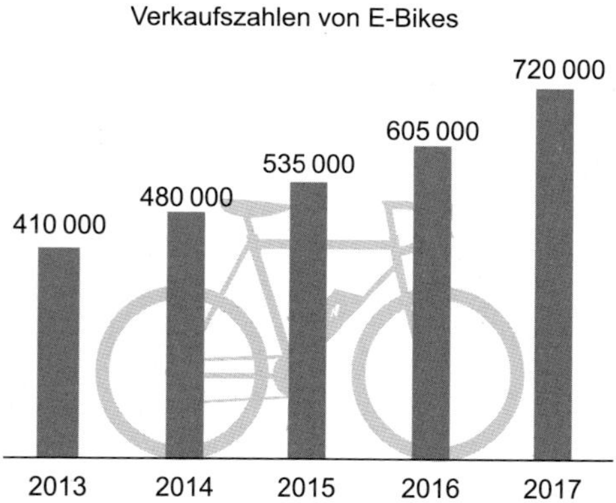

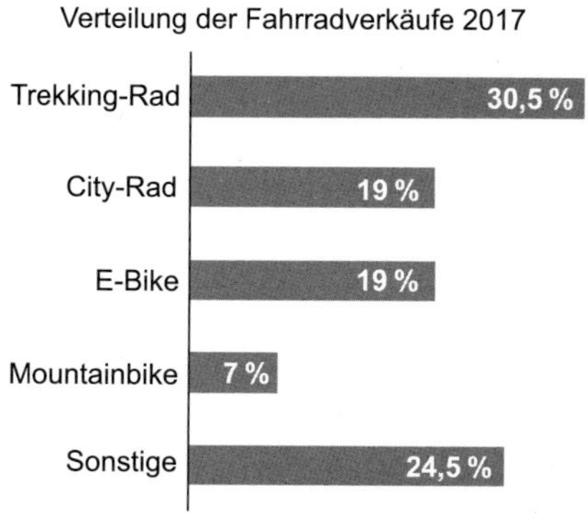

Quelle: statista.com

Um wie viel Prozent ist der Verkauf von E-Bikes von 2013 bis 2017 insgesamt angestiegen?

Berechnen Sie die Anzahl aller Fahrräder, die im Jahr 2017 verkauft wurden.

In einer Fachzeitschrift war zu lesen, dass 22 % der im Jahr 2017 verkauften Mountainbikes eine Vollfederung hatten.

Wie viele Mountainbikes hatten eine Vollfederung?

3 P

Aufgabe P 5

Lösen Sie das Gleichungssystem:

(1) $\frac{x+2}{4} - y = 6$

(2) $7 - (x - 2y) = y$ 3,5 P

Aufgabe P 6

Gegeben sind eine Wertetabelle, die Graphen von zwei verschobenen Normalparabeln und drei Funktionsgleichungen.

x	0	1	2	3
y	5	0	–3	–4

(A) $y = x^2 - 6x + 5$

(B) $y = x^2 - 2x + 5$

(C) $y = x^2 + 4x + 5$

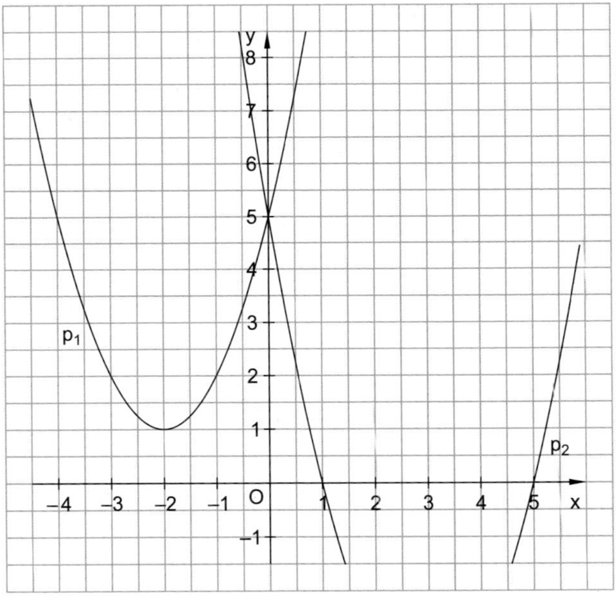

Zur Wertetabelle gehören einer der beiden Graphen sowie eine der drei Funktionsgleichungen.

Ordnen Sie der Wertetabelle ihren Graphen und ihre Funktionsgleichung zu. Begründen Sie Ihre Entscheidung.

Im Schaubild fehlt der Graph p_3 der dritten Parabel. Zeichnen Sie den fehlenden Graphen p_3 in das Koordinatensystem ein. 4 P

Aufgabe P 7

In einem Kaugummiautomaten befinden sich 10 rote, 9 weiße und 6 grüne Kaugummis.

Betätigt man den Drehgriff, erhält man einen Kaugummi.

Luisa dreht zweimal.

Mit welcher Wahrscheinlichkeit erhält sie

- zuerst einen roten, dann einen weißen Kaugummi?
- keinen grünen Kaugummi?

Von den 25 Kaugummis sind die Hälfte der roten und die Hälfte der grünen Kaugummis mit Brause gefüllt.

Mit welcher Wahrscheinlichkeit erhält Luisa zwei mit Brause gefüllte Kaugummis?

3,5 P

Aufgabe P 8

Die beiden Ranglisten zeigen die monatlichen Vergütungen von zwei Berufsgruppen im ersten Ausbildungsjahr.

17 Jugendliche machen eine Ausbildung in einem technischen Beruf und 13 Jugendliche in einem kaufmännischen Beruf.

Ausbildungsvergütung in technischen Berufen (in Euro)

760 | 780 | 800 | 820 | 820 | 840 | 840 | 860 | 890 | 910 | 910 | 920 | 920 | 920 | 950 | 960 | 970

Ausbildungsvergütung in kaufmännischen Berufen (in Euro)

760 | 770 | 820 | 820 | 840 | 880 | 890 | 910 | 920 | 940 | 940 | 950 | 970

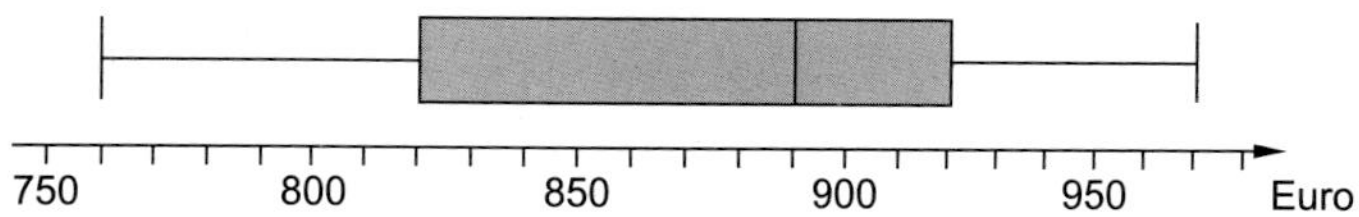

Zu welcher Rangliste gehört der dargestellte Boxplot? Begründen Sie.

Zeichnen Sie den Boxplot der anderen Berufsgruppe ein.

Vier Jugendliche, die eine kaufmännische Ausbildung machen, wurden nachträglich befragt.
Sie verdienen monatlich 800 €, 850 €, 900 € und 950 €.
Wie verändert sich der zugehörige Boxplot, wenn diese Werte hinzukommen? Begründen Sie.

3,5 P

Abschlussprüfungsaufgaben Mathematik für Realschulen (Baden-Württemberg): Haupttermin 2019 – Wahlbereich

Aufgabe W 1

a) Das Fünfeck ABCDE besteht aus dem gleichseitigen Dreieck ABF, den beiden gleichschenkligen Dreiecken AFE und FBC sowie dem Drachenviereck DEFC.

Es gilt:

$\overline{AB} = 3{,}4\,\text{cm}$

$\overline{BC} = 7{,}0\,\text{cm}$

$\delta = 118{,}0°$

Berechnen Sie den Abstand des Punktes D zur Strecke $\overline{AB}$.

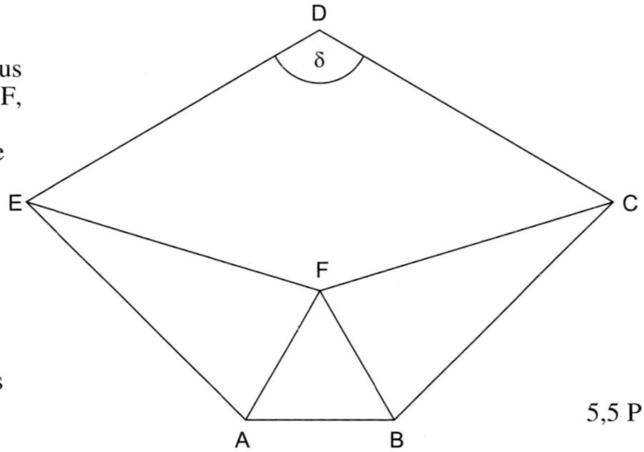

5,5 P

b) Ein DIN-A4-Blatt mit den Eckpunkten A, B, C und D wird entlang von $\overline{FG}$ gefaltet. Dadurch entsteht der Punkt A' auf $\overline{CD}$.

Es gilt:

$\overline{AF} = 13{,}3\,\text{cm}$

Berechnen Sie den Flächeninhalt des Vierecks GBCA'.

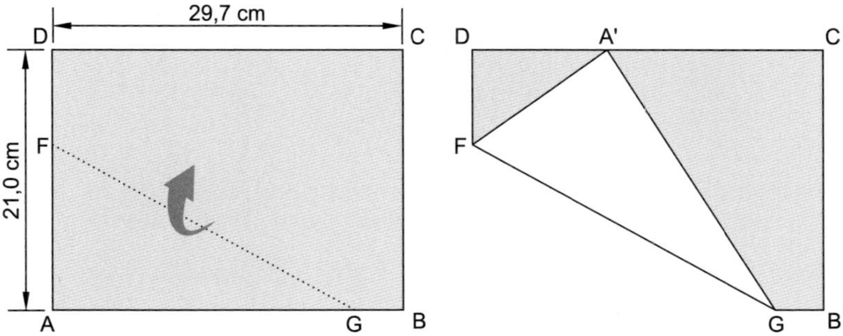

4,5 P

Aufgabe W 2

a) In einer regelmäßigen fünfseitigen Pyramide liegt das gleichschenklige Dreieck BCM.

Es gilt:

$\overline{BM} = \overline{CM} = 8{,}0\,\text{cm}$

$\varepsilon = 48{,}0°$

M halbiert die Höhe der Pyramide.

Berechnen Sie die Höhe der Pyramide.

Der Punkt M bewegt sich auf der Höhe der Pyramide.
Dadurch entsteht das Dreieck BCM'.

Berechnen Sie den minimalen und den maximalen Flächeninhalt, den das Dreieck BCM' annehmen kann.

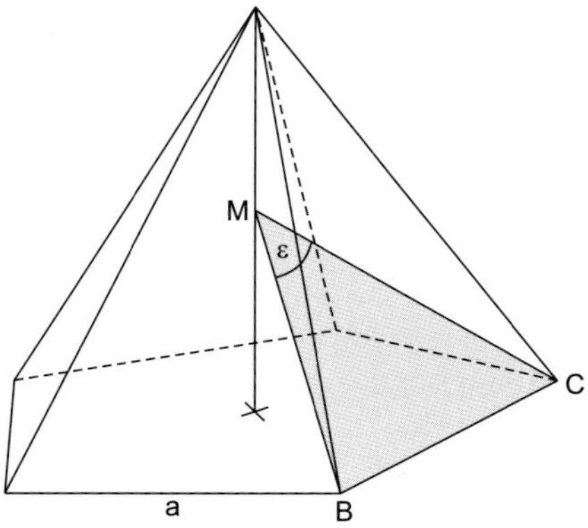

5,5 P

b) Ein zusammengesetzter Körper besteht aus einem Zylinder mit aufgesetztem Kegel (siehe Achsenschnitt).

Zeigen Sie, dass für das Volumen des zusammengesetzten Körpers gilt:

$$V_{ges} = \frac{35}{3}\pi e^3\sqrt{3}$$

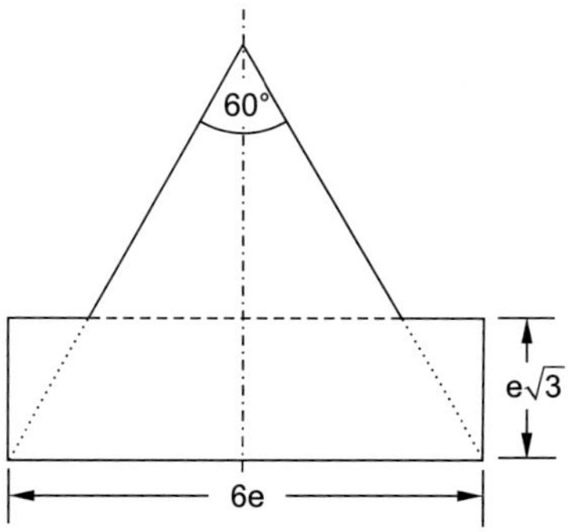

4,5 P

Aufgabe W 3

a) Die nach oben geöffnete Normalparabel p_1 hat den Scheitelpunkt $S_1(2\,|\,2)$.
Die nach unten geöffnete Normalparabel p_2 hat mit der x-Achse die Schnittpunkte $N_1(-2\,|\,0)$ und $N_2(2\,|\,0)$.
Berechnen Sie die Koordinaten des gemeinsamen Punktes T der beiden Parabeln.

Die Gerade g mit der Steigung $m = 2$ schneidet beide Parabeln ebenfalls im Punkt T.
Berechnen Sie die Gleichung von g.
Berechnen Sie die Winkel, unter denen sich die Gerade g und die y-Achse schneiden.

Geben Sie die Gleichung einer Parabel p_3 an, die weder mit p_1 noch mit p_2 einen gemeinsamen Punkt hat. 5,5 P

b) Eine Parabel p_1 mit der Gleichung $y = ax^2 + c$ hat den Scheitelpunkt $S_1(0\,|\,6)$.
Eine zweite Parabel p_2 hat die Gleichung $y = x^2 + 3x + c_{p_2}$.
Der Punkt $B(2\,|\,4)$ ist einer der beiden Schnittpunkte von p_1 und p_2.
Berechnen Sie die Koordinaten des zweiten Schnittpunkts A der beiden Parabeln.
Zeigen Sie rechnerisch, dass die Punkte A, B und $C(0\,|\,2)$ auf einer Geraden liegen.
Hinweis auf Änderung der Originalaufgabenstellung: In der Gleichung von Parabel p_2 wurde die Variable für das absolute Glied an die neue Notation angepasst und von „q" auf „c_{p_2}" geändert. 4,5 P

Aufgabe W 4

a) Beim Würfelspiel „Augensumme 4 gewinnt" wird gleichzeitig mit zwei Spielwürfeln geworfen. Die Augenzahlen werden addiert (Augensumme). Dieses Spiel soll als Glücksspiel eingesetzt werden. Dazu wird nebenstehender Gewinnplan verwendet.

Ereignisse	Gewinn
„Augensumme gleich 4"	4,00 €
„Augensumme kleiner 4"	2,00 €
„Augensumme größer 4"	kein Gewinn
Einsatz pro Spiel: 1,00 €	

Berechnen Sie den Erwartungswert.

Der Betreiber bekommt die Vorgabe, das Glücksspiel zu verändern. Er soll auf einem der beiden Spielwürfel die Vier, die Fünf und die Sechs entweder durch drei Einsen oder durch drei Dreien ersetzen.

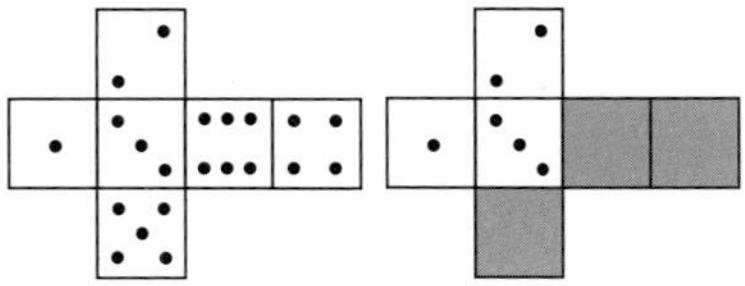

Wofür sollte sich der Betreiber entscheiden?
Begründen Sie Ihre Entscheidung durch Rechnung oder Argumentation. 6 P

b) Im Querschnitt einer Skater-Rampe sieht man die beiden geraden Teilstücke $\overline{AC}$ und $\overline{BD}$ sowie das parabelförmige Teilstück AB. Die beiden Punkte A und B liegen auf gleicher Höhe und sind 4,00 m voneinander entfernt. Der tiefste Punkt T der Skater-Rampe liegt 20 cm über dem Boden.

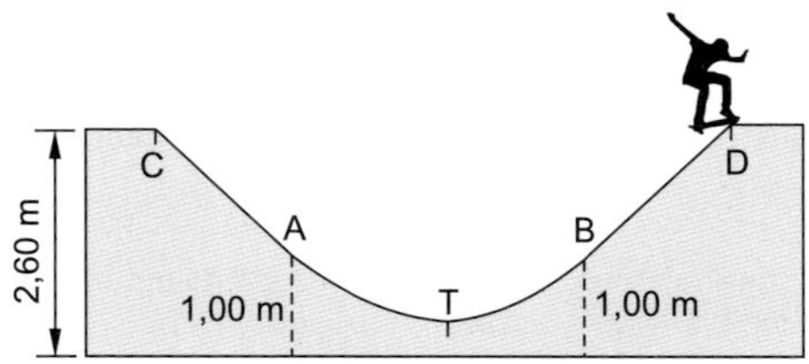

(Skizze nicht maßstabsgetreu)

Bestimmen Sie eine mögliche Funktionsgleichung für das parabelförmige Teilstück AB.

Die beiden Punkte C und D liegen ebenfalls auf gleicher Höhe und sind 8,00 m voneinander entfernt.

Bestimmen Sie eine mögliche Funktionsgleichung für die Gerade, auf der das gerade Teilstück $\overline{BD}$ liegt. 4 P

Pflichtbereich Aufgabe P 1

Lösungshinweise:

Skizze:

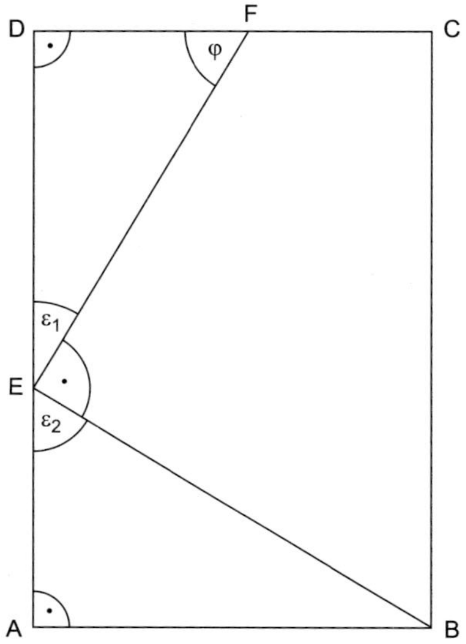

Der gesuchte Umfang des Vierecks EBCF ist die Summe aus $\overline{EB}$, $\overline{BC}$, $\overline{CF}$ und $\overline{EF}$.
$\overline{EF}$ ist bekannt.

$\overline{EB}$ lässt sich in Dreieck ABE ermitteln. Dazu ist zunächst noch die Größe von Winkel ε_2 zu berechnen.

$\overline{BC}$ gewinnen wir indirekt über die gleich lange Strecke DA. Diese besteht aus den beiden Teilstrecken DE und EA. $\overline{DE}$ lässt sich in Dreieck EFD, $\overline{EA}$ in Dreieck ABE berechnen.

$\overline{CF}$ erhalten wir aus der Differenz von $\overline{CD}$ und $\overline{FD}$. Strecke CD ist gleich lang wie die bekannte Strecke AB. $\overline{FD}$ wird in Dreieck EFD berechnet.

Ausführliche Lösung:

Berechnung von Winkel ε_1:

$$\varepsilon_1 + \varphi + \sphericalangle EDF = 180° \qquad \big| -(\varphi + \sphericalangle EDF)$$
$$\varepsilon_1 = 180° - (\varphi + \sphericalangle EDF)$$
$$\varepsilon_1 = 180° - (59{,}0° + 90{,}0°)$$
$$\varepsilon_1 = \underline{31{,}0°}$$

Berechnung von Winkel ε_2:

$$\varepsilon_2 + \sphericalangle BEF + \varepsilon_1 = \sphericalangle AED \qquad |-(\sphericalangle BEF + \varepsilon_1)$$
$$\varepsilon_2 = \sphericalangle AED - (\sphericalangle BEF + \varepsilon_1)$$
$$\varepsilon_2 = 180° - (90{,}0° + 31{,}0°)$$
$$\varepsilon_2 = \underline{59{,}0°}$$

Berechnung von $\overline{EB}$:

$$\sin\varepsilon_2 = \frac{\overline{AB}}{\overline{EB}} \qquad |\cdot \overline{EB}$$
$$\overline{EB}\cdot\sin\varepsilon_2 = \overline{AB} \qquad |:\sin\varepsilon_2$$
$$\overline{EB} = \frac{\overline{AB}}{\sin\varepsilon_2}$$
$$\overline{EB} = \frac{6{,}6}{\sin 59{,}0°}$$
$$\overline{EB} = \underline{7{,}7\text{ cm}}$$

Berechnung von $\overline{BC}$ über $\overline{DA}$:

$$\overline{DA} = \overline{DE} + \overline{EA}$$
$$\overline{DA} = 6{,}17 + 3{,}97$$
$$\overline{DA} = \underline{10{,}14\text{ cm}} \qquad |\ \overline{BC} = \overline{DA}\text{; Eigenschaften des Rechtecks ABCD}$$
$$\overline{BC} = \underline{10{,}14\text{ cm}}$$

NR: **Berechnung von $\overline{DE}$:**

$$\sin\varphi = \frac{\overline{DE}}{\overline{EF}} \qquad |\cdot \overline{EF}$$
$$\overline{DE} = \overline{EF}\cdot\sin\varphi$$
$$\overline{DE} = 7{,}2\cdot\sin 59{,}0°$$
$$\overline{DE} = \underline{6{,}17\text{ cm}}$$

NR: **Berechnung von $\overline{EA}$:**

$$\overline{EA}^2 + \overline{AB}^2 = \overline{EB}^2 \qquad |-\overline{AB}^2$$
$$\overline{EA}^2 = \overline{EB}^2 - \overline{AB}^2$$
$$\overline{EA}^2 = 7{,}7^2 - 6{,}6^2 \qquad |\sqrt{\ }$$
$$\overline{EA} = \underline{3{,}97\text{ cm}}$$

Berechnung von $\overline{CF}$:

$$\overline{CF} = \overline{CD} - \overline{FD} \qquad |\ \overline{CD} = \overline{AB} = \underline{6{,}6\text{ cm}}\text{; Eigenschaften des Rechtecks ABCD}$$
$$\overline{CF} = 6{,}6 - 3{,}71$$
$$\overline{CF} = \underline{2{,}89\text{ cm}}$$

NR: **Berechnung von $\overline{FD}$:**

$$\cos\varphi = \frac{\overline{FD}}{\overline{EF}} \qquad |\cdot \overline{EF}$$
$$\overline{FD} = \overline{EF}\cdot\cos\varphi$$
$$\overline{FD} = 7{,}2\cdot\cos 59{,}0°$$
$$\overline{FD} = \underline{3{,}71\text{ cm}}$$

Berechnung des Umfangs u_{EBCF} von Viereck EBCF:

$u_{EBCF} = \overline{EB} + \overline{BC} + \overline{CF} + \overline{EF}$

$u_{EBCF} = 7,7 + 10,14 + 2,89 + 7,2$

$u_{EBCF} = 27,93 \text{ cm}$

$u_{EBCF} = \underline{\underline{27,9 \text{ cm}}}$

Pflichtbereich Aufgabe P 2

Lösungshinweise:

Skizze:

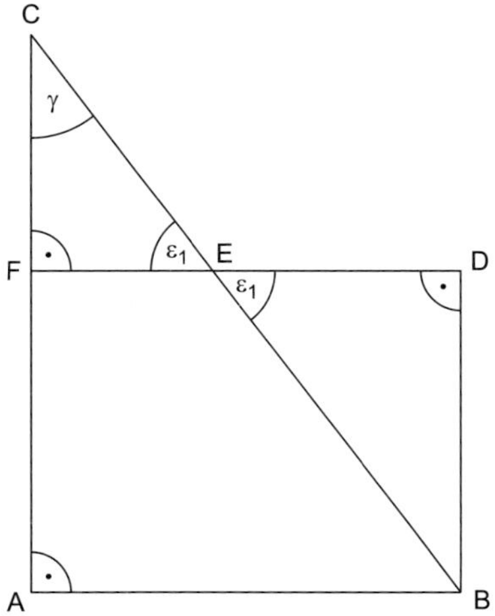

Für die Berechnung des Flächeninhalts von Trapez ABEF stehen drei Alternativen zur Verfügung. Beim ersten Lösungsansatz wird der gesuchte Flächeninhalt direkt mit der Flächeninhaltsformel für Trapeze ermittelt. Der zweite Lösungsansatz führt über die Differenz aus den Flächeninhalten von Rechteck ABDF und von Dreieck EBD zum gesuchten Flächeninhalt von Trapez ABEF. Beim dritten Lösungsansatz wird der gesuchte Flächeninhalt über die Differenz aus den Flächeninhalten der beiden Dreiecke ABC und FEC gewonnen.

In der Musterlösung wird die Berechnung des gesuchten Flächeninhalts mit der Flächeninhaltsformel für Trapeze dargestellt.

Dafür müssen zunächst $\overline{AB}$, $\overline{EF}$ und $\overline{FA}$ ermittelt werden.
$\overline{EF}$ lässt sich in Dreieck FEC berechnen. Anschließend erhalten wir $\overline{AB}$ indirekt über $\overline{DF}$.
Für die Ermittlung von $\overline{FA}$ wird in der Musterlösung $\overline{BD}$ in Dreieck EBD berechnet. Dazu ist zunächst noch Winkel BED zu ermitteln.

Alternativ lässt sich $\overline{FA}$ auch über die Differenz aus $\overline{CA}$ und $\overline{CF}$ gewinnen. Dazu sind zunächst $\overline{CA}$ und $\overline{CF}$ zu berechnen. Dies gelingt in den Dreiecken ABC und FEC.

Ausführliche Lösung:

Skizze:

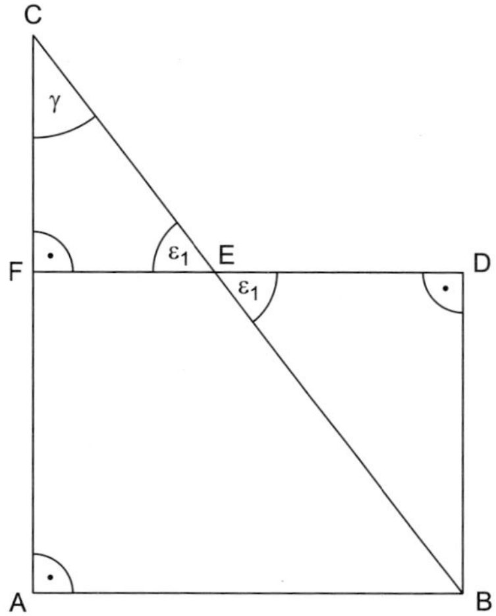

Berechnung von $\overline{EF}$:

$$\sin\gamma = \frac{\overline{EF}}{\overline{CE}} \quad \Big| \cdot \overline{CE}$$

$$\overline{EF} = \overline{CE} \cdot \sin\gamma$$

$$\overline{EF} = 6{,}3 \cdot \sin 38{,}0°$$

$$\overline{EF} = \underline{3{,}88\ \text{cm}}$$

Berechnung von $\overline{AB}$ über $\overline{DF}$:

$$\overline{DF} = \overline{DE} + \overline{EF}$$

$$\overline{DF} = 5{,}1 + 3{,}88$$

$$\overline{DF} = \underline{8{,}98\ \text{cm}} \quad \Big| \ \overline{AB} = \overline{DF}\text{; Eigenschaften des Rechtecks ABDF}$$

$$\overline{AB} = \underline{8{,}98\ \text{cm}}$$

Berechnung von $\overline{FA}$ über $\overline{BD}$:

$$\tan\varepsilon_1 = \frac{\overline{BD}}{\overline{DE}} \quad \Big| \cdot \overline{DE}$$

$$\overline{BD} = \overline{DE} \cdot \tan\varepsilon_1$$

$$\overline{BD} = 5{,}1 \cdot \tan 52{,}0°$$

$$\overline{BD} = \underline{6{,}53\ \text{cm}} \quad \Big| \ \overline{FA} = \overline{BD}\text{; Eigenschaften des Rechtecks ABDF}$$

$$\overline{FA} = \underline{6{,}53\ \text{cm}}$$

NR: **Berechnung von Winkel CEF (ε_1):**

$$\varepsilon_1 + \gamma + \sphericalangle EFC = 180° \quad \Big| - (\gamma + \sphericalangle EFC)$$

$$\varepsilon_1 = 180° - (\gamma + \sphericalangle EFC)$$

$$\varepsilon_1 = 180° - (38{,}0° + 90{,}0°)$$

$$\varepsilon_1 = \underline{52{,}0°}$$

NR: **Bestimmung von Winkel BED:**
Winkel BED ist Scheitelwinkel zu Winkel CEF.

$\Rightarrow \quad \sphericalangle BED = \sphericalangle CEF = \varepsilon_1 = \underline{52{,}0°}$

Berechnung des Flächeninhalts A_{ABEF} von Trapez ABEF:

$$A_{ABEF} = \frac{1}{2}(\overline{AB} + \overline{EF}) \cdot \overline{FA}$$

$$A_{ABEF} = \frac{1}{2}(8{,}98 + 3{,}88) \cdot 6{,}53$$

$$A_{ABEF} = 41{,}99 \text{ cm}^2$$

$$A_{ABEF} \doteq \underline{\underline{42 \text{ cm}^2}}$$

Pflichtbereich Aufgabe P 3

Lösungshinweise:

1. Berechnung des Oberflächeninhalts O des zusammengesetzten Körpers

Skizze 1:

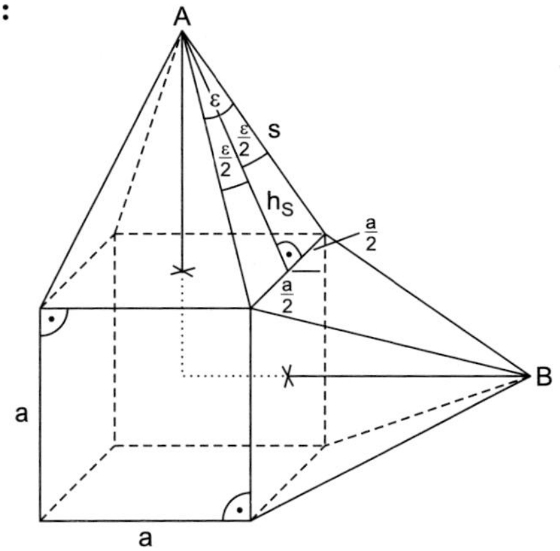

Die Oberfläche des zusammengesetzten Körpers setzt sich aus vier Seitenflächenquadraten des Würfels und den Mantelflächen der beiden Pyramiden zusammen.

Für die Berechnung des gesuchten Oberflächeninhalts werden die Kantenlänge des Würfels, die Länge der Grundkante der Pyramidenseitenflächen sowie die Höhe h_S auf den Seitenflächen der Pyramiden benötigt.

Die Kantenlänge des Würfels und die Länge der Grundkante der Pyramidenseitenflächen sind identisch, sodass beide in einem Schritt ermittelt werden können. Dies gelingt auf einer der Seitenflächen der beiden Pyramiden. Höhe h_S lässt sich ebenfalls auf einer dieser Seitenflächen ermitteln.

2. Berechnung des Abstands $\overline{AB}$ zwischen den beiden Pyramidenspitzen A und B

Skizze 2:

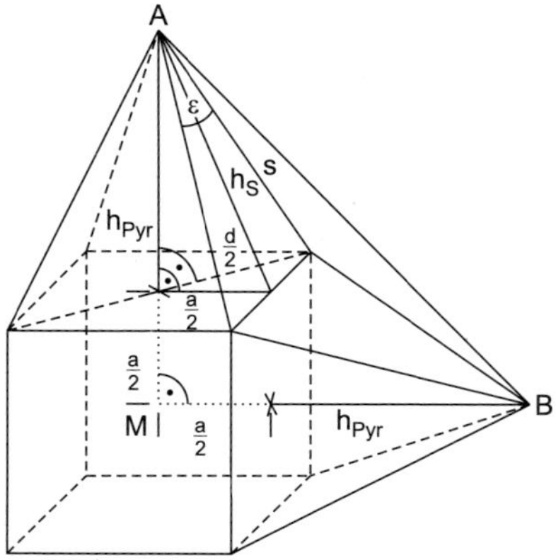

Der Abstand zwischen den beiden Pyramidenspitzen A und B lässt sich in Dreieck MBA berechnen.

Dreieck MBA ist rechtwinklig und gleichschenklig mit den Schenkeln MB und AM. Für die Berechnung von $\overline{AB}$ benötigen wir die Länge der beiden Schenkel. Diese setzt sich zusammen aus Pyramidenhöhe h_{Pyr} und $\frac{a}{2}$.

$\frac{a}{2}$ ist aus der ersten Teilaufgabe bekannt.

Für die Berechnung von Pyramidenhöhe h_{Pyr} stehen zwei Alternativen zur Verfügung. Zum einen kann Pyramidenhöhe h_{Pyr} im Dreieck mit den Seiten h_{Pyr}, $\frac{a}{2}$ und h_S auf dem Parallelschnitt einer der beiden Pyramiden berechnet werden, zum anderen im Dreieck mit den Seiten h_{Pyr}, $\frac{d}{2}$ und s auf dem Diagonalschnitt einer der beiden Pyramiden.
In der Musterlösung wird die erste Alternative gewählt, da für diese bereits alle notwendigen Größen vorliegen. Wird die zweite Alternative gewählt, muss zunächst noch die Länge der halben Diagonalen der Pyramidengrundfläche ermittelt werden.

Ausführliche Lösung:

1. Berechnung des Oberflächeninhalts O des zusammengesetzten Körpers

Skizze 1:

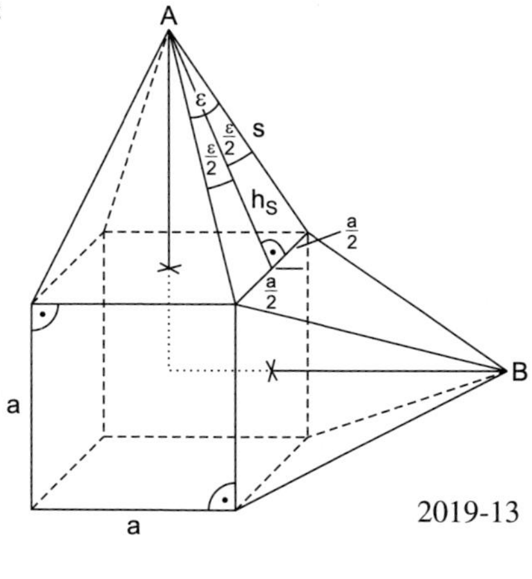

Berechnung von a über $\frac{a}{2}$:

$$\sin\frac{\varepsilon}{2} = \frac{\frac{a}{2}}{s} \qquad \Big|\cdot s$$

$$\frac{a}{2} = s\cdot\sin\frac{\varepsilon}{2} \qquad \Big|\ \frac{\varepsilon}{2} = \frac{41{,}4°}{2} = \underline{20{,}7°}$$

$$\frac{a}{2} = 8{,}5\cdot\sin 20{,}7°$$

$$\frac{a}{2} = \underline{3{,}00\text{ cm}}$$

$$\Rightarrow \quad a = \underline{6{,}00\text{ cm}}$$

Hinweis: Wird a nicht über $\frac{a}{2}$, sondern direkt ermittelt, erhält man a = 6,01 cm.

Berechnung der Höhe h_S auf der Seitenfläche der Pyramiden:

$$\cos\frac{\varepsilon}{2} = \frac{h_S}{s} \qquad \Big|\cdot s$$

$$h_S = s\cdot\cos\frac{\varepsilon}{2}$$

$$h_S = 8{,}5\cdot\cos 20{,}7°$$

$$h_S = \underline{7{,}95\text{ cm}}$$

Berechnung des Oberflächeninhalts O des zusammengesetzten Körpers:

$$O = 4\cdot A_{\text{Quadratfläche}} + 2\cdot M_{\text{Pyramide}}$$

$$O = 4\cdot a^2 + 2\cdot 2\cdot a\cdot h_S$$

$$O = 4\cdot 6{,}0^2 + 2\cdot 2\cdot 6{,}0\cdot 7{,}95$$

$$O = 334{,}8\text{ cm}^2$$

$$O = \underline{\underline{335\text{ cm}^2}}$$

Hinweis: Wird die Oberfläche mit a = 6,01 cm ermittelt, lautet das Ergebnis: O = 336 cm²

2. Berechnung des Abstands $\overline{AB}$ zwischen den beiden Pyramidenspitzen A und B

Skizze 2:

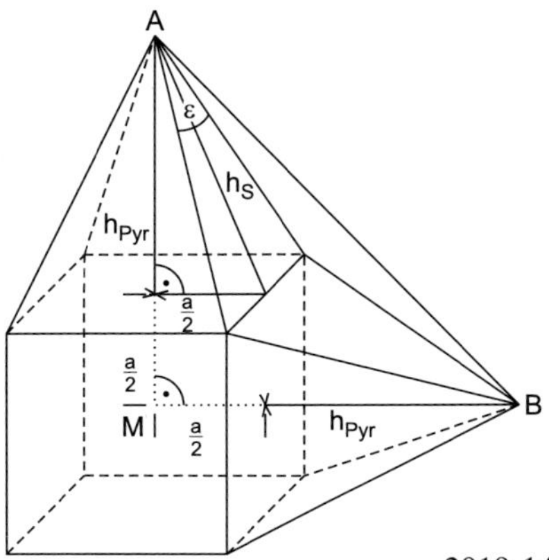

Berechnung von Pyramidenhöhe h_{Pyr}:

$$h_{Pyr}^2 + \left(\frac{a}{2}\right)^2 = h_S^2 \qquad \left| -\left(\frac{a}{2}\right)^2\right.$$

$$h_{Pyr}^2 = h_S^2 - \left(\frac{a}{2}\right)^2$$

$$h_{Pyr}^2 = 7{,}95^2 - 3{,}0^2 \qquad |\sqrt{\ }$$

$$h_{Pyr} = \underline{7{,}36\ \text{cm}}$$

Berechnung von $\overline{AB}$:

$$\overline{AB}^2 = 2\left(h_{Pyr} + \frac{a}{2}\right)^2$$

$$\overline{AB}^2 = 2(7{,}36 + 3{,}0)^2 \qquad |\sqrt{\ }$$

$$\overline{AB} = 14{,}65\ \text{cm}$$

$$\overline{AB} = \underline{\underline{14{,}7\ \text{cm}}}$$

Pflichtbereich Aufgabe P 4

Lösungshinweise:

1. **Berechnung, um wie viel Prozent der Verkauf von E-Bikes von 2013 bis 2017 angestiegen ist**

Für die Berechnung stehen alternativ der in der Musterlösung verwendete Dreisatz oder die Grundformel der Prozentrechnung zur Verfügung. Bei beiden Verfahren stehen jeweils wiederum zwei Varianten zur Auswahl.
Zum einen kann in einem ersten Schritt der absolute Anstieg der Verkaufszahlen ermittelt werden. Anschließend wird dann der gesuchte prozentuale Anstieg berechnet.
Zum anderen kann in einem ersten Schritt der Prozentsatz zum vermehrten Grundwert (im vorliegenden Fall die Verkaufszahlen im Jahr 2017) ermittelt werden. Den Wert des gesuchten prozentualen Anstiegs erhält man anschließend über die Differenz aus diesem Prozentsatz und dem Prozentsatz des Grundwerts (100 %).

2. **Berechnung der Anzahl aller im Jahr 2017 verkauften Fahrräder**

Auch hier stehen alternativ der in der Musterlösung verwendete Dreisatz oder die Grundformel der Prozentrechnung zur Auswahl.

Die Anzahl der im Jahr 2017 verkauften E-Bikes wird dem Säulendiagramm entnommen, der prozentuale Anteil der im Jahr 2017 verkauften E-Bikes dem Balkendiagramm.

3. **Berechnung, wie viele der im Jahr 2017 verkauften Mountainbikes eine Vollfederung hatten**

Für die Berechnung der Anzahl der im Jahr 2017 verkauften Mountainbikes mit Vollfederung muss zunächst die Anzahl der im Jahr 2017 verkauften Mountainbikes ermittelt werden.

Für beide Berechnungen stehen (wieder) sowohl der Dreisatz als auch die Grundformel der Prozentrechnung zur Auswahl. Da bei beiden Berechnungen der Prozentwert gesucht ist und die Grundformel der Prozentrechnung bei gesuchtem Prozentwert nicht umgeformt werden muss, empfiehlt es sich hier, ihr den Vorrang gegenüber dem Dreisatz zu geben.

Ausführliche Lösung:

1. Berechnung, um wie viel Prozent der Verkauf von E-Bikes von 2013 bis 2017 angestiegen ist

$$410\,000 \text{ Fahrräder} \mathrel{\hat{=}} 100\,\% \quad |:410\,000$$

$$1 \text{ Fahrrad} \mathrel{\hat{=}} \frac{100}{410\,000}\,\% \quad |\cdot 310\,000$$

$$310\,000 \text{ Fahrräder} \mathrel{\hat{=}} \frac{100 \cdot 310\,000}{410\,000}\,\%$$

$$310\,000 \text{ Fahrräder} \mathrel{\hat{=}} 75{,}61\,\%$$

$$310\,000 \text{ Fahrräder} \mathrel{\hat{=}} \underline{\underline{75{,}6\,\%}}$$

NR: **Berechnung des Anstiegs der Verkaufszahlen von 2013 bis 2017:**

Anstieg = Verkaufszahlen 2017 – Verkaufszahlen 2013

Anstieg = 720 000 – 410 000

Anstieg = $\underline{310\,000}$

A: Der Verkauf von E-Bikes ist von 2013 bis 2017 um 75,6 % angestiegen.

2. Berechnung der Anzahl aller im Jahr 2017 verkauften Fahrräder

$$19\,\% \mathrel{\hat{=}} 720\,000 \text{ Fahrräder} \quad |:19$$

$$1\,\% \mathrel{\hat{=}} \frac{720\,000}{19} \text{ Fahrräder} \quad |\cdot 100$$

$$100\,\% \mathrel{\hat{=}} \frac{720\,000 \cdot 100}{19} \text{ Fahrräder}$$

$$100\,\% \mathrel{\hat{=}} 3\,789\,473{,}68 \text{ Fahrräder}$$

$$100\,\% \mathrel{\hat{=}} \underline{\underline{3\,789\,474 \text{ Fahrräder}}}$$

A: Im Jahr 2017 wurden insgesamt 3 789 474 Fahrräder verkauft.

3. Berechnung, wie viele der im Jahr 2017 verkauften Mountainbikes eine Vollfederung hatten

Berechnung der Anzahl der im Jahr 2017 verkauften Mountainbikes (MTBs):

$W = G \cdot p\,\%$

$W = 3\,789\,474 \cdot 7\,\%$

$W = 265\,263{,}18$ MTBs

$W = \underline{265\,263 \text{ MTBs}}$

Berechnung der Anzahl der im Jahr 2017 verkauften Mountainbikes mit Vollfederung (Fullys):

$W = G \cdot p\,\%$

$W = 265\,263 \cdot 22\,\%$

$W = 58\,357{,}86$ Fullys

$W = \underline{\underline{58\,358 \text{ Fullys}}}$

A: Im Jahr 2017 wurden 58 358 Mountainbikes mit Vollfederung verkauft.

Pflichtbereich Aufgabe P 5

Lösungshinweise:

Für die Lösung der Aufgabe stehen drei Verfahren zur Auswahl: das Additionsverfahren, das Einsetzungsverfahren und das Gleichsetzungsverfahren.

In der Musterlösung wird der Lösungsweg über das Additionsverfahren dargestellt.

Ausführliche Lösung:

$$\begin{array}{lrl}
(1) & \frac{x+2}{4} - y = 6 & |\cdot 4 \\
(2) & 7-(x-2y) = y & \\
\hline
(1') & \frac{(x+2)\cdot \cancel{4}^{1}}{{}_{1}\cancel{4}} - y\cdot 4 = 6\cdot 4 & \\
(2') & 7-x+2y = y & \\
\hline
(1'') & x+2-4y = 24 & |(1'')+(2'') \\
(2'') & -x+7+2y = y & \\
\hline
 & 9-2y = 24+y & |+2y;-24 \\
 & 3y = -15 & |:3 \\
 & y = \underline{-5} &
\end{array}$$

$$\begin{array}{lrl}
\text{y in (1''):} & x+2-4y = 24 & |\,y=-5 \\
 & x+2-4\cdot(-5) = 24 & \\
 & x+2+20 = 24 & |-22 \\
 & x = \underline{2} & \\
 & L = \underline{\underline{\{(2;-5)\}}} &
\end{array}$$

Pflichtbereich Aufgabe P 6

Lösungshinweise:

1. Ermittlung des zur Wertetabelle gehörenden Graphen und der zur Wertetabelle gehörenden Funktionsgleichung

Die vier Wertepaare der Wertetabelle legen Punkte im Koordinatensystem fest.
Zur Wertetabelle gehört derjenige Graph, auf dem alle vier Punkte liegen. Um der Wertetabelle ihren Graphen zuordnen zu können, wird folglich untersucht, auf welchem der beiden Graphen alle durch die Wertetabelle festgelegten Punkte liegen. Allerdings liegen zwei der vier Punkte außerhalb des abgebildeten Ausschnitts des Koordinatensystems, sodass nicht überprüft werden kann, zu welchem der beiden abgebildeten Graphen diese Punkte gehören.
Da in der Aufgabenstellung aber ausdrücklich festgestellt wird, dass einer der beiden Graphen zur Wertetabelle gehört, genügt die Untersuchung der im abgebildeten Ausschnitt des Koordinatensystems liegenden Punkte für die Zuordnung eines der beiden Graphen zur Wertetabelle.

In der Aufgabenstellung wird eigens festgestellt, dass eine der drei Funktionsgleichungen zur Wertetabelle gehört. An diese Feststellung anknüpfend, stehen für die Klärung der Frage, welche Funktionsgleichung dies ist, zwei Vorgehensweisen zur Verfügung.
Zum einen können ausgehend von den durch die Wertetabelle festgelegten Punkten für jeden dieser Punkte mit jeder der drei Gleichungen Punktproben durchgeführt werden. Die gesuchte Gleichung ist diejenige, bei der alle Punktproben positiv ausfallen. Das Verfahren kann durch das Ausschlussprinzip verkürzt werden: Sobald eine Punktprobe negativ ausfällt, scheidet die entsprechende Gleichung aus. Da bekanntermaßen eine Gleichung zur Wertetabelle gehört, kann ggf. auf die verbliebene Gleichung ohne weitere Punktproben geschlossen werden.
Zum anderen können ausgehend von den Gleichungen für jede der Gleichungen mit jedem Punkt aus der Tabelle Punktproben durchgeführt werden. Sobald für eine Gleichung alle Punktproben positiv ausfallen, ist die zur Wertetabelle gehörende Gleichung gefunden. Auch hier gilt: Das Verfahren kann wie in der vorherigen Vorgehensweise abgekürzt werden.
In der Musterlösung wird die zweite Vorgehensweise dargestellt.

2. Einzeichnen des fehlenden Graphen p_3 in das Koordinatensystem

Um Graph p_3 in das Koordinatensystem zeichnen zu können, muss zunächst seine Funktionsgleichung festgestellt werden.
Ohne es ausdrücklich zu benennen, impliziert die Aufgabenstellung, dass die beiden abgebildeten Graphen p_1 und p_2 zu zwei der drei Funktionsgleichungen gehören und somit der noch fehlende Graph p_3 zur verbleibenden dritten Funktionsgleichung gehört.

Funktionsgleichung (A) gehört, wie zuvor festgestellt, zu Graph p_2.
Welche der beiden übrigen Funktionsgleichungen (B) und (C) zum Graphen p_3 gehört, stellen wir fest, indem wir Funktionsgleichung (B) in die Scheitelform umformen und daraus die Scheitelpunktkoordinaten ablesen.
Stimmen die Scheitelpunktkoordinaten mit den Koordinaten von Scheitelpunkt S_1 von Parabel p_1 überein, gehört Funktionsgleichung (B) zu Graph p_1. Daraus würde folgen: Funktionsgleichung (C) ist die Gleichung, zu der Graph p_3 zu zeichnen ist. In diesem Fall ist vor dem Zeichnen Funktionsgleichung (C) noch in die Scheitelform umzuformen.
Sind die Scheitelpunktkoordinaten von Funktionsgleichung (B) nicht mit den Koordinaten von S_1 identisch, ist Funktionsgleichung (B) die Gleichung, zu der Graph p_3 zu zeichnen ist.

Da die algebraischen Strukturen der Funktionsgleichungen (B) und (C) darauf hinweisen, dass ihre Graphen verschobene, nach oben offene Normalparabeln sind, lässt sich Graph p_3 in beiden Fällen anhand der Koordinaten seines Scheitelpunkts einzeichnen.

Ausführliche Lösung:

1. Ermittlung des zur Wertetabelle gehörenden Graphen und der zur Wertetabelle gehörenden Funktionsgleichung

Die Werte der Wertetabelle legen vier Punkte im Koordinatensystem fest:

$P_1(0\,|\,5)$; $P_2(1\,|\,0)$; $P_3(2\,|\,-3)$; $P_4(3\,|\,-4)$

Ermittlung des zur Wertetabelle gehörenden Graphen:

Untersuchung, welche Punkte auf welchem Graphen liegen:

Durch die Wertetabelle festgelegte Punkte	liegt auf p_1	liegt auf p_2
$P_1(0 \mid 5)$	ja	ja
$P_2(1 \mid 0)$	nein	ja
$P_3(2 \mid -3)$	außerhalb des abgebildeten Bereichs, kann nicht untersucht werden	
$P_4(3 \mid -4)$	außerhalb des abgebildeten Bereichs, kann nicht untersucht werden	

Untersuchungsergebnis:
(1) alle überprüfbaren Punkte liegen auf p_2
(2) einer der überprüfbaren Punkte liegt nicht auf p_1

Schlussfolgerung:
Zusammen mit der Formulierung „Zur Wertetabelle gehören einer der beiden Graphen …" in der Aufgabenstellung folgt: Graph p_2 gehört zur Wertetabelle.

Ermittlung der zur Wertetabelle gehörenden Funktionsgleichung:

Punktproben für Funktionsgleichung (A):

$$y = x^2 - 6x + 5$$

$P_1(0 \mid 5)$:
$$5 \stackrel{?}{=} 0^2 - 6 \cdot 0 + 5$$
$$5 \stackrel{!}{=} 5 \quad \Rightarrow \quad P_1 \in (A)$$

$P_2(1 \mid 0)$:
$$0 \stackrel{?}{=} 1^2 - 6 \cdot 1 + 5$$
$$0 \stackrel{?}{=} 1 - 6 + 5$$
$$0 \stackrel{!}{=} 0 \quad \Rightarrow \quad P_2 \in (A)$$

$P_3(2 \mid -3)$:
$$-3 \stackrel{?}{=} 2^2 - 6 \cdot 2 + 5$$
$$-3 \stackrel{?}{=} 4 - 12 + 5$$
$$-3 \stackrel{!}{=} -3 \quad \Rightarrow \quad P_3 \in (A)$$

$P_4(3 \mid -4)$:
$$-4 \stackrel{?}{=} 3^2 - 6 \cdot 3 + 5$$
$$-4 \stackrel{?}{=} 9 - 18 + 5$$
$$-4 \stackrel{!}{=} -4 \quad \Rightarrow \quad P_4 \in (A)$$

Schlussfolgerung:
Zusammen mit der Formulierung „Zur Wertetabelle gehören … eine der drei Funktionsgleichungen" folgt: Funktionsgleichung (A) gehört zur Wertetabelle.

2. Einzeichnen des fehlenden Graphen p_3 in das Koordinatensystem

Die Aufgabenstellung impliziert, dass zwei der drei Funktionsgleichungen zu den abgebildeten Graphen p_1 und p_2 gehören und die dritte Funktionsgleichung zum fehlenden Graphen p_3.

Feststellung, welche Funktionsgleichung zum fehlenden Graphen p_3 gehört:

(1) Funktionsgleichung (A) scheidet aus, da sie zur Wertetabelle und damit zu Graph p_2 gehört.

(2) Untersuchung von Funktionsgleichung (B)

$y = x^2 - 2x + 5$ | quadratisch ergänzen

$y = x^2 - 2x + 1^2 + 5 - 1^2$

$y = (x-1)^2 + 4$

$\Rightarrow$ Scheitelpunkt $\underline{S_{(B)}}(1 \mid 4) \neq S_1(-2 \mid 1)$

Schlussfolgerung:
Funktionsgleichung (B) mit $S_{(B)}(1 \mid 4)$ gehört nicht zu Graph p_1 mit Scheitelpunkt $S_1(-2 \mid 1)$.
$\Rightarrow$ Funktionsgleichung (B) gehört zum fehlenden Graphen p_3.

Einzeichnen von Graph p_3 in das Koordinatensystem in der Aufgabenstellung:

Aus der Struktur von Funktionsgleichung (B) folgt:
Graph p_3 ist eine verschobene, nach oben offene Normalparabel, die mithilfe ihrer Scheitelpunktkoordinaten und einer Schablone gezeichnet werden kann.

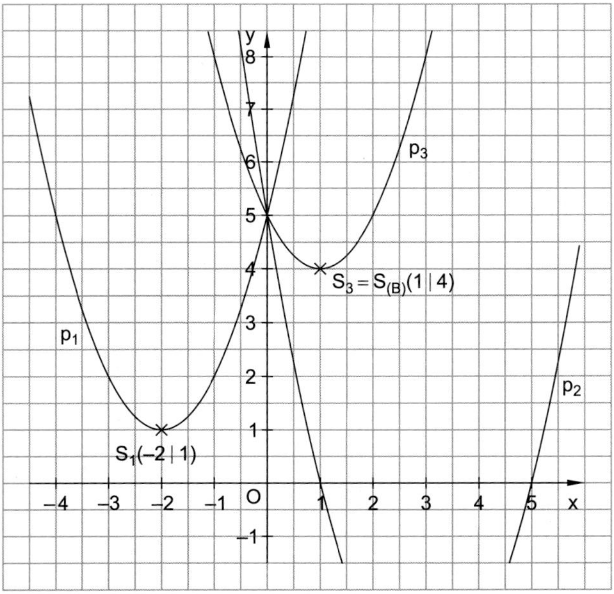

Lösungshinweise:

In der Aufgabenstellung sind zwei verschiedene Situationen zu berücksichtigen:
Situation 1: Mit Berücksichtigung der Farben
Situation 2: Mit Berücksichtigung der Brausefüllung
Zur besseren Übersicht empfiehlt es sich, beide Situationen in jeweils einem eigenen Baumdiagramm bzw. Teil-Baumdiagramm zu visualisieren. Beide Situationen lassen sich als Ziehen ohne Zurücklegen betrachten.

Skizze 1: Baumdiagramm für Situation 1

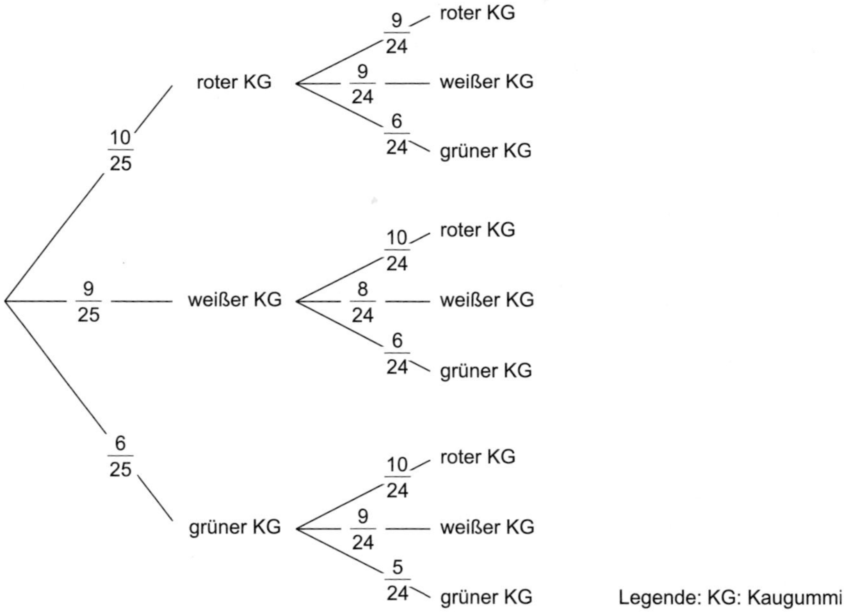

1. Berechnung der Wahrscheinlichkeit, mit der Luisa zuerst einen roten, dann einen weißen Kaugummi erhält

Bei der Berechnung der gesuchten Wahrscheinlichkeit beachten wir, dass die Aufgabenstellung die Reihenfolge der Farben festlegt.

2. Berechnung der Wahrscheinlichkeit, mit der Luisa keinen grünen Kaugummi erhält

Für die Berechnung der gesuchten Wahrscheinlichkeit stehen zum einen die Kombination von Produkt- und Summenregel, zum anderen das Gegenereignis zur Verfügung. In der Musterlösung wird der Lösungsweg über die Kombination von Produkt- und Summenregel dargestellt.

3. **Berechnung der Wahrscheinlichkeit, mit der Luisa zwei mit Brause gefüllte Kaugummis erhält**

Skizze 2: Teil-Baumdiagramm für Situation 2

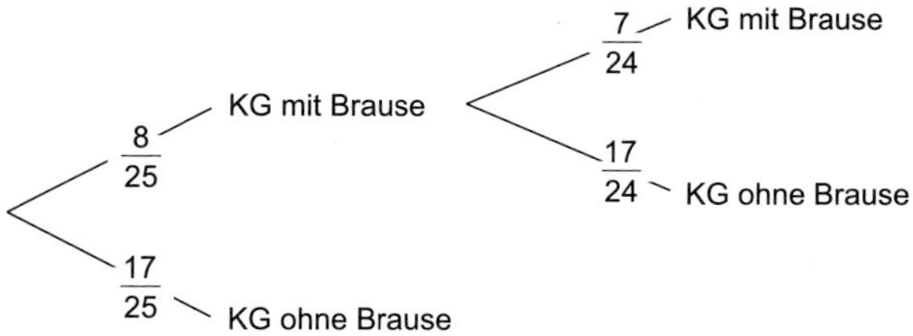

Legende: KG: Kaugummi

Für die Visualisierung der Wahrscheinlichkeit, mit der Luisa zwei mit Brause gefüllte Kaugummis erhält, genügt ein Teil-Baumdiagramm. Um dieses erstellen zu können, ist zunächst die Anzahl der mit Brause gefüllten Kaugummis zu ermitteln.

Für die Berechnung der gesuchten Wahrscheinlichkeit nutzen wir die Produktregel.

Ausführliche Lösung:

Skizze 1: Baumdiagramm für Situation 1

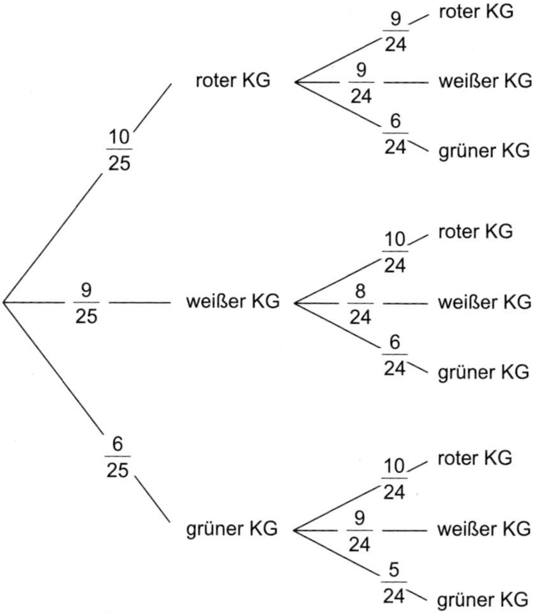

Legende: KG: Kaugummi

1. **Berechnung der Wahrscheinlichkeit, mit der Luisa zuerst einen roten, dann einen weißen Kaugummi erhält**

P(zuerst rot, dann weiß) = P(r; w)

$$P(\text{zuerst rot, dann weiß}) = \frac{10}{25} \cdot \frac{9}{24}$$

$$P(\text{zuerst rot, dann weiß}) = \underline{\underline{\frac{3}{20}}}$$

$$P(\text{zuerst rot, dann weiß}) = \underline{\underline{15{,}0\ \%}}$$

A: Die Wahrscheinlichkeit, mit der Luisa zuerst einen roten, dann einen weißen Kaugummi erhält, beträgt $\frac{3}{20}$ bzw. 15,0 %.

2. Berechnung der Wahrscheinlichkeit, mit der Luisa keinen grünen Kaugummi erhält

$$P(\text{kein grüner Kaugummi}) = P(r; r) + P(r; w) + P(w; r) + P(w; w)$$

$$P(\text{kein grüner Kaugummi}) = \frac{10}{25} \cdot \frac{9}{24} + \frac{10}{25} \cdot \frac{9}{24} + \frac{9}{25} \cdot \frac{10}{24} + \frac{9}{25} \cdot \frac{8}{24}$$

$$P(\text{kein grüner Kaugummi}) = \frac{90}{600} + \frac{90}{600} + \frac{90}{600} + \frac{72}{600}$$

$$P(\text{kein grüner Kaugummi}) = \frac{342}{600}$$

$$P(\text{kein grüner Kaugummi}) = \underline{\underline{\frac{57}{100}}}$$

$$P(\text{kein grüner Kaugummi}) = \underline{\underline{57{,}0\ \%}}$$

A: Die Wahrscheinlichkeit, mit der Luisa keinen grünen Kaugummi erhält, beträgt $\frac{57}{100}$ bzw. 57,0 %.

3. Berechnung der Wahrscheinlichkeit, mit der Luisa zwei mit Brause gefüllte Kaugummis erhält

Berechnung der Anzahl mit Brause gefüllter Kaugummis:

(1) Rote Kaugummis mit Brause: $\frac{10}{2} = \underline{5}$

(2) Grüne Kaugummis mit Brause: $\frac{6}{2} = \underline{3}$

Gesamtzahl der Kaugummis mit Brause: $= \underline{8}$

Teil-Baumdiagramm für Situation 2:

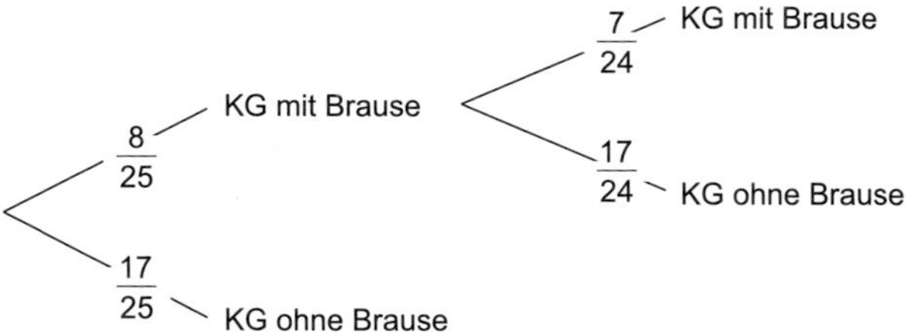

Legende: KG: Kaugummi

Berechnung der Wahrscheinlichkeit, mit der Luisa zwei mit Brause gefüllte Kaugummis erhält:

P(zwei KG mit Brause) = P(KG mit Brause; KG mit Brause)

$$P(\text{zwei KG mit Brause}) = \frac{^{1}\cancel{8}}{25} \cdot \frac{7}{\cancel{24}_{3}}$$

$$P(\text{zwei KG mit Brause}) = \underline{\underline{\frac{7}{75}}}$$

$$P(\text{zwei KG mit Brause}) = 9{,}33\ \%$$

$$P(\text{zwei KG mit Brause}) = \underline{\underline{9{,}3\ \%}}$$

A: Die Wahrscheinlichkeit, mit der Luisa zwei mit Brause gefüllte Kaugummis erhält, beträgt $\frac{7}{75}$ bzw. 9,3 %.

Pflichtbereich Aufgabe P 8

Lösungshinweise:

1. Klärung der Frage, zu welcher Rangliste der dargestellte Boxplot gehört

Grundsätzlich müssen für die sichere Klärung der Frage, zu welcher der beiden Ranglisten der dargestellte Boxplot gehört, die Kennwerte des Boxplots mit den Kennwerten beider Ranglisten verglichen werden.

Zusammen mit dem nachfolgenden Arbeitsauftrag „Zeichnen Sie den Boxplot der anderen Berufsgruppe ein." impliziert die Fragestellung „Zu welcher Rangliste gehört der dargestellte Boxplot?" allerdings, dass der dargestellte Boxplot genau zu einer der beiden Ranglisten gehört.

Für die Klärung der Fragestellung genügt es folglich, die Kennwerte des Boxplots mit den Kennwerten einer der beiden untersuchten Ranglisten zu vergleichen. Stimmen die Kennwerte des Boxplots mit den Kennwerten der ausgewählten Rangliste überein, gehört der Boxplot zu dieser Rangliste. Stimmen die Kennwerte nicht überein, gehört der Boxplot zur anderen Rangliste.
Die Kennwerte des Boxplots werden der Darstellung entnommen. Die Kennwerte der Ranglisten gewinnen wir mit den Verfahren zur Ermittlung von Kennwerten aus Ranglisten.

2. Einzeichnen des Boxplots der „anderen Berufsgruppe" in das Schaubild

Nachdem festgestellt worden ist, zu welcher Rangliste der abgebildete Boxplot gehört, wissen wir, für welche Rangliste der noch fehlende Boxplot in das Schaubild einzuzeichnen ist.
Dies gelingt mit den Kennwerten für diese Rangliste.

3. Klärung der Frage, wie sich der Boxplot für die kaufmännischen Berufe durch das Hinzukommen der vier nachträglich erhobenen Werte ändert

Für die Klärung der Frage stehen zwei Lösungsansätze zur Verfügung. Zum einen können die Kennwerte der durch die vier nachgereichten Werte ergänzten Rangliste ermittelt werden und mit den bisherigen Kennwerten verglichen werden. Zum anderen kann der Einfluss der vier nachgereichten Werte auf die Struktur der bisherigen Datenreihe untersucht werden.
In der Musterlösung wird der erste Lösungsansatz dargestellt.

Ausführliche Lösung:

1. Klärung der Frage, zu welcher Rangliste der dargestellte Boxplot gehört

Feststellung der Kennwerte des dargestellten Boxplots:

$x_{min} = 760,- €$
$q_u = 820,- €$
$z = 890,- €$
$q_o = 920,- €$
$x_{max} = 970,- €$

Ermittlung der Kennwerte für die Rangliste der Ausbildungsvergütungen in technischen Berufen:

$x_{min} = \underline{760,- €}$

q_u: $n \cdot 0,25 = 17 \cdot 0,25 = 4,25 \notin \mathbb{Z} \Rightarrow q_u = x_5 = \underline{820,- €}$

z: $n \cdot 0,5 = 17 \cdot 0,5 = 8,5 \notin \mathbb{Z} \Rightarrow z = x_9 = \underline{890,- €}$

q_o: $n \cdot 0,75 = 17 \cdot 0,75 = 12,75 \notin \mathbb{Z} \Rightarrow q_o = x_{13} = \underline{920,- €}$

$x_{max} = \underline{970,- €}$

Feststellung, ob der dargestellte Boxplot zur Rangliste der Ausbildungsvergütungen in technischen Berufen gehört:

(1) Vergleich der Kennwerte des dargestellten Boxplots mit den Kennwerten der Rangliste für Ausbildungsvergütungen in technischen Berufen:
- Alle Kennwerte des Boxplots stimmen mit den entsprechenden Kennwerten der Rangliste für die technischen Berufe überein.

(2) Schlussfolgerung:
Der dargestellte Boxplot gehört zur Rangliste für Ausbildungsvergütungen in technischen Berufen.

2. Einzeichnen des Boxplots der „anderen Berufsgruppe" in das Schaubild

Der abgebildete Boxplot gehört zu den technischen Berufen.
⇒ Einzuzeichnen ist der Boxplot für die kaufmännischen Berufe.

Ermittlung der Kennwerte für die Rangliste der Ausbildungsvergütungen in kaufmännischen Berufen:

$x_{min} = \underline{760,- €}$

q_u: $n \cdot 0,25 = 13 \cdot 0,25 = 3,25 \notin \mathbb{Z} \Rightarrow q_u = x_4 = \underline{820,- €}$

z: $n \cdot 0,5 = 13 \cdot 0,5 = 6,5 \notin \mathbb{Z} \Rightarrow z = x_7 = \underline{890,- €}$

q_o: $n \cdot 0,75 = 13 \cdot 0,75 = 9,75 \notin \mathbb{Z} \Rightarrow q_o = x_{10} = \underline{940,- €}$

$x_{max} = \underline{970,- €}$

Einzeichnen des Boxplots in die Grafik:

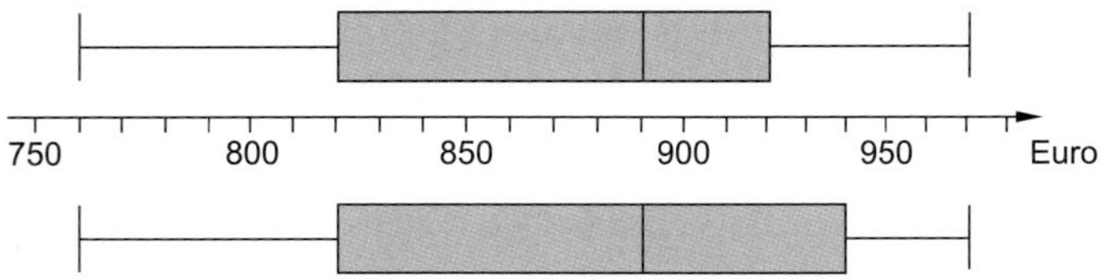

3. Klärung der Frage, wie sich der Boxplot für die kaufmännischen Berufe durch das Hinzukommen der vier nachträglich erhobenen Werte ändert

Ergänzte Rangliste der Ausbildungsvergütungen in kaufmännischen Berufen (in Euro):

Rang	1	2	3	4	5	6	7	8	9	10	11	12	13	14	15	16	17
Wert	760	770	**800**	820	820	840	**850**	880	890	**900**	910	920	940	940	950	**950**	970

Ermittlung der Kennwerte für die ergänzte Rangliste:

$x_{min} = \underline{760,- €}$

q_u: $n \cdot 0,25 = 17 \cdot 0,25 = 4,25 \notin \mathbb{Z} \Rightarrow q_u = x_5 = \underline{820,- €}$

z: $n \cdot 0,5 = 17 \cdot 0,5 = 8,5 \notin \mathbb{Z} \Rightarrow z = x_9 = \underline{890,- €}$

q_o: $n \cdot 0,75 = 17 \cdot 0,75 = 12,75 \notin \mathbb{Z} \Rightarrow q_o = x_{13} = \underline{940,- €}$

$x_{max} = \underline{970,- €}$

Vergleich der Kennwerte der Rangliste der Ausbildungsvergütungen in kaufmännischen Berufen vor und nach Ergänzung der Werte und Schlussfolgerung:

Die Kennwerte ändern sich nicht.

Schlussfolgerung:

Der Boxplot für die Ausbildungsvergütungen in kaufmännischen Berufen ändert sich durch die vier hinzukommenden Werte nicht.

Wahlbereich Aufgabe W 1 a

Lösungshinweise:

Skizze:

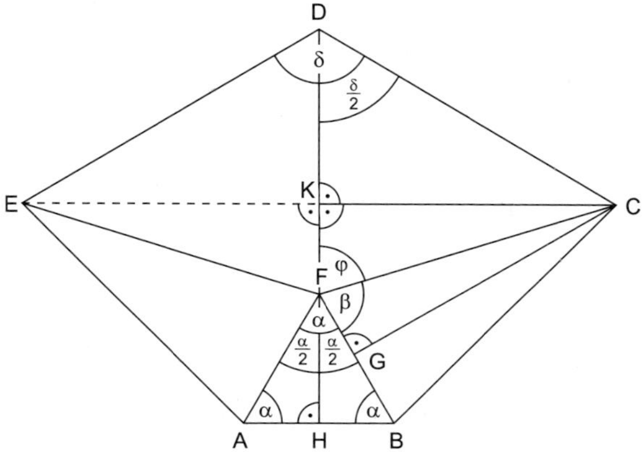

Grundlage für die Lösung der Aufgabe sind die Eigenschaften von Fünfeck ABCDE und seiner Teilfiguren. Es empfiehlt sich, diese vor Beginn der Berechnungen auf Basis des Textes und der Zeichnung in der Aufgabenstellung festzustellen.

Der Abstand des Punkts D zu Strecke AB gliedert sich in die beiden Abschnitte Strecke DF und Strecke FH.

$\overline{FH}$ lässt sich in Dreieck ABF bzw. in einem seiner Teildreiecke ermitteln. Dabei nutzen wir die Eigenschaften des Dreiecks ABF als gleichseitiges Dreieck.

Für die Berechnung von $\overline{DF}$ stehen zwei Alternativen zur Verfügung. Entweder wird $\overline{DF}$ in Dreieck EFD oder in Dreieck FCD ermittelt. In der Musterlösung wird der Weg über Dreieck FCD dargestellt.

Das Lot von Punkt C auf Strecke DF teilt diese in die beiden Teilstrecken DK und KF.

$\overline{KF}$ lässt sich in Dreieck FCK berechnen. Dazu sind zunächst $\overline{CF}$ und die Größe von Winkel φ zu ermitteln. Für die Bestimmung von $\overline{CF}$ nutzen wir die Eigenschaften des gleichschenkligen Dreiecks FBC. Die Berechnung von Winkel φ gelingt über den gestreckten Winkel HFK. Dazu ist zunächst die Größe von Winkel β und von Winkel HFB zu ermitteln.

$\overline{DK}$ erhalten wir in Dreieck KCD, nachdem wir die Größe von Winkel KDC und $\overline{CK}$ ermittelt haben.

Abschließend lässt sich der gesuchte Abstand von Punkt D zu Strecke AB über die Summe der Längen seiner Teilstrecken berechnen.

Ausführliche Lösung:

Skizze:

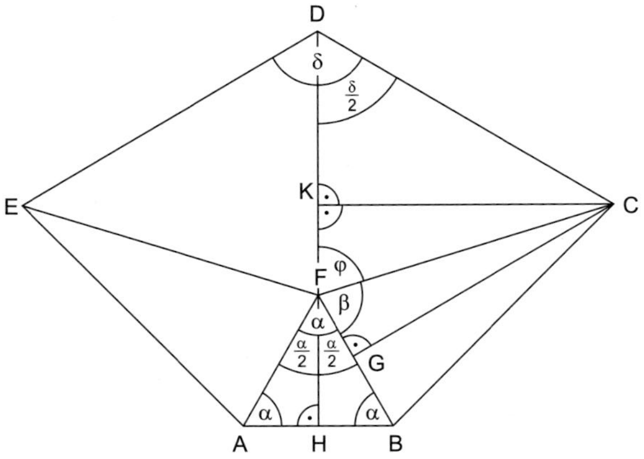

1. Feststellung der für die (Muster-)Lösung benötigten Eigenschaften von Fünfeck ABCDE und seiner Teilfiguren

1. Für Fünfeck ABCDE gilt:
   - (Die Gerade) DF ist Symmetrieachse von Fünfeck ABCDE.
   - Das Lot von Punkt D auf Strecke AB liegt auf dieser Symmetrieachse.
2. Für Drachenviereck DEFC gilt:
   - (Die Gerade) DF ist Symmetrieachse von Drachenviereck DEFC.
3. Für Dreieck FBC gilt:
   - $\overline{CF} = \overline{BC}$

2. Berechnung von $\overline{FH}$

$$\tan\alpha = \frac{\overline{FH}}{\overline{AH}} \qquad |\cdot \overline{AH}$$

$$\overline{FH} = \overline{AH} \cdot \tan\alpha$$

$$\overline{FH} = 1{,}7 \cdot \tan 60{,}0°$$

$$\overline{FH} = \underline{2{,}94 \text{ cm}}$$

NR: **Bestimmung von Winkel α:**
Dreieck ABF ist gleichseitig $\Rightarrow$
$\alpha = \underline{60{,}0°}$

NR: **Bestimmung von $\overline{AH}$:**
Dreieck ABF ist gleichseitig $\Rightarrow$
$\overline{AH} = \frac{\overline{AB}}{2} = \frac{3{,}4}{2} = \underline{1{,}7 \text{ cm}}$

3. Berechnung von $\overline{KF}$

Bestimmung von $\overline{CF}$:

$\overline{CF} = \overline{BC} = \underline{7{,}0 \text{ cm}}$

Berechnung von Winkel β:

$$\cos\beta = \frac{\overline{FG}}{\overline{CF}}$$

| $\overline{FG} = \overline{AH} = \underline{1{,}7 \text{ cm}}$; Eigenschaften des gleichschenkligen Dreiecks FBC und des gleichseitigen Dreiecks ABF

$$\cos\beta = \frac{1{,}7}{7{,}0}$$

$$\beta = \underline{75{,}94°}$$

Berechnung von Winkel φ:

$$\varphi + \beta + \sphericalangle HFB = 180° \qquad \left| \sphericalangle HFB = \frac{\alpha}{2}; \text{ Eigenschaften des gleichseitigen Dreiecks ABF} \right.$$

$$\varphi + \beta + \frac{\alpha}{2} = 180° \qquad \left| -\left(\beta + \frac{\alpha}{2}\right) \right.$$

$$\varphi = 180° - \left(\beta + \frac{\alpha}{2}\right)$$

$$\varphi = 180° - \left(75{,}94° + \frac{60{,}0°}{2}\right)$$

$$\varphi = \underline{74{,}06°}$$

Berechnung von $\overline{KF}$:

$$\cos\varphi = \frac{\overline{KF}}{\overline{CF}} \qquad \left| \cdot \overline{CF} \right.$$

$$\overline{KF} = \overline{CF} \cdot \cos\varphi$$

$$\overline{KF} = 7{,}0 \cdot \cos 74{,}06°$$

$$\overline{KF} = \underline{1{,}92 \text{ cm}}$$

4. Berechnung von $\overline{DK}$

Bestimmung von Winkel KDC:

Die Gerade DF ist Symmetrieachse von Drachenviereck DEFC.

$$\Rightarrow \quad \sphericalangle KDC = \frac{\delta}{2} = \frac{118{,}0°}{2} = \underline{59{,}0°}$$

Berechnung von $\overline{CK}$:

$$\sin\varphi = \frac{\overline{CK}}{\overline{CF}} \qquad \left| \cdot \overline{CF} \right.$$

$$\overline{CK} = \overline{CF} \cdot \sin\varphi$$

$$\overline{CK} = 7{,}0 \cdot \sin 74{,}06°$$

$$\overline{CK} = \underline{6{,}73 \text{ cm}}$$

Berechnung von $\overline{DK}$:

$$\tan \sphericalangle KDC = \frac{\overline{CK}}{\overline{DK}} \qquad \left| \cdot \overline{DK} \right.$$

$$\overline{DK} \cdot \tan \sphericalangle KDC = \overline{CK} \qquad \left| : \tan \sphericalangle KDC \right.$$

$$\overline{DK} = \frac{\overline{CK}}{\tan \sphericalangle KDC}$$

$$\overline{DK} = \frac{6,73}{\tan 59,0°}$$

$$\overline{DK} = \underline{4,04 \text{ cm}}$$

5. Berechnung des Abstands $\overline{DH}$ von Punkt D zu Strecke AB

$\overline{DH} = \overline{DK} + \overline{KF} + \overline{FH}$

$\overline{DH} = 4,04 + 1,92 + 2,94$

$\overline{DH} = \underline{\underline{8,9 \text{ cm}}}$

Wahlbereich Aufgabe W 1 b

Lösungshinweise:

Skizze:

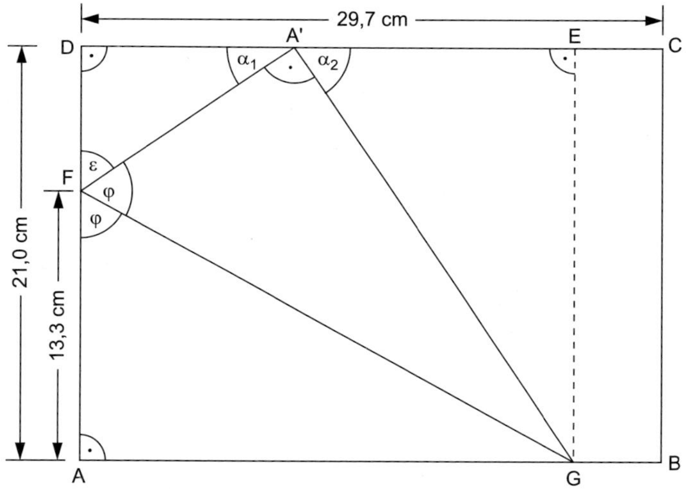

Viereck GBCA' ist ein Trapez. Für die Berechnung seines Flächeninhalts bieten sich zwei Alternativen an:

- Der gesuchte Flächeninhalt wird direkt mit der Flächeninhaltsformel für Trapeze berechnet.
- Der gesuchte Flächeninhalt wird indirekt über die Differenz aus dem Flächeninhalt des Rechtecks ABCD und dem Flächeninhalt des Trapezes AGA'D berechnet.

Die Vorarbeiten sind bei beiden Varianten über weite Strecken identisch. Die Musterlösung folgt dem eher ins Auge springenden ersten Ansatz. Der zweite Ansatz wird anschließend kurz skizziert.

Um den Flächeninhalt von Trapez GBCA' mit der Flächeninhaltsformel für Trapeze berechnen zu können, werden $\overline{CA'}$, $\overline{GB}$ und $\overline{BC}$ benötigt.

$\overline{CA'}$ erhalten wir über die Differenz aus $\overline{CD}$ und $\overline{A'D}$. $\overline{CD}$ ist bekannt. $\overline{A'D}$ lässt sich in Dreieck FA'D berechnen, nachdem $\overline{DF}$ und $\overline{FA'}$ ermittelt wurden.

Für die Berechnung von $\overline{GB}$ stehen zwei Varianten zur Verfügung. Zum einen kann $\overline{GB}$ über die Differenz aus $\overline{AB}$ und $\overline{AG}$ ermittelt werden, zum anderen indirekt über $\overline{CE}$. In der Musterlösung wird die Variante über die Differenz aus $\overline{AB}$ und $\overline{AG}$ dargestellt.

$\overline{AB}$ bestimmen wir mit den Eigenschaften des Rechtecks ABCD. $\overline{AG}$ wird in Dreieck AGF ermittelt. Dazu benötigen wir neben der bekannten Strecke AF noch eine weitere Größe. Diese gewinnen wir mit der Berechnung von Winkel AFG (φ) über den gestreckten Winkel AFD. Dafür ist zunächst noch Winkel A'FD (ε) in Dreieck FA'D zu berechnen und es ist zu zeigen, dass die Winkel GFA' und AFG gleich groß sind. Letzteres gelingt mithilfe der Eigenschaften der Achsenspiegelung bzw. der Faltung.

Alternative Berechnung von $\overline{GB}$ über die gleich lange Strecke CE:

Strecke CE entsteht durch das Fällen des Lots von Punkt G auf Strecke CD. Punkt E teilt Strecke CD in die beiden Teilstrecken CE und ED. $\overline{CD}$ ist bekannt und $\overline{ED}$ lässt sich über die Summe der Längen ihrer beiden Teilstrecken EA' und A'D ermitteln, sodass wir $\overline{CE}$ über die Differenz aus $\overline{CD}$ und $\overline{ED}$ gewinnen.
Da $\overline{A'D}$ bereits bekannt ist, ist für die Berechnung von $\overline{ED}$ lediglich noch $\overline{EA'}$ zu berechnen. Dies gelingt in Dreieck GEA', nachdem die Größe von Winkel GA'E (α_2) ermittelt wurde und die Länge von Strecke GE bestimmt wurde.

$\overline{BC}$ wird mit den Eigenschaften des Rechtecks ABCD bestimmt.
Abschließend lässt sich der gesuchte Flächeninhalt von Viereck GBCA' mittels Flächeninhaltsformel für Trapeze berechnen.

Alternative Berechnung des Flächeninhalts von Viereck GBCA' über die Differenz aus dem Flächeninhalt des Rechtecks ABCD und dem Flächeninhalt des Trapezes AGA'D:

Statt die beiden Teilflächen separat zu ermitteln, empfiehlt es sich, einen Term aufzustellen, der direkt zur gesuchten Fläche von Viereck GBCA' führt:

$A_{GBCA'} = A_{ABCD} - A_{AGA'D}$

Die Größen für den Teil-Term zur Berechnung des Flächeninhalts von Rechteck ABCD sind bekannt.
Für den Teil-Term zur Berechnung des Flächeninhalts von Trapez AGA'D werden $\overline{AG}$, $\overline{A'D}$ und $\overline{DA}$ benötigt.

$\overline{DA}$ ist bekannt.
Die Berechnung von $\overline{AG}$ und $\overline{A'D}$ erfolgt analog zum Vorgehen in der Musterlösung.

Ausführliche Lösung:

Skizze:

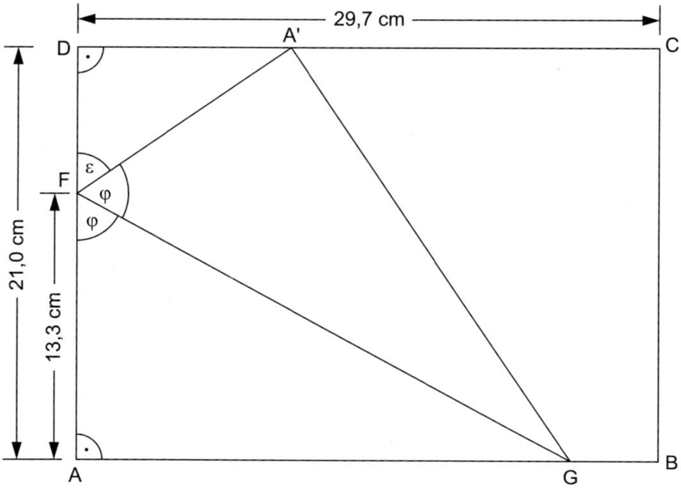

1. Berechnung von $\overline{CA'}$

Berechnung von $\overline{DF}$:

$\overline{DF} = \overline{DA} - \overline{AF}$

$\overline{DF} = 21{,}0 - 13{,}3$

$\overline{DF} = \underline{\underline{7{,}7\text{ cm}}}$

Berechnung von $\overline{A'D}$:

$\overline{A'D}^2 + \overline{DF}^2 = \overline{FA'}^2 \qquad \Big| -\overline{DF}^2$

$\overline{A'D}^2 = \overline{FA'}^2 - \overline{DF}^2 \qquad \Big|$ $\overline{FA'} = \overline{AF} = \underline{13{,}3\text{ cm}}$; Eigenschaften der Achsenspiegelung (Faltung) an Strecke FG

$\overline{A'D}^2 = 13{,}3^2 - 7{,}7^2 \qquad \Big| \sqrt{}$

$\overline{A'D} = \underline{\underline{10{,}84\text{ cm}}}$

Berechnung von $\overline{CA'}$:

$\overline{CA'} = \overline{CD} - \overline{A'D}$

$\overline{CA'} = 29{,}7 - 10{,}84$

$\overline{CA'} = \underline{\underline{18{,}86\text{ cm}}}$

2. Berechnung von $\overline{GB}$

Berechnung von Winkel ε:

$$\tan \varepsilon = \frac{\overline{A'D}}{\overline{DF}}$$

$$\tan \varepsilon = \frac{10{,}84}{7{,}7}$$

$$\varepsilon = \underline{54{,}61°}$$

Berechnung von Winkel φ:

$$2\varphi + \varepsilon = \sphericalangle AFD \qquad |-\varepsilon$$

$$2\varphi = \sphericalangle AFD - \varepsilon \qquad |:2$$

$$\varphi = (\sphericalangle AFD - \varepsilon):2$$

$$\varphi = (180° - 54{,}61°):2$$

$$\varphi = \underline{62{,}70°}$$

NR: **Nachweis, dass gilt: $\sphericalangle GFA' = \sphericalangle AFG = \varphi$:**
Durch die Faltung von Rechteck ABCD an Strecke FG kommt Winkel AFG auf Winkel GFA' zu liegen. Da die Faltung der Kongruenzabbildung Achsenspiegelung entspricht, gilt:
$\underline{\sphericalangle GFA' = \sphericalangle AFG = \varphi}$

Berechnung von $\overline{AG}$:

$$\tan \varphi = \frac{\overline{AG}}{\overline{AF}} \qquad |\cdot \overline{AF}$$

$$\overline{AG} = \overline{AF} \cdot \tan \varphi$$

$$\overline{AG} = 13{,}3 \cdot \tan 62{,}70°$$

$$\overline{AG} = \underline{25{,}77 \text{ cm}}$$

Berechnung von $\overline{GB}$:

$$\overline{GB} = \overline{AB} - \overline{AG} \qquad |\ \overline{AB} = \overline{CD} = \underline{29{,}7 \text{ cm}}; \text{ Eigenschaften des Rechtecks ABCD}$$

$$\overline{GB} = 29{,}7 - 25{,}77$$

$$\overline{GB} = \underline{3{,}93 \text{ cm}}$$

3. Bestimmung von $\overline{BC}$

$$\overline{BC} = \overline{DA} = \underline{21{,}0 \text{ cm}} \qquad |\ \text{Eigenschaften des Rechtecks ABCD}$$

4. Berechnung des Flächeninhalts $A_{GBCA'}$ von Viereck GBCA'

$$A_{GBCA'} = \frac{1}{2}(\overline{GB} + \overline{CA'}) \cdot \overline{BC}$$

$$A_{GBCA'} = \frac{1}{2}(3{,}93 + 18{,}86) \cdot 21{,}0$$

$$A_{GBCA'} = 239{,}3 \text{ cm}^2$$

$$A_{GBCA'} = \underline{\underline{239 \text{ cm}^2}}$$

Lösungshinweise:

Skizze:

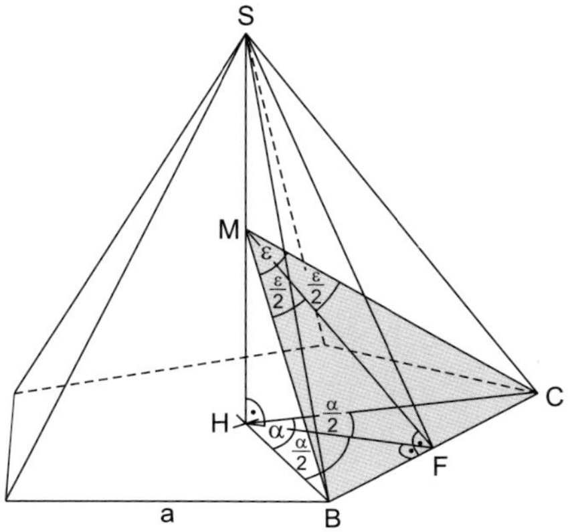

1. Berechnung der Höhe $\overline{SH}$ der Pyramide

Wir gewinnen die gesuchte Höhe der Pyramide, indem wir die Länge ihrer unteren Hälfte zwischen Punkt M und Höhenfußpunkt H ($\overline{MH}$) ermitteln und anschließend verdoppeln.

Für die Berechnung von $\overline{MH}$ stehen zwei Alternativen zur Verfügung.

Zum einen kann $\overline{MH}$ in Dreieck HBM, zum anderen in Dreieck HFM berechnet werden. Die Alternative über Dreieck HBM (mit den Zwischenschritten Berechnung von $\overline{BF}$, $\frac{\alpha}{2}$ und $\overline{HB}$) ist etwas kürzer als die Alternative über Dreieck HFM. Da bei der Alternative über Dreieck HFM allerdings bereits die für die anschließende Berechnung des minimalen Flächeninhalts von Dreieck BCM' notwendige Länge von Strecke FH mitberechnet wird, was zu einer Verkürzung der dortigen Berechnungen führt, folgt die Musterlösung dieser Alternative.

Für die Berechnung von $\overline{MH}$ in Dreieck HFM sind zunächst $\overline{FM}$ und $\overline{FH}$ zu ermitteln. $\overline{FM}$ lässt sich direkt mit den bekannten Größen in einem der beiden Teildreiecke von Dreieck BCM berechnen. Die Berechnung von $\overline{FH}$ gelingt in einem der beiden Teildreiecke von Dreieck BCH auf der Grundfläche der Pyramide. Dazu sind zunächst entweder $\overline{BF}$ oder alternativ $\overline{FC}$ sowie Winkel $\frac{\alpha}{2}$ zu ermitteln.

2. Berechnung des minimalen und des maximalen Flächeninhalts, den Dreieck BCM' annehmen kann

Für die Berechnung der beiden Flächeninhalte nutzen wir die Flächeninhaltsformel für Dreiecke. Ausgehend von dieser Formel wird die Größe des Flächeninhalts eines Dreiecks bestimmt durch:
1. die Länge der für die Berechnung gewählten Dreieckseite (Grundseite)
2. die Länge der Höhe auf dieser Seite

Als Grundseite wählen wir Seite BC. Die zugehörige Höhe ist Strecke FM'. Bei einer Bewegung von Punkt M' auf der Höhe der Pyramide bleibt $\overline{BC}$ unverändert, während sich $\overline{FM'}$ ändert.

Für die Ermittlung des minimalen und des maximalen Flächeninhalts von Dreieck BCM' müssen folglich die Positionen von Punkt M' bestimmt werden, für welche $\overline{FM'}$ die minimale

Länge annimmt bzw. für welche $\overline{FM'}$ die maximale Länge annimmt. Ausgehend davon werden dann $\overline{FM'}_{min}$ und $\overline{FM'}_{max}$ ermittelt.

Ausführliche Lösung:

Skizze:

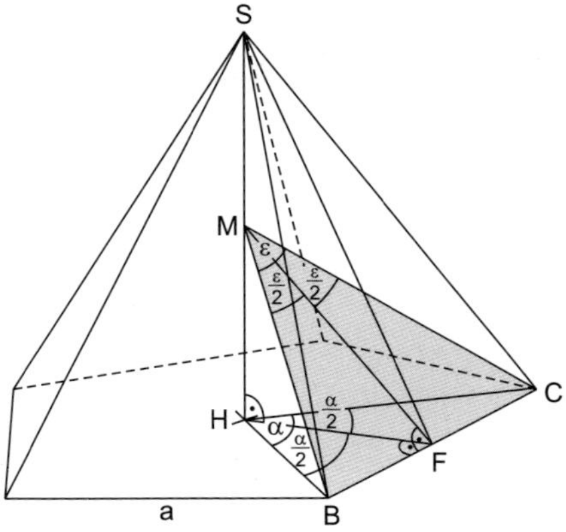

1. Berechnung der Höhe $\overline{SH}$ der Pyramide

Berechnung von $\overline{FM}$:

$$\cos\frac{\varepsilon}{2} = \frac{\overline{FM}}{\overline{BM}} \qquad |\cdot \overline{BM}$$

$$\overline{FM} = \overline{BM} \cdot \cos\frac{\varepsilon}{2} \qquad \left| \frac{\varepsilon}{2} = \frac{48{,}0°}{2} = \underline{24{,}0°}; \right.$$ Eigenschaften des gleichschenkligen Dreiecks BCM

$$\overline{FM} = 8{,}0 \cdot \cos 24{,}0°$$

$$\overline{FM} = \underline{7{,}31\,\text{cm}}$$

Berechnung von $\overline{BF}$:

$$\sin\frac{\varepsilon}{2} = \frac{\overline{BF}}{\overline{BM}} \qquad |\cdot \overline{BM}$$

$$\overline{BF} = \overline{BM} \cdot \sin\frac{\varepsilon}{2}$$

$$\overline{BF} = 8{,}0 \cdot \sin 24{,}0°$$

$$\overline{BF} = \underline{3{,}25\,\text{cm}}$$

Berechnung von $\overline{FH}$:

$$\tan\frac{\alpha}{2} = \frac{\overline{BF}}{\overline{FH}} \quad \left| \cdot \overline{FH} \right.$$

$$\overline{FH}\cdot\tan\frac{\alpha}{2} = \overline{BF} \quad \left| : \tan\frac{\alpha}{2} \right.$$

$$\overline{FH} = \frac{\overline{BF}}{\tan\frac{\alpha}{2}}$$

$$\overline{FH} = \frac{3{,}25}{\tan 36{,}0°}$$

$$\overline{FH} = \underline{\underline{4{,}47\ \text{cm}}}$$

NR: **Berechnung von Mittelpunktswinkel α und von $\frac{\alpha}{2}$:**

$$\alpha = \frac{360°}{n} \quad \left| n = 5 \right.$$

$$\alpha = \frac{360°}{5} = \underline{72{,}0°}$$

$$\Rightarrow \quad \frac{\alpha}{2} = \underline{36{,}0°}$$

Berechnung von $\overline{MH}$:

$$\overline{MH}^2 + \overline{FH}^2 = \overline{FM}^2 \quad \left| -\overline{FH}^2 \right.$$

$$\overline{MH}^2 = \overline{FM}^2 - \overline{FH}^2$$

$$\overline{MH}^2 = 7{,}31^2 - 4{,}47^2 \quad \left| \sqrt{\ } \right.$$

$$\overline{MH} = \underline{5{,}78\ \text{cm}}$$

Berechnung von Pyramidenhöhe $\overline{SH}$:

$$\overline{SH} = 2\cdot\overline{MH}$$

$$\overline{SH} = 2\cdot 5{,}78$$

$$\overline{SH} = 11{,}56\ \text{cm}$$

$$\overline{SH} = \underline{\underline{11{,}6\ \text{cm}}}$$

2. Berechnung des minimalen und des maximalen Flächeninhalts, den Dreieck BCM' annehmen kann

Feststellung, für welche Lage von M' der Flächeninhalt von Dreieck BCM' seine minimale bzw. maximale Größe annimmt:

Ausgehend von der Flächeninhaltsformel $A = \frac{1}{2}g\cdot h$ wählen wir für die Berechnung des minimalen und des maximalen Flächeninhalts von Dreieck BCM' jeweils Strecke BC als „Grundseite“. Zugehörige Höhe ist dann jeweils Strecke FM'.

Bei der Bewegung von Punkt M' auf der Höhe der Pyramide bleibt $\overline{BC}$ konstant; es ändert sich ausschließlich $\overline{FM'}$.

- Der Flächeninhalt von Dreieck BCM' erreicht folglich seine minimale Größe A_{min}, wenn $\overline{FM'}$ am kürzesten ist. Dies ist der Fall, wenn Punkt M' auf Höhenfußpunkt H fällt:
  $\overline{FM'}_{min} = \overline{FH}$
- Der Flächeninhalt von Dreieck BCM' erreicht folglich seine maximale Größe A_{max}, wenn $\overline{FM'}$ am längsten ist. Dies ist der Fall, wenn Punkt M' auf Pyramidenspitze S fällt:
  $\overline{FM'}_{max} = \overline{FS}$

Berechnung des minimalen Flächeninhalts A_{min} von Dreieck BCM':

$A_{min} = \frac{1}{2}\overline{BC} \cdot \overline{FM'}_{min}$ $\quad |\overline{FM'}_{min} = \overline{FH} = \underline{4{,}47\text{ cm}}$

$A_{min} = \frac{1}{2} \cdot 6{,}5 \cdot 4{,}47$

$A_{min} = 14{,}53\text{ cm}^2$

$A_{min} = \underline{\underline{14{,}5\text{ cm}^2}}$

NR: **Bestimmung von $\overline{BC}$:**
Dreieck BCM ist gleichschenklig mit den Schenkeln BM und CM
$\Rightarrow$ Lotfußpunkt F halbiert $\overline{BC}$
$\Rightarrow$ $\overline{BC} = 2 \cdot \overline{BF} = 2 \cdot 3{,}25 = \underline{6{,}5\text{ cm}}$

Berechnung des maximalen Flächeninhalts A_{max} von Dreieck BCM':

$A_{max} = \frac{1}{2}\overline{BC} \cdot \overline{FM'}_{max}$ $\quad |\overline{FM'}_{max} = \overline{FS} = \underline{12{,}43\text{ cm}}$

$A_{max} = \frac{1}{2} \cdot 6{,}5 \cdot 12{,}43$

$A_{max} = \underline{\underline{40{,}4\text{ cm}^2}}$

NR: **Berechnung von $\overline{FS}$:**
$\overline{FS}^2 = \overline{SH}^2 + \overline{FH}^2$
$\overline{FS}^2 = 11{,}6^2 + 4{,}47^2 \quad |\sqrt{\ }$
$\overline{FS} = \underline{12{,}43\text{ cm}}$

Hinweis: Wird $\overline{FS}$ mit der auf Hundertstel angegebenen Länge 11,56 cm für $\overline{SH}$ ermittelt, lautet das Endergebnis: $A_{max} = 40{,}3\text{ cm}^2$

Wahlbereich Aufgabe W 2 b

Lösungshinweise:

Skizze:

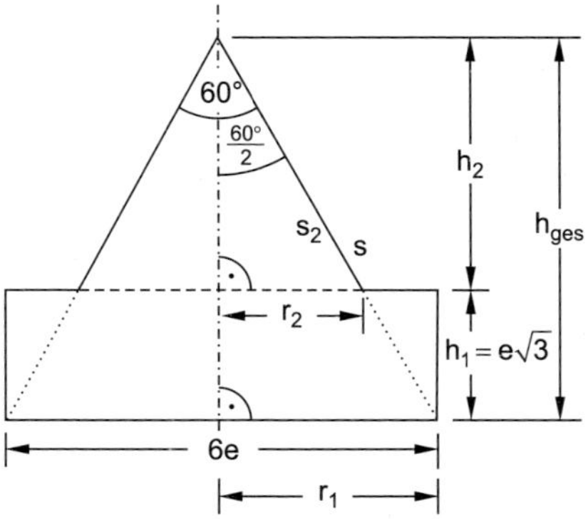

Wir führen den Beweis, indem wir das Volumen des zusammengesetzten Körpers berechnen, und zeigen so, dass die Behauptung stimmt.

In der Musterlösung wird dafür ein Gesamtterm aufgestellt, der die beiden Teilterme zur Berechnung des Zylindervolumens und des Kegelvolumens zusammenfasst. Alternativ können beide Teilvolumina separat ermittelt werden und anschließend addiert werden.

Die Höhe des Zylinders ist bekannt, sodass für die Berechnung des Zylinderanteils am Gesamtvolumen lediglich noch Zylinderradius r_1 berechnet werden muss.

Für die Berechnung des Kegelanteils am Gesamtvolumen sind Kegelhöhe h_2 und Kegelradius r_2 zu ermitteln.

Kegelhöhe h_2 gewinnen wir über die Differenz aus der Gesamthöhe h_{ges} und der bekannten Höhe h_1. Dazu ist zunächst noch h_{ges} auf der erweiterten Schnittfläche des Kegels zu berechnen. Kegelradius r_2 erhalten wir anschließend auf der Schnittfläche des Kegels oder alternativ auf der erweiterten Schnittfläche des Kegels.

Abschließend wird mit dem aufgestellten Term das Volumen des Gesamtkörpers berechnet und so gezeigt, dass die Behauptung stimmt.

Ausführliche Lösung:

Skizze:

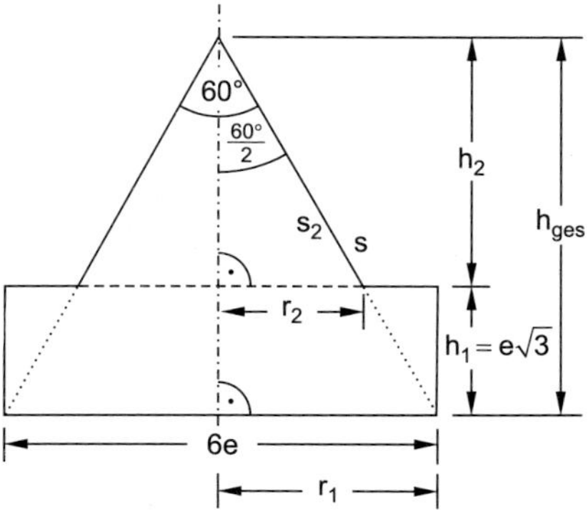

Berechnung von Zylinderradius r_1:

$$r_1 = \frac{6e}{2} = \underline{\underline{3e}}$$

Berechnung von Körperhöhe h_{ges}:

$$\tan\frac{60^\circ}{2} = \frac{r_1}{h_{ges}} \quad |\cdot h_{ges}$$

$$h_{ges} \cdot \tan 30^\circ = r_1 \quad |: \tan 30^\circ$$

$$h_{ges} = \frac{r_1}{\tan 30^\circ}$$

$$h_{ges} = \frac{3e}{\frac{1}{3}\sqrt{3}}$$

$$h_{ges} = \frac{3 \cdot 3e}{\sqrt{3}} \quad |\text{Rationalmachen des Nenners}$$

$$h_{ges} = \frac{9e\sqrt{3}}{\sqrt{3} \cdot \sqrt{3}}$$

$$h_{ges} = \frac{{}^{3}\not{9}e\sqrt{3}}{\not{3}_{1}}$$

$$h_{ges} = \underline{\underline{3e\sqrt{3}}}$$

Berechnung von Kegelhöhe h_2:

$h_2 = h_{ges} - h_1$

$h_2 = 3e\sqrt{3} - e\sqrt{3}$

$h_2 = \underline{2e\sqrt{3}}$

Berechnung von Kegelradius r_2:

$\tan\frac{60°}{2} = \frac{r_2}{h_2} \qquad |\cdot h_2$

$r_2 = h_2 \cdot \tan 30°$

$r_2 = 2e\sqrt{3} \cdot \frac{1}{3}\sqrt{3}$

$r_2 = \frac{2e \cdot \cancel{3}}{\cancel{3}}$

$r_2 = \underline{2e}$

Beweisführung für $V_{ges} = \frac{35}{3}\pi e^3\sqrt{3}$:

$V_{ges} = V_{Zylinder} + V_{Kegel}$

$V_{ges} = \pi r_1{}^2 \cdot h_1 + \frac{1}{3}\pi r_2{}^2 \cdot h_2$

$V_{ges} = \pi \cdot (3e)^2 \cdot e\sqrt{3} + \frac{1}{3}\pi \cdot (2e)^2 \cdot 2e\sqrt{3}$

$V_{ges} = \pi \cdot 9e^2 \cdot e\sqrt{3} + \frac{1}{3}\pi \cdot 4e^2 \cdot 2e\sqrt{3}$

$V_{ges} = 9\pi e^3\sqrt{3} + \frac{8}{3}\pi e^3\sqrt{3}$

$V_{ges} = \frac{27}{3}\pi e^3\sqrt{3} + \frac{8}{3}\pi e^3\sqrt{3}$

$V_{ges} = \underline{\underline{\frac{35}{3}\pi e^3\sqrt{3}}}$ w. z. b. w.

Lösungshinweise:

Skizze:

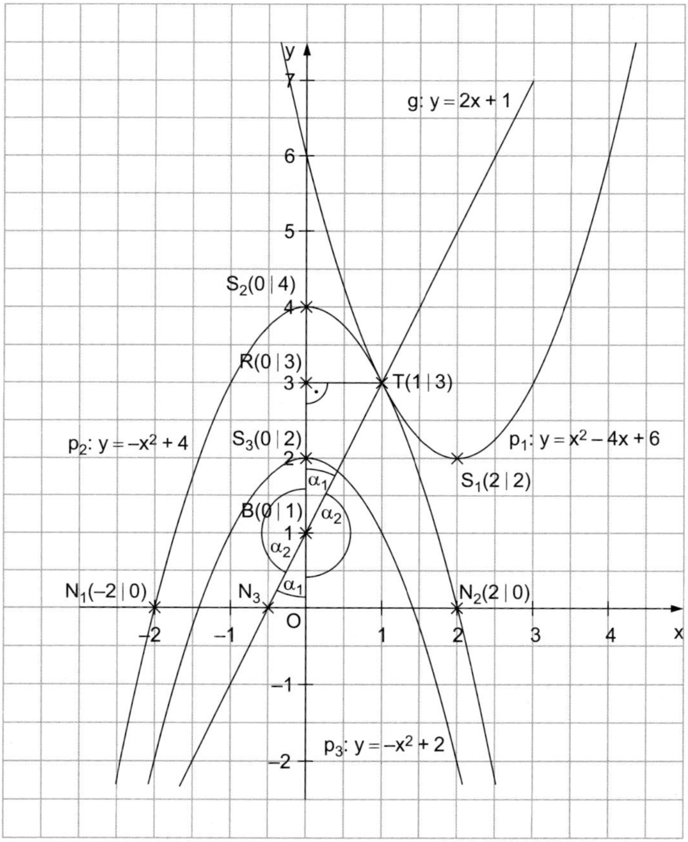

1. Berechnung der Koordinaten des gemeinsamen Punkts T der Parabeln p_1 und p_2

Für die Berechnung der Koordinaten des gemeinsamen Punkts T der beiden Parabeln benötigen wir die Funktionsgleichungen der beiden Parabeln.

Parabel p_1 mit Scheitelpunkt $S_1(2 | 2)$ ist eine verschobene, nach oben geöffnete Normalparabel. Wir erhalten ihre Funktionsgleichung mithilfe der Koordinaten ihres Scheitelpunkts S_1 über die Scheitelform der Parabelgleichung.

Parabel p_2 ist eine nach unten geöffnete Normalparabel. Für die Ermittlung ihrer Funktionsgleichung stehen zwei Alternativen zur Verfügung.
In der Musterlösung wird die Gleichung von Parabel p_2 über das Standardverfahren ausgehend von einem Gleichungssystem mit zwei Gleichungen ermittelt. Dazu werden die bekannten Koordinaten der beiden Schnittpunkte N_1 und N_2 von Parabel p_2 mit der x-Achse jeweils in die Normalform für quadratische Funktionen eingesetzt. Beim Aufstellen der Gleichungen beachten wir die Öffnungsrichtung von Parabel p_2. Über das entstandene Gleichungssystem

erhalten wir den Wert für c. Für die Berechnung von b setzen wir den Wert von c in eine der Gleichungen ein. Das Einsetzen der für c und b berechneten Werte in die Normalform für quadratische Funktionen führt zur Gleichung von Parabel p_2. Beim Aufstellen der Gleichung beachten wir wieder die Öffnungsrichtung von Parabel p_2.

Alternativer Lösungsweg zur Ermittlung der Gleichung von Parabel p_2:
Aus der Information, dass Parabel p_2 eine nach unten geöffnete Normalparabel ist, folgt zusammen mit der Lage ihrer beiden Schnittpunkte N_1 und N_2 mit der x-Achse, dass der Scheitelpunkt S_2 von p_2 zum einen auf der y-Achse und zum anderen oberhalb der x-Achse liegt. Somit können die Form der Gleichung und der Wert von Vorfaktor a bestimmt werden. Für die Gleichung von Parabel p_2 folgt: p_2: $y = -x^2 + c$.

Mit den Koordinaten von N_1 oder alternativ N_2 kann der Wert für c berechnet und mit diesem die Gleichung der Parabel vervollständigt werden.

Nachdem die Funktionsgleichungen der beiden Parabeln ermittelt worden sind, können die Koordinaten des gemeinsamen Punkts T berechnet werden.
Für die Berechnung der x-Koordinate werden die Funktionsgleichungen der beiden Parabeln gleichgesetzt. Wir erhalten (nur) einen x-Wert. Für die Ermittlung der y-Koordinate von Punkt T setzen wir diesen Wert in eine der beiden Funktionsgleichungen ein.

2. Berechnung der Funktionsgleichung von Gerade g

Die Funktionsgleichung von Gerade g lässt sich mit der Hauptform für lineare Funktionen bestimmen.
Steigungsfaktor m ist bekannt. Den noch unbekannten y-Achsenabschnitt c_g gewinnen wir mithilfe des Werts von Steigungsfaktor m und der Koordinaten von Punkt T.

3. Berechnung der Winkel, unter denen sich Gerade g und die y-Achse schneiden

Am Schnittpunkt von Gerade g mit der y-Achse entstehen insgesamt vier Winkel. Da die beiden jeweils gegenüberliegenden Winkel als Scheitelwinkel gleich groß sind, sind nur zwei Berechnungen notwendig, um die Größen der gesuchten Schnittwinkel angeben zu können.

Wird von Punkt T aus das Lot auf die y-Achse gefällt, entsteht das rechtwinklige Dreieck BTR. Punkt B ist der Schnittpunkt von Gerade g mit der y-Achse. Punkt R ist der Lotfußpunkt des Lots von T auf die y-Achse.
Die Längen der Katheten von Dreieck BTR lassen sich über die Koordinaten der drei Punkte ermitteln, sodass Winkel TBR (α_1) in Dreieck BTR ermittelt werden kann.
Anschließend wird der Nebenwinkel OBT (α_2) mit dem Nebenwinkelsatz gewonnen.

4. Benennung der Gleichung einer Parabel p_3, die weder mit p_1 noch mit p_2 einen gemeinsamen Punkt hat

Es gibt unendlich viele Parabeln, die weder mit p_1 noch mit p_2 einen gemeinsamen Punkt haben. Im Koordinatensystem gibt es zwei Orte, wo diese Parabeln liegen können: Sie liegen entweder „innerhalb" von Parabel p_1 oder „innerhalb" von Parabel p_2.

In der Musterlösung wird das Vorgehen zum Finden einer passenden Parabel und zum Benennen ihrer Funktionsgleichung exemplarisch an einer Parabel dargestellt, die „innerhalb" von Parabel p_2 liegt.

Als Grundlage für das Erarbeiten einer Lösung empfiehlt es sich, ein Schaubild mit den beiden Parabeln p_1 und p_2 anzufertigen. Da beide Parabeln die Form einer Normalparabel besitzen, lassen sie sich mithilfe ihrer Scheitelpunktkoordinaten einzeichnen. Die Koordinaten von S_1 sind bekannt; die Koordinaten von S_2 gewinnen wir über die Funktionsgleichung von p_2.

Damit Parabel p_3 vollkommen „innerhalb" von p_2 liegt und damit weder p_2 noch p_1 schneidet oder berührt, sind beim Einbetten von Parabel p_3 in das Koordinatensystem folgende Punkte zu beachten:

(1) S_3 liegt senkrecht unterhalb von S_2.
(2) p_3 öffnet sich in die gleiche Richtung wie p_2.
(3) p_3 ist gleich steil oder steiler als p_2.

An die Merkmale der eingebetteten Parabel anknüpfend, lässt sich deren Gleichung benennen.

Abschließend muss jetzt noch rechnerisch nachgewiesen werden, dass die gewählte Parabel p_3 weder mit p_1 noch mit p_2 einen gemeinsamen Punkt hat. Dazu setzen wir die Gleichung von p_3 jeweils separat mit den Gleichungen von p_1 und p_2 gleich. Besitzt p_3 – wie gewünscht – keinen gemeinsamen Punkt mit p_1 und p_2, erhalten wir in beiden Fällen keine Lösung. Besäße p_3 hingegen mit einer der beiden Parabeln p_1 und p_2 einen gemeinsamen Punkt, würden wir eine Lösung erhalten. In diesem Fall wäre die von uns für p_3 benannte Gleichung unkorrekt und wir müssten eine neue Gleichung erarbeiten.

Ausführliche Lösung:

Skizze:

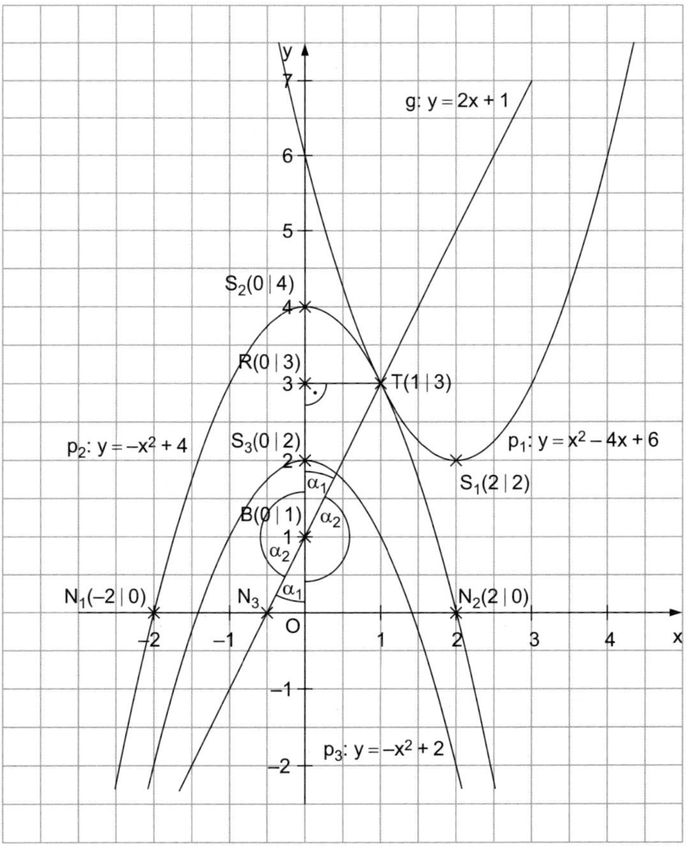

1. Berechnung der Koordinaten des gemeinsamen Punkts T der Parabeln p_1 und p_2

Berechnung der Funktionsgleichung von Parabel p_1:

$p_1\colon\ y=(x-d)^2+e \qquad |S_1(2|2) \Rightarrow d=2;\ e=2$

$p_1\colon\ \underline{y=(x-2)^2+2}$

$p_1\colon\ y=x^2-4x+4+2$

$p_1\colon\ \underline{y=x^2-4x+6}$

Ermittlung der Funktionsgleichung von Parabel p_2:
Berechnung von b und c für Parabel p_2:

Hinweis: Zum alternativen Lösungsweg siehe Lösungshinweise

	$y=-x^2+bx+c$	
(1) $N_1(-2\|0)$:	$0=-(-2)^2+b\cdot(-2)+c$	
(2) $N_2(2\|0)$:	$0=-2^2+b\cdot 2+c$	
(1')	$0=-4-2b+c$	$\|(1')+(2')$
(2')	$0=-4+2b+c$	

$0=-8+2c \qquad |+8$

$2c=8 \qquad |:2$

$c=\underline{4}$

c in (2'): $0=-4+2b+c \qquad |c=4$

$0=-4+2b+4$

$2b=0 \qquad |:2$

$b=\underline{0}$

Bestimmung der Funktionsgleichung von Parabel p_2:

$p_2\colon\ y=-x^2+bx+c \qquad |b=0;\ c=4$

$p_2\colon\ y=-x^2+0x+4$

$p_2\colon\ \underline{y=-x^2+4}$

Berechnung der Koordinaten von Punkt T:

$p_1=p_2$

$x^2-4x+6=-x^2+4 \qquad |+x^2;\ -4$

$2x^2-4x+2=0 \qquad |:2$

$x^2-2x+1=0$

$$x_{1/2}=-\frac{p}{2}\pm\sqrt{\left(\frac{p}{2}\right)^2-q}$$

$$x_{1/2}=-\frac{-2}{2}\pm\sqrt{\left(\frac{-2}{2}\right)^2-1}$$

$$x = 1 \pm \sqrt{0}$$
$$x = 1 \pm 0$$
$$x = \underline{1}$$

x in p_2: $y = -x^2 + 4 \quad |\, x = 1$

$$y = -1^2 + 4$$
$$y = \underline{3} \quad \Rightarrow \quad \underline{\underline{T(1|3)}}$$

2. Berechnung der Funktionsgleichung von Gerade g

g: $y = mx + c_g \quad |\, m = 2$

g: $\underline{\underline{y = 2x + 1}}$

NR: **Berechnung von y-Achsenabschnitt c_g:**

$$y = mx + c_g \quad |-mx$$
$$c_g = y - mx \quad |\, m = 2;\, T(1|3)$$
$$c_g = 3 - 2 \cdot 1$$
$$c_g = \underline{1}$$

3. Berechnung der Winkel, unter denen sich Gerade g und die y-Achse schneiden

Feststellung der vier Winkel, unter denen sich Gerade g und die y-Achse schneiden:

(1) $\sphericalangle TBR = \alpha_1$

(2) $\sphericalangle OBT = \alpha_2$

(3) $\sphericalangle N_3BO = \alpha_1$ |Scheitelwinkel zu $\sphericalangle TBR$

(4) $\sphericalangle RBN_3 = \alpha_2$ |Scheitelwinkel zu $\sphericalangle OBT$

Berechnung von Winkel α_1 über $\sphericalangle$ TBR:

$$\tan \alpha_1 = \frac{\overline{TR}}{\overline{RB}}$$
$$\tan \alpha_1 = \frac{1}{2}$$
$$\alpha_1 = 26{,}57°$$
$$\alpha_1 = \underline{\underline{26{,}6°}}$$

NR: **Bestimmung von $\overline{TR}$:**

$$\overline{TR} = |x_T| = |1| = \underline{1\ LE}$$

NR: **Berechnung von $\overline{RB}$:**

$$\overline{RB} = |y_R| - |y_B|$$
$$\overline{RB} = |3| - |1|$$
$$\overline{RB} = \underline{2\ LE}$$

Berechnung von Winkel α_2 über $\sphericalangle$ OBT:

$$\alpha_2 = \sphericalangle OBR - \alpha_1$$
$$\alpha_2 = 180{,}0° - 26{,}6°$$
$$\alpha_2 = \underline{\underline{153{,}4°}}$$

4. Benennung der Gleichung einer Parabel p_3, die weder mit p_1 noch mit p_2 einen gemeinsamen Punkt hat

Skizze 2: Schaubild mit den Parabeln p_1 und p_2:

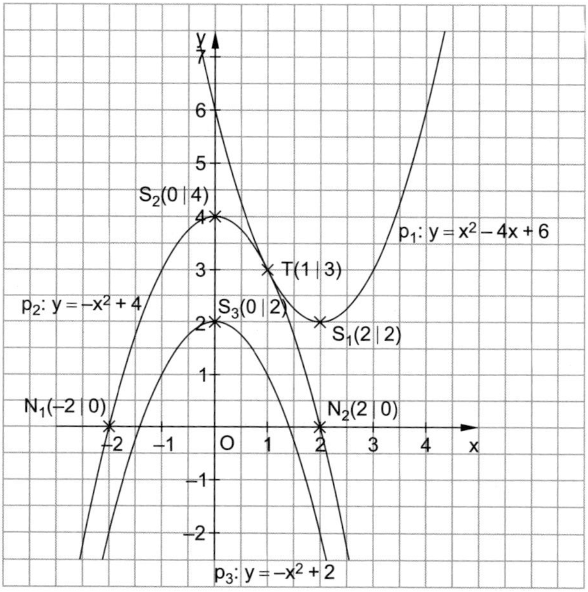

NR: **Bestimmung der Koordinaten von Scheitelpunkt S_2 von Parabel p_2:**

$p_2\colon\ y = -x^2 + 4 \ \Rightarrow\ \underline{S_2(0\,|\,4)}$

Einbettung von Parabel p_3 in das Schaubild, sodass Parabel p_3 keinen gemeinsamen Punkt mit den Parabeln p_1 und p_2 hat:

Lösungsvorschlag am Beispiel der „innerhalb“ von Parabel p_2 eingebetteten Parabel p_3 mit dem Scheitelpunkt $S_3(0\,|\,2)$ und $a_3 = -1$.

(1) Lage von Scheitelpunkt S_3:
unterhalb von $S_2(0\,|\,4)$ auf der senkrechten Geraden durch S_2 und damit auf der y-Achse
$\Rightarrow$ Scheitelpunkt $S_3(0\,|\,c_3)$ mit $c_3 < 4$
$\Rightarrow$ Form der Gleichung: $p_3\colon\ y = a_3x^2 + c_3$

(2) Öffnung von Parabel p_3:
wie p_2 nach unten geöffnet $\Rightarrow$ $a_3 < 0$ (a_3 ist negativ)

(3) Form von Parabel p_3 im Vgl. zur Form von Parabel p_2:
p_3 muss gleich steil oder steiler (gestreckter) als p_2 sein $\Rightarrow$ $|a_3| \geq 1$

(4) Aus (2): $a_3 < 0$ (a_3 ist negativ) und (3): $|a_3| \geq 1$ folgt: $a_3 \leq -1$

Benennung einer entsprechenden Gleichung für Parabel p_3:

Festlegung:
- $a_3 = -1$
- $c_3 = 2$

$p_3\colon\ y = a_3x^2 + c_3$

$p_3\colon\ \underline{\underline{y = -x^2 + 2}}$

Rechnerischer Nachweis, dass p_3 keinen gemeinsamen Punkt mit p_1 hat:

$$p_3 = p_1$$

$$-x^2 + 2 = x^2 - 4x + 6 \qquad |+x^2;\ -2$$

$$2x^2 - 4x + 4 = 0 \qquad |:2$$

$$x^2 - 2x + 2 = 0$$

$$x_{1/2} = -\frac{p}{2} \pm \sqrt{\left(\frac{p}{2}\right)^2 - q}$$

$$x_{1/2} = -\frac{-2}{2} \pm \sqrt{\left(\frac{-2}{2}\right)^2 - 2}$$

$$x_{1/2} = 1 \pm \sqrt{1-2}$$

$$x_{1/2} = 1 \pm \sqrt{-1}$$

Diskriminante $\underline{D < 0}$ w. z. b. w.

Damit ist gezeigt, dass p_3 und p_1 keinen gemeinsamen Punkt haben.

Rechnerischer Nachweis, dass p_3 keinen gemeinsamen Punkt mit p_2 hat:

$$p_3 = p_2$$

$$\cancel{-x^2} + 2 = \cancel{-x^2} + 4$$

$2 = 4$ $\quad$ <u>Widerspruch!</u> $\Rightarrow$ Die Gleichung hat keine Lösung. w. z. b. w.

Damit ist gezeigt, dass p_3 und p_2 keinen gemeinsamen Punkt haben.

Wahlbereich Aufgabe W 3 b

Lösungshinweise:

Skizze:

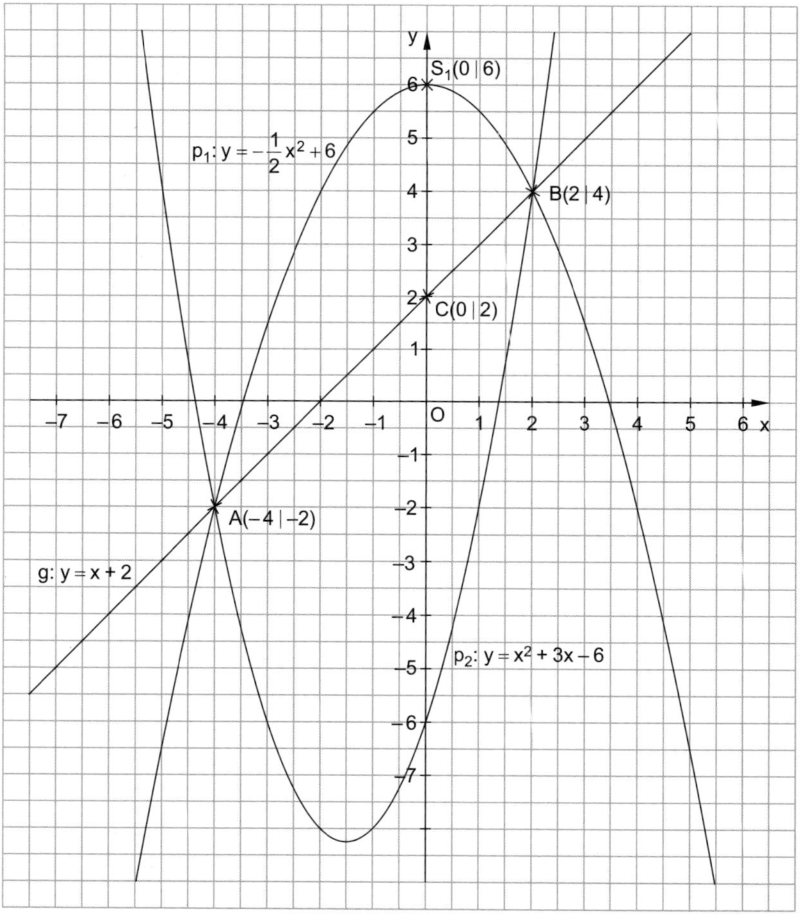

1. Berechnung der Koordinaten des zweiten Schnittpunkts A der beiden Parabeln p_1 und p_2

Für die Berechnung der Koordinaten des zweiten Schnittpunkts A der beiden Parabeln benötigen wir die Funktionsgleichungen der beiden Parabeln.

Die Form der Funktionsgleichung von Parabel p_1 wird mit $y = ax^2 + c$ angegeben. Der Wert für c lässt sich mit den bekannten Koordinaten von Scheitelpunkt S_1 bestimmen. Für die Ermittlung des Werts von Vorfaktor a nutzen wir die bekannte Gleichung von p_1 sowie den Wert von c und die Koordinaten des auf Parabel p_1 liegenden Punkts B.

Die Gleichung von Parabel p_2 ist bis auf den Wert von c_{p_2} bekannt.

Für die Berechnung von c_{p_2} nutzen wir die bekannte Gleichung von p_2 zusammen mit den Koordinaten des auf ihr liegenden Punkts B.

Nachdem die Funktionsgleichungen der beiden Parabeln p_1 und p_2 vorliegen, können die Koordinaten des zweiten Schnittpunkts A ermittelt werden.
Für die Berechnung der x-Koordinate werden die Funktionsgleichungen der beiden Parabeln gleichgesetzt. Wir erhalten zwei Werte. Einer der beiden Werte ist die x-Koordinate des bereits bekannten Schnittpunkts B. Der andere Wert ist die x-Koordinate von Schnittpunkt A.
Für die Ermittlung der y-Koordinate von Schnittpunkt A setzen wir diesen Wert in eine der beiden Funktionsgleichungen ein.

2. Rechnerischer Nachweis, dass die Punkte A, B und C(0 | 2) auf einer Geraden liegen

Der geforderte rechnerische Nachweis gelingt in zwei Schritten. Im ersten Schritt ermitteln wir die Gerade durch zwei der drei Punkte A, B und C. Bei der Wahl der beiden Punkte sind wir frei. Im zweiten Schritt zeigen wir dann, dass der dritte Punkt ebenfalls auf der Geraden durch die ausgewählten Punkte liegt.

In der Musterlösung wählen wir für den ersten Schritt die Punkte A und B und ermitteln die Gleichung der durch die beiden Punkte festgelegten Geraden g.
Die Gleichung von Gerade g lässt sich mit der Hauptform für lineare Funktionen bestimmen. Dafür sind zunächst Steigungsfaktor m sowie y-Achsenabschnitt c_g zu berechnen.

Im zweiten Schritt zeigen wir dann, dass der dritte Punkt C(0 | 2) ebenfalls auf Gerade g liegt. Dies gelingt mit einer Punktprobe für Gerade g und Punkt C.

Abschließend stellen wir fest, dass alle drei Punkte A, B und C auf einer Geraden liegen.

Ausführliche Lösung:

Skizze:

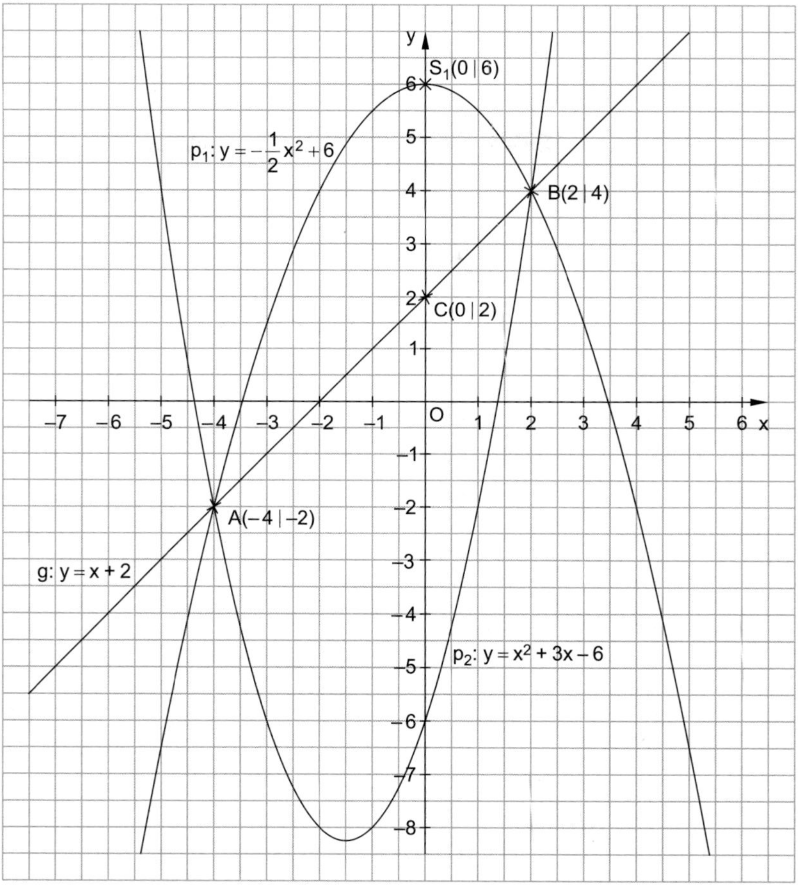

1. Berechnung der Koordinaten des zweiten Schnittpunkts A der beiden Parabeln p_1 und p_2

Ermittlung der Funktionsgleichung von Parabel p_1:

p_1: $y = ax^2 + c$

p_1: $\underline{y = -\frac{1}{2}x^2 + 6}$

(alternativ: p_1: $\underline{y = -0{,}5x^2 + 6}$)

NR: **Bestimmung von c:**

$S_1(0|6) \Rightarrow c = \underline{6}$

NR: **Berechnung von Vorfaktor a:**

$y = ax^2 + c \quad |-c$

$ax^2 = y - c \quad |:x^2$

$a = \frac{y-c}{x^2} \quad |c = 6;\ B(2|4)$

$$a = \frac{4-6}{2^2}$$

$$a = -\frac{2}{4}$$

$$a = \underline{-\frac{1}{2}} \quad \text{(alternativ: } a = \underline{-0{,}5}\text{)}$$

Ermittlung der Funktionsgleichung von Parabel p_2:

p_2: $y = x^2 + 3x + c_{p_2}$

p_2: $\underline{y = x^2 + 3x - 6}$

NR: **Berechnung von c_{p_2}:**

$$y = x^2 + 3x + c_{p_2} \quad | B(2|4)$$

$$4 = 2^2 + 3 \cdot 2 + c_{p_2}$$

$$4 = 4 + 6 + c_{p_2} \quad |-10$$

$$c_{p_2} = \underline{-6}$$

Berechnung der Koordinaten des zweiten Schnittpunkts A der beiden Parabeln p_1 und p_2:

$$p_1 = p_2$$

$$-\frac{1}{2}x^2 + 6 = x^2 + 3x - 6 \quad \left| +\frac{1}{2}x^2; -6\right.$$

$$1{,}5x^2 + 3x - 12 = 0 \quad |:1{,}5$$

$$x^2 + 2x - 8 = 0$$

$$x_{1/2} = -\frac{p}{2} \pm \sqrt{\left(\frac{p}{2}\right)^2 - q}$$

$$x_{1/2} = -\frac{2}{2} \pm \sqrt{\left(\frac{2}{2}\right)^2 + 8}$$

$$x_{1/2} = -1 \pm \sqrt{9}$$

$$x_{1/2} = -1 \pm 3$$

$x_1 = \underline{2}$ ⇒ x-Koordinate des bekannten Schnittpunkts B(2 | 4)

$x_2 = \underline{-4}$

x_2 in p_1: $y = -\frac{1}{2}x^2 + 6 \quad | x_2 = -4$

$$y = -\frac{1}{2}(-4)^2 + 6$$

$$y = -8 + 6$$

$y = \underline{-2}$ ⇒ $\underline{\underline{A(-4|-2)}}$

2. Rechnerischer Nachweis, dass die Punkte A, B und C(0 | 2) auf einer Geraden liegen

Ermittlung der Funktionsgleichung der von den Punkten A und B festgelegten Geraden g:

g: $y = mx + c_g$

g: $\underline{y = x + 2}$

NR: **Berechnung von Steigungsfaktor m:**

$$m = \frac{y_B - y_A}{x_B - x_A} \quad | A(-4 | -2);\ B(2 | 4)$$

$$m = \frac{4-(-2)}{2-(-4)}$$

$$m = \frac{6}{6}$$

$$m = \underline{1}$$

NR: **Berechnung von y-Achsenabschnitt c_g:**

$$y = mx + c_g \quad | -mx$$

$$c_g = y - mx \quad | m = 1;\ B(2 | 4)$$

$$c_g = 4 - 1 \cdot 2$$

$$c_g = \underline{2}$$

Nachweis, dass Punkt C(0 | 2) ebenfalls auf Gerade g liegt:

$y = x + 2 \quad | C(0 | 2)$

$2 \overset{?}{=} 0 + 2$

$2 \overset{!}{=} 2$

$\Rightarrow$ $\underline{C(0 | 2) \in g}$ (alternativ: Punkt C(0 | 2) liegt auf Gerade g.)

Beweisschluss:

$A, B, C \in g$:

Damit ist gezeigt, dass alle drei Punkte A, B und C auf einer Geraden liegen.

Wahlbereich Aufgabe W 4 a

Lösungshinweise:

Insgesamt sind bei der Lösung der Aufgabe drei verschiedene Glücksspielvarianten zu unterscheiden.

Als Grundlage für die jeweiligen Berechnungen bzw. Untersuchungen empfiehlt es sich, die jeweils möglichen Augensummen zu visualisieren. Dafür stehen das Baumdiagramm und die Tabelle zur Verfügung. In der Musterlösung wird die Darstellung in Tabellenform gewählt, da diese im vorliegenden Fall gut geeignet ist, die Sachverhalte übersichtlich darzustellen, und mit weniger Aufwand als die entsprechenden Baumdiagramme zu erstellen ist.

1. Berechnung des Erwartungswerts E für den abgebildeten Gewinnplan

Für die Berechnung des Erwartungswerts E für den abgebildeten Gewinnplan stellen wir unter Nutzung des Verfahrens zur Berechnung von Erwartungswerten einen Term auf.

Für das Aufstellen dieses Terms sind zunächst noch die Wahrscheinlichkeiten für die Gewinnereignisse „Augensumme gleich 4“ und „Augensumme kleiner 4“ sowie für das Nietenereignis „Augensumme größer 4“ zu ermitteln.

2. Klärung der Frage, für welche Änderungsvariante sich der Betreiber des Glücksspiels entscheiden sollte

Die Aufgabenstellung lässt ausdrücklich sowohl die Begründung durch Rechnung als auch die Begründung durch Argumentation zu.

Bei der Begründung durch Rechnung werden die beiden neuen Erwartungswerte ermittelt und aus Sicht des Betreibers interpretiert. Der Vergleich der beiden ermittelten Erwartungswerte zeigt, welche Änderungsvariante für ihn günstiger ist.

Bei der Begründung über Argumentation werden die Anzahlen der jeweiligen Gewinn- und Verlustereignisse bei den beiden Änderungsvarianten verglichen und daraus wird der Schluss gezogen, welche Änderungsvariante für den Betreiber günstiger ist.

Die Musterlösung folgt der Klärung der Frage durch Rechnung. Die Klärung der Frage über Argumentation wird unten kurz skizziert.

Für die Klärung der Frage durch Rechnung ermitteln wir die Erwartungswerte $E_{(3\text{ Einsen})}$ für das Ersetzen der Vier, der Fünf und der Sechs durch drei Einsen sowie $E_{(3\text{ Dreien})}$ für das Ersetzen der Vier, der Fünf und der Sechs durch drei Dreien (auf einem der beiden Würfel) und vergleichen die beiden ermittelten Werte anschließend aus Sicht des Betreibers miteinander.

Für die Berechnung der beiden Erwartungswerte stellen wir unter Nutzung des Verfahrens zur Berechnung von Erwartungswerten jeweils einen entsprechenden Term auf. Dazu sind zunächst die jeweiligen Wahrscheinlichkeiten für die Gewinnereignisse „Augensumme gleich 4“ und „Augensumme kleiner 4“ sowie für das Nietenereignis „Augensumme größer 4“ zu ermitteln.

Für die abschließende Klärung der Frage, für welche Änderungsvariante sich der Betreiber entscheiden sollte, interpretieren wir die Erwartungswerte $E_{(3\text{ Einsen})}$ und $E_{(3\text{ Dreien})}$ aus Sicht des Betreibers. Bei der Entscheidung gehen wir davon aus, dass der Betreiber möglichst viel Gewinn erzielen will und Verluste vermeiden will.

Alternative: Begründung durch Argumentation

Beim Vergleich der Tabellen für die beiden Änderungsvarianten ist rasch zu erkennen, dass
- das Gewinnereignis „Augensumme gleich 4“ bei beiden Änderungsvarianten gleich häufig vorkommt,
- das Gewinnereignis „Augensumme kleiner 4“ verschieden oft vorkommt.

Unter der Maxime, dass der Betreiber möglichst viel Gewinn erzielen will und Verluste vermeiden will, ist die Änderungsvariante, bei der das Gewinnereignis „Augensumme kleiner 4“ weniger häufig vorkommt, vorzuziehen und dem Betreiber anzuraten.

Für eine Begründung durch Argumentation ist der skizzierte Sachverhalt sprachlich zu beschreiben.

Ausführliche Lösung:

1. Berechnung des Erwartungswerts E für den abgebildeten Gewinnplan

Tabelle mit allen möglichen Augensummen:

Würfel 1 \ Würfel 2	1	2	3	4	5	6
	$A<4$		$A=4$		$A>4$	
1	2	3	4	5	6	7
2	3	4	5	6	7	8
3	4	5	6	7	8	9
4	5	6	7	8	9	10
5	6	7	8	9	10	11
6	7	8	9	10	11	12

Legende:
A: Augensumme

Berechnung des Erwartungswerts E:

$$E = P(A=4)\cdot(G_4 - S) + P(A<4)\cdot(G_{<4} - S) + P(A>4)\cdot(G_{>4} - S)$$

Legende:
A: Augensumme
G: Gewinn
S: Spieleinsatz

$$E = \frac{3}{36}\cdot(4-1) + \frac{3}{36}\cdot(2-1) + \frac{30}{36}\cdot(0-1)$$

$$E = \frac{3}{36}\cdot 3 + \frac{3}{36}\cdot 1 + \frac{30}{36}\cdot(-1)$$

$$E = \frac{9}{36} + \frac{3}{36} - \frac{30}{36}$$

$$E = -\frac{18}{36}$$

$$E = \underline{\underline{-0{,}50\ €}}$$

NR: **Bestimmung der Wahrscheinlichkeit für das Ereignis „Augensumme gleich 4“:**

$$P(A=4) = \underline{\frac{3}{36}}$$

NR: **Bestimmung der Wahrscheinlichkeit für das Ereignis „Augensumme kleiner 4“:**

$$P(A<4) = \underline{\frac{3}{36}}$$

NR: **Berechnung der Wahrscheinlichkeit für das Ereignis „Augensumme größer 4“:**

$$P(A>4) = 1 - [P(A=4) + P(A<4)]$$

$$P(A>4) = \frac{36}{36} - \left[\frac{3}{36} + \frac{3}{36}\right]$$

$$P(A>4) = \underline{\frac{30}{36}}$$

2. **Klärung der Frage, für welche Änderungsvariante sich der Betreiber des Glücksspiels entscheiden sollte**

2.1 Ermittlung des Erwartungswerts $E_{(3\ \text{Einsen})}$ für das Ersetzen der Vier, der Fünf und der Sechs auf Würfel 2 durch Einsen

Augensummentabelle (3 Einsen):

Würfel 1 \ Würfel 2	1	2	3	1	1	1
1	2	3	4	2	2	2
2	3	4	5	3	3	3
3	4	5	6	4	4	4
4	5	6	7	5	5	5
5	6	7	8	6	6	6
6	7	8	9	7	7	7

Bereiche in der Tabelle: $A < 4$, $A = 4$, $A > 4$

Legende:
A: Augensumme

Ermittlung des Erwartungswerts $E_{(3\ \text{Einsen})}$:

$$E_{(3\ \text{Einsen})} = P(A=4)\cdot(G_4 - S) + P(A<4)\cdot(G_{<4} - S) + P(A>4)\cdot(G_{>4} - S)$$

$$E_{(3\ \text{Einsen})} = \frac{6}{36}\cdot(4-1) + \frac{9}{36}\cdot(2-1) + \frac{21}{36}\cdot(0-1)$$

$$E_{(3\ \text{Einsen})} = \frac{6}{36}\cdot 3 + \frac{9}{36}\cdot 1 + \frac{21}{36}\cdot(-1)$$

$$E_{(3\ \text{Einsen})} = \frac{18}{36} + \frac{9}{36} - \frac{21}{36}$$

$$E_{(3\ \text{Einsen})} = \frac{6}{36}$$

$$E_{(3\ \text{Einsen})} = \underline{\underline{0{,}17\ €}}$$

NR: **Bestimmung der Wahrscheinlichkeit für das Ereignis „Augensumme gleich 4“:**

$$P(A=4) = \underline{\underline{\frac{6}{36}}}$$

NR: **Bestimmung der Wahrscheinlichkeit für das Ereignis „Augensumme kleiner 4“:**

$$P(A<4) = \underline{\underline{\frac{9}{36}}}$$

NR: **Berechnung der Wahrscheinlichkeit für das Ereignis „Augensumme größer 4“:**

$$P(A>4) = 1 - [P(A=4) + P(A<4)]$$

$$P(A > 4) = \frac{36}{36} - \left[\frac{6}{36} + \frac{9}{36}\right]$$

$$P(A > 4) = \underline{\underline{\frac{21}{36}}}$$

2.2 Ermittlung des Erwartungswerts $E_{(3\ \text{Dreien})}$ für das Ersetzen der Vier, der Fünf und der Sechs auf Würfel 2 durch Dreien

Augensummentabelle (3 Dreien):

Würfel 1 \ Würfel 2	1	2	3	3	3	3
1	2	3	4	4	4	4
2	3	4	5	5	5	5
3	4	5	6	6	6	6
4	5	6	7	7	7	7
5	6	7	8	8	8	8
6	7	8	9	9	9	9

A<4 A=4 A>4

Legende:
A: Augensumme

Ermittlung des Erwartungswerts $E_{(3\ \text{Dreien})}$:

$$E_{(3\,\text{Dreien})} = P(A = 4) \cdot (G_4 - S) + P(A < 4) \cdot (G_{<4} - S) + P(A > 4) \cdot (G_{>4} - S)$$

$$E_{(3\,\text{Dreien})} = \frac{6}{36} \cdot (4-1) + \frac{3}{36} \cdot (2-1) + \frac{27}{36} \cdot (0-1)$$

$$E_{(3\,\text{Dreien})} = \frac{6 \cdot 3}{36} + \frac{3 \cdot 1}{36} + \frac{27 \cdot (-1)}{36}$$

$$E_{(3\,\text{Dreien})} = \frac{18}{36} + \frac{3}{36} - \frac{27}{36}$$

$$E_{(3\,\text{Dreien})} = -\frac{6}{36}$$

$$E_{(3\,\text{Dreien})} = \underline{-0{,}17\ €}$$

NR: **Bestimmung der Wahrscheinlichkeit für das Ereignis „Augensumme gleich 4“:**

$$P(A = 4) = \underline{\frac{6}{36}}$$

NR: **Bestimmung der Wahrscheinlichkeit für das Ereignis „Augensumme kleiner 4":**

$$P(A < 4) = \underline{\frac{3}{36}}$$

NR: **Berechnung der Wahrscheinlichkeit für das Ereignis „Augensumme größer 4":**

$$P(A > 4) = 1 - [P(A = 4) + P(A < 4)]$$

$$P(A > 4) = \frac{36}{36} - \left[\frac{6}{36} + \frac{3}{36}\right]$$

$$P(A > 4) = \underline{\frac{27}{36}}$$

2.3 Feststellung und Begründung, für welche Änderungsvariante sich der Betreiber entscheiden sollte

(1) $E_{(3\ \text{Einsen})} = 0{,}17$ € $\Rightarrow$ Der Betreiber muss mit einem durchschnittlichen Verlust von 0,17 € pro Spiel rechnen.

(2) $E_{(3\ \text{Dreien})} = -0{,}17$ € $\Rightarrow$ Der Betreiber kann mit einem durchschnittlichen Gewinn von 0,17 € pro Spiel rechnen.

$\Rightarrow$ Der Betreiber sollte sich für die Änderungsvariante entscheiden, bei der die Vier, Fünf und Sechs auf einem der beiden Würfel durch Dreien ersetzt werden.

Wahlbereich Aufgabe W 4 b

Lösungshinweise:

Es empfiehlt sich, die Situation aus der Aufgabenstellung zunächst in ein Koordinatensystem einzubetten.

In der Musterlösung wird der Querschnitt der Skater-Rampe so in das Koordinatensystem eingebettet, dass die Basis des Querschnitts auf der x-Achse liegt und Punkt T auf der y-Achse.

Skizze:

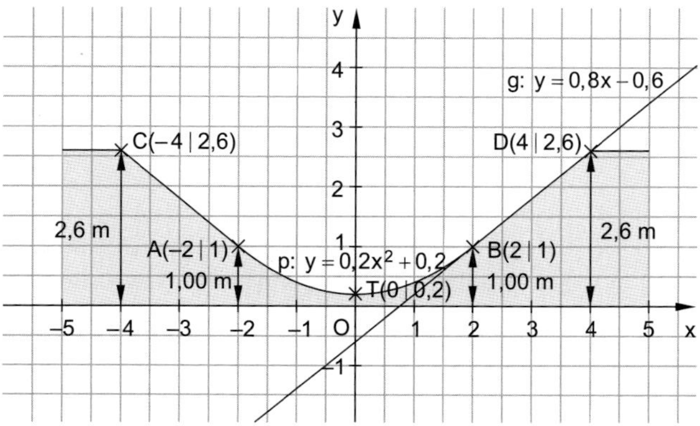

1. **Bestimmung einer Funktionsgleichung für das parabelförmige Teilstück AB des Querschnitts der Skater-Rampe**

Aus der gewählten Einbettung des Querschnitts der Rampe in das Koordinatensystem folgt:
- die Funktionsgleichung für das parabelförmige Teilstück AB besitzt die Form $y = ax^2 + c$
- Punkt T ist Scheitelpunkt der zugehörigen Parabel

Um auf dieser Grundlage eine Funktionsgleichung angeben zu können, sind zunächst noch die Werte für c und für Vorfaktor a zu ermitteln.
Der Wert für c lässt sich mit den Koordinaten von Scheitelpunkt T bestimmen. Für die Berechnung des Werts von Vorfaktor a nutzen wir die Funktionsgleichung der Parabel sowie den Wert für c und die Koordinaten eines auf dem parabelförmigen Teilstück liegenden Punkts (außer T).

2. **Bestimmung einer Funktionsgleichung für die Gerade, auf der das gerade „Teilstück $\overline{BD}$" liegt**

„Teilstück $\overline{BD}$" ist gerade, sodass sich die gesuchte Funktionsgleichung mit der Hauptform für lineare Funktionen ermitteln lässt. Dazu sind zunächst Steigungsfaktor m und y-Achsenabschnitt c_g zu berechnen.

Ausführliche Lösung:

Skizze:

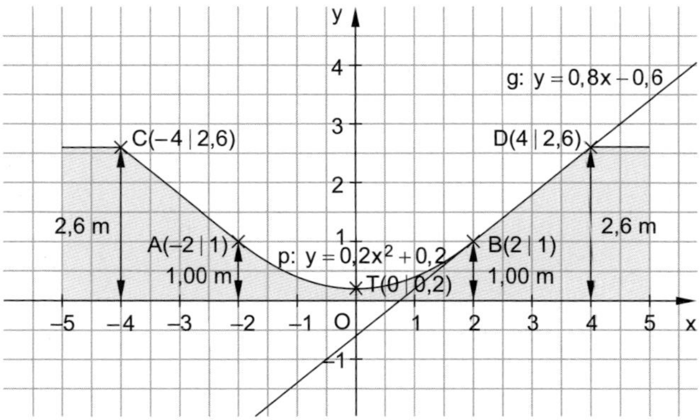

1. **Bestimmung einer Funktionsgleichung für das parabelförmige Teilstück AB des Querschnitts der Skater-Rampe**

p: $y = ax^2 + c$

p: $\underline{\underline{y = 0{,}2x^2 + 0{,}2}}$

(alternativ: p: $\underline{\underline{y = \frac{1}{5}x^2 + 0{,}2}}$)

NR: **Bestimmung von c:**
Scheitelpunkt T(0 | 0,2)
$\Rightarrow \quad c = \underline{0{,}2}$

NR: **Berechnung von Vorfaktor a:**

$$y = ax^2 + c \quad |-c$$
$$ax^2 = y - c \quad |:x^2$$
$$a = \frac{y-c}{x^2} \quad |c = 0{,}2;\ B(2\,|\,1)$$

$$a = \frac{1-0,2}{2^2}$$

$$a = \frac{0,8}{4} = \underline{0,2} = \underline{\frac{1}{5}}$$

2. Bestimmung einer Funktionsgleichung für die Gerade, auf der das gerade „Teilstück $\overline{BD}$" liegt

g: $y = mx + c_g$

g: $\underline{\underline{y = 0,8x - 0,6}}$

(alternativ: g: $\underline{\underline{y = \frac{4}{5}x - 0,6}}$)

NR: **Berechnung von Steigungsfaktor m:**

$$m = \frac{y_D - y_B}{x_D - x_B} \quad |\, B(2\,|\,1);\; D(4\,|\,2,6)$$

$$m = \frac{2,6-1}{4-2}$$

$$m = \frac{1,6}{2}$$

$$m = \underline{0,8} = \underline{\frac{4}{5}}$$

NR: **Berechnung von y-Achsenabschnitt c_g:**

$$y = mx + c_g \quad |\, -mx$$

$$c_g = y - mx \quad |\, m = 0,8;\; B(2\,|\,1)$$

$$c_g = 1 - 0,8 \cdot 2$$

$$c_g = 1 - 1,6$$

$$c_g = \underline{-0,6}$$

Abschlussprüfungsaufgaben Mathematik für Realschulen (Baden-Württemberg): Haupttermin 2020 – Pflichtbereich

Aufgabe P 1

Im Quadrat ABCD liegt der Streckenzug DEFB.

Es gilt:

$\overline{BF} = 8{,}5\ \text{cm}$

$\overline{EF} = 8{,}3\ \text{cm}$

$\overline{AB} = 16{,}7\ \text{cm}$

$\beta_1 = 52{,}0°$

$\overline{EF}$ verläuft parallel zu $\overline{AB}$.

Berechnen Sie den Winkel δ_1.

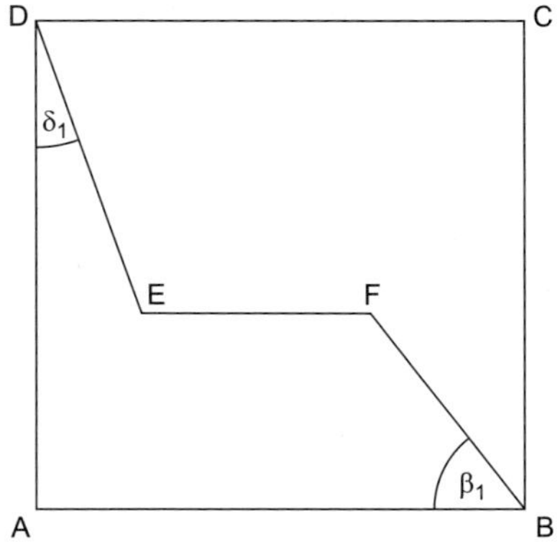

4 P

Aufgabe P 2

Die Eckpunkte des Dreiecks ABC liegen auf den Parallelen g und h.

Es gilt:

$\overline{AB} = 9{,}4\ \text{cm}$

$\beta = 57{,}0°$

$d = 6{,}7\ \text{cm}$

Berechnen Sie den Umfang des Dreiecks ADC.

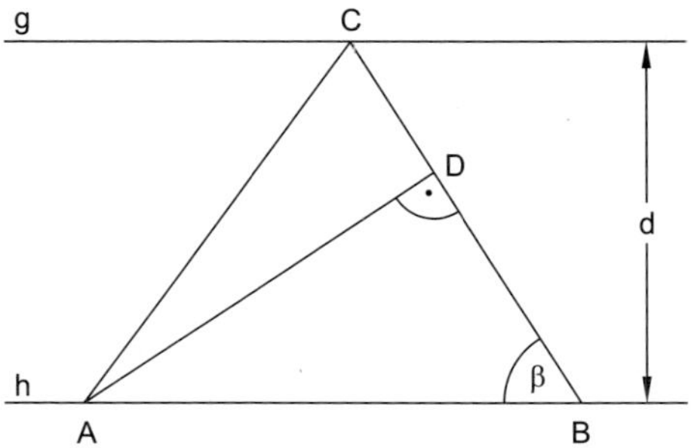

4,5 P

Aufgabe P 3

Ein Werkstück besteht aus einem Kegel und einem halben Zylinder.

Berechnen Sie den Oberflächeninhalt des Werkstücks.

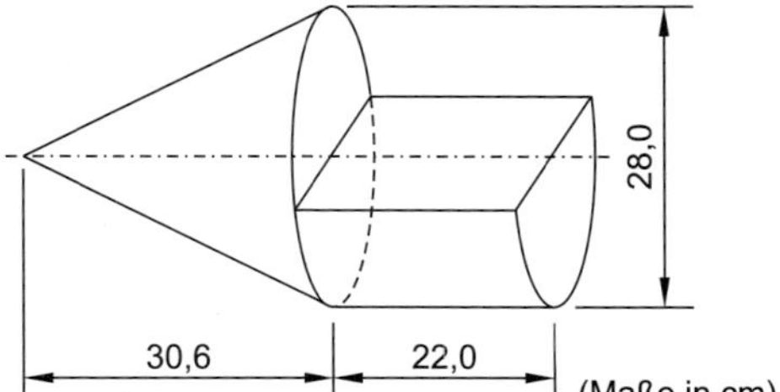

3,5 P

Aufgabe P 4

Lösen Sie die Gleichung:

$$(2x+1)^2 - 3(x+4) = (x-1)(2x+1) + 2$$ 3,5 P

Aufgabe P 5

Gegeben sind fünf Funktionsgleichungen und drei Graphen.

(1) $y = \frac{1}{2}x + 3$

(2) $y = x^2 + 4x + 3$

(3) $y = \frac{1}{2}x^2 + 3$

(4) $y = x^2 - 4x + 3$

(5) $y = -\frac{1}{2}x + 3$

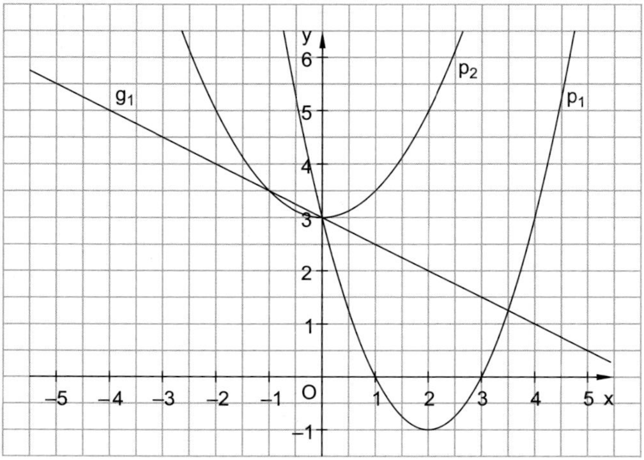

Ordnen Sie jedem Graphen die zugehörige Funktionsgleichung zu.
Begründen Sie Ihre Entscheidung.

Zeichnen Sie die beiden fehlenden Graphen in das Koordinatensystem ein. 4 P

Aufgabe P 6

Ben, Laura und Emma besitzen jeweils ein Rubbel-Los.
Auf jedem Los befinden sich 16 gleich große Felder.
Nur zwei der 16 Felder werden freigerubbelt. Die beiden Beträge, die dadurch sichtbar werden, werden addiert und ergeben den Gewinn. Auf acht Feldern steht der Betrag 0 €, auf sechs Feldern steht der Betrag 1 € und auf zwei Feldern der Betrag 10 €.

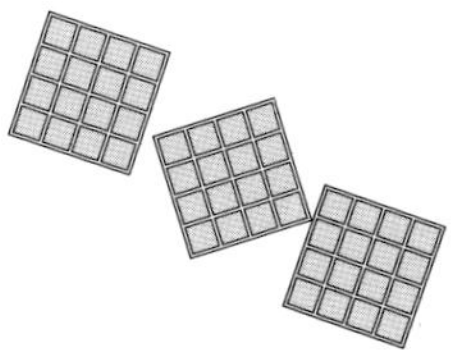

- Ben hat auf seinem Los zwei Felder freigerubbelt (siehe Abbildung).
  Berechnen Sie die Wahrscheinlichkeit für das Ereignis „Gewinn 10 €“.
- Laura überlegt sich, wie groß die Wahrscheinlichkeit ist, den Hauptgewinn von 20 € zu erhalten.
  Berechnen Sie die Wahrscheinlichkeit.
- Emma möchte mehr als 10 € gewinnen.
  Berechnen Sie diese Wahrscheinlichkeit.

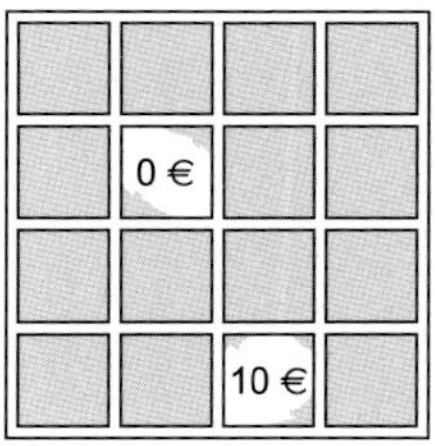

4 P

Aufgabe P 7

Die Diagramme zeigen den Verbrauch von Getränkeverpackungen.

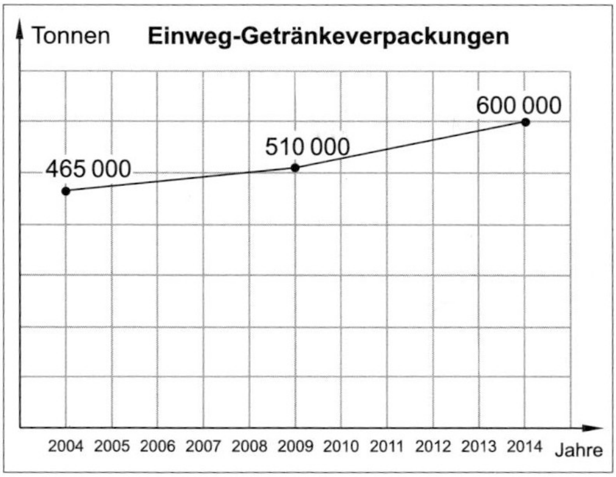

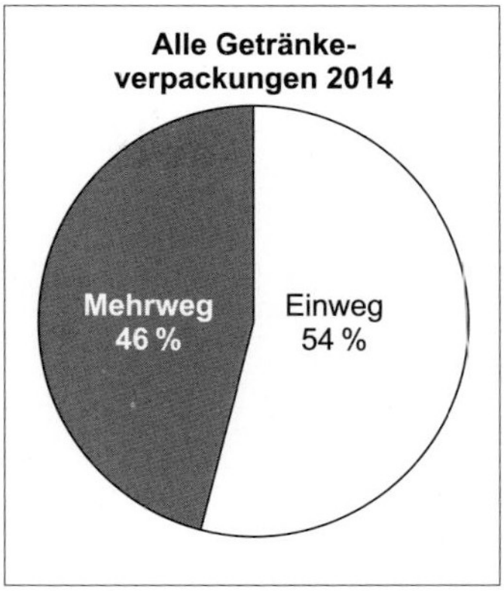

Quelle: Bundesumweltministerium

Um wie viel Prozent ist der Verbrauch der Einweg-Getränkeverpackungen von 2004 bis 2014 insgesamt gestiegen?

Wie viele Tonnen Getränkeverpackungen (Einweg und Mehrweg) wurden im Jahr 2014 insgesamt verbraucht?

Der Verbrauch von Einweg-Getränkeverpackungen soll in den zehn Jahren von 2014 bis 2024 jährlich um jeweils 5 % gegenüber dem Vorjahr sinken.

Wie viele Tonnen Einweg-Getränkeverpackungen wären es dann im Jahr 2024? 3 P

Aufgabe P 8

Im Rahmen einer Untersuchung wurden die Wartezeiten beim Anruf zweier Hotlines notiert. Das Diagramm zeigt die Wartezeiten von 41 Anrufern der Hotline QUICK-TEL.

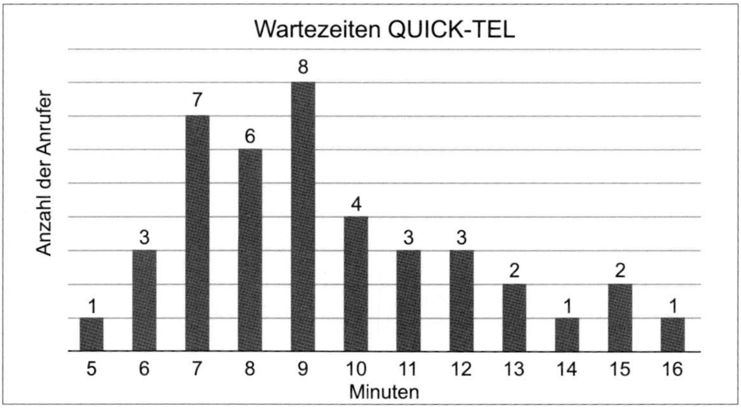

Welcher der beiden Boxplots stellt die Verteilung der Wartezeiten aus dem Diagramm dar? Begründen Sie mithilfe der Kennwerte.

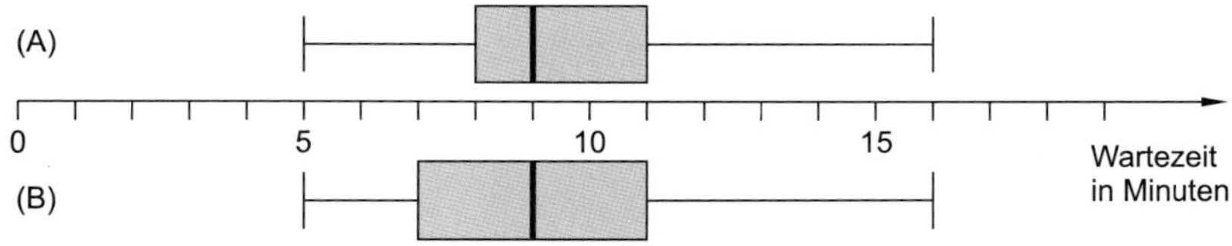

Der andere Boxplot zeigt die Verteilung der Wartezeiten der Hotline FAST-PHONE. Hier wurden ebenfalls 41 Wartezeiten erfasst.

In der Strichliste fehlen die Werte für 8, 9 und 11 Minuten.
Ergänzen Sie diese drei Felder mit möglichen Werten.

Minuten	5	6	7	8	9	10	11	12	13	14	15	16
Anzahl der Anrufer	II	IIII	III			~~IIII~~		IIII	I	I	II	I

3,5 P

Abschlussprüfungsaufgaben Mathematik für Realschulen (Baden-Württemberg): Haupttermin 2020 – Wahlbereich

Aufgabe W 1

a) Im Fünfeck ABCDE gilt:

$\overline{CD} = 9{,}5\text{ cm}$
$\varepsilon_1 = 64{,}0°$
$\gamma = 95{,}0°$
$\overline{AB} \parallel \overline{CE}$

Der Abstand des Punktes D zu $\overline{AB}$ beträgt 12,9 cm.

Berechnen Sie den Flächeninhalt des Vierecks ABCE.

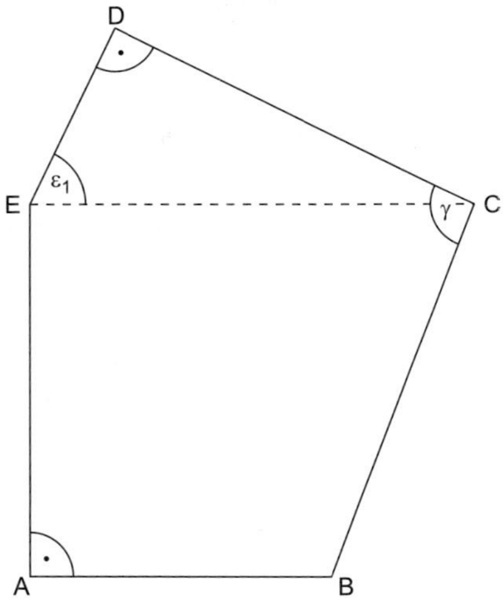

5,5 P

b) Im Rechteck ABCD liegen die gleichseitigen Dreiecke EBF und AGD.

Es gilt:

$\overline{BE} = 4e\sqrt{3}$

Weisen Sie ohne Verwendung gerundeter Werte nach, dass für den Flächeninhalt des Rechtecks ABCD gilt:

$A = 36e^2\sqrt{3}$

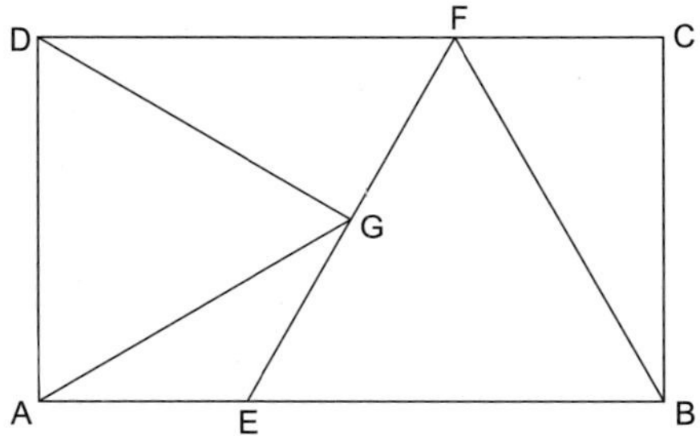

4,5 P

Aufgabe W 2

a) Von einer regelmäßigen achtseitigen Pyramide sind bekannt:

$a = 6{,}2$ cm

$s = 32{,}0$ cm

Der Punkt C liegt auf der Höhe h der Pyramide.
Das Dreieck ABC soll den gleichen Flächeninhalt haben wie eines der Manteldreiecke.

Berechnen Sie die Länge von $\overline{SC}$.

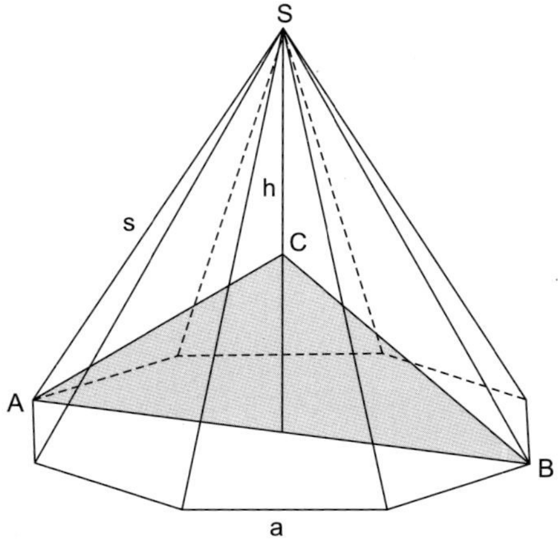

5,5 P

b) Von einem DIN-A4-Blatt (21,0 cm × 29,7 cm) werden die vier eingefärbten Dreiecke abgeschnitten. Mit diesen vier Dreiecken werden die Diagonalschnittfläche ACS und die Grundfläche einer halben massiven quadratischen Pyramide vollständig beklebt.

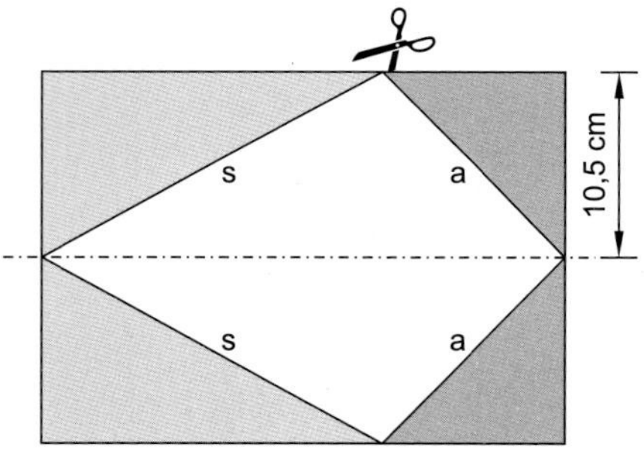

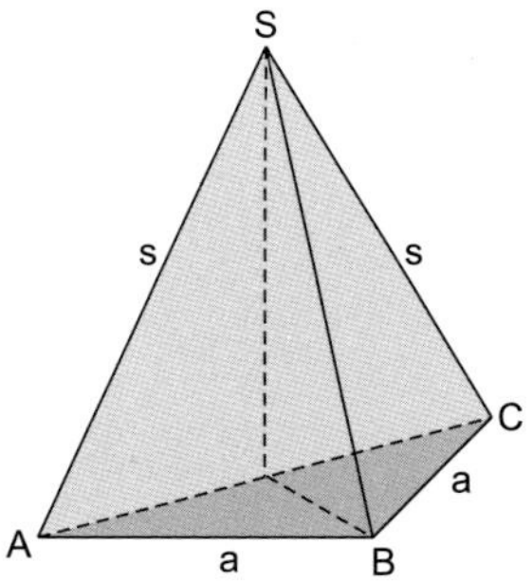

Lena behauptet: „Die beiden Manteldreiecke ABS und BCS haben zusammen den gleichen Flächeninhalt wie die Restfläche des DIN-A4-Blatts.“

Hat Lena recht? Begründen Sie durch Rechnung. 4,5 P

Aufgabe W 3

a) Die nach oben geöffnete Normalparabel p_1 hat mit der x-Achse die Schnittpunkte $N_1(-5\,|\,0)$ und $N_2(-1\,|\,0)$. Sie schneidet die y-Achse im Punkt A.

Die Parabel p_2 hat die Funktionsgleichung $y = x^2 - 6x + 11$ und schneidet die y-Achse im Punkt B.

Durch die Scheitelpunkte S_1 und S_2 der beiden Parabeln verläuft die Gerade g. Berechnen Sie die Funktionsgleichung der Geraden g.

Der Punkt C ist der Mittelpunkt der Strecke $\overline{AB}$.
Die Gerade h mit der Steigung $m = -1$ geht durch C.

Unter welchen Winkeln schneiden sich die Geraden g und h?
Begründen Sie Ihre Antwort durch Rechnung oder Argumentation. 5,5 P

b) Die Parabel p mit der Funktionsgleichung $y = x^2 + 6x$ schneidet die x-Achse in den Punkten N_1 und N_2.
Die Gerade g mit der Funktionsgleichung $y = x$ schneidet die Parabel in den Punkten N_1 und C.
Berechnen Sie den Flächeninhalt des Dreiecks N_1N_2C.

Die Gerade h mit der Funktionsgleichung $y = \frac{1}{2}x$ schneidet die Parabel in den Punkten N_1 und D.

Peter behauptet: „Die Steigung der Geraden h ist nur halb so groß wie die der Geraden g. Daher ist der Flächeninhalt des Dreiecks N_1N_2D auch nur halb so groß wie der des Dreiecks N_1N_2C.“

Hat Peter recht? Begründen Sie rechnerisch. 4,5 P

Aufgabe W 4

a) Die beiden Glücksräder werden gedreht. Nachdem sie stehen bleiben, erkennt man im Sichtfenster eine Kombination zweier Symbole.

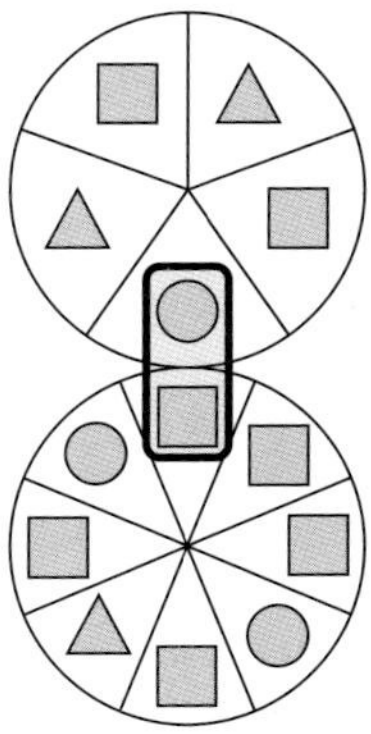

Wie groß ist die Wahrscheinlichkeit, zwei gleiche Symbole im Sichtfenster zu sehen?

Die Glücksräder werden für ein Glücksspiel eingesetzt. Dazu wird der abgebildete Gewinnplan geprüft.
Berechnen Sie den Erwartungswert.

Der Gewinnplan soll so verändert werden, dass das Spiel fair wird.

Wie hoch muss dann der Gewinn für das Ereignis „Kreis und Dreieck" sein, wenn alles andere unverändert bleibt?

Ereignis	**Gewinn**
gleiche Symbole	2,00 €
Kreis und Dreieck	4,00 €
restliche Möglichkeiten	kein Gewinn
Einsatz pro Spiel: 1,50 €	

5,5 P

b) Thea trainiert Aufschläge beim Volleyball (siehe Skizze).

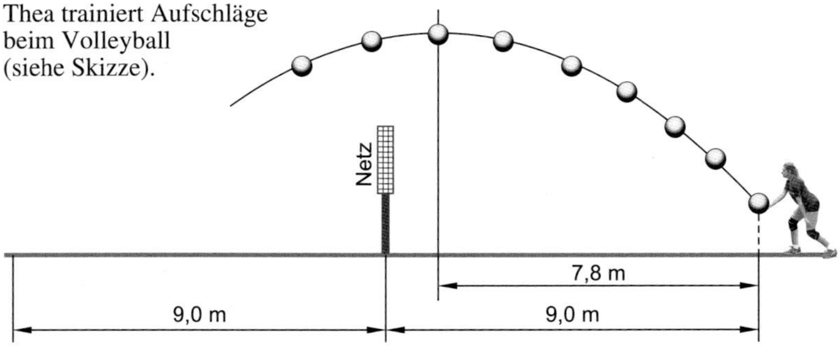

Die Flugkurve des Balles lässt sich mit einer Funktionsgleichung der Form $y = ax^2 + c$ annähernd beschreiben. Der Ball verlässt beim Aufschlag von unten die Hand in einer Höhe von 90 cm über der Grundlinie. Nach 7,8 m (horizontal gemessen) erreicht die Flugkurve des Balles ihre maximale Höhe von 4,0 m.
Geben Sie eine mögliche Funktionsgleichung der zugehörigen Parabel p an.

In welchem Abstand überquert der Ball das 2,24 m hohe Netz?

Die Grundlinien des Volleyballspielfeldes sind jeweils 9,0 m vom Netz entfernt (siehe Skizze).
In welcher Entfernung zur Grundlinie trifft der Ball auf dem Boden auf?

4,5 P

Lösungen

Pflichtbereich Aufgabe P 1

Lösungshinweise:

Skizze:

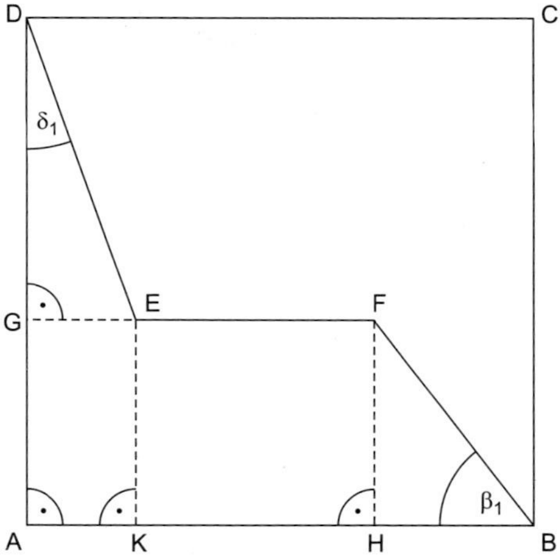

Die Berechnung der gesuchten Größe von Winkel δ_1 gelingt in Dreieck GED. Dreieck GED entsteht durch das Fällen des Lots von Punkt E auf Strecke DA.

Um Winkel δ_1 in Dreieck GED berechnen zu können, benötigen wir entweder die Größe der beiden anderen Winkel oder die Längen zweier Seiten des Dreiecks.

Die bekannten Größen legen den zweiten Lösungsansatz über die Längen zweier Seiten des Dreiecks nahe.

Die Länge von Seite DG erhalten wir über die Differenz aus $\overline{DA}$ und $\overline{GA}$. $\overline{DA}$ bestimmen wir mit den Eigenschaften von Quadrat ABCD; $\overline{GA}$ erhalten wir über $\overline{FH}$.

Die Länge von Seite GE gewinnen wir über die Berechnung von $\overline{AK}$. $\overline{AK}$ lässt sich über die Differenz aus $\overline{AB}$ einerseits und der Summe aus $\overline{KH}$ und $\overline{HB}$ andererseits berechnen. Dazu sind zunächst $\overline{KH}$ und $\overline{HB}$ zu ermitteln.

Ausführliche Lösung:

Skizze:

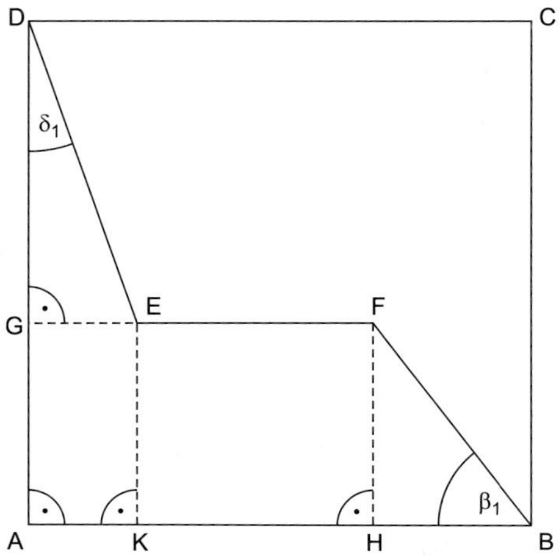

Berechnung von $\overline{DG}$:

$\overline{DG} = \overline{DA} - \overline{GA}$ | $\overline{DA} = \overline{AB}$; Eigenschaften des Quadrats ABCD

$\overline{DG} = 16{,}7 - 6{,}7$

$\overline{DG} = \underline{10{,}0 \text{ cm}}$

NR: **Berechnung von $\overline{GA}$ über $\overline{FH}$:**

$\sin\beta_1 = \frac{\overline{FH}}{\overline{BF}}$ $\quad | \cdot \overline{BF}$

$\overline{FH} = \overline{BF} \cdot \sin\beta_1$

$\overline{FH} = 8{,}5 \cdot \sin 52{,}0°$

$\overline{FH} = \underline{6{,}7 \text{ cm}}$ | $\overline{GA} = \overline{FH}$; Eigenschaften des Rechtecks AHFG

$\overline{GA} = \underline{6{,}7 \text{ cm}}$

Berechnung von $\overline{GE}$ über $\overline{AK}$:

$\overline{AK} = \overline{AB} - (\overline{KH} + \overline{HB})$ | $\overline{KH} = \overline{EF}$; Eigenschaften des Rechtecks KHFE

$\overline{AK} = 16{,}7 - (8{,}3 + 5{,}23)$

$\overline{AK} = \underline{3{,}17 \text{ cm}}$ | $\overline{GE} = \overline{AK}$; Eigenschaften des Rechtecks AKEG

$\overline{GE} = \underline{3{,}17 \text{ cm}}$

NR: **Berechnung von $\overline{HB}$:**

$\cos\beta_1 = \frac{\overline{HB}}{\overline{BF}}$ $\quad | \cdot \overline{BF}$

$\overline{HB} = \overline{BF} \cdot \cos\beta_1$

$\overline{HB} = 8{,}5 \cdot \cos 52{,}0°$

$\overline{HB} = \underline{5{,}23 \text{ cm}}$

Berechnung von Winkel δ_1:

$$\tan\delta_1 = \frac{\overline{GE}}{\overline{DG}}$$

$$\tan\delta_1 = \frac{3{,}17}{10{,}0}$$

$$\delta_1 = 17{,}59°$$

$$\delta_1 = \underline{\underline{17{,}6°}}$$

Pflichtbereich Aufgabe P 2

Lösungshinweise:

Skizze:

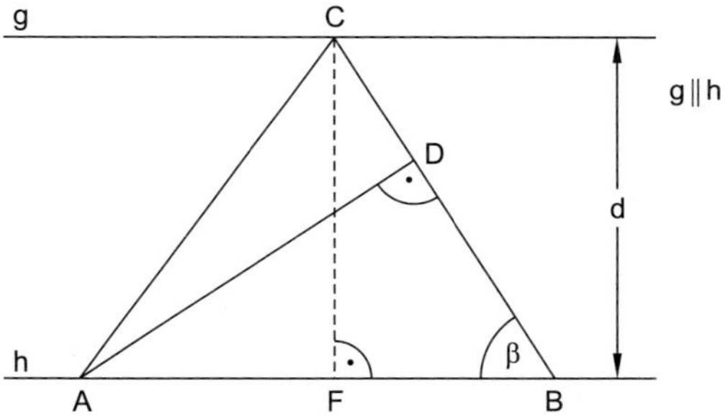

Der gesuchte Umfang von Dreieck ADC ist die Summe aus $\overline{AD}$, $\overline{DC}$ und $\overline{CA}$.

Für die Reihenfolge der Berechnung der drei Streckenlängen stehen zwei Alternativen zur Verfügung.
Zum einen können die Streckenlängen in der oben genannten Reihenfolge ermittelt werden.
Zum anderen kann, wieder beginnend mit der Berechnung von $\overline{AD}$, zunächst $\overline{CA}$ und anschließend $\overline{DC}$ ermittelt werden.
Die Musterlösung folgt der erstgenannten Vorgehensweise. Die Alternative wird anschließend kurz skizziert.

$\overline{AD}$ lässt sich mit den bekannten Größen in Dreieck ABD ermitteln.

$\overline{DC}$ gewinnen wir über die Differenz aus $\overline{BC}$ und $\overline{BD}$. Dazu sind zunächst $\overline{BC}$ und $\overline{BD}$ zu berechnen. Für die Berechnung von $\overline{BC}$ nutzen wir das rechtwinklige Dreieck FBC. Dreieck FBC entsteht durch das Fällen des Lots von Punkt C auf Strecke AB. Die Berechnung von $\overline{BD}$ erfolgt in Dreieck ABD.

$\overline{CA}$ erhalten wir in Dreieck ADC.

Alternative:
Wie bei der Musterlösung wird zunächst $\overline{AD}$ berechnet.
Es folgt die Berechnung von $\overline{CA}$ in Dreieck AFC. Dazu ist neben der bekannten $\overline{CF}$ zunächst noch $\overline{AF}$ zu ermitteln. Wir erhalten $\overline{AF}$ über die Differenz aus $\overline{AB}$ und $\overline{FB}$. $\overline{AB}$ ist bekannt, $\overline{FB}$ ist noch zu berechnen.
Angesichts der bei diesem Lösungsweg inzwischen vorliegenden Größen empfiehlt es sich,

$\overline{DC}$ nicht wie in der Musterlösung, sondern rascher in Dreieck ADC zu berechnen. Das Endergebnis weicht in diesem Fall mit u = 19,15 cm bzw. auf Zehntel gerundet u = 19,2 cm leicht von dem der Musterlösung ab.

Ausführliche Lösung:

Skizze:

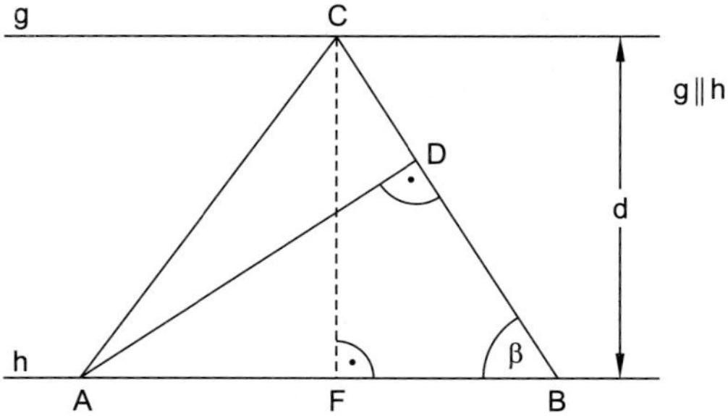

Berechnung von $\overline{AD}$:

$$\sin\beta = \frac{\overline{AD}}{\overline{AB}} \qquad | \cdot \overline{AB}$$

$$\overline{AD} = \overline{AB} \cdot \sin\beta$$

$$\overline{AD} = 9{,}4 \cdot \sin 57{,}0°$$

$$\overline{AD} = \underline{7{,}88 \text{ cm}}$$

Berechnung von $\overline{DC}$:

$$\overline{DC} = \overline{BC} - \overline{BD}$$

$$\overline{DC} = 7{,}99 - 5{,}12$$

$$\overline{DC} = \underline{2{,}87 \text{ cm}}$$

NR: **Berechnung von $\overline{BC}$:**

$$\sin\beta = \frac{\overline{CF}}{\overline{BC}} \qquad | \cdot \overline{BC}$$

$$\overline{BC} \cdot \sin\beta = \overline{CF} \qquad | : \sin\beta$$

$$\overline{BC} = \frac{\overline{CF}}{\sin\beta} \qquad | \overline{CF} = d$$

$$\overline{BC} = \frac{6{,}7}{\sin 57{,}0°}$$

$$\overline{BC} = \underline{7{,}99 \text{ cm}}$$

NR: **Berechnung von $\overline{BD}$:**

$$\cos\beta = \frac{\overline{BD}}{\overline{AB}} \qquad | \cdot \overline{AB}$$

$$\overline{BD} = \overline{AB} \cdot \cos\beta$$

$$\overline{BD} = 9{,}4 \cdot \cos 57{,}0°$$

$$\overline{BD} = \underline{5{,}12 \text{ cm}}$$

Berechnung von $\overline{CA}$:

$\overline{CA}^2 = \overline{AD}^2 + \overline{DC}^2$

$\overline{CA}^2 = 7{,}88^2 + 2{,}87^2 \quad |\sqrt{\ }$

$\overline{CA} = \underline{8{,}39 \text{ cm}}$

Berechnung des Umfangs u von Dreieck ADC:

$u = \overline{AD} + \overline{DC} + \overline{CA}$

$u = 7{,}88 + 2{,}87 + 8{,}39$

$u = 19{,}14 \text{ cm}$

$u = \underline{\underline{19{,}1 \text{ cm}}}$

Pflichtbereich Aufgabe P 3

Lösungshinweise:

Skizze:

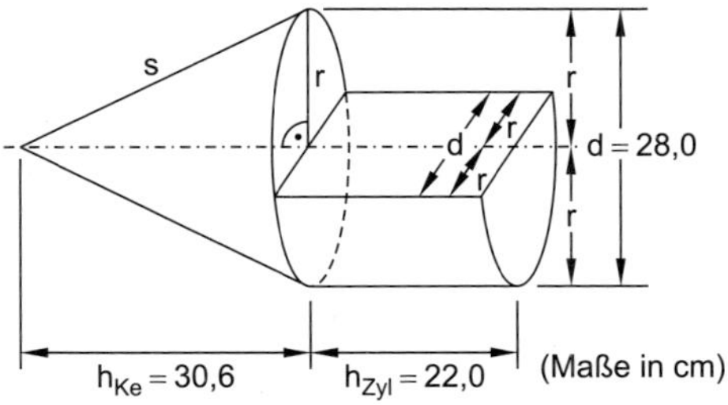

Die Oberfläche des Werkstücks besteht (von links nach rechts) aus dem Mantel des Kegels, der halben Grundfläche des Kegels, dem halben Mantel des ursprünglichen Zylinders, der Schnittfläche durch die Drehachse des ursprünglichen Zylinders und der halben Grundfläche des ursprünglichen Zylinders.

Für die Berechnung des Oberflächeninhalts empfiehlt es sich, einen Term aufzustellen, in dem die Berechnung der einzelnen Teilflächen zusammengefasst wird. Alternativ können die einzelnen Teilflächen separat ermittelt werden und die ermittelten Werte anschließend addiert werden. Dieses Vorgehen ist allerdings arbeitsaufwendiger als der erstgenannte Lösungsansatz. Die Musterlösung folgt dem erstgenannten Ansatz.

Da die halbe Grundfläche des Kegels und die halbe Grundfläche des ursprünglichen Zylinders deckungsgleich sind und sich zu einem Vollkreis ergänzen, empfiehlt es sich zur Vereinfachung der Berechnungen, diese in oben genanntem Term zu einer Fläche zusammenzufassen.

Für die Berechnung des Oberflächeninhalts sind zunächst noch Radius r zu bestimmen und die Mantellinie s des Kegels zu berechnen. Die weiteren notwendigen Größen können der Zeichnung in der Aufgabenstellung entnommen werden.

Ausführliche Lösung:

Skizze:

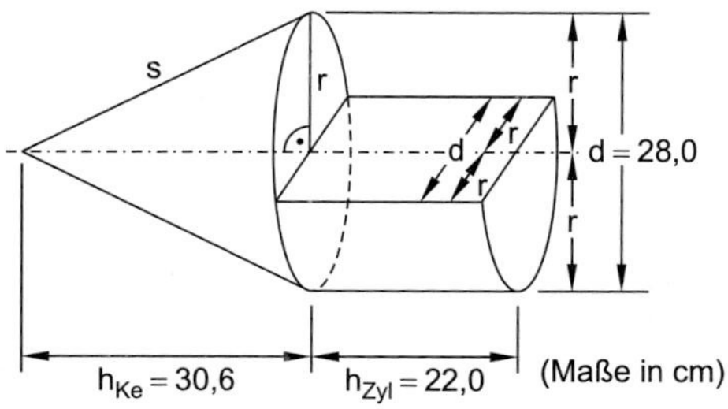

Berechnung des Oberflächeninhalts des Werkstücks:

$$O = M_{Kegel} + \frac{1}{2}A_{Grundfl.\ Kegel} + \frac{1}{2}M_{Zyl.} + A_{Schnittfl.\ Zyl.} + \frac{1}{2}A_{Grundfl.\ Zyl.} \quad \Big| \; A_{Grundfl.\ Kegel} = A_{Grundfl.\ Zyl.}$$

$$O = M_{Kegel} + A_{Grundfläche\ Kegel/Zyl.} + \frac{1}{2}M_{Zyl.} + A_{Schnittfläche\ Zyl.}$$

$$O = \pi rs + \pi r^2 + \frac{1}{\cancel{2}_1}\cancel{2}^1\pi rh_{Zyl} + d \cdot h_{Zyl}$$

$$O = \pi \cdot 14{,}0 \cdot 33{,}65 + \pi \cdot 14{,}0^2 + \pi \cdot 14{,}0 \cdot 22{,}0 + 28{,}0 \cdot 22{,}0$$

$$O = 3\,679{,}37 \text{ cm}^2$$

$$O = \underline{\underline{3\,679 \text{ cm}^2}}$$

NR: **Bestimmung von Radius r:**

$$r = \frac{d}{2} = \frac{28{,}0}{2} = \underline{14{,}0 \text{ cm}}$$

NR: **Berechnung von Mantellinie s des Kegels:**

$$s^2 = h_{Ke}{}^2 + r^2$$

$$s^2 = 30{,}6^2 + 14{,}0^2 \quad \big| \sqrt{\ }$$

$$s = \underline{33{,}65 \text{ cm}}$$

Lösungshinweise:

Die Lösung der Gleichung erfolgt mittels einer der beiden Lösungsformeln für gemischt-quadratische Gleichungen.

Dazu muss die Gleichung zunächst entweder in die allgemeine Form oder in die Normalform der gemischtquadratischen Gleichung umgeformt werden.
Die allgemeine Form ist Grundlage für die a-b-c-Formel, die Normalform für die p-q-Formel. In der Musterlösung wird der Weg über die p-q-Formel dargestellt.

Die Aufgabe verlangt lediglich die Lösung der Gleichung, sodass die Lösung nicht in Form einer Lösungsmenge angegeben werden muss. Ungeachtet dessen wird in der Musterlösung diese für die Mathematik übliche Darstellung als Alternative aufgeführt.

Ausführliche Lösung:

Lösung der Gleichung:

$$(2x+1)^2 - 3(x+4) = (x-1)(2x+1) + 2 \qquad | \text{ Klammern auflösen}$$

$$4x^2 + 4x + 1 - 3x - 12 = 2x^2 + x - 2x - 1 + 2 \qquad | \text{ Zusammenfassen}$$

$$4x^2 + x - 11 = 2x^2 - x + 1 \qquad | -2x^2;\ +x;\ -1$$

$$2x^2 + 2x - 12 = 0 \qquad | :2$$

$$x^2 + x - 6 = 0$$

$$x_{1/2} = -\frac{p}{2} \pm \sqrt{\left(\frac{p}{2}\right)^2 - q}$$

$$x_{1/2} = -\frac{1}{2} \pm \sqrt{\left(\frac{1}{2}\right)^2 + 6}$$

$$x_{1/2} = -\frac{1}{2} \pm \sqrt{0{,}25 + 6}$$

$$x_{1/2} = -\frac{1}{2} \pm \sqrt{6{,}25}$$

$$x_{1/2} = -\frac{1}{2} \pm 2{,}5$$

$$x_1 = \underline{\underline{2}}$$

$$x_2 = \underline{\underline{-3}}$$

Bzw. optional: $L = \underline{\underline{\{-3; 2\}}}$

Lösungshinweise:

Skizze:

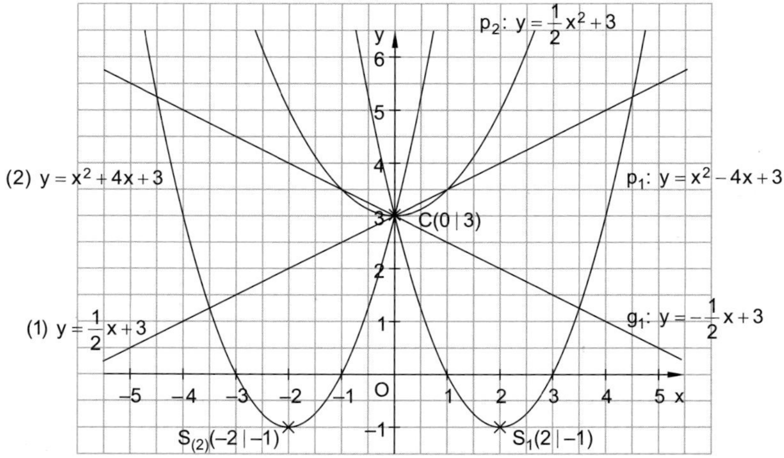

1. Zuordnung der den drei Graphen jeweils zugehörigen Funktionsgleichung

Die Aufgabenstellung impliziert, dass jeweils genau eine der zur Auswahl stehenden Funktionsgleichungen zu einem der drei Graphen g_1, p_1 und p_2 gehört.

1.1 Feststellung, welche der Funktionsgleichungen für welchen der drei Graphen in Betracht kommen können

Zunächst stellen wir fest, welche der fünf Funktionsgleichungen für welchen Graphen in Betracht kommen können. Dazu gleichen wir die Form der drei Graphen mit den Merkmalen der fünf Funktionsgleichungen ab.

1.2 Ermittlung der zu Graph g_1 gehörenden Funktionsgleichung

Es empfiehlt sich ein Vorgehen in zwei Schritten:

Schritt 1: Feststellung der Merkmale von Graph g_1

Schritt 2: Vergleich der Merkmale der in Betracht kommenden Funktionsgleichungen mit den Merkmalen von Graph g_1 und Erarbeitung, welche Gleichung zu Graph g_1 gehört

1.3 Ermittlung der zu den Graphen p_1 und p_2 gehörenden Funktionsgleichungen

Für die Ermittlung der zu den Graphen p_1 und p_2 gehörenden Funktionsgleichungen stehen zwei alternative Lösungsansätze zur Verfügung.

Zum einen können die Funktionsgleichungen der beiden Graphen p_1 und p_2 ermittelt werden und mit den für die Graphen p_1 und p_2 in Betracht kommenden Funktionsgleichungen aus der Auswahlliste verglichen werden. Die Ermittlung der Funktionsgleichungen der beiden Graphen gelingt mithilfe der Merkmale der Graphen und mithilfe von auf den Graphen liegenden Punkten. Der Vergleich der Funktionsgleichungen zeigt, welche Funktionsgleichung aus der Auswahlliste zum jeweiligen Graphen gehört.

Alternativ können die Scheitelpunktkoordinaten der beiden Graphen p_1 und p_2 mit den Scheitelpunktkoordinaten der zu den Funktionsgleichungen gehörenden Parabeln verglichen werden.

In einem ersten Schritt stellen wir die Scheitelpunktkoordinaten der beiden in Betracht kommenden Graphen im Schaubild fest. In einem zweiten Schritt werden die Scheitelpunktkoordinaten der zu den Funktionsgleichungen gehörenden Parabeln ermittelt. Der Vergleich der Scheitelpunktkoordinaten zeigt, welche der Funktionsgleichungen zu Graph p_1 und welche zu Graph p_2 gehört und zu welcher Funktionsgleichung der Graph noch einzuzeichnen ist.

In der Musterlösung wird der zweite Ansatz dargestellt.

2. Einzeichnen der beiden fehlenden Graphen in das Koordinatensystem

Einzuzeichnen sind die Graphen der Funktionsgleichungen (1) und (2).

Da Funktionsgleichung (1) eine in Hauptform angegebene lineare Gleichung ist, lässt sich der Graph von Gleichung (1) ohne Vorarbeiten in das Koordinatensystem einzeichnen.

Wurde wie in der Musterlösung vorgegangen, liegen die Scheitelpunktkoordinaten der zu Gleichung (2) zugehörigen Parabel bereits vor, sodass auch diese direkt in das Koordinatensystem eingezeichnet werden kann.
Wurde der alternative erstgenannte Lösungsansatz gewählt, sind zunächst noch die Scheitelpunktkoordinaten von $S_{(2)}$ zu ermitteln.

Ausführliche Lösung:

Skizze:

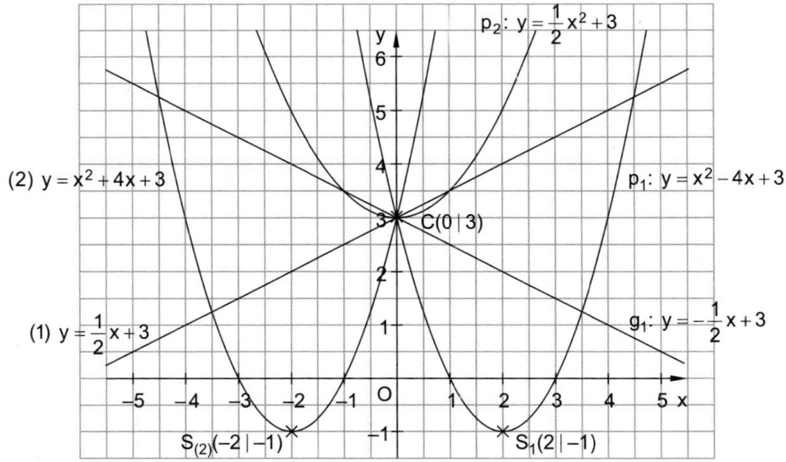

1. Zuordnung der den drei Graphen jeweils zugehörigen Funktionsgleichung

Die Aufgabenstellung impliziert, dass jeweils genau eine der zur Auswahl stehenden Funktionsgleichungen zu einem der drei Graphen g_1, p_1 und p_2 gehört.

1.1 Feststellung, welche der Funktionsgleichungen für welchen der drei Graphen in Betracht kommen können

Graph g_1 ist eine Gerade. Die zugehörige Gleichung muss folglich eine lineare Gleichung sein.

$\Rightarrow$ <u>Als Funktionsgleichung für Graph g_1 kommen nur die linearen Funktionsgleichungen (1) und (5) in Betracht.</u>

Die Graphen p_1 und p_2 sind Parabeln. Die zugehörigen Gleichungen müssen folglich quadratische Gleichungen sein.

⇒ Als Funktionsgleichungen für die Graphen p_1 und p_2 kommen nur die quadratischen Funktionsgleichungen (2), (3) und (4) in Betracht.

1.2 Ermittlung der zu Graph g_1 gehörenden Funktionsgleichung

Graph g_1 ist eine fallende Gerade. Der Grafik lassen sich entnehmen:

- Schnittpunkt mit der y-Achse: $C(0\,|\,3)$
- Steigungsfaktor: $m = -\frac{1}{2}$

Beide Gleichungen (1) und (5) erfüllen die aus $C(0\,|\,3)$ folgende Bedingung $c = 3$.

Unterschiede zeigen sich bei den Steigungsfaktoren der beiden Gleichungen. Gleichung (1) besitzt den Steigungsfaktor $m_1 = \frac{1}{2}$; Gleichung (5) besitzt den Steigungsfaktor $m_5 = -\frac{1}{2}$. Damit besitzt Gleichung (1) einen anderen Steigungsfaktor als Graph g_1, während Gleichung (5) den gleichen Steigungsfaktor besitzt wie Graph g_1.

Folglich erfüllt ausschließlich Gleichung (5) $y = -\frac{1}{2}x + 3$ alle Bedingungen, um zu Graph g_1 gehören zu können:

Zu Graph g_1 gehört Funktionsgleichung (5).

1.3 Ermittlung der zu den Graphen p_1 und p_2 gehörenden Funktionsgleichungen

Feststellung der Scheitelpunktkoordinaten der Graphen p_1 und p_2:

1) Graph p_1: $S_1(2\,|\,-1)$

2) Graph p_2: $S_2(0\,|\,3)$

Ermittlung der Scheitelpunktkoordinaten der zu den Funktionsgleichungen (2), (3) und (4) gehörenden Parabeln mit Zuordnung der Funktionsgleichungen zu den Graphen:

Funktionsgleichung (2):

$y = x^2 + 4x + 3$ | quadratisch ergänzen

$y = x^2 + 4x + 2^2 + 3 - 2^2$

$y = (x+2)^2 - 1$ ⇒ $S_{(2)}(-2\,|\,-1)$

Feststellung:
Scheitelpunkt $S_{(2)}$ der zu Funktionsgleichung (2) gehörenden Parabel stimmt weder mit Scheitelpunkt S_1 von Graph p_1 noch mit Scheitelpunkt S_2 von Graph p_2 überein.

⇒ Der Graph zu Funktionsgleichung (2) ist noch in das Koordinatensystem zu zeichnen.

Funktionsgleichung (3):

$y = \frac{1}{2}x^2 + 3$ ⇒ $S_{(3)}(0\,|\,3)$

Feststellung:
Scheitelpunkt $S_{(3)}$ der zu Funktionsgleichung (3) gehörenden Parabel stimmt mit Scheitelpunkt S_2 von Graph p_2 überein.

⇒ Zu Graph p_2 gehört Funktionsgleichung (3).

Funktionsgleichung (4):

$y = x^2 - 4x + 3$ | quadratisch ergänzen

$y = x^2 - 4x + 2^2 + 3 - 2^2$

$y = (x-2)^2 - 1$ $\Rightarrow$ $\underline{S_{(4)}(2\,|\,-1)}$

Feststellung:
Scheitelpunkt $S_{(4)}$ der zu Funktionsgleichung (4) gehörenden Parabel stimmt mit Scheitelpunkt S_1 von Graph p_1 überein.

$\Rightarrow$ Zu Graph p_1 gehört Funktionsgleichung (4).

Alternativer Lösungsansatz zur Zuordnung von Funktionsgleichung (4)

Für Graph p_1 kommt genau eine der Funktionsgleichungen (2), (3) und (4) in Betracht. Für Funktionsgleichung (2) wurde bereits gezeigt, dass sie als Funktionsgleichung für Graph p_1 ausscheidet. Funktionsgleichung (3) wurde bereits Graph p_2 zugeordnet. Daraus folgt:

Zu Graph p_1 gehört Funktionsgleichung (4).

2. Einzeichnen der beiden fehlenden Graphen in das Koordinatensystem

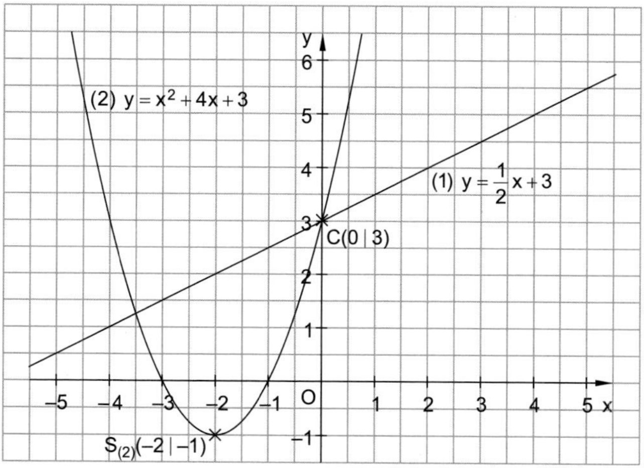

Hinweis:
Die Aufgabenstellung fordert, die beiden fehlenden Graphen in das Koordinatensystem in der Aufgabenstellung einzuzeichnen. Aus Gründen der Übersichtlichkeit wurde in der Musterlösung eine separate Darstellung gewählt.

Lösungshinweise:

Baumdiagramm:

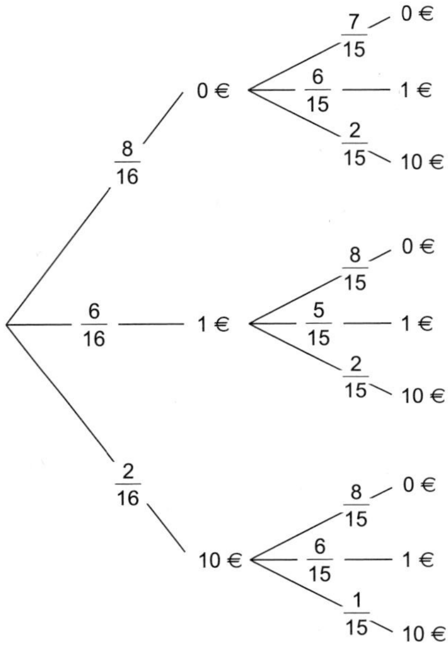

Zur besseren Übersicht empfiehlt es sich, den Sachverhalt in einem Baumdiagramm zu visualisieren.

Bei der Ermittlung der Wahrscheinlichkeiten ist zu beachten, dass es sich bei der Situation im Prinzip um einen zweistufigen Zufallsversuch ohne Zurücklegen handelt.

Berechnung der Wahrscheinlichkeit für das Ereignis „Gewinn 10 €"
Für die Berechnung der Wahrscheinlichkeit für das Ereignis „Gewinn 10 €" kombinieren wir die Produkt- und die Summenregel.

Berechnung der Wahrscheinlichkeit, den Hauptgewinn von 20 € zu erhalten
Für die Berechnung der Wahrscheinlichkeit, den Hauptgewinn von 20 € zu erhalten, nutzen wir die Produktregel.

Berechnung der Wahrscheinlichkeit, mehr als 10 € zu gewinnen
Das Ereignis „mehr als 10 €" umfasst alle Summen, deren Wert größer als 10 € ist.

Für das Aufstellen des Terms zur Berechnung der gesuchten Wahrscheinlichkeit kombinieren wir die Produkt- und die Summenregel.

Ausführliche Lösung:

Baumdiagramm:

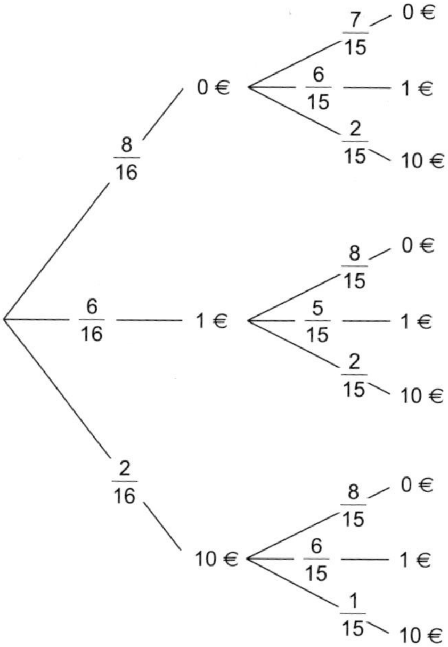

Berechnung der Wahrscheinlichkeit für das Ereignis „Gewinn 10 €“:

$P(\text{Gewinn } 10\,€) = P(0\,€; 10\,€) + P(10\,€; 0\,€)$

$P(\text{Gewinn } 10\,€) = \frac{8}{16} \cdot \frac{2}{15} + \frac{2}{16} \cdot \frac{8}{15}$

$P(\text{Gewinn } 10\,€) = \frac{\cancel{16}^1}{{}_1\cancel{16} \cdot 15} + \frac{\cancel{16}^1}{{}_1\cancel{16} \cdot 15}$

$P(\text{Gewinn } 10\,€) = \underline{\underline{\frac{2}{15}}}$

$P(\text{Gewinn } 10\,€) = 13{,}33\,\%$

$P(\text{Gewinn } 10\,€) = \underline{\underline{13{,}3\,\%}}$

A: Die Wahrscheinlichkeit für das Ereignis „Gewinn 10 €“ beträgt $\frac{2}{15}$ bzw. 13,3 %.

Berechnung der Wahrscheinlichkeit, den Hauptgewinn von 20 € zu erhalten:

$P(\text{Hauptgewinn } 20\,€) = P(10\,€; 10\,€)$

$P(\text{Hauptgewinn } 20\,€) = \frac{\cancel{2}^1}{\cancel{16}_8} \cdot \frac{1}{15}$

$$P(\text{Hauptgewinn } 20\text{ €}) = \underline{\underline{\frac{1}{120}}}$$

$$P(\text{Hauptgewinn } 20\text{ €}) = 0{,}83\ \%$$

$$P(\text{Hauptgewinn } 20\text{ €}) = \underline{\underline{0{,}8\ \%}}$$

A: Die Wahrscheinlichkeit, den Hauptgewinn von 20 € zu erhalten, beträgt $\frac{1}{120}$ bzw. 0,8 %.

Berechnung der Wahrscheinlichkeit, mehr als 10 € zu gewinnen:

$$P(\text{Gewinn} > 10\text{ €}) = P(11\text{ €}) + P(20\text{ €})$$

$$P(\text{Gewinn} > 10\text{ €}) = P(1\text{ €}; 10\text{ €}) + P(10\text{ €}; 1\text{ €}) + P(10\text{ €}; 10\text{ €})$$

$$P(\text{Gewinn} > 10\text{ €}) = \frac{6}{16} \cdot \frac{2}{15} + \frac{2}{16} \cdot \frac{6}{15} + \frac{1}{120}$$

$$P(\text{Gewinn} > 10\text{ €}) = \frac{12}{240} + \frac{12}{240} + \frac{1}{120}$$

$$P(\text{Gewinn} > 10\text{ €}) = \frac{6}{120} + \frac{6}{120} + \frac{1}{120}$$

$$P(\text{Gewinn} > 10\text{ €}) = \underline{\underline{\frac{13}{120}}}$$

$$P(\text{Gewinn} > 10\text{ €}) = 10{,}83\ \%$$

$$P(\text{Gewinn} > 10\text{ €}) = \underline{\underline{10{,}8\ \%}}$$

A: Die Wahrscheinlichkeit, mehr als 10 € zu gewinnen, beträgt $\frac{13}{120}$ bzw. 10,8 %.

Pflichtbereich Aufgabe P 7

Lösungshinweise:

1. **Berechnung, um wie viel Prozent der Verbrauch der Einweg-Getränkeverpackungen von 2004 bis 2014 insgesamt gestiegen ist**

Für die Berechnung des gesuchten Prozentsatzes stehen alternativ der in der Musterlösung verwendete Dreisatz oder die Grundformel der Prozentrechnung zur Verfügung. Ein dritter, eher unüblicher Lösungsansatz führt über die Wachstumsformel mit Faktor q.

Bei den beiden erstgenannten Verfahren stehen jeweils wieder zwei Varianten zur Auswahl. Zum einen kann in einem ersten Schritt der absolute Anstieg des Verbrauchs in Tonnen ermittelt werden. Anschließend wird dann der gesuchte prozentuale Anstieg berechnet. Zum anderen kann in einem ersten Schritt der Prozentsatz zum vermehrten Grundwert (im vorliegenden Fall der Verbrauch von 2014) ermittelt werden. Den Wert des prozentualen Anstiegs erhält man anschließend über die Differenz aus dem ermittelten Prozentsatz zum vermehrten Grundwert und dem Prozentsatz zum Grundwert (100 %).

2. **Berechnung, wie viele Tonnen Getränkeverpackungen im Jahr 2014 insgesamt verbraucht wurden**

Auch für die Klärung der Frage, wie viele Tonnen Getränkeverpackungen im Jahr 2014 insgesamt verbraucht wurden, stehen alternativ der in der Musterlösung verwendete Dreisatz oder die Grundformel der Prozentrechnung zur Auswahl.

Es empfiehlt sich, direkt den Gesamtverbrauch (100 %) zu ermitteln.
Wird zunächst der Verbrauch an Mehrweg-Getränkeverpackungen ermittelt, muss anschließend noch der Gesamtverbrauch an Mehrweg-Getränkeverpackungen und Einweg-Getränkeverpackungen ermittelt werden.

Die Menge der 2014 verbrauchten Einweg-Getränkeverpackungen in Tonnen wird dem Liniendiagramm (Kurvendiagramm) entnommen, der prozentuale Anteil der 2014 verbrauchten Einweg-Getränkeverpackungen dem Kreisdiagramm.

3. Ermittlung, wie viele Tonnen Einweg-Getränkeverpackungen 2024 verbraucht werden, wenn der Verbrauch von 2014 bis 2024 jährlich um 5 % sinkt

Die Frage, wie viele Tonnen Einweg-Getränkeverpackungen 2024 verbraucht werden, wenn der Verbrauch von 2014 bis 2024 jährlich um 5 % sinkt, lässt sich mit der Formel für exponentielles Wachstum klären. Bei der Ermittlung von Faktor q ist darauf zu achten, dass (statt eines Wachstums) eine Abnahme vorliegt.

Ausführliche Lösung:

1. Berechnung, um wie viel Prozent der Verbrauch der Einweg-Getränkeverpackungen von 2004 bis 2014 insgesamt gestiegen ist

$$465\,000 \text{ t} \mathrel{\hat{=}} 100\,\% \qquad |:465\,000$$

$$1 \text{ t} \mathrel{\hat{=}} \frac{100}{465\,000}\,\% \qquad |\cdot 135\,000$$

$$135\,000 \text{ t} \mathrel{\hat{=}} \frac{100 \cdot 135\,\not{0}\not{0}\not{0}}{465\,\not{0}\not{0}\not{0}}\,\%$$

$$135\,000 \text{ t} \mathrel{\hat{=}} 29{,}03\,\%$$

$$135\,000 \text{ t} \mathrel{\hat{=}} \underline{\underline{29{,}0\,\%}}$$

NR: **Berechnung des Anstiegs des Verbrauchs an Einweg-Getränkeverpackungen in Tonnen:**

Anstieg = Verbrauch 2014 – Verbrauch 2004

Anstieg = 600 000 – 465 000

Anstieg = $\underline{\underline{135\,000 \text{ t}}}$

A: Der Verbrauch von Einweg-Getränkeverpackungen ist von 2004 bis 2014 um 29,0 % gestiegen.

2. Berechnung, wie viele Tonnen Getränkeverpackungen im Jahr 2014 insgesamt verbraucht wurden

$$54\,\% \mathrel{\hat{=}} 600\,000 \text{ t} \qquad |:54$$

$$1\,\% \mathrel{\hat{=}} \frac{600\,000}{54} \text{ t} \qquad |\cdot 100$$

$$100\,\% \mathrel{\hat{=}} \frac{600\,000 \cdot 100}{54} \text{ t}$$

$$100\,\% \mathrel{\hat{=}} 1\,111\,111{,}11 \text{ t}$$

$$100\,\% \mathrel{\hat{=}} \underline{\underline{1\,111\,000 \text{ t}}}$$

alternativ: $100\,\% \mathrel{\hat{=}} \underline{\underline{1{,}1 \text{ Mio. t}}}$

A: Im Jahr 2014 wurden insgesamt 1 111 000 t bzw. 1,1 Mio. t Getränkeverpackungen verbraucht.

3. Ermittlung, wie viele Tonnen Einweg-Getränkeverpackungen 2024 verbraucht werden, wenn der Verbrauch von 2014 bis 2024 jährlich um 5 % sinkt

$G_{2024} = G_{2014} \cdot q^n$ | n: Anzahl der Jahre von 2014 bis 2024 = $\underline{10}$

$G_{2024} = 600\,000 \cdot 0{,}95^{10}$

$G_{2024} = 359\,242{,}16$ t

$G_{2024} = \underline{\underline{359\,000\text{ t}}}$

NR: **Berechnung von q:**

$q = 1 - \frac{p}{100}$

$q = 1 - \frac{5}{100}$

$q = \underline{0{,}95}$

A: Wenn der Verbrauch von Einweg-Getränkeverpackungen von 2014 bis 2024 jährlich um 5 % sinkt, ist für 2024 mit einem Verbrauch von 359 000 t Einweg-Getränkeverpackungen zu rechnen.

Hinweis: In der Aufgabenstellung wird die Menge der 2004 verbrauchten Einweg-Getränkeverpackungen auf Tausender gerundet angegeben. Daran anknüpfend werden die 2014 verbrauchte Gesamtmenge an Getränkeverpackungen und der 2024 zu erwartende Verbrauch von Einweg-Getränkeverpackungen ebenfalls auf Tausender gerundet angegeben.

Pflichtbereich Aufgabe P 8

Lösungshinweise:

1. Klärung der Frage, welcher der beiden Boxplots die Verteilung der Wartezeiten aus dem Diagramm der Hotline QUICK-TEL darstellt

Der Vergleich der beiden Boxplots zeigt, dass ihre Kennwerte – bis auf die unteren Quartile – jeweils identisch sind. Dadurch reduziert sich die Untersuchung, welcher Boxplot die Verteilung der Wartezeiten aus dem Diagramm der Hotline QUICK-TEL darstellt, auf den Vergleich des unteren Quartils der QUICK-TEL-Wartezeiten mit den unteren Quartilen der beiden Boxplots.

2. Ergänzung der drei offenen Felder in der Strichliste mit möglichen Werten

Bei der Ergänzung der drei offenen Felder der Strichliste mit möglichen Werten sind die Kennwerte des zur Strichliste zugehörigen Boxplots zu beachten. Ohne dass es ausdrücklich festgestellt wird, impliziert die Aufgabenstellung, dass die Strichliste zu dem Boxplot gehört, der die Verteilung der Wartezeiten von FAST-PHONE zeigt. Zunächst stellen wir daher fest, welcher der beiden Boxplots dies ist. Außerdem benötigen wir die Anzahl der in der Strichliste noch fehlenden Striche.

Zur Vorbereitung auf das Ergänzen der Strichliste ermitteln wir in einem ersten Schritt die Kennwerte des Boxplots. In einem zweiten Schritt stellen wir die Rangplätze der Kennwerte fest.
Ein Blick auf die Strichliste zeigt, dass das Minimum und das Maximum bereits in der Strichliste eingetragen sind. Das untere Quartil, der Zentralwert und das obere Quartil fehlen in der Strichliste noch.

Die Rangplätze und die Werte der drei noch nicht in der Strichliste enthaltenen Kennwerte zeigen, der wievielte Strich (Rangplatz) in welchem Feld (Kennwert) einzutragen ist. Dementsprechend sind die fehlenden Striche in den drei leeren Feldern zu ergänzen.
(Zum Beispiel muss der 11. Strich der Liste im Feld „8 Minuten“ liegen.)

Ausführliche Lösung:

1. Klärung der Frage, welcher der beiden Boxplots die Verteilung der Wartezeiten aus dem Diagramm der Hotline QUICK-TEL darstellt

Der Vergleich der beiden Boxplots zeigt, dass ihre Kennwerte – bis auf die unteren Quartile – jeweils identisch sind. Folglich reduziert sich die Untersuchung, welcher der beiden Boxplots die Verteilung der Wartezeiten aus dem Diagramm der Hotline QUICK-TEL darstellt, auf den Vergleich des unteren Quartils der QUICK-TEL-Wartezeiten mit den unteren Quartilen der beiden Boxplots.

Ermittlung des unteren Quartils $q_{u(Q)}$ der Wartezeiten der Hotline QUICK-TEL:

$q_{u(Q)} = n_Q \cdot 0,25 = 41 \cdot 0,25 = 10,25 \notin \mathbb{Z} \quad \Rightarrow \quad q_{u(Q)} = x_{11} = \underline{7 \text{ min}}$

Feststellung, welcher Boxplot die Verteilung der Wartezeiten aus dem Diagramm der Hotline QUICK-TEL darstellt:

$q_{u(Q)} = 7$ min und $q_{u(A)} = 8$ min und $q_{u(B)} = 7$ min

$\Rightarrow$ Boxplot (B) stellt die Verteilung der Wartezeiten aus dem Diagramm dar.

2. Ergänzung der drei offenen Felder in der Strichliste mit möglichen Werten

Feststellung, welcher Boxplot die Verteilung der Wartezeiten der Hotline FAST-PHONE zeigt:

Da Boxplot (B) die Verteilung der Wartezeiten von QUICK-TEL darstellt, folgt laut Aufgabenstellung: Boxplot (A) zeigt die Verteilung der Wartezeiten von FAST-PHONE.

Ermittlung der Anzahl der in der Strichliste fehlenden Striche:

Anzahl fehlender Striche = Anzahl erfasster Wartezeiten – Anzahl eingetragener Striche
$= 41 - 23 = \underline{18}$

Feststellung der Kennwerte von Boxplot (A), Bestimmung ihrer Rangplätze und Überprüfung, ob die Kennwerte bereits in der Strichliste enthalten sind:

Kennwert	Kennwerte von Boxplot (A)	Rangplätze der Kennwerte	Kennwert des Boxplots in Strichliste enthalten?
Minimum	5 min	Rangplatz $x_{min} = \underline{1}$	ja
Unteres Quartil	8 min	$n \cdot 0,25 = 41 \cdot 0,25 = 10,25 \notin \mathbb{Z}$ $\Rightarrow$ Rangplatz $q_u = \underline{11}$	nein
Zentralwert	9 min	$n \cdot 0,5 = 41 \cdot 0,5 = 20,5 \notin \mathbb{Z}$ $\Rightarrow$ Rangplatz $z = \underline{21}$	nein
Oberes Quartil	11 min	$n \cdot 0,75 = 41 \cdot 0,75 = 30,75 \notin \mathbb{Z}$ $\Rightarrow$ Rangplatz $q_o = \underline{31}$	nein
Maximum	16 min	Rangplatz $x_{max} = \underline{41}$	ja

Schlussfolgerung für das Eintragen der fehlenden 18 Striche:

1) Der insgesamt 11. Strich der Strichliste ist in das Feld „8 Minuten“ einzutragen.
2) Der insgesamt 21. Strich der Strichliste ist in das Feld „9 Minuten“ einzutragen.
3) Der insgesamt 31. Strich der Strichliste ist in das Feld „11 Minuten“ einzutragen.

Eine mögliche Lösung für die Ergänzung der Strichliste:

Minuten	5	6	7	8	9	10	11	12	13	14	15	16
Anzahl der Anrufer	II	IIII	III	~~IIII~~ IIII	~~IIII~~ I	~~IIII~~	III	IIII	I	I	II	I
	x_{min}			q_u	z		q_o					x_{max}

Hinweis: Für das korrekte Ergänzen der Strichliste gibt es mehrere Möglichkeiten. In der Musterlösung wird (lediglich) eine dieser Möglichkeiten dargestellt.

Wahlbereich Aufgabe W 1 a

Lösungshinweise:

Skizze:

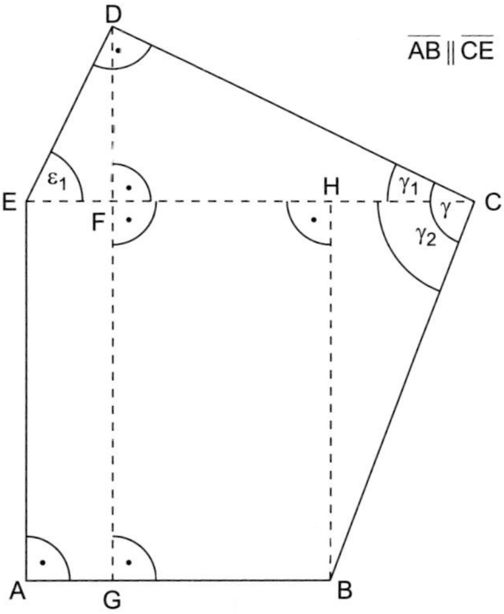

Da die beiden Seiten AB und CE des Vierecks ABCE parallel zueinander liegen, ist Viereck ABCE ein Trapez. Sein Flächeninhalt lässt sich mit der Flächeninhaltsformel für Trapeze ermitteln. Alternativ kann Viereck ABCE in berechenbare Teilfiguren zerlegt werden. Den Flächeninhalt von Viereck ABCE erhält man bei diesem Vorgehen über die Summe der Flächeninhalte der Teilfiguren.
In der Musterlösung wird der ins Auge springende Lösungsansatz über die Flächeninhaltsformel für Trapeze gewählt. Die alternativen Lösungsansätze werden unten kurz genannt.

Für die Nutzung der Flächeninhaltsformel für Trapeze werden $\overline{AB}$, $\overline{CE}$ und der Abstand $\overline{FG}$ zwischen den beiden Parallelen benötigt.

$\overline{CE}$ lässt sich mit den bekannten Größen ohne Vorarbeiten in Dreieck ECD berechnen.

$\overline{FG}$ gewinnen wir über die Differenz aus dem Abstand $\overline{DG}$ des Punkts D zu Strecke AB einerseits und $\overline{DF}$ andererseits. $\overline{DG}$ ist bekannt und $\overline{DF}$ lässt sich in Dreieck FCD berechnen, nachdem die Größe von Winkel γ_1 ermittelt worden ist.

Fällen wir von Punkt B aus das Lot auf Strecke CE, entstehen auf Strecke CE die beiden Teilstrecken $\overline{CH}$ und HE; in Viereck ABCE entstehen das Rechteck $\overline{ABHE}$ und das Dreieck BCH. Da sich $\overline{HE}$ in der entstandenen Situation ermitteln lässt und da $\overline{HE}$ und $\overline{AB}$ gleich groß sind, kann $\overline{AB}$ indirekt über $\overline{HE}$ ermittelt werden.

Für die Berechnung von $\overline{HE}$ wird neben der bekannten $\overline{CE}$ noch $\overline{CH}$ benötigt.
Die Berechnung von $\overline{CH}$ gelingt in Dreieck BCH, nachdem $\overline{HB}$ und die Größe von Winkel γ_2 ermittelt worden sind.

Nachdem $\overline{AB}$, $\overline{CE}$ und $\overline{FG}$ vorliegen, wird der gesuchte Flächeninhalt von Viereck ABCE abschließend mit der Flächeninhaltsformel für Trapeze berechnet.

Alternativen für die Zerlegung von Viereck ABCE in berechenbare Teilfiguren:
1) Rechteck ABHE und Dreieck BCH
2) Dreieck ABE und Dreieck EBC
3) Dreieck ABC und Dreieck ACE

Ausführliche Lösung:

Skizze:

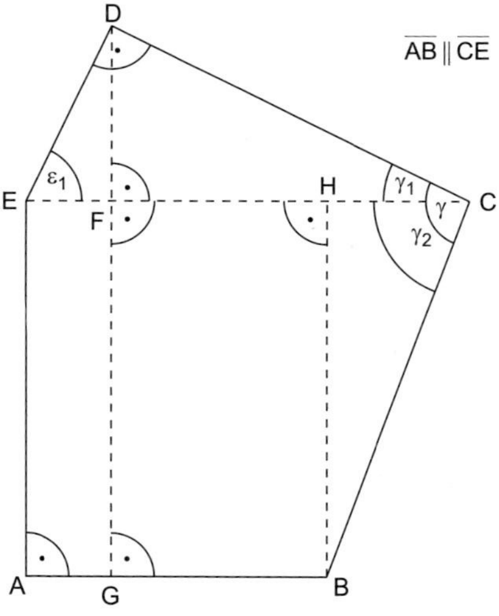

Berechnung von $\overline{CE}$:

$$\sin \varepsilon_1 = \frac{\overline{CD}}{\overline{CE}} \qquad |\cdot \overline{CE}$$

$$\overline{CE} \cdot \sin \varepsilon_1 = \overline{CD} \qquad |: \sin \varepsilon_1$$

$$\overline{CE} = \frac{\overline{CD}}{\sin \varepsilon_1}$$

$$\overline{CE} = \frac{9{,}5}{\sin 64{,}0°}$$

$$\overline{CE} = \underline{\underline{10{,}57 \text{ cm}}}$$

Berechnung von $\overline{FG}$:

$\overline{FG} = \overline{DG} - \overline{DF}$

$\overline{FG} = 12{,}9 - 4{,}16$

$\overline{FG} = \underline{8{,}74\text{ cm}}$

NR: **Berechnung von Winkel γ_1:**

$$\gamma_1 + \sphericalangle EDC + \varepsilon_1 = 180° \quad \left| -(\sphericalangle EDC + \varepsilon_1)\right.$$

$$\gamma_1 = 180° - (\sphericalangle EDC + \varepsilon_1)$$

$$\gamma_1 = 180° - (90{,}0° + 64{,}0°)$$

$$\gamma_1 = \underline{26{,}0°}$$

NR: **Berechnung von $\overline{DF}$:**

$$\sin\gamma_1 = \frac{\overline{DF}}{\overline{CD}} \quad \left| \cdot \overline{CD}\right.$$

$$\overline{DF} = \overline{CD} \cdot \sin\gamma_1$$

$$\overline{DF} = 9{,}5 \cdot \sin 26{,}0°$$

$$\overline{DF} = \underline{4{,}16\text{ cm}}$$

Berechnung von $\overline{AB}$ über $\overline{HE}$:

$\overline{HE} = \overline{CE} - \overline{CH}$

$\overline{HE} = 10{,}57 - 3{,}35$

$\overline{HE} = \underline{7{,}22\text{ cm}}$ | $\overline{AB} = \overline{HE}$; Eigenschaften des Rechtecks ABHE

$\overline{AB} = \underline{7{,}22\text{ cm}}$

NR: **Berechnung von Winkel γ_2:**

$$\gamma_2 = \gamma - \gamma_1$$

$$\gamma_2 = 95{,}0° - 26{,}0°$$

$$\gamma_2 = \underline{69{,}0°}$$

NR: **Berechnung von $\overline{CH}$:**

$$\tan\gamma_2 = \frac{\overline{HB}}{\overline{CH}} \quad \left| \cdot \overline{CH}\right.$$

$$\overline{CH} \cdot \tan\gamma_2 = \overline{HB} \quad \left| : \tan\gamma_2\right.$$

$$\overline{CH} = \frac{\overline{HB}}{\tan\gamma_2}$$

| $\overline{HB} = \overline{FG}$; Eigenschaften des Rechtecks GBHF

$$\overline{CH} = \frac{8{,}74}{\tan 69{,}0°}$$

$$\overline{CH} = \underline{3{,}35\text{ cm}}$$

Berechnung des Flächeninhalts von Viereck ABCE:

$$A_{ABCE} = \frac{1}{2}(\overline{AB} + \overline{CE}) \cdot \overline{FG}$$

$$A_{ABCE} = \frac{1}{2}(7{,}22 + 10{,}57) \cdot 8{,}74$$

$$A_{ABCE} = 77{,}74\text{ cm}^2$$

$$A_{ABCE} = \underline{\underline{77{,}7\text{ cm}^2}}$$

Wahlbereich Aufgabe W 1 b

Lösungshinweise:

Skizze:

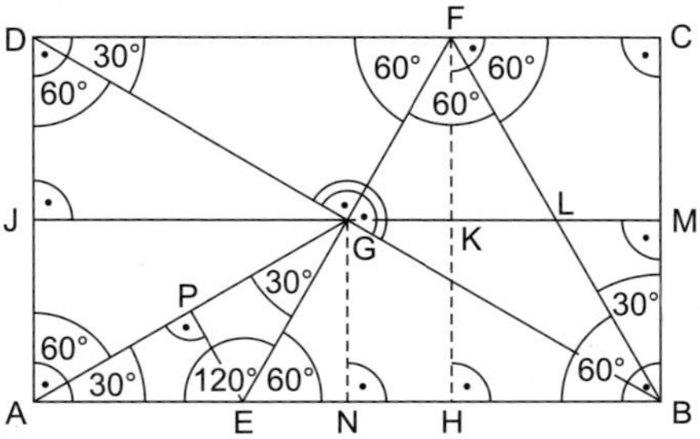

Wir führen den Nachweis, indem wir den Flächeninhalt von Rechteck ABCD berechnen und so zeigen, dass die Behauptung stimmt.

Für die Berechnung des Flächeninhalts nutzen wir die Flächeninhaltsformel für Rechtecke. Dazu benötigen wir die Länge einer der beiden Seiten BC oder DA sowie die Länge einer der beiden Seiten AB oder CD.

1. Berechnung von $\overline{BC}$

Für die Berechnung von $\overline{BC}$ stehen zwei Alternativen zur Verfügung.

Zum einen kann $\overline{BC}$ in Dreieck BCF berechnet werden. Dazu sind zunächst $\overline{BF}$ zu bestimmen und die Größe von Winkel CBF oder alternativ von Winkel BFC zu ermitteln.

Zum anderen kann $\overline{BC}$ ohne Vorarbeiten über $\overline{FH}$ im gleichseitigen Dreieck EBF berechnet werden. Dazu fällen wir das Lot von Punkt F auf die gegenüberliegende Seite BE des Dreiecks. Das Lot FH ist Höhe des gleichseitigen Dreiecks EBF, sodass wir seine Länge mit der Formel für Höhen im gleichseitigen Dreieck berechnen können. Über die Eigenschaften von Rechteck HBCF lässt sich abschließend $\overline{BC}$ bestimmen. Die Musterlösung folgt der zweiten Alternative.

2. Berechnung von $\overline{CD}$

Für die Berechnung von $\overline{CD}$ stehen vier alternative Lösungsansätze zur Auswahl.

In der Musterlösung wird $\overline{CD}$ über die Summe ihrer beiden Teilstrecken $\overline{CF}$ und $\overline{FD}$ berechnet.

Für die Berechnung von $\overline{CF}$ stehen zwei Alternativen zur Verfügung.

Zum einen kann $\overline{CF}$ in Dreieck BCF berechnet werden. Mit $\overline{BC}$ ist eine für die Berechnung von $\overline{CF}$ notwendige Größe des Dreiecks bereits bekannt. Die zweite Größe gewinnen wir entweder über die Bestimmung von $\overline{BF}$ oder alternativ über die Ermittlung von Winkel CBF oder von Winkel BFC.

Alternativ und kürzer kann $\overline{CF}$ über $\overline{HB}$ in Dreieck EBF bestimmt werden. Da Lotfußpunkt H Strecke BE halbiert, ist $\overline{HB}$ halb so lang wie $\overline{BE}$. Über die Eigenschaften von Rechteck HBCF lässt sich abschließend $\overline{CF}$ bestimmen. Die Musterlösung folgt der zweiten Alternative.

Wenn Dreieck GFD ein rechtwinkliges Dreieck wäre und wenn zwei für die Berechnung von $\overline{FD}$ notwendige Größen bekannt wären, könnte $\overline{FD}$ in Dreieck GFD ermittelt werden.

Um den Nachweis zu führen, dass Dreieck GFD ein rechtwinkliges Dreieck ist, ermitteln wir die Winkel DFG und GDF und zeigen abschließend, dass Winkel FGD 90° groß ist.

Beim Führen des Nachweises, dass Dreieck GFD rechtwinklig ist, wurden alle drei Winkel des Dreiecks ermittelt. Damit fehlt für die Berechnung von $\overline{FD}$ nur noch die Länge einer Seite des Dreiecks. Diese erhalten wir rasch: Mit den Eigenschaften des gleichseitigen Dreiecks AGD und den Eigenschaften des Rechtecks ABCD lässt sich die Länge von Strecke DG bestimmen.

Alternative Ermittlung von $\overline{CD}$ über $\overline{JM}$:
In einem ersten Schritt fällen wir von Punkt G aus das Lot auf die gegenüberliegende Seite DA des gleichseitigen Dreiecks AGD. Das Lot GJ steht senkrecht auf Strecke DA und halbiert Strecke DA. Durch die Verlängerung des Lots GJ bis zu Strecke BC entsteht Strecke JM. Strecke JM ist Spiegelachse des Rechtecks ABCD. Als solche halbiert Strecke JM (u. a.) die senkrecht zu ihr stehenden Strecken FH und BC.
Strecke JM wird in die Teilstrecken GJ, GK, KL und LM gegliedert. $\overline{JM}$ erhalten wir über die Summe der einzelnen Teilstreckenlängen.
$\overline{GJ}$ lässt sich im gleichseitigen Dreieck AGD berechnen, nachdem wir $\overline{DA}$ bestimmt haben.
$\overline{GK}$ berechnen wir mit dem Strahlensatz in Dreieck EHF. Dazu ist zunächst $\overline{EH}$ zu bestimmen.
Da Strecke FH Spiegelachse des Dreiecks EBF ist, lässt sich $\overline{KL}$ über $\overline{GK}$ bestimmen. $\overline{LM}$ gewinnen wir entweder über den Strahlensatz in Dreieck BCF, nachdem $\overline{CF}$ bestimmt wurde, oder alternativ in Dreieck BML.
Eine interessante Variante dieses Lösungsansatzes entsteht durch das Fällen des Lots von Punkt G auf Strecke AB. Lotfußpunkt ist Punkt N.
$\overline{GJ}$ wird wie beschrieben berechnet.
$\overline{GM}$ ist genauso lang wie $\overline{NB}$. $\overline{NB}$ erhalten wir aus der Differenz aus der bekannten $\overline{BE}$ und $\overline{EN}$. Dazu ist zunächst noch $\overline{EN}$ in Dreieck ENG zu berechnen.

Alternative Ermittlung von $\overline{CD}$ in Dreieck BCD:
Die Ermittlung von $\overline{CD}$ in Dreieck BCD ist mit den vorliegenden Größen nur möglich, wenn Punkt G auf Strecke DB liegt. Um nachzuweisen, dass Punkt G auf Strecke DB liegt, zeigen wir, dass Winkel BGD ein gestreckter Winkel ist. Dazu berechnen wir die Größe der Winkel FGD und BGF und zeigen, dass ihre Summe 180° beträgt.
Dies gelingt in drei Schritten.
Zunächst zeigen wir wie in der Musterlösung (siehe dort: „Nachweis, dass Dreieck GFD ein rechtwinkliges Dreieck ist"), dass Winkel FGD ein rechter Winkel ist.
Im zweiten Schritt wird nachgewiesen, dass Punkt G Mittelpunkt von Strecke FE ist. Dazu berechnen wir $\overline{GF}$ in Dreieck GFD (alle Winkel des Dreiecks sind bekannt und $\overline{DG}$ lässt sich über $\overline{DA}$ sowie $\overline{BC}$ bestimmen) und zeigen, dass $\overline{GF}$ halb so groß wie $\overline{FE}$ ist.
Anschließend fällen wir das Lot von Punkt B auf Strecke FE und weisen mit den Eigenschaften von Loten in gleichseitigen Dreiecken nach, dass der Lotfußpunkt auf Punkt G liegt und Winkel BGF ein rechter Winkel ist.
Da die Summe zweier rechter Winkel 180° groß ist, ist gezeigt, dass Winkel BGD ein gestreckter Winkel ist und dass Punkt G auf Strecke DB liegt.
Mit den bekannten Größen $\overline{BC}$ und Winkel GDF lässt sich nun $\overline{CD}$ in Dreieck BCD ermitteln.

Alternative Ermittlung von $\overline{AB}$ anstatt $\overline{CD}$:
Bei dieser Alternative wird $\overline{AB}$ anstatt $\overline{CD}$ ermittelt, wozu neben der bekannten $\overline{BE}$ noch $\overline{AE}$ zu berechnen ist. Dazu zeigen wir zunächst, dass Dreieck AEG gleichschenklig mit den Schenkeln AE und EG ist. Dies gelingt, indem wir alle Innenwinkel berechnen und feststellen, dass die Winkel EAG und AGE gleich groß sind. Folglich wird die Basis GA des Dreiecks AEG vom Fußpunkt P der zugehörigen Höhe halbiert. Damit ist Strecke PA halb so lang wie Seite AG.

Wegen $\overline{AG} = \overline{DA} = \overline{BC}$ folgt $\overline{PA} = \frac{1}{2} \cdot \overline{BC}$. Nun kann $\overline{AE}$ im Dreieck AEP über $\overline{PA}$ und die bekannte Größe von Winkel EAP berechnet werden.

3. Berechnung des Flächeninhalts von Rechteck ABCD

Abschließend wird der Flächeninhalt des Rechtecks ABCD berechnet und gezeigt, dass die Behauptung stimmt.

Ausführliche Lösung:

Skizze:

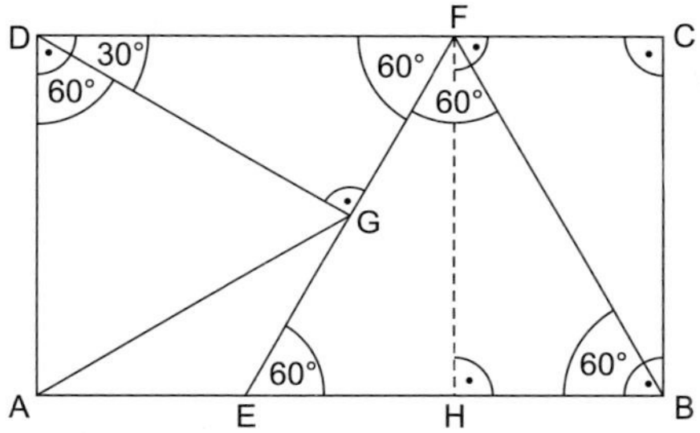

1. Berechnung von $\overline{BC}$ über $\overline{FH}$

$\overline{FH} = \frac{\overline{BE}}{2}\sqrt{3}$

$\overline{FH} = \frac{{}^{2}\not{4}e\sqrt{3}}{\not{2}_{1}}\sqrt{3}$

$\overline{FH} = 2e \cdot 3$

$\overline{FH} = \underline{6e}$ $\quad | \; \overline{BC} = \overline{FH}$; Eigenschaften des Rechtecks HBCF

$\overline{BC} = \underline{6e}$

2. Berechnung von $\overline{CD}$

Bestimmung von $\overline{CF}$ über $\overline{HB}$:

Dreieck EBF ist gleichseitig.

$\Rightarrow$ Lotfußpunkt H halbiert Strecke BE.

$\Rightarrow \quad \overline{HB} = \frac{\overline{BE}}{2} = \frac{{}^{2}\not{4}e\sqrt{3}}{\not{2}_{1}} = \underline{2e\sqrt{3}}$ $\quad | \; \overline{CF} = \overline{HB}$; Eigenschaften des Rechtecks HBCF

$\overline{CF} = \underline{2e\sqrt{3}}$

Nachweis, dass Dreieck GFD ein rechtwinkliges Dreieck ist

Bestimmung von Winkel DFG:

∢DFG ist Wechselwinkel zu ∢HEG.

$\Rightarrow$ ∢DFG = ∢HEG = $\underline{60°}$

Berechnung von Winkel GDF:

$\sphericalangle GDF = \sphericalangle ADF - \sphericalangle ADG$

$\sphericalangle GDF = 90° - 60°$

$\sphericalangle GDF = \underline{\underline{30°}}$

Berechnung von Winkel FGD:

$\sphericalangle GDF + \sphericalangle DFG + \sphericalangle FGD = 180° \qquad | -(\sphericalangle GDF + \sphericalangle DFG)$

$\sphericalangle FGD = 180° - (\sphericalangle GDF + \sphericalangle DFG)$

$\sphericalangle FGD = 180° - (30° + 60°)$

$\sphericalangle FGD = \underline{\underline{90°}}$

$\Rightarrow$ Damit ist gezeigt, dass Dreieck GFD rechtwinklig ist.

Berechnung von $\overline{FD}$:

$\sin 60° = \frac{\overline{DG}}{\overline{FD}} \qquad | \cdot \overline{FD}$

$\overline{FD} \cdot \sin 60° = \overline{DG} \qquad | : \sin 60°$

$\overline{FD} = \frac{\overline{DG}}{\sin 60°}$ | $\overline{DG} = \overline{DA} = \overline{BC} = \underline{6e}$; Eigenschaften des gleichseitigen Dreiecks AGD und des Rechtecks ABCD

$\overline{FD} = \frac{6e}{\frac{1}{2}\sqrt{3}}$ | Rationalmachen des Nenners

$\overline{FD} = \frac{2 \cdot 6e\sqrt{3}}{\sqrt{3}\sqrt{3}}$

$\overline{FD} = \frac{2 \cdot {}^{2}\cancel{6}e \cdot \sqrt{3}}{\cancel{3}_1}$

$\overline{FD} = \underline{\underline{4e\sqrt{3}}}$

Berechnung von $\overline{CD}$:

$\overline{CD} = \overline{CF} + \overline{FD}$

$\overline{CD} = 2e\sqrt{3} + 4e\sqrt{3}$

$\overline{CD} = \underline{\underline{6e\sqrt{3}}}$

3. Berechnung des Flächeninhalts von Rechteck ABCD

$A_{ABCD} = \overline{BC} \cdot \overline{CD}$

$A_{ABCD} = 6e \cdot 6e\sqrt{3}$

$A_{ABCD} = \underline{\underline{36e^2\sqrt{3}}}$ w. z. b. w.

Lösungshinweise:

Skizze 1: Pyramide

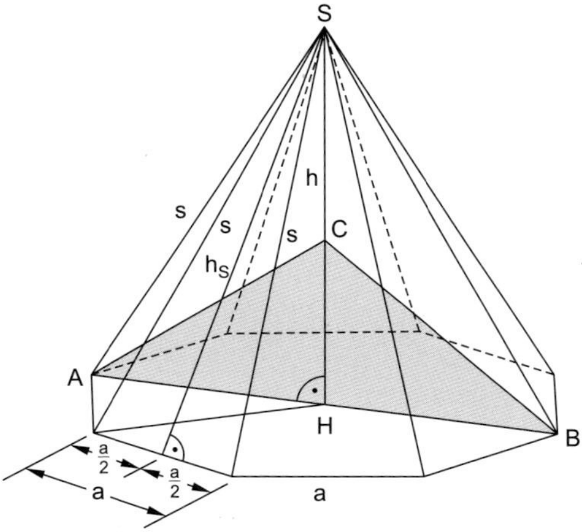

Skizze 2: Grundfläche der Pyramide

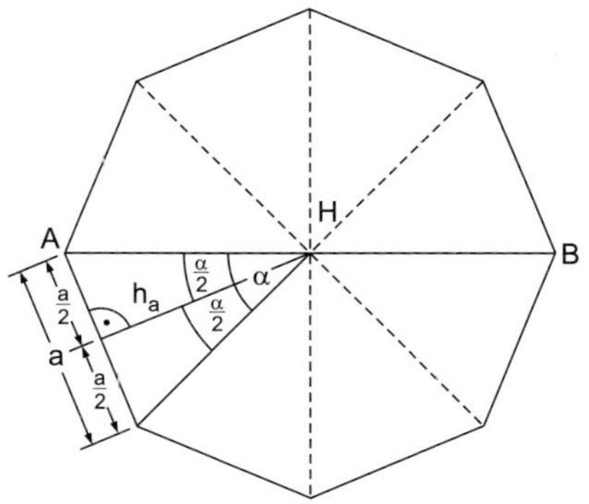

Die gesuchte Länge von Strecke SC erhalten wir über die Differenz aus Pyramidenhöhe h und der Höhe CH des Dreiecks ABC.

1. Berechnung von Pyramidenhöhe h

Pyramidenhöhe h lässt sich auf dem Diagonalschnitt ABS der Pyramide ermitteln.

Dazu wird neben der bekannten Seitenkante s noch $\overline{AH}$ benötigt. Strecke AH entspricht Grundkreisradius r der achteckigen Grundfläche der Pyramide.
Da Grundkante a bekannt ist und Mittelpunktswinkel α der Grundfläche sowie $\frac{\alpha}{2}$ sich rasch ermitteln lassen, gewinnen wir $\overline{AH}$ in einem der acht gleichschenkligen Grundflächendreiecke.

2. Berechnung der Höhe CH des Dreiecks ABC

Für die Berechnung von $\overline{CH}$ stehen zwei Alternativen zur Verfügung.

Beim ersten Lösungsansatz wird $\overline{CH}$ über die Flächeninhaltsformel für Dreieck ABC gewonnen. Dazu werden der Flächeninhalt von Dreieck ABC und die Länge seiner Seite AB benötigt.
Da der Flächeninhalt von Dreieck ABC genauso groß sein soll wie der Flächeninhalt eines der Manteldreiecke, gewinnen wir den Flächeninhalt von Dreieck ABC indirekt über die Berechnung des Flächeninhalts eines der Manteldreiecke. Neben der bekannten Grundkante a wird dazu noch Höhe h_S der Manteldreiecke benötigt. Deren Berechnung gelingt auf einem der Manteldreiecke.

Seite AB des Dreiecks ABC besteht aus den beiden Teilstrecken AH und HB. Da Teilstrecke HB ebenfalls dem Grundkreisradius r entspricht, ist sie genauso lang wie die bereits bekannte Teilstrecke AH. Wir erhalten $\overline{AB}$ folglich über Verdopplung von $\overline{AH}$.

Der zweite Lösungsansatz knüpft an die Vorgabe in der Aufgabenstellung an, dass der Flächeninhalt von Dreieck ABC genauso groß sein soll wie der Flächeninhalt eines der Manteldreiecke.

Zur Berechnung von $\overline{CH}$ wird bei diesem Lösungsansatz eine Gleichung aufgestellt, in der die Formel zur Berechnung des Flächeninhalts von Dreieck ABC und die Formel zur Berechnung des Flächeninhalts eines der Manteldreiecke gleichgesetzt werden:

$$A_{ABC} = A_{Manteldreieck}$$

$$\frac{1}{2}\overline{AB} \cdot \overline{CH} = \frac{1}{2} \cdot a \cdot h_S$$

Zur Berechnung von $\overline{CH}$ muss die Gleichung lediglich noch nach $\overline{CH}$ aufgelöst werden.

Da bei diesem Lösungsansatz die Berechnung des Flächeninhalts der Manteldreiecke entfällt, ist er weniger aufwendig als der erstgenannte Lösungsansatz.

In der Musterlösung wird der für den Mathematikunterricht der Realschule typische erste Lösungsansatz genutzt. Der zweite Lösungsansatz wird anschließend als Alternative gekennzeichnet dargestellt.

3. Berechnung von $\overline{SC}$

Abschließend erhalten wir die gesuchte $\overline{SC}$ über die Differenz aus Pyramidenhöhe h und der Höhe CH des Dreiecks ABC.

Ausführliche Lösung:

Skizze 1: Pyramide

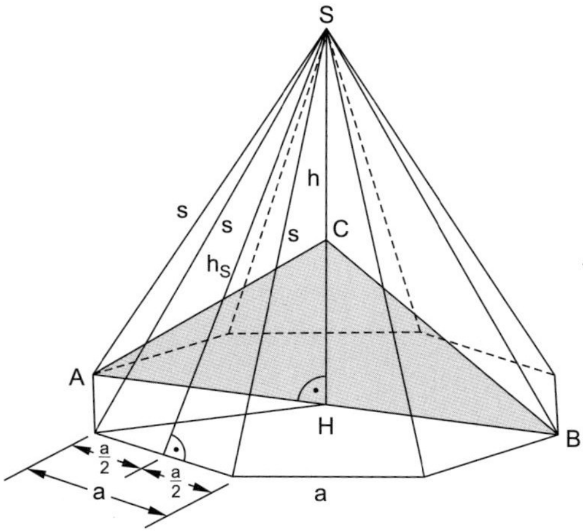

Skizze 2: Grundfläche der Pyramide

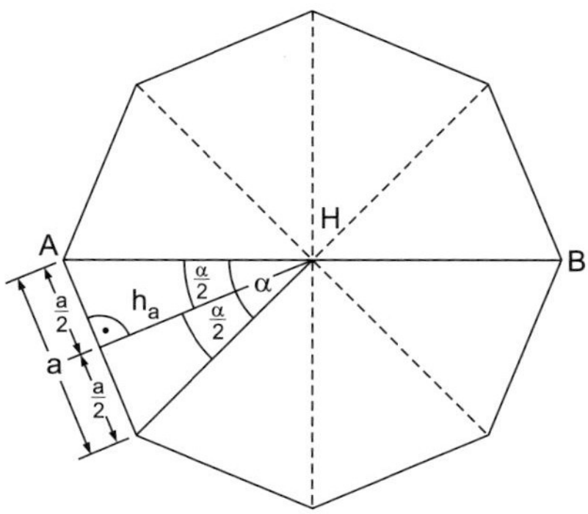

1. Berechnung von Pyramidenhöhe h

Berechnung von $\overline{AH}$:

$$\sin\frac{\alpha}{2} = \frac{\frac{a}{2}}{\overline{AH}} \qquad |\cdot \overline{AH}$$

$$\overline{AH}\cdot\sin\frac{\alpha}{2} = \frac{a}{2} \qquad |:\sin\frac{\alpha}{2}$$

$$\overline{AH} = \frac{a}{2\cdot\sin\frac{\alpha}{2}}$$

$$\overline{AH} = \frac{6{,}2}{2\cdot\sin 22{,}5°}$$

$$\overline{AH} = \underline{8{,}10\text{ cm}}$$

NR: **Berechnung von Mittelpunktswinkel α und von $\frac{\alpha}{2}$:**

$$\alpha = \frac{360°}{n} \qquad |n = 8$$

$$\alpha = \frac{360°}{8} = \underline{45°}$$

$$\Rightarrow \quad \frac{\alpha}{2} = \underline{22{,}5°}$$

Berechnung von Pyramidenhöhe h:

$$\overline{AH}^2 + h^2 = s^2 \qquad |-\overline{AH}^2$$

$$h^2 = s^2 - \overline{AH}^2$$

$$h^2 = 32{,}0^2 - 8{,}10^2 \qquad |\sqrt{\ }$$

$$h = \underline{30{,}96\text{ cm}}$$

2. Berechnung der Höhe CH des Dreiecks ABC

Berechnung des Flächeninhalts eines Manteldreiecks:

$$A_{\text{Manteldreieck}} = \frac{1}{2}a\cdot h_S$$

$$A_{\text{Manteldreieck}} = \frac{1}{2}\cdot 6{,}2\cdot 31{,}85$$

$$A_{\text{Manteldreieck}} = \underline{98{,}74\text{ cm}^2}$$

NR: **Berechnung von h_S:**

$$\left(\frac{a}{2}\right)^2 + h_S{}^2 = s^2 \qquad \left|-\left(\frac{a}{2}\right)^2\right.$$

$$h_S{}^2 = s^2 - \left(\frac{a}{2}\right)^2$$

$$h_S{}^2 = 32{,}0^2 - \left(\frac{6{,}2}{2}\right)^2 \qquad |\sqrt{\ }$$

$$h_S = \underline{31{,}85\text{ cm}}$$

Berechnung von $\overline{CH}$:

$$A_{ABC} = \frac{1}{2}\cdot\overline{AB}\cdot\overline{CH}$$

$$A_{ABC} = \frac{1}{\cancel{2}_1}\cdot\cancel{2}^1\cdot\overline{AH}\cdot\overline{CH} \qquad |:\overline{AH}$$

$$\overline{CH} = \frac{A_{ABC}}{\overline{AH}} \qquad |A_{ABC} = A_{\text{Manteldreieck}}$$

$$\overline{CH} = \frac{98{,}74}{8{,}10}$$

$$\overline{CH} = \underline{12{,}19\text{ cm}}$$

NR: **Bestimmung von $\overline{AB}$:**

$$\overline{HB} = \overline{AH}$$

$$\Rightarrow \quad \overline{AB} = \underline{2\cdot\overline{AH}}$$

Alternativer Lösungsansatz zur Berechnung von $\overline{CH}$

Berechnung von $\overline{CH}$:

$$A_{ABC} = A_{Manteldreieck}$$

$$\frac{1}{2} \cdot \overline{AB} \cdot \overline{CH} = \frac{1}{2} \cdot a \cdot h_S$$

$$\frac{1}{\cancel{2}_1} \cdot \cancel{2}^1 \cdot \overline{AH} \cdot \overline{CH} = \frac{1}{2} \cdot a \cdot h_S \quad |: \overline{AH}$$

$$\overline{CH} = \frac{a \cdot h_S}{2 \cdot \overline{AH}}$$

$$\overline{CH} = \frac{6,2 \cdot 31,85}{2 \cdot 8,10}$$

$$\overline{CH} = \underline{12,19 \text{ cm}}$$

NR: **Berechnung von h_S:**

$$\left(\frac{a}{2}\right)^2 + h_S{}^2 = s^2 \quad \left| -\left(\frac{a}{2}\right)^2\right.$$

$$h_S{}^2 = s^2 - \left(\frac{a}{2}\right)^2$$

$$h_S{}^2 = 32,0^2 - \left(\frac{6,2}{2}\right)^2 \quad |\sqrt{}$$

$$h_S = \underline{31,85 \text{ cm}}$$

NR: **Bestimmung von $\overline{AB}$:**

$$\overline{HB} = \overline{AH}$$

$$\Rightarrow \quad \overline{AB} = \underline{2 \cdot \overline{AH}}$$

3. Berechnung von $\overline{SC}$

$\overline{SC} = h - \overline{CH}$

$\overline{SC} = 30,96 - 12,19$

$\overline{SC} = 18,77 \text{ cm}$

$\overline{SC} = \underline{\underline{18,8 \text{ cm}}}$

Lösungshinweise:

Skizze 1: DIN-A4-Blatt

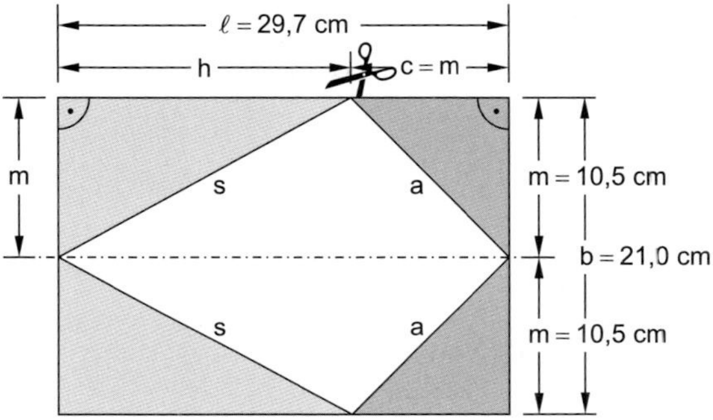

Skizze 2: Vervollständigte Teilpyramide

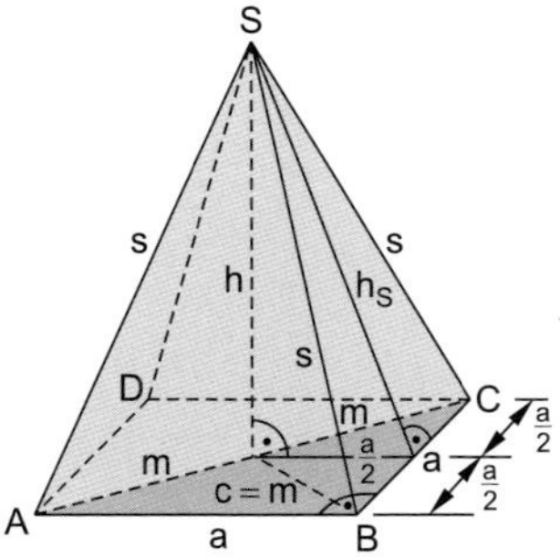

Um Lenas Behauptung zu überprüfen, wird die Summe der Flächeninhalte der beiden Manteldreiecke ABS und BCS mit dem Flächeninhalt der Restfläche des DIN-A4-Blatts (in der Zeichnung: weiße Fläche) verglichen. Ist die Summe der Flächeninhalte der beiden Manteldreiecke ABS und BCS genauso groß wie der Flächeninhalt der Restfläche, hat Lena recht. Unterscheiden sich die zu vergleichenden Flächeninhalte, hat Lena nicht recht.

1. Berechnung der Summe der Flächeninhalte der beiden Manteldreiecke ABS und BCS

Da die Flächeninhalte der beiden Manteldreiecke ABS und BCS gleich groß sind, genügt es, die Fläche eines Manteldreiecks zu berechnen und den ermittelten Wert zu verdoppeln. Dafür benötigen wir die Seitenkante a und die Höhe h_S auf den Manteldreiecken ABS und BCS.

Die Berechnung von Seitenkante a gelingt entweder in Dreieck ABC oder auf der quadratischen Grundfläche der (ursprünglichen) ganzen Pyramide. In beiden Fällen ist zunächst noch $\overline{AC}$ zu bestimmen. In der Musterlösung wird der zweite Ansatz verwendet.

Für die Berechnung von Höhe h_S stehen ebenfalls zwei Alternativen zur Verfügung.
In der Musterlösung wird der kürzere Weg über das Dreieck mit den Seiten h, $\frac{a}{2}$ und h_S gewählt. Der alternative Ansatz über das Dreieck mit den Seiten s, $\frac{a}{2}$ und h_S ist etwas aufwendiger.

Seitenkante a und damit $\frac{a}{2}$ sind bereits bekannt.

Pyramidenhöhe h gewinnen wir auf dem DIN-A4-Blatt über die Differenz aus ℓ und c. Seitenlänge ℓ ist bekannt und c lässt sich entweder auf der Grundfläche der Pyramide bestimmen oder auf dem DIN-A4-Blatt im Dreieck mit den Seiten a, m und c berechnen.

Wird der alternative Weg zur Berechnung von h_S gewählt, muss zusätzlich noch Seitenkante s berechnet werden. Dies gelingt entweder im Dreieck mit den Seiten s, h und m auf dem DIN-A4-Blatt oder alternativ im Dreieck mit den Seiten s, h und $c = m$ in der Pyramide.

Nach der Ermittlung von a und h_S wird die Summe der Flächeninhalte der beiden Manteldreiecke ABS und BCS berechnet.

2. Berechnung des Flächeninhalts der Restfläche des DIN-A4-Blatts

Die Restfläche ist ein Drachenviereck. Die für die Berechnung seines Flächeninhalts notwendigen Größen sind bekannt.

3. Feststellung, ob Lena recht hat

Der abschließende Vergleich der Summe der Flächeninhalte der beiden Manteldreiecke ABS und BCS mit dem Flächeninhalt der Restfläche zeigt, ob Lena recht hat.

Ausführliche Lösung:

Skizze 1: DIN-A4-Blatt

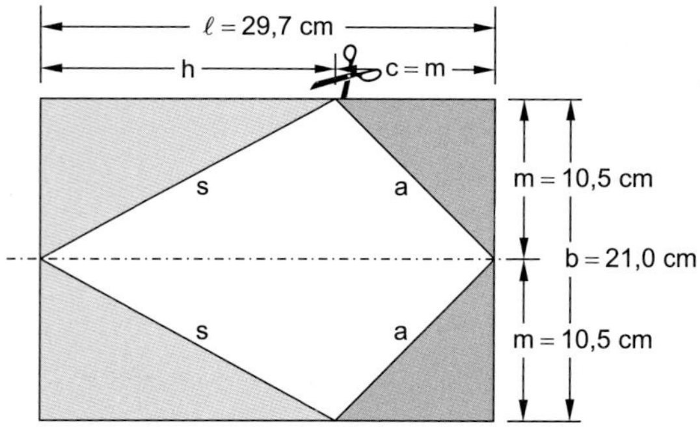

Skizze 2: Vervollständigte Teilpyramide

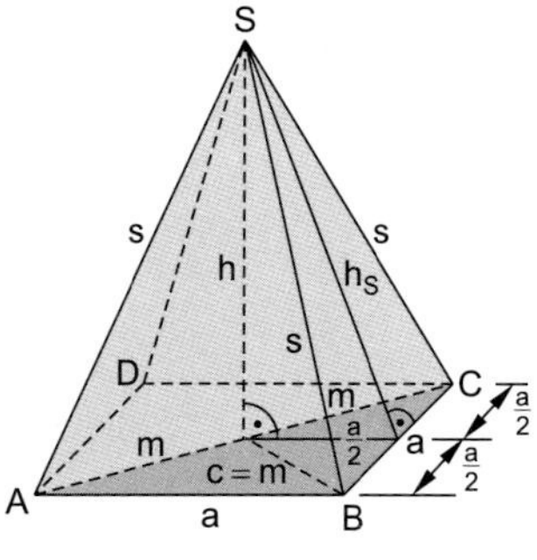

1. Berechnung der Summe der Flächeninhalte der beiden Manteldreiecke ABS und BCS

Berechnung von a:

$$\overline{AC} = a\sqrt{2} \qquad |:\sqrt{2}$$

$$a = \frac{\overline{AC}}{\sqrt{2}}$$

$$a = \frac{21{,}0}{\sqrt{2}}$$

$$a = \underline{14{,}85\ \text{cm}}$$

NR: **Bestimmung von $\overline{AC}$:**

$$\overline{AC} = 2 \cdot m = b = \underline{21{,}0\ \text{cm}}$$

Bestimmung von c:

$$c = \frac{\overline{BD}}{2} = \frac{\overline{AC}}{2} = m = \underline{10{,}50\ \text{cm}}$$

Berechnung von h:

$$h = \ell - c$$

$$h = 29{,}7 - 10{,}50$$

$$h = \underline{19{,}2\ \text{cm}}$$

Berechnung von h_S:

$$h_S{}^2 = h^2 + \left(\frac{a}{2}\right)^2$$

$$h_S{}^2 = 19{,}2^2 + \left(\frac{14{,}85}{2}\right)^2 \qquad |\sqrt{}$$

$$h_S = \underline{20{,}59\ \text{cm}}$$

Berechnung der Summe der Flächeninhalte der beiden Manteldreiecke ABS und BCS:

$$A_{\text{Manteldreiecke ABS und BCS}} = A_{ABS} + A_{BCS} \qquad \left|\ A_{ABS} = A_{BCS}; \text{ Eigenschaften quadratischer Pyramiden}\right.$$

$$A_{\text{Manteldreiecke ABS und BCS}} = {}^{1}\not{2} \cdot \frac{1}{\not{2}_{1}} a \cdot h_S$$

$$A_{\text{Manteldreiecke ABS und BCS}} = 14{,}85 \cdot 20{,}59$$

$$A_{\text{Manteldreiecke ABS und BCS}} = \underline{305{,}76\ \text{cm}^2}$$

2. Berechnung des Flächeninhalts der Restfläche des DIN-A4-Blatts

$$A_{\text{Restfläche}} = \frac{1}{2} \ell \cdot b$$

$$A_{\text{Restfläche}} = \frac{1}{2} \cdot 29{,}7 \cdot 21{,}0$$

$$A_{\text{Restfläche}} = \underline{311{,}85\ \text{cm}^2}$$

3. Feststellung, ob Lena recht hat

$A_{\text{Manteldreiecke ABS und BCS}} = 305{,}76\ \text{cm}^2$ und $A_{\text{Restfläche}} = 311{,}85\ \text{cm}^2$

$\Rightarrow$ Die beiden Manteldreiecke ABS und BCS haben zusammen nicht den gleichen Flächeninhalt wie die Restfläche des DIN-A4-Blatts.

$\Rightarrow$ Lena hat nicht recht.

Wahlbereich Aufgabe W 3 a

Lösungshinweise:

Skizze:

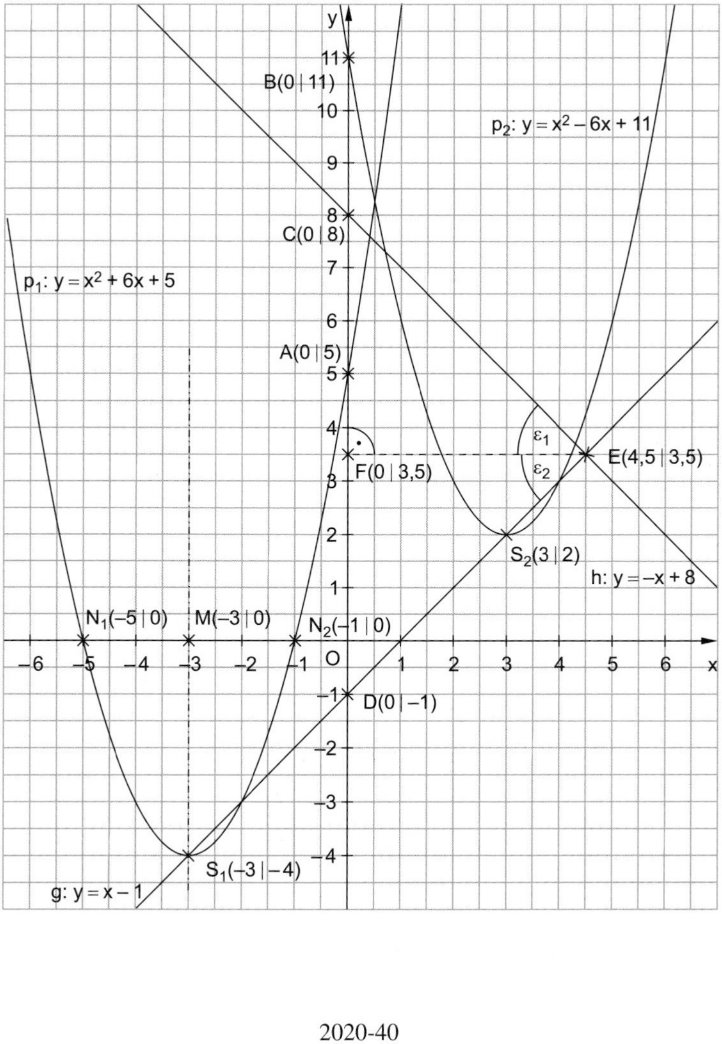

1. Berechnung der Funktionsgleichung von Gerade g

Die Funktionsgleichung von Gerade g lässt sich mit der Hauptform für lineare Funktionen bestimmen. Dafür müssen zunächst Steigungsfaktor m_g und y-Achsenabschnitt c_g ermittelt werden.

Steigungsfaktor m_g gewinnen wir mit den Koordinaten der beiden Scheitelpunkte S_1 und S_2, durch die Gerade g verläuft.

Für die Berechnung der Koordinaten von Scheitelpunkt S_1 stehen zwei Alternativen zur Auswahl.

Beim Standardverfahren wird zunächst die Funktionsgleichung von Parabel p_1 ermittelt. Für die Gewinnung der Koordinaten von Scheitelpunkt S_1 formen wir die Funktionsgleichung anschließend in ihre Scheitelform um.

Alternativ können die Koordinaten von Scheitelpunkt S_1 bestimmt werden, indem die Symmetrieeigenschaften und die Eigenschaften von Parabel p_1 als Graph einer quadratischen Funktion genutzt werden.
In der Musterlösung wird das Standardverfahren verwendet. Die Alternative wird zusätzlich dargestellt.

Für die Bestimmung der Koordinaten von Scheitelpunkt S_2 wird die bekannte Funktionsgleichung von Parabel p_2 in die Scheitelform umgeformt.

Für die Berechnung des y-Achsenabschnitts von Gerade g nutzen wir den ermittelten Steigungsfaktor m_g der Geraden g und die Koordinaten von einem der beiden Scheitelpunkte S_1 oder S_2.

2. Klärung der Frage, unter welchen Winkeln sich die Geraden g und h schneiden

Das Produkt der Steigungsfaktoren zweier senkrecht zueinander stehender Geraden beträgt –1. Nachdem der Nachweis geführt worden ist, dass das Produkt der Steigungsfaktoren der beiden Geraden g und h den Wert –1 besitzt, kann rasch ermittelt werden, unter welchen Winkeln sich die Geraden g und h schneiden.

Alternative Lösungsmöglichkeit:
Alternativ – allerdings deutlich aufwendiger – kann die Frage auch geklärt werden, indem einer der vier Winkel berechnet wird und mit seiner Hilfe anschließend die Größen der anderen Winkel bestimmt werden.

Schnittpunkt E der beiden Geraden g und h bildet zusammen mit den Schnittpunkten D und C der beiden Geraden mit der y-Achse das Dreieck DEC.
Das Lot von Punkt E auf die y-Achse zerlegt das Dreieck DEC in die beiden Teildreiecke DEF und FEC. Diese sind beim Lotfußpunkt F rechtwinklig. Außerdem zerlegt das Lot Schnittwinkel CED der beiden Geraden g und h in die beiden Teilwinkel ε_1 und ε_2.

Die Längen der Katheten der beiden Teildreiecke DEF und FEC lassen sich über die Koordinaten der vier Punkte D, E, C und F ermitteln, sodass die Größen der beiden Teilwinkel ε_1 und ε_2 berechnet werden können. Über ihre Summe erhalten wir die Größe von Schnittwinkel CED.
Ausgehend von der Größe von Schnittwinkel CED stellen wir die Größen der anderen drei Schnittwinkel fest.

Als Grundlage für die Berechnungen werden die Koordinaten der Punkte D, E, C und F benötigt.
Punkt C ist Mittelpunkt von Strecke AB. Die Punkte A und B sind die Schnittpunkte der beiden Parabeln p_1 und p_2 mit der y-Achse. So gewinnen wir die Koordinaten von Punkt C, nachdem wir die Koordinaten der beiden Schnittpunkte A und B berechnet haben.
Für die Ermittlung der Koordinaten von Schnittpunkt E wird neben der bekannten Funktionsgleichung von Gerade g noch die Funktionsgleichung von Gerade h benötigt. Diese erhalten

wir über die Hauptform für lineare Funktionen. Steigungsfaktor m ist bekannt. y-Achsenabschnitt c_h gewinnen wir über die y-Koordinate ihres Schnittpunkts C mit der y-Achse.
Die Koordinaten von Punkt D lassen sich über seine Eigenschaften als Schnittpunkt von Gerade g mit der y-Achse bestimmen.
Die Koordinaten von Lotfußpunkt F erhalten wir über seine Eigenschaften als Lotfußpunkt des Lots von Schnittpunkt E auf die y-Achse.

Ausführliche Lösung:

Skizze:

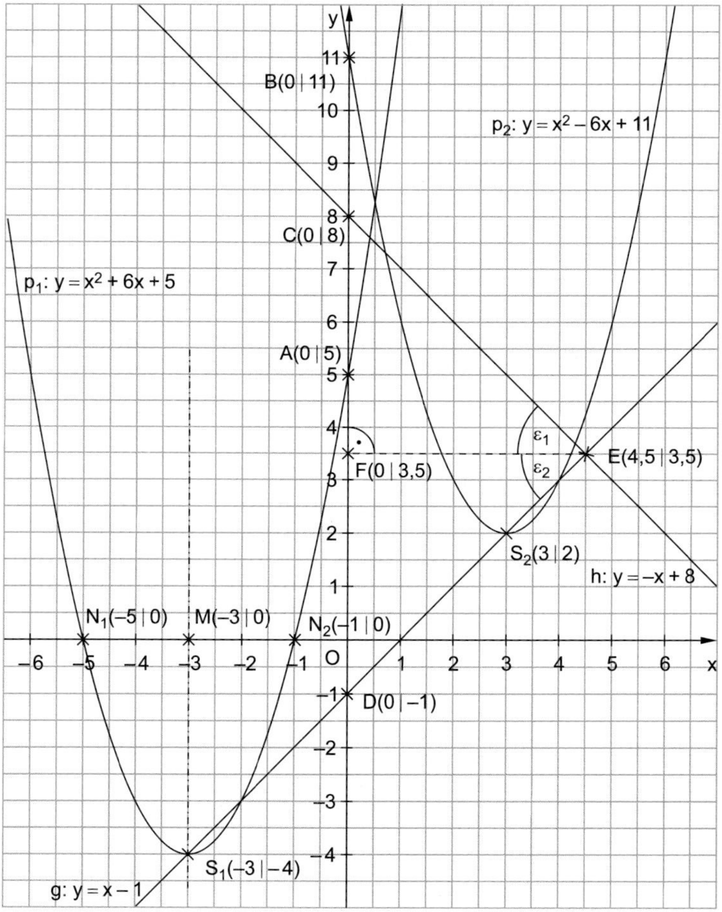

1. Berechnung der Funktionsgleichung von Gerade g

Ermittlung der Funktionsgleichung von Parabel p_1:

Berechnung von b und c für Parabel p_1:

	$y = x^2 + bx + c$	
(1) $N_1(-5 \mid 0)$:	$0 = (-5)^2 + b \cdot (-5) + c$	
(2) $N_2(-1 \mid 0)$:	$0 = (-1)^2 + b \cdot (-1) + c$	
(1')	$0 = 25 - 5b + c$	
(2')	$0 = 1 - b + c$	$\mid \cdot (-1)$
(1')	$0 = 25 - 5b + c$	$\mid (1') + (2'')$
(2'')	$0 = -1 + b - c$	
	$0 = 24 - 4b$	$\mid + 4b$
	$4b = 24$	$\mid : 4$
	$b = \underline{6}$	
$b = 6$ in (2'):	$0 = 1 - 6 + c$	$\mid + 5$
	$c = \underline{5}$	

Bestimmung der Funktionsgleichung von Parabel p_1:

p_1: $y = x^2 + bx + c$

p_1: $\underline{y = x^2 + 6x + 5}$

Berechnung der Koordinaten von Scheitelpunkt S_1:

$y = x^2 + 6x + 5$ | quadratisch ergänzen

$y = x^2 + 6x + 3^2 + 5 - 3^2$

$y = (x + 3)^2 - 4$

$\Rightarrow$ Scheitelpunkt $\underline{S_1(-3 \mid -4)}$

Alternative zur Berechnung der Koordinaten von Scheitelpunkt S_1

1. Ermittlung der x-Koordinate von Scheitelpunkt S_1

Berechnung des Abstands d zwischen N_1 und N_2:

$d = |x_{N_1}| - |x_{N_2}| = |-5| - |-1| = \underline{4 \text{ LE}}$

Ermittlung der Koordinaten des Mittelpunkts M von Strecke N_1N_2:

- $x_M = x_{N_2} - \frac{d}{2} = -1 - \frac{4}{2} = \underline{-3}$
- Da Punkt M als Mittelpunkt der auf der x-Achse liegenden Strecke N_1N_2 ebenfalls auf der x-Achse liegt, gilt:
  $y_M = \underline{0}$

$\Rightarrow$ $\underline{M(-3 \mid 0)}$

Bestimmung von x_{S_1}:

Da Punkt M und Scheitelpunkt S_1 auf der Symmetrieachse von Parabel p_1 liegen, gilt:

$x_{S_1} = x_M = \underline{-3}$

2. Ermittlung der y-Koordinate von Scheitelpunkt S_1

Berechnung des Abstands $\overline{MS_1}$ zwischen Punkt M und Scheitelpunkt S_1:

$$\overline{MS_1} = \left(\frac{d}{2}\right)^2$$

$$\overline{MS_1} = \left(\frac{4}{2}\right)^2$$

$$\overline{MS_1} = \underline{4\ \text{LE}}$$

Berechnung von y_{S_1}:

$$y_{S_1} = y_M - \overline{MS_1}$$
$$y_{S_1} = 0 - 4$$
$$y_{S_1} = \underline{-4}$$

3. Feststellung der Koordinaten von Scheitelpunkt S_1

$\underline{S_1(-3\,|\,-4)}$

Berechnung der Koordinaten von Scheitelpunkt S_2 von Parabel p_2:

$$y = x^2 - 6x + 11 \qquad |\text{quadratisch ergänzen}$$
$$y = x^2 - 6x + 3^2 + 11 - 3^2$$
$$y = (x-3)^2 + 2$$

$\Rightarrow$ Scheitelpunkt $\underline{S_2(3\,|\,2)}$

Bestimmung der Funktionsgleichung von Gerade g:

g: $y = m_g x + c_g$

g: $y = 1x - 1$

g: $\underline{\underline{y = x - 1}}$

NR: **Berechnung von Steigungsfaktor m_g:**

$$m_g = \frac{y_{S_1} - y_{S_2}}{x_{S_1} - x_{S_2}}$$

$$m_g = \frac{-4-2}{-3-3}$$

$$m_g = \frac{-6}{-6}$$

$$m_g = \underline{1}$$

NR: **Berechnung von y-Achsenabschnitt c_g:**

$$y = m_g x + c_g \quad |-m_g x$$
$$c_g = y - m_g x \quad |m_g = 1;\ S_2(3|2)$$
$$c_g = 2 - 1 \cdot 3$$
$$c_g = \underline{-1}$$

2. Klärung der Frage, unter welchen Winkeln sich die Geraden g und h schneiden
Nachweis, dass Gerade g und Gerade h senkrecht zueinander stehen:

$$m_g \cdot m \overset{?}{=} -1$$
$$1 \cdot (-1) \overset{?}{=} -1$$
$$-1 \overset{!}{=} -1$$

$\Rightarrow$ Gerade g und Gerade h stehen senkrecht zueinander.

Feststellung, unter welchen Winkeln sich die Geraden g und h schneiden:
Da die Geraden g und h senkrecht zueinander stehen, gilt:
Jeder der vier Schnittwinkel der Geraden g und h ist 90,0° groß.

Alternative zur Klärung der Frage, unter welchen Winkeln sich die Geraden g und h schneiden

Ermittlung der Koordinaten des Schnittpunkts A von Parabel p_1 mit der y-Achse:

$$y = x^2 + 6x + 5 \quad |x = 0$$
$$y = 0^2 + 6 \cdot 0 + 5$$
$$y = \underline{5}$$

$\Rightarrow$ $A(0|5)$

Ermittlung der Koordinaten des Schnittpunkts B von Parabel p_2 mit der y-Achse:

$$y = x^2 - 6x + 11 \quad |x = 0$$
$$y = 0^2 - 6 \cdot 0 + 11$$
$$y = \underline{11}$$

$\Rightarrow$ $B(0|11)$

Ermittlung der Koordinaten des Mittelpunkts C von Strecke AB:

- $y_C = y_B - \frac{\overline{AB}}{2} = y_B - \frac{y_B - y_A}{2} = 11 - \frac{11-5}{2} = \underline{8}$
- Punkt C liegt als Mittelpunkt der auf der y-Achse liegenden Strecke AB ebenfalls auf der y-Achse. $\Rightarrow$ $x_C = \underline{0}$

$\Rightarrow$ $C(0|8)$

Bestimmung der Gleichung von Gerade h:

$h:\ y = mx + c_h \quad |\, m = -1$

$h:\ y = -1x + 8$

$h:\ \underline{y = -x + 8}$

NR: **Bestimmung von y-Achsenabschnitt c_h:**
Gerade h schneidet die y-Achse im Punkt $C(0\,|\,8)$.
$\Rightarrow \quad c_h = y_C = \underline{8}$

Berechnung der Koordinaten des Schnittpunkts E der beiden Geraden g und h:

$g = h$

$x - 1 = -x + 8 \quad |+x;\ +1$

$2x = 9 \quad |:2$

$x = \underline{4{,}5}$

$x = 4{,}5$ in g: $y = 4{,}5 - 1$

$y = \underline{3{,}5} \quad \Rightarrow \quad \underline{E(4{,}5\,|\,3{,}5)}$

Ermittlung der Koordinaten des Schnittpunkts D von Gerade g mit der y-Achse:

Punkt D ist der Schnittpunkt von Gerade g mit der y-Achse.

$\Rightarrow \quad y_D = c_g = \underline{-1} \quad \Rightarrow \quad \underline{D(0\,|\,-1)}$

Ermittlung der Koordinaten von Lotfußpunkt F:

- Punkt F liegt auf der y-Achse $\Rightarrow \quad x_F = \underline{0}$
- Punkt F ist Fußpunkt des Lots von Punkt E auf die y-Achse. $\Rightarrow \quad y_F = y_E = \underline{3{,}5}$

$\Rightarrow \quad \underline{F(0\,|\,3{,}5)}$

Berechnung von Winkel ε_1:

$\tan\varepsilon_1 = \dfrac{\overline{CF}}{\overline{FE}}$

$\tan\varepsilon_1 = \dfrac{4{,}5}{4{,}5}$

$\varepsilon_1 = \underline{45{,}0°}$

NR: **Berechnung von $\overline{CF}$:**
$\overline{CF} = |y_C| - |y_F|$
$\overline{CF} = |8| - |3{,}5|$
$\overline{CF} = \underline{4{,}5 \text{ LE}}$

NR: **Bestimmung von $\overline{FE}$:**
$\overline{FE} = |x_E| = |4{,}5| = \underline{4{,}5 \text{ LE}}$

Berechnung von Winkel ε_2:

$\tan\varepsilon_2 = \dfrac{\overline{FD}}{\overline{FE}}$

$\tan\varepsilon_2 = \dfrac{4{,}5}{4{,}5}$

$\varepsilon_2 = \underline{45{,}0°}$

NR: **Berechnung von $\overline{FD}$:**
$\overline{FD} = |y_F| + |y_D| = |3{,}5| + |-1| = \underline{4{,}5 \text{ LE}}$

Berechnung des Schnittwinkels CED der Geraden g und h:

$\sphericalangle CED = \varepsilon_1 + \varepsilon_2 = 45{,}0° + 45{,}0° = \underline{90{,}0°}$

Bestimmung der Größe der anderen drei Schnittwinkel:

Da sich Nebenwinkel an sich schneidenden Geraden zu 180° ergänzen und da Winkel CED 90,0° groß ist, kann daraus geschlossen werden:
Jeder der vier Schnittwinkel der Geraden g und h ist 90,0° groß.

Wahlbereich Aufgabe W 3 b

Lösungshinweise:

Skizze:

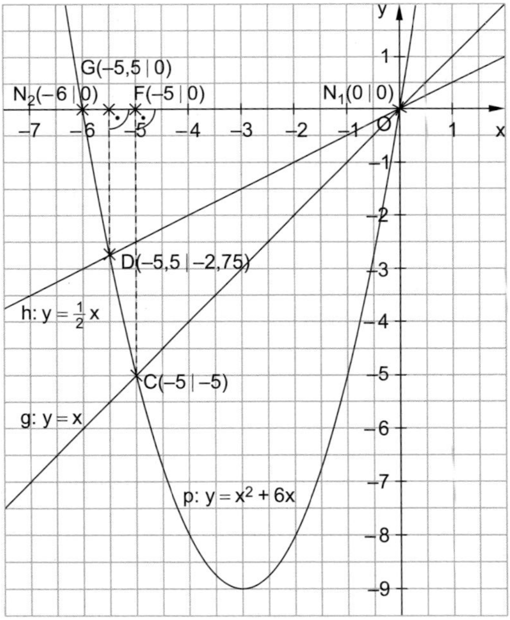

1. Berechnung des Flächeninhalts von Dreieck N_1N_2C

Für die Berechnung des Flächeninhalts von Dreieck N_1N_2C nutzen wir die Flächeninhaltsformel für Dreiecke.

Es empfiehlt sich, Strecke N_1N_2 als Grundseite zu wählen. Für die Ermittlung von $\overline{N_1N_2}$ nutzen wir die x-Koordinaten der beiden Punkte N_1 und N_2.
Zugehörige Höhe ist das Lot von Schnittpunkt C auf die x-Achse. Seine Länge lässt sich über die y-Koordinate von Punkt C gewinnen.
Für die Berechnung der y-Koordinate von Punkt C benötigen wir die x-Koordinate von C. Diese erhalten wir, indem wir die Funktionsterme von Parabel p und von Gerade g gleichsetzen. Wir erhalten zwei Werte: Ein Wert ist die x-Koordinate des bereits bekannten Punkts N_1; der andere Wert ist der gesuchte Wert der x-Koordinate von Punkt C. Für die Ermittlung der y-Koordinate von Punkt C setzen wir diesen Wert in eine der beiden Gleichungen ein.

Abschließend wird der Flächeninhalt von Dreieck N_1N_2C berechnet.

2. Untersuchung, ob Peter recht hat

Um zu überprüfen, ob die Behauptung von Peter stimmt, stehen zwei alternative Ansätze zur Auswahl.

Beim ersten Lösungsansatz ermitteln wir den Flächeninhalt von Dreieck N_1N_2D und vergleichen ihn mit dem halben Flächeninhalt von Dreieck N_1N_2C.
Beim zweiten Lösungsansatz werden lediglich die Höhen der beiden Dreiecke miteinander verglichen.

Die beiden Lösungswege unterscheiden sich nur geringfügig. In der Musterlösung wird der Lösungsweg über den ersten Ansatz dargestellt. Der Lösungsweg über den alternativen Ansatz wird unten skizziert.

Der Flächeninhalt von Dreieck N_1N_2C ist bereits bekannt und muss für den Vergleich lediglich noch halbiert werden.

Der Flächeninhalt von Dreieck N_1N_2D muss noch ermittelt werden.

Wieder wählen wir Strecke N_1N_2 als Grundseite. $\overline{N_1N_2}$ ist bereits bekannt. Zugehörige Höhe ist das Lot von Schnittpunkt D auf die x-Achse. Bei der Bestimmung seiner Länge gehen wir analog zur Bestimmung der Höhe CF in Dreieck N_1N_2C vor.

Abschließend vergleichen wir den Flächeninhalt von Dreieck N_1N_2D mit dem halben Flächeninhalt von Dreieck N_1N_2C. Sind die beiden Flächeninhalte gleich groß, hat Peter recht, sind sie verschieden groß, hat Peter nicht recht.

Alternativer Lösungsansatz:
Die Größe des Flächeninhalts eines Dreiecks hängt von zwei Bestimmungsstücken ab: der Länge der als Grundseite gewählten Dreiecksseite und der Länge der zugehörigen Höhe.
Da die beiden Dreiecke N_1N_2C und N_1N_2D mit Strecke N_1N_2 dieselbe Grundseite haben, genügt es, die Höhen der beiden Dreiecke miteinander zu vergleichen. Ist die Höhe von Dreieck N_1N_2D halb so lang wie die Höhe von Dreieck N_1N_2C, ist auch der Flächeninhalt von Dreieck N_1N_2D halb so groß wie der Flächeninhalt von Dreieck N_1N_2C. In diesem Fall hat Peter recht. Andernfalls hat Peter nicht recht.
Statt wie in der Musterlösung den Flächeninhalt von Dreieck N_1N_2D zu berechnen und mit dem halben Flächeninhalt von Dreieck N_1N_2C zu vergleichen, wird bei diesem Lösungsansatz (lediglich) die Höhe von Dreieck N_1N_2D ermittelt und mit der halben Länge der Höhe von Dreieck N_1N_2C verglichen.

Ausführliche Lösung:

Skizze:

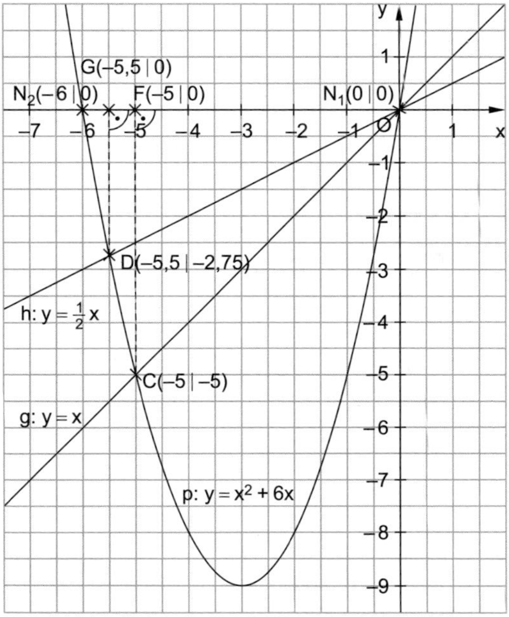

1. Berechnung des Flächeninhalts von Dreieck N_1N_2C

Berechnung der Koordinaten der Schnittpunkte N_1 und N_2 von Parabel p mit der x-Achse:

$$y = x^2 + 6x \qquad |\, y = 0$$

$$x^2 + 6x = 0$$

$$x_{1/2} = -\frac{p}{2} \pm \sqrt{\left(\frac{p}{2}\right)^2 - q}$$

$$x_{1/2} = -\frac{6}{2} \pm \sqrt{\left(\frac{6}{2}\right)^2}$$

$$x_{1/2} = -3 \pm \sqrt{3^2}$$

$$x_{1/2} = -3 \pm 3$$

$$x_1 = \underline{0} \qquad \Rightarrow \qquad \underline{N_1(0|0)}$$

$$x_2 = \underline{-6} \qquad \Rightarrow \qquad \underline{N_2(-6|0)}$$

Berechnung der Koordinaten des Schnittpunkts C von Parabel p und Gerade g:

$$p = g$$

$$x^2 + 6x = x \qquad | -x$$

$$x^2 + 5x = 0$$

$$x_{1/2} = -\frac{p}{2} \pm \sqrt{\left(\frac{p}{2}\right)^2 - q}$$

$$x_{1/2} = -\frac{5}{2} \pm \sqrt{\left(\frac{5}{2}\right)^2}$$

$$x_{1/2} = -2{,}5 \pm \sqrt{2{,}5^2}$$

$$x_{1/2} = -2{,}5 \pm 2{,}5$$

$$x_1 = \underline{0} \qquad \Rightarrow \text{ x-Koordinate des bekannten Schnittpunkts } N_1(0\,|\,0)$$

$$x_2 = \underline{-5}$$

$x_2 = -5$ in g: $y = \underline{-5} \Rightarrow \underline{C(-5\,|\,-5)}$

Berechnung des Flächeninhalts von Dreieck N_1N_2C:

$$A_{N_1N_2C} = \frac{1}{2} \overline{N_1N_2} \cdot \overline{CF}$$

$$A_{N_1N_2C} = \frac{1}{2} \cdot 6 \cdot 5$$

$$A_{N_1N_2C} = \underline{\underline{15\text{ FE}}}$$

NR: **Bestimmung von $\overline{N_1N_2}$:**

$$\overline{N_1N_2} = |x_{N_2}| = |-6| = \underline{6\text{ LE}}$$

NR: **Bestimmung von $\overline{CF}$:**

$$\overline{CF} = |y_C| = |-5| = \underline{5\text{ LE}}$$

2. Untersuchung, ob Peter recht hat

Berechnung der Koordinaten des Schnittpunkts D von Parabel p und Gerade h:

$$p = h$$

$$x^2 + 6x = \frac{1}{2}x \qquad \left| -\frac{1}{2}x \right.$$

$$x^2 + 5{,}5x = 0$$

$$x_{1/2} = -\frac{p}{2} \pm \sqrt{\left(\frac{p}{2}\right)^2 - q}$$

$$x_{1/2} = -\frac{5{,}5}{2} \pm \sqrt{\left(\frac{5{,}5}{2}\right)^2}$$

$$x_{1/2} = -2{,}75 \pm \sqrt{2{,}75^2}$$

$$x_{1/2} = -2{,}75 \pm 2{,}75$$

$$x_1 = \underline{0} \qquad \Rightarrow \text{ x-Koordinate des bekannten Schnittpunkts } N_1(0\,|\,0)$$

$$x_2 = \underline{-5{,}5}$$

$x_2 = -5{,}5$ in h: $y = \frac{1}{2} \cdot (-5{,}5)$

$y = \underline{-2{,}75} \quad \Rightarrow \quad \underline{D(-5{,}5 \,|\, -2{,}75)}$

Berechnung des Flächeninhalts von Dreieck N_1N_2D:

$$A_{N_1N_2D} = \frac{1}{2} \overline{N_1N_2} \cdot \overline{DG}$$

$$A_{N_1N_2D} = \frac{1}{2} \cdot 6 \cdot 2{,}75$$

$$A_{N_1N_2D} = \underline{8{,}25\ \text{FE}}$$

NR: **Bestimmung von $\overline{DG}$:**

$\overline{DG} = |\, y_D \,| = |\, -2{,}75 \,| = \underline{2{,}75\ \text{LE}}$

Berechnung der Hälfte des Flächeninhalts von Dreieck N_1N_2C:

$$\frac{1}{2} A_{N_1N_2C} = \frac{1}{2} \cdot 15 = \underline{7{,}5\ \text{FE}}$$

Feststellung, ob Peter recht hat:

$A_{N_1N_2D} = 8{,}25\ \text{FE}$ und $\frac{1}{2} A_{N_1N_2C} = 7{,}5\ \text{FE}$

$\Rightarrow \quad A_{N_1N_2D} \neq \frac{1}{2} A_{N_1N_2C}$

$\Rightarrow$ Der Flächeninhalt von Dreieck N_1N_2D ist nicht „halb so groß“ wie der Flächeninhalt von Dreieck N_1N_2C.

$\Rightarrow$ Peter hat nicht recht.

Wahlbereich Aufgabe W 4 a

Lösungshinweise:

Als Grundlage für die nachfolgenden Berechnungen stellen wir zunächst die Anzahl der einzelnen Symbole sowie die Gesamtzahl der Symbole auf jedem der beiden Glücksräder fest.

1. Berechnung der Wahrscheinlichkeit, dass im Sichtfenster zwei gleiche Symbole zu sehen sind

Für die Ermittlung der Wahrscheinlichkeit des Ereignisses „zwei gleiche Symbole“ nutzen wir die Produkt- und die Summenregel.

2. Berechnung des Erwartungswerts E für den abgebildeten Gewinnplan

Für die Berechnung des Erwartungswerts E für den abgebildeten Gewinnplan stellen wir unter Nutzung der Verfahren zur Berechnung von Erwartungswerten einen Term auf. Dafür stehen zwei Alternativen zur Verfügung.

In der Musterlösung wird die Version des Terms gewählt, bei der die Wahrscheinlichkeiten der beiden Gewinnsituationen mit den jeweiligen Gewinnen multipliziert werden und der Spieleinsatz als Subtrahend hinzugefügt wird.
Das Standardverfahren wird als Alternative zusätzlich dargestellt.

Außer der Wahrscheinlichkeit des Ereignisses „Kreis und Dreieck“ sind bereits alle für das Aufstellen des Terms notwendigen Größen bekannt. Für die Ermittlung der Wahrscheinlichkeit des Ereignisses „Kreis und Dreieck“ nutzen wir die Produkt- und die Summenregel. Wird das Standardverfahren gewählt, ist neben der Wahrscheinlichkeit des Ereignisses „Kreis und Dreieck“ zusätzlich die Wahrscheinlichkeit für das Ereignis „restliche Möglichkeiten“ zu berechnen.

3. Berechnung, wie hoch der Gewinn für das Ereignis „Kreis und Dreieck“ bei Belassung aller anderen Einflussfaktoren sein muss, damit das Spiel fair wird

Spiele werden als „fair“ bezeichnet, wenn der Erwartungswert null, in unserem Fall null Euro (0,00 €), beträgt.

Da die Struktur der Spielsituation gleich bleibt, kann für die Klärung der Frage der bereits oben in der Musterlösung für die Ermittlung des Erwartungswerts aufgestellte Term genutzt werden. Für den Erwartungswert E setzen wir 0,00 € in den Term ein und für den neuen Gewinn für das Ereignis „Kreis und Dreieck“ statt des bisherigen Gewinns eine Variable (in der Musterlösung wird die Variable x genutzt). Das Auflösen dieses Terms nach der Variablen x führt zum gesuchten Gewinn für das Ereignis „Kreis und Dreieck“, bei dem das Spiel fair wird.

Auch hier wird das Vorgehen über den Standardterm als Alternative zusätzlich dargestellt.

Ausführliche Lösung:

Feststellung der Anzahl der einzelnen Symbole sowie der Gesamtzahl der Symbole auf jedem der beiden Glücksräder:

Oberes Glücksrad:	**Unteres Glücksrad:**
■: 2-mal	■: 5-mal
▲: 2-mal	▲: 1-mal
●: 1-mal	●: 2-mal
Anzahl Symbole: <u>5</u>	Anzahl Symbole: <u>8</u>

1. Berechnung der Wahrscheinlichkeit, dass im Sichtfenster zwei gleiche Symbole zu sehen sind

P(zwei gleiche Symbole) = P(■; ■) + P(▲; ▲) + P(●; ●)

$$P(\text{zwei gleiche Symbole}) = \frac{2}{5}\cdot\frac{5}{8}+\frac{2}{5}\cdot\frac{1}{8}+\frac{1}{5}\cdot\frac{2}{8}$$

$$P(\text{zwei gleiche Symbole}) = \frac{10}{40}+\frac{2}{40}+\frac{2}{40}$$

$$P(\text{zwei gleiche Symbole}) = \frac{14}{40}$$

$$P(\text{zwei gleiche Symbole}) = \underline{\underline{\frac{7}{20}}}$$

$$P(\text{zwei gleiche Symbole}) = \underline{\underline{35{,}0\,\%}}$$

A: Die Wahrscheinlichkeit, dass im Sichtfenster zwei gleiche Symbole zu sehen sind, beträgt $\frac{7}{20}$ bzw. 35,0 %.

2. Berechnung des Erwartungswerts E für den abgebildeten Gewinnplan

$$E = P(\text{gleiche Symbole}) \cdot G_{\text{„gleiche Symbole"}} + P(\text{Kreis und Dreieck}) \cdot G_{\text{„Kreis und Dreieck"}} - S$$

$$E = \frac{7}{\cancel{20}_{10}} \cdot \cancel{2{,}00}^{1} + \frac{1}{\cancel{8}_{2}} \cdot \cancel{4{,}00}^{1} - 1{,}50$$

$$E = \underline{\underline{-0{,}30\ €}}$$

Legende:
G: Gewinn
S: Spieleinsatz

NR: **Berechnung der Wahrscheinlichkeit für das Ereignis „Kreis und Dreieck":**

$$P(\text{Kreis und Dreieck}) = P(●; ▲) + P(▲; ●)$$

$$P(\text{Kreis und Dreieck}) = \frac{1}{5} \cdot \frac{1}{8} + \frac{2}{5} \cdot \frac{2}{8}$$

$$P(\text{Kreis und Dreieck}) = \frac{1}{40} + \frac{4}{40}$$

$$P(\text{Kreis und Dreieck}) = \frac{5}{40} = \underline{\frac{1}{8}}$$

A: Der Erwartungswert für den abgebildeten Gewinnplan beträgt –0,30 €.

Alternativer Lösungsansatz

$$E = P(\text{gleiche Symbole}) \cdot (G_{\text{„gleiche Symbole"}} - S) +$$
$$P(\text{Kreis und Dreieck}) \cdot (G_{\text{„Kreis und Dreieck"}} - S) +$$
$$P(\text{restliche Möglichkeiten}) \cdot (G_{\text{„restliche Möglichkeiten"}} - S)$$

$$E = \frac{7}{20} \cdot (2{,}00 - 1{,}50) + \frac{1}{8} \cdot (4{,}00 - 1{,}50) + \frac{21}{40} \cdot (0{,}00 - 1{,}50)$$

$$E = \frac{7}{20} \cdot 0{,}50 + \frac{1}{8} \cdot 2{,}50 + \frac{21}{40} \cdot (-1{,}50)$$

$$E = \underline{\underline{-0{,}30\ €}}$$

NR: **Berechnung der Wahrscheinlichkeit für das Ereignis „Kreis und Dreieck":**

$$P(\text{Kreis und Dreieck}) = P(●; ▲) + P(▲; ●)$$

$$P(\text{Kreis und Dreieck}) = \frac{1}{5} \cdot \frac{1}{8} + \frac{2}{5} \cdot \frac{2}{8}$$

$$P(\text{Kreis und Dreieck}) = \frac{1}{40} + \frac{4}{40}$$

$$P(\text{Kreis und Dreieck}) = \frac{5}{40} = \underline{\frac{1}{8}}$$

NR: **Berechnung der Wahrscheinlichkeit für das Ereignis „restliche Möglichkeiten":**

$$P(\text{restliche Möglichkeiten}) = 1 - [P(\text{gleiche Symbole}) + P(\text{Kreis und Dreieck})]$$

$$P(\text{restliche Möglichkeiten}) = 1 - \left[\frac{7}{20} + \frac{1}{8}\right]$$

$$P(\text{restliche Möglichkeiten}) = 1 - \left[\frac{14}{40} + \frac{5}{40}\right]$$

$$P(\text{restliche Möglichkeiten}) = \underline{\frac{21}{40}}$$

A: Der Erwartungswert für den abgebildeten Gewinnplan beträgt –0,30 €.

3. Berechnung, wie hoch der Gewinn für das Ereignis „Kreis und Dreieck" bei Belassung aller anderen Einflussfaktoren sein muss, damit das Spiel fair wird

$$E = P(\text{gleiche Symbole}) \cdot G_{\text{„gleiche Symbole"}} + P(\text{Kreis und Dreieck}) \cdot G_{\text{neu „Kreis und Dreieck"}} - S \quad \Big| \text{ faires Spiel: } E = 0{,}00$$

$$0{,}00 = \frac{7}{\cancel{20}_{10}} \cdot \cancel{2{,}00}^{1} + \frac{1}{8} \cdot x - 1{,}50 \quad \Big| -0{,}70; +1{,}50$$

$$\frac{1}{8}x = 1{,}50 - 0{,}70$$

$$\frac{1}{8}x = 0{,}80 \quad \Big| \cdot 8$$

$$x = \underline{\underline{6{,}40\ €}}$$

Legende:
G: Gewinn
S: Spieleinsatz

A: Wenn nur der Gewinn für das Ereignis „Kreis und Dreieck" geändert werden soll und alles andere unverändert bleibt, muss der Gewinn für das Ereignis „Kreis und Dreieck" 6,40 € betragen, damit das Spiel fair wird.

Alternativer Lösungsansatz

$$E = P(\text{gleiche Symbole}) \cdot (G_{\text{„gleiche Symbole"}} - S) + P(\text{Kreis und Dreieck}) \cdot (G_{\text{neu „Kreis und Dreieck"}} - S) + P(\text{restliche Möglichkeiten}) \cdot (G_{\text{„restliche Möglichkeiten"}} - S) \quad \Big| \text{ faires Spiel: } E = 0{,}00$$

$$0{,}00 = \frac{7}{20} \cdot (2{,}00 - 1{,}50) + \frac{1}{8} \cdot (x - 1{,}50) + \frac{21}{40} \cdot (0{,}00 - 1{,}50)$$

$$0{,}00 = \frac{7}{20} \cdot 0{,}5 + \frac{1}{8}x + \frac{1}{8} \cdot (-1{,}50) + \frac{21}{40} \cdot (-1{,}50)$$

$$0{,}00 = \frac{3{,}5}{20} + \frac{1}{8}x - \frac{1{,}5}{8} - \frac{31{,}5}{40} \quad \Big| -\frac{3{,}5}{20}; +\frac{1{,}5}{8}; +\frac{31{,}5}{40}$$

$$\frac{1}{8}x = -\frac{3{,}5}{20} + \frac{1{,}5}{8} + \frac{31{,}5}{40}$$

$$\frac{1}{8}x = \frac{4}{5} \qquad | \cdot 8$$

$$x = \underline{\underline{6{,}40\ €}}$$

A: Wenn nur der Gewinn für das Ereignis „Kreis und Dreieck“ geändert werden soll und alles andere unverändert bleibt, muss der Gewinn für das Ereignis „Kreis und Dreieck“ 6,40 € betragen, damit das Spiel fair wird.

Wahlbereich Aufgabe W 4 b

Lösungshinweise:

Hinweis zur Lösung der Aufgabe:
Genau genommen lässt sich die Aufgabe mit den gegebenen Angaben nicht lösen.
Die Flugkurve beschreibt die Flugbahn des Ballmittelpunkts. Für die Klärung der Frage, in welchem Abstand der Ball das Netz überquert, ist bei der vorliegenden Datenlage zusätzlich der Radius des Balls von Bedeutung.
Für die Klärung der Frage, in welcher Entfernung zur Grundlinie der Ball auf dem Boden auftrifft, ist darüber hinaus auch der Anflugwinkel des Balls als Einflussfaktor zu beachten.

In der Musterlösung werden die Aufgabenstellungen ohne Berücksichtigung der genannten Aspekte im Sinne der Aufgabe gelöst.

Hinweis zum Runden:
Bei Ballspielen entscheiden oft wenige Zentimeter. Ausgehend von der Bestimmung, dass bei Berechnungen mit Größen die Ergebnisse sinnvoll zu runden sind, werden die Ergebnisse bei der Lösung der vorliegenden Aufgabe deshalb auf Zentimeter genau gerundet angegeben.

Als Grundlage für die Lösung der einzelnen Aufgabenstellungen wird die Aufgabensituation zunächst in ein Koordinatensystem eingebettet. Da die Form der Funktionsgleichung mit $y = ax^2 + c$ angegeben ist, muss bei der Einbettung darauf geachtet werden, dass der Scheitelpunkt der Parabel auf der y-Achse liegt.

Skizze:

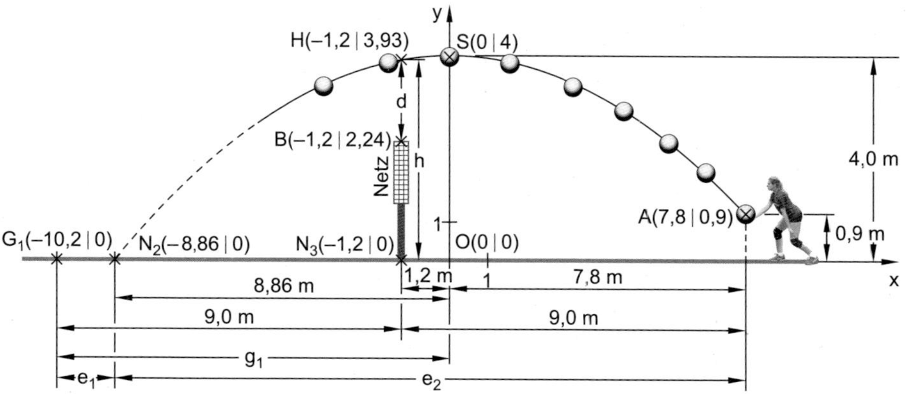

1. Ermittlung einer Funktionsgleichung für die zur Flugkurve des Balls gehörigen Parabel p

Die Form der Funktionsgleichung ist bekannt.
Der Wert für c lässt sich mit den Koordinaten von Scheitelpunkt S (höchster Punkt der Flugbahn des Balls) bestimmen. Für die Berechnung des Werts von Vorfaktor a nutzen wir die Funktionsgleichung der Parabel sowie den Wert von c und die Koordinaten eines auf der Flugbahn bzw. der Parabel liegenden Punkts (außer Scheitelpunkt S).

Der Wert von Vorfaktor a kann sowohl in Form eines gemeinen Bruchs als auch in Form eines gerundeten Dezimalbruchs angegeben werden. Da der gemeine Bruch im Gegensatz zum gerundeten Dezimalbruch den genauen Wert von Vorfaktor a angibt, wird er in der Musterlösung bevorzugt. Ungeachtet dessen wird für eine korrekte Lösung der Aufgabe auch ein angemessen genau gerundeter Dezimalbruch anerkannt.

2. Berechnung des Abstands, mit dem der Ball das Netz überquert

Den gesuchten Abstand, mit dem der Ball das Netz – genauer: die Oberkante des Netzes – überquert, erhalten wir über die Differenz aus der Flughöhe des Balls über dem Netz und der Höhe des Netzes.

Die Höhe des Netzes ist bekannt.
Die Flughöhe des Balls über dem Netz ermitteln wir über die Funktionsgleichung von Parabel p. Dazu benötigen wir die x-Koordinate des Überflugpunkts des Balls über dem Netz. Diese erhalten wir über den horizontalen Abstand des Netzes zur y-Achse.
Der ermittelte y-Wert gibt, in die Aufgabensituation übertragen, die Flughöhe des Balls über dem Netz an.

3. Berechnung, in welcher Entfernung zur Grundlinie der Ball auf dem Boden auftrifft

Ein Volleyballfeld besitzt zwei Grundlinien: die der eigenen Spielfeldhälfte und die der gegnerischen Spielfeldhälfte. Da in der Aufgabenstellung nicht näher angegeben wird, welche der beiden Grundlinien gemeint ist, wird in der Musterlösung der Abstand des Aufschlagpunkts zu beiden Grundlinien ermittelt.

Als Bezugspunkt für die Berechnung der Abstände des Ballaufschlagpunkts von den beiden Grundlinien wird in der Musterlösung Ursprung $O(0\,|\,0)$ gewählt. Alternativ kann auch der Standort des Netzes $N_3(-1{,}2\,|\,0)$ gewählt werden.

Zunächst wird die x-Koordinate des Ballaufschlagpunkts ermittelt. Dies gelingt mit der Parabelgleichung. Wir erhalten zwei Werte: einen negativen und einen positiven. Der positive Wert liegt auf der Spielfeldseite von Thea und scheidet angesichts der Darstellung der Situation in der Aufgabenstellung als x-Koordinate des Ballaufschlagpunkts aus. Der negative Wert hingegen passt zur Darstellung in der Aufgabenstellung. Folglich ist er der gesuchte Wert der x-Koordinate des Ballaufschlagpunkts.

Mit der x-Koordinate des Ballaufschlagpunkts und den vorliegenden Längen bzw. Abständen lassen sich abschließend die Entfernungen des Ballaufschlagpunkts zu den beiden Grundlinien ermitteln.

Ausführliche Lösung:

Einbettung der Situation in ein Koordinatensystem:

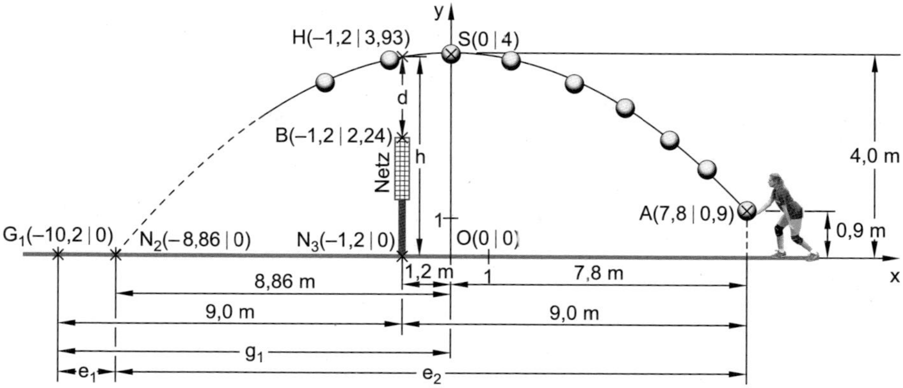

1. Ermittlung einer Funktionsgleichung für die zur Flugkurve des Balls gehörigen Parabel p

p: $y = ax^2 + c$

p: $y = -\frac{155}{3\,042}x^2 + 4$

(alternativ: p: $y = -0{,}051x^2 + 4$)

NR: **Bestimmung von c:**
$S(0|4) \Rightarrow c = \underline{4}$

NR: **Berechnung von Vorfaktor a:**

$$y = ax^2 + c \quad |-c$$

$$ax^2 = y - c \quad |:x^2$$

$$a = \frac{y-c}{x^2} \quad |c = 4;\ A(7{,}8|0{,}9)$$

$$a = \frac{0{,}9-4}{7{,}8^2}$$

$$a = -\frac{155}{3\,042}$$

(alternativ: $a = \underline{-0{,}051}$)

2. Berechnung des Abstands, mit dem der Ball das Netz überquert

Berechnung der Flughöhe h des Balls über dem Netz:

$$y = -\frac{155}{3\,042}x_H^2 + 4$$

$$y = -\frac{155}{3\,042}\cdot(-1{,}2)^2 + 4$$

$$y = \underline{3{,}93}$$

$\Rightarrow$ Flughöhe des Balls über dem Netz: $h = \underline{3{,}93\text{ m}}$

NR: **Feststellung der x-Koordinate des Überflugpunkts H:**
9 m – 7,8 m = 1,2 m links vom Ursprung
$\Rightarrow\ x_{N_3} = \underline{-1{,}2}$
$x_H = x_{N_3} = \underline{-1{,}2}$

Berechnung des Abstands d, mit dem der Ball das Netz überquert:

$d = h - \text{Netzhöhe}$

$d = 3{,}93 - 2{,}24$

$d = \underline{\underline{1{,}69\ \text{m}}}$

A: Der Ball überquert das Netz in einem Abstand von 1,69 m.

3. Berechnung, in welcher Entfernung zur Grundlinie der Ball auf dem Boden auftrifft

Berechnung der Koordinaten des Ballaufschlagpunkts:

$$y = -\frac{155}{3\,042}x^2 + 4 \quad \bigg|\ y = 0$$

$$-\frac{155}{3\,042}x^2 + 4 = 0 \quad \bigg|-4$$

$$-\frac{155}{3\,042}x^2 = -4 \quad \bigg|:\left(-\frac{155}{3\,042}\right) \mathrel{\hat{=}} \cdot\left(-\frac{3\,042}{155}\right)$$

$$x^2 = -4 \cdot \left(-\frac{3\,042}{155}\right) \quad \bigg|\sqrt{\ }$$

$$x_1 = \underline{8{,}86}$$

$$x_2 = \underline{-8{,}86}$$

Angesichts der Aufgabensituation kommt als x-Koordinate des Ballaufschlagpunkts nur der negative Wert $x_2 = -8{,}86$ infrage.

$\Rightarrow$ Ballaufschlagpunkt $\underline{N_2(-8{,}86 \mid 0)}$

Ermittlung der Entfernungen des Ballaufschlagpunkts zu den Grundlinien:

- **Entfernung e_1 zur gegnerischen Grundlinie:**

$e_1 = g_1 - |x_{N_2}|$

$e_1 = 10{,}2 - |-8{,}86|$

$e_1 = 10{,}2 - 8{,}86$

$e_1 = \underline{\underline{1{,}34\ \text{m}}}$

NR: **Entfernung g_1 der gegnerischen Grundlinie vom Ursprung:**

$g_1 = 9{,}0 + 1{,}2$

$g_1 = \underline{10{,}2\ \text{m}}$

- **Entfernung e_2 zur eigenen Grundlinie:**

$e_2 = |x_{N_2}| + \text{Entfernung der eigenen Grundlinie zum Ursprung}$

$e_2 = |-8{,}86| + 7{,}8$

$e_2 = 8{,}86 + 7{,}8$

$e_2 = \underline{\underline{16{,}66\ \text{m}}}$

A: Der Ball trifft in einer Entfernung von 1,34 m zur gegnerischen Grundlinie und in einer Entfernung von 16,66 m zur eigenen Grundlinie auf dem Boden auf.

Abschlussprüfungsaufgaben Mathematik für Realschulen (Baden-Württemberg): Haupttermin 2021 – Pflichtteil A 1

Pflichtteil A 1 – Aufgabe P 1

a) Auf der Mantelfläche der quadratischen Pyramide ist ein Streckenzug eingezeichnet. Auf welchem der vier abgebildeten Netze wird der Streckenzug richtig dargestellt?

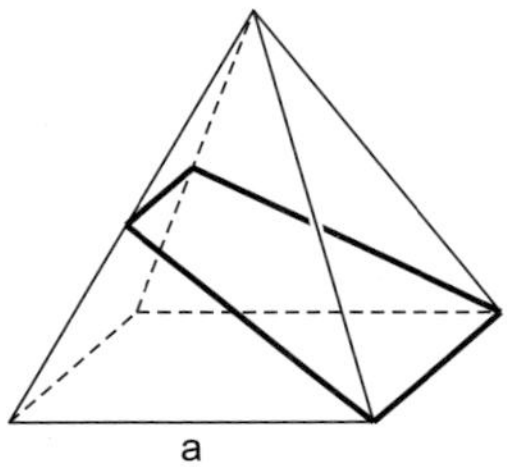

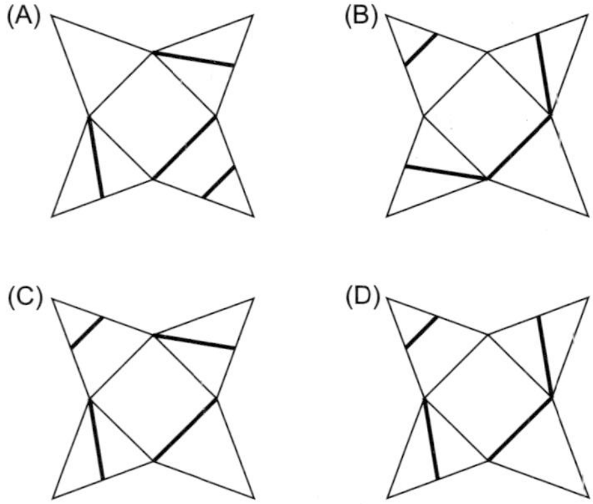

b) Die Grundkante a der quadratischen Pyramide ist 5 cm lang.
Die Körperhöhe h beträgt 6 cm.
Berechnen Sie das Volumen der quadratischen Pyramide. 1,5 P

Pflichtteil A 1 – Aufgabe P 2

Lösen Sie die Gleichung.

$$(x-3)(x+5)+7=8(x-2)$$ 1,5 P

Pflichtteil A 1 – Aufgabe P 3

In einem Behälter liegen gelbe, rote und blaue Kugeln. Insgesamt sind es sechs Stück. Kim zieht ohne hinzuschauen zwei Kugeln gleichzeitig. Im Baumdiagramm sind zwei Wahrscheinlichkeiten angegeben.

a) Ergänzen Sie in den beiden leeren Feldern die Wahrscheinlichkeitsangaben.

b) Wie groß ist die Wahrscheinlichkeit, dass Kim zwei rote Kugeln zieht?

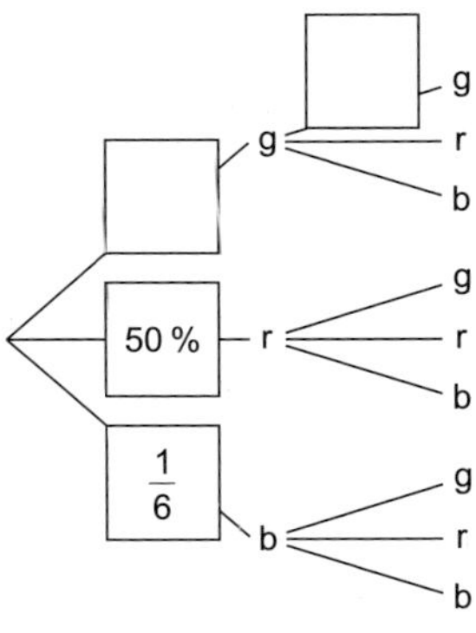

2 P

Pflichtteil A 1 – Aufgabe P 4

a) Sechs Funktionsgleichungen – drei Graphen
Welche Funktionsgleichung gehört zu welchem Graphen?

(1) $y = -3x + 3$

(2) $y = -\frac{1}{2}x^2 + 3$

(3) $y = x^2 - 4x + 3$

(4) $y = 3x + 3$

(5) $y = x^2 + 4x + 3$

(6) $y = -\frac{1}{4}x^2 + 3$

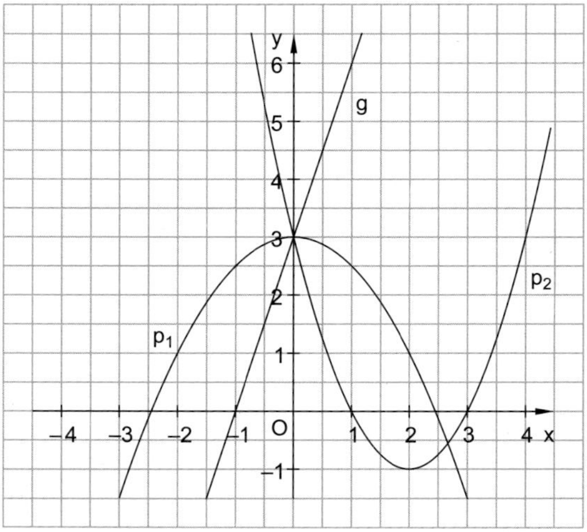

b) Die Gerade h hat die Funktionsgleichung $y = -\frac{1}{2}x + 2$.
Zeichnen Sie die Gerade h in das abgebildete Koordinatensystem. 2 P

Pflichtteil A 1 – Aufgabe P 5

Weisen Sie nach, dass gilt:

$$\frac{10^6}{5^4 \cdot 5^2} : 2^4 = 4$$ 1 P

Pflichtteil A 1 – Aufgabe P 6

Johannes legt drei Muster mit quadratischen Kärtchen.

(1.) (2.) (3.)

Er behauptet: „Das 10. Muster besteht aus 43 Kärtchen."
Hat Johannes recht?
Begründen Sie Ihre Aussage. 1P

Pflichtteil A 1 – Aufgabe P 7

Ordnen Sie jedem Kreisdiagramm die passende Aussage zu.
Tragen Sie den Buchstaben in das Kästchen ein.

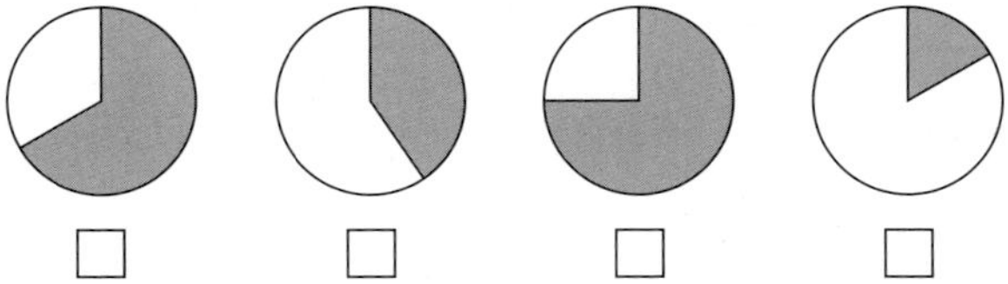

(A) Drei Viertel der Schülerinnen und Schüler kommen im Winter mit dem Bus zur Schule.

(B) 15 % der Schülerinnen und Schüler besuchen die Klassenstufe 10.

(C) 200 von 300 Schülerinnen und Schülern haben Geschwister.

(D) 40 % der Schülerinnen und Schüler fahren im Sommer mit dem Fahrrad zur Schule. 1 P

Abschlussprüfungsaufgaben Mathematik für Realschulen (Baden-Württemberg): Haupttermin 2021 – Pflichtteil A 2

Pflichtteil A 2 – Aufgabe P 1

Das gleichschenklige Dreieck ABC und das Quadrat ADEF überdecken sich teilweise.

Es gilt:

$$\overline{BD} = 10{,}0\ \text{cm}$$
$$\beta = 67{,}0^\circ$$
$$\overline{AC} = \overline{BC}$$

Berechnen Sie den Umfang des Dreiecks GEC.

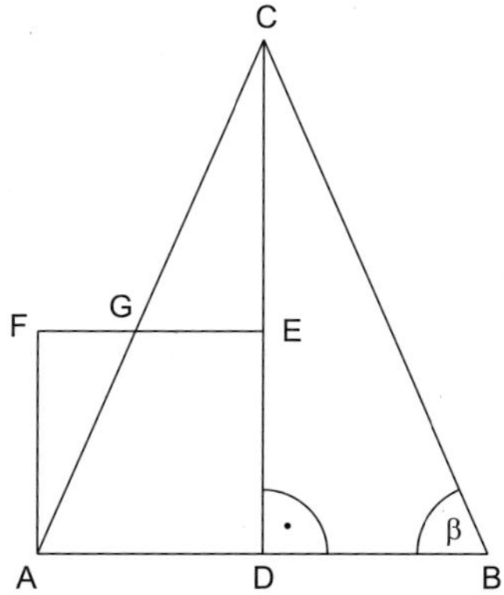

3,5 P

Pflichtteil A 2 – Aufgabe P 2

Ein Kunstwerk setzt sich aus einer Halbkugel und einem Kegel zusammen.

Es gilt:

$$s = 3{,}7\ \text{m}$$
$$h_{ges} = 5{,}1\ \text{m}$$
$$\alpha = 72{,}0^\circ$$

- Berechnen Sie den Oberflächeninhalt des zusammengesetzten Körpers.

Dieses Kunstwerk soll mit Farbe angestrichen werden. Eine 1-Liter-Farbdose reicht für 10 m^2.

- Wie viele Dosen müssen gekauft werden?

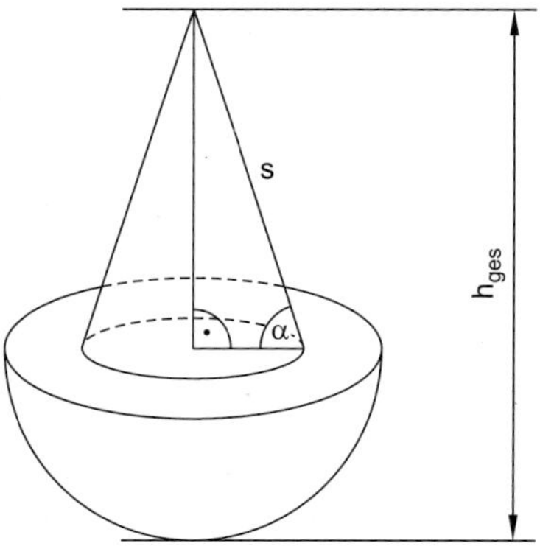

3,5 P

Pflichtteil A 2 – Aufgabe P 3

Die beiden Glücksräder werden gedreht. Wenn sie stehen bleiben, erkennt man im Sichtfenster eine zweistellige Zahl.
Die Abbildung zeigt die Zahl 43.

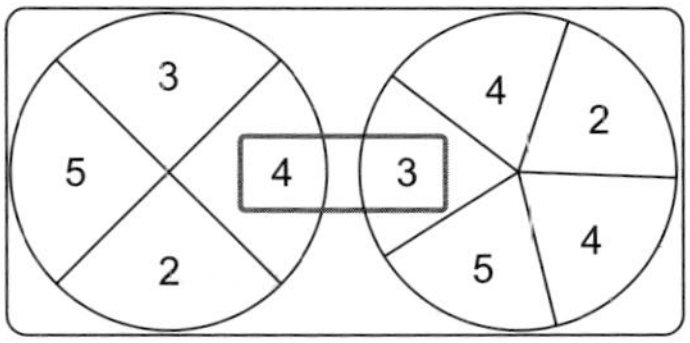

Mit welcher Wahrscheinlichkeit ist im Sichtfenster

- eine Zahl mit zwei gleichen Ziffern zu sehen?
- eine durch 12 teilbare Zahl zu sehen?
- höchstens einmal die Ziffer 4 zu sehen?

3,5 P

Pflichtteil A 2 – Aufgabe P 4

Immer mehr Menschen kaufen im Internet ein. Die Grafik zeigt die Umsatzentwicklung des Onlinehandels in Deutschland.

- Um wie viel Prozent ist der Umsatz des Onlinehandels von 2016 bis 2019 insgesamt gestiegen?

Das Kreisdiagramm zeigt die Umsatzanteile verschiedener Bereiche am Gesamtumsatz des Onlinehandels im Jahr 2017.

- Wie hoch war der Umsatz (in Euro) für den Bereich „Freizeit und Hobby"?

Laut einer Untersuchung entfielen im Jahr 2017 allein 53,0 % des Bereichs „Elektronik" auf den Onlinehandel mit Smartphones.

- Wie viele Euro wurden nach dieser Untersuchung im Onlinehandel für Smartphones ausgegeben?

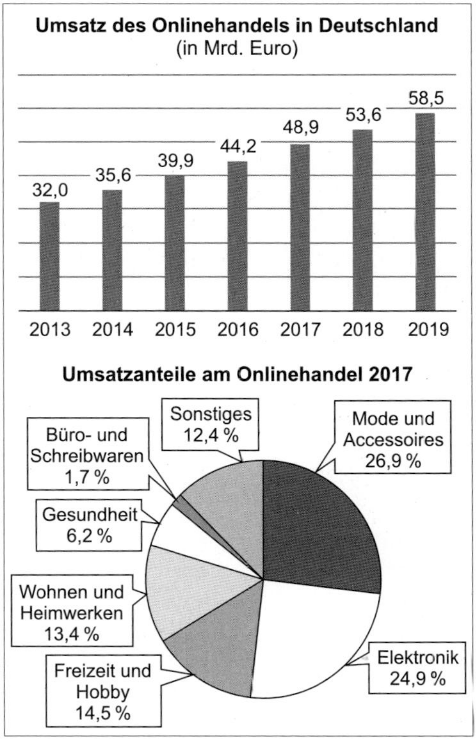

Quelle: eigene Darstellung, Daten nach: HDE Handelsverband Deutschland

3 P

Pflichtteil A 2 – Aufgabe P 5

Die Parabel p hat die Funktionsgleichung $y = x^2 - 6x + 10$.
Eine Gerade g besitzt die Steigung $m = -2$.
Sie geht durch den Scheitelpunkt S der Parabel p.

- Berechnen Sie die Koordinaten des zweiten Schnittpunkts Q der Parabel p mit der Geraden g.

Die Gerade h verläuft senkrecht zur Geraden g und geht durch den Punkt Q.

- Berechnen Sie die Funktionsgleichung der Geraden h. 3 P

Pflichtteil A 2 – Aufgabe P 6

Im Rahmen einer Umfrage wurden 25 Männer und 25 Frauen getrennt voneinander befragt, wie viele Stunden sie pro Woche lesen.

Die Ergebnisse dieser Befragungen sind in den beiden Boxplots dargestellt.

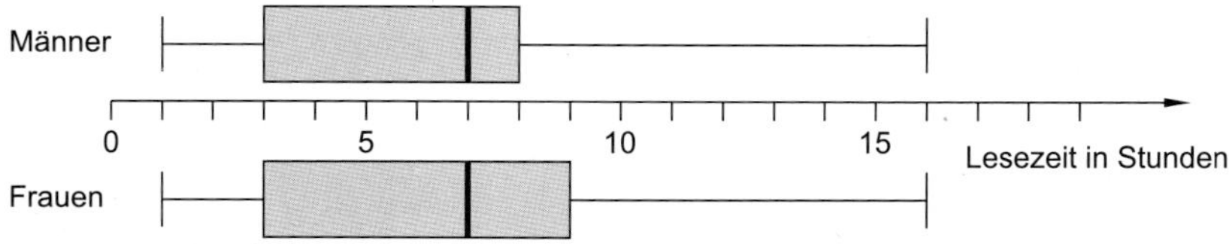

Außerdem sind die Ergebnisse der Befragungen in den beiden Säulendiagrammen abgebildet, wobei das Diagramm (2) unvollständig ist.

- Welcher Boxplot gehört zu Diagramm (1)? Begründen Sie mithilfe der Kennwerte.

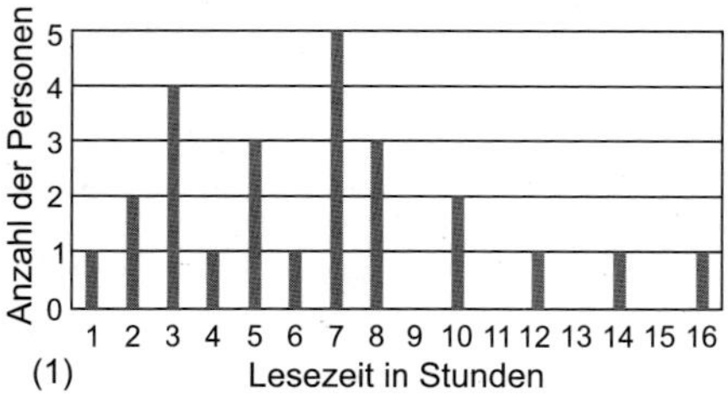

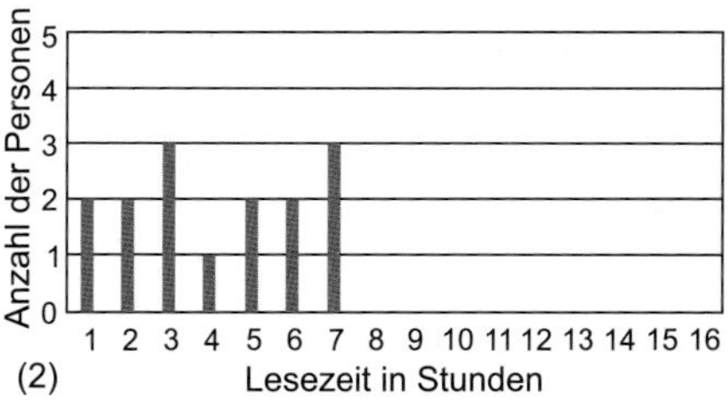

Der andere Boxplot gehört zu Diagramm (2). Hier fehlen Säulen von 8 bis 16 Stunden Lesezeit.

- Ergänzen Sie mögliche Säulen im Diagramm (2) für die Werte von 8 bis 16 Stunden Lesezeit mithilfe des zugehörigen Boxplots.

Finn behauptet: „Über die Hälfte der Männer liest 7 Stunden oder mehr pro Woche."

- Hat Finn recht? Begründen Sie. 3,5 P

Abschlussprüfungsaufgaben Mathematik für Realschulen (Baden-Württemberg): Haupttermin 2021 – Wahlteil B

Aufgabe W 1

a) Gegeben sind das rechtwinklige Dreieck ABC und das gleichschenklige Dreieck ADE.

Es gilt:

$\overline{AB} = 13{,}2$ cm

$\alpha = 55{,}0°$

$\overline{CE} = 8{,}0$ cm

$\overline{AE} = \overline{DE}$

- Berechnen Sie die Länge von $\overline{DF}$.
- Berechnen Sie den Umfang des Vierecks ABFE.

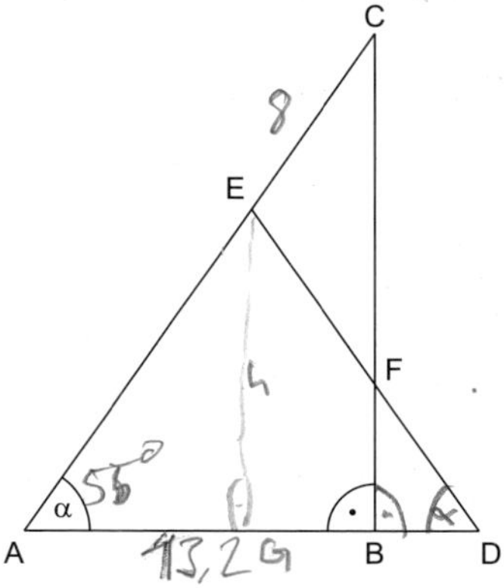

5 P

b) Die Punkte A(1 | −8) und B(3 | −8) liegen auf einer nach oben geöffneten verschobenen Normalparabel p.

- Geben Sie die Funktionsgleichung der Parabel p in der Normalform $y = x^2 + bx + c$ an.

Die Schnittpunkte der Parabel p mit der x-Achse und die Punkte A und B bilden ein Viereck.

- Berechnen Sie den Flächeninhalt dieses Vierecks.

Die Geraden g und h verlaufen jeweils auf den Diagonalen des Vierecks. Sie schneiden sich im Punkt Q.

- Berechnen Sie die Koordinaten des Schnittpunkts Q. 5 P

Aufgabe W 2

a) Der Punkt A(−4 | −1) liegt auf der Parabel p_1 mit der Funktionsgleichung $y = x^2 + bx + 7$. Die Gerade g schneidet die Parabel p_1 im Punkt A und im Scheitelpunkt S_1.

- Berechnen Sie die Funktionsgleichungen der Parabel p_1 und der Geraden g.

Durch Spiegelung des Scheitelpunkts S_1 an der y-Achse entsteht der Punkt S_2. S_2 ist der Scheitelpunkt einer nach oben geöffneten verschobenen Normalparabel p_2.

- Geben Sie die Funktionsgleichung von p_2 in der Form $y = x^2 + bx + c$ an.

Der Schnittpunkt der Geraden g mit der y-Achse ist der Scheitelpunkt S_3 der Parabel p_3. Die Parabel p_3 der Form $y = ax^2 + c$ geht außerdem durch die Scheitelpunkte S_1 und S_2.

- Berechnen Sie die Funktionsgleichung der Parabel p_3. 5 P

b) In einer quadratischen Pyramide liegt das gleichschenklige Dreieck EFS.

Es gilt:

$\overline{AB} = \overline{EF} = 12{,}6$ cm

$\alpha = 72{,}0°$

$\overline{EF} \parallel \overline{AC}$

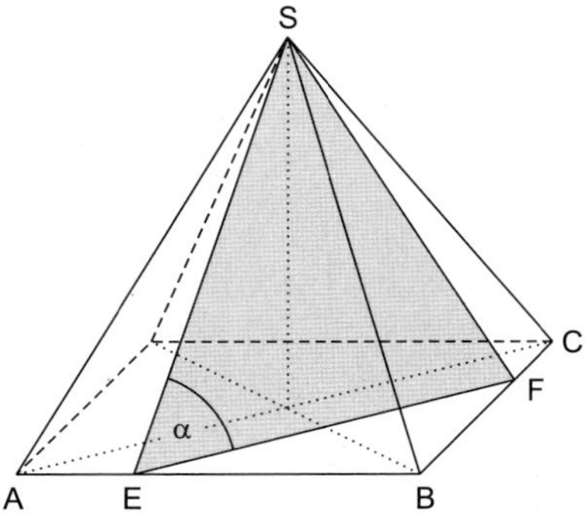

- Berechnen Sie den Flächeninhalt des Dreiecks EFS.
- Berechnen Sie das Volumen der quadratischen Pyramide.

5 P

Aufgabe W 3

a) Zehn gleich große Karten sind mit vier verschiedenen Symbolen (Handball, Radfahren, Laufen, Fußball) bedruckt. Sie sind nach den vier Symbolen in Stapeln sortiert (siehe Abbildung).
Die Karten werden gemischt und verdeckt auf den Tisch gelegt.
Sie werden für ein Glücksspiel eingesetzt. Dabei werden zwei Karten gleichzeitig gezogen.
Für das Spiel wird der abgebildete Gewinnplan geprüft.

Ereignis	Gewinn
zweimal 	9,00 €
 und 	6,00 €
 und 	3,00 €
andere Ereignisse	kein Gewinn
Einsatz pro Spiel: 1,00 €	

- Berechnen Sie den Erwartungswert.

Der Veranstalter möchte langfristig pro Spiel einen Erlös von 0,50 € erzielen.

- Wie hoch muss dann der Gewinn für „ und “ sein, wenn alles andere unverändert bleibt?

5 P

b) Die Flugbahn eines Speers ist nahezu parabelförmig.
Der Abwurfpunkt A liegt 1,80 m über der Abwurflinie.
Der Speer erreicht nach 20 m, in horizontaler Richtung von der Abwurflinie gemessen, seine maximale Höhe von 9,80 m.

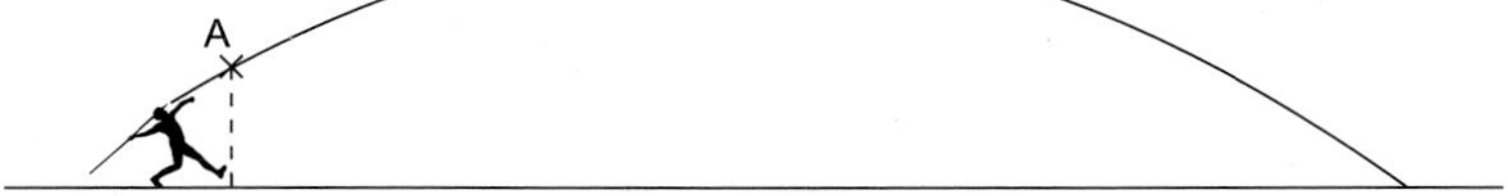

- Berechnen Sie eine mögliche Funktionsgleichung der Flugkurve des Speers.
- Wie weit fliegt der Speer?

Ein zweiter Wurfversuch kann mit der Funktionsgleichung $y = -\frac{1}{30}x^2 + 13$ beschrieben werden. Die Wurfweite beträgt 38,15 m.

- Geben Sie die Höhe dieses Abwurfpunktes an.

5 P

Aufgabe W 4

a) Die Gerade g und die verschobene Normalparabel p gehen durch die beiden Punkte $A(2|3)$ und $B(6|11)$.
Der Punkt $C(4|y_C)$ liegt auf der Parabel p.
Die Gerade h steht senkrecht auf g und geht durch C.
Die Gerade h schneidet die beiden Koordinatenachsen in den Punkten P und Q.

Berechnen Sie die Koordinaten von P und Q. 5 P

b) Ein DIN-A4-Blatt hat die Eckpunkte A, B, C und D.
Die Punkte M_1 und M_2 halbieren die Seitenlängen des DIN-A4-Blatts.
Das DIN-A4-Blatt wird wie abgebildet gefaltet. Der Punkt A wird zu A' und liegt nach dem Falten auf M_1.
Der Punkt C wird zum Punkt C'. Die beiden Papierkanten stoßen entlang von $\overline{M_1F}$ aneinander.

Berechnen Sie die Flächeninhalte des Dreiecks EM_1D und des Vierecks FBM_2C'.

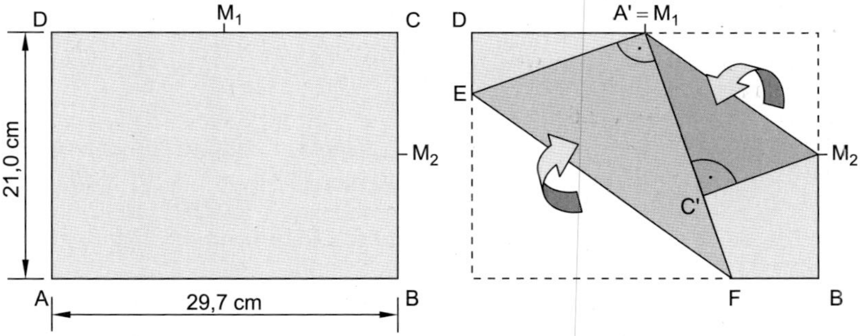

5 P

Lösungen

Pflichtteil A 1 – Aufgabe P 1

a) **Lösungshinweise:**

Für die Klärung der Frage untersuchen wir, bei welchem der vier Netze im zusammengeklappten Zustand der auf der Mantelfläche der Pyramide abgebildete geschlossene Streckenzug entsteht.

Ausführliche Lösung:

Skizze:

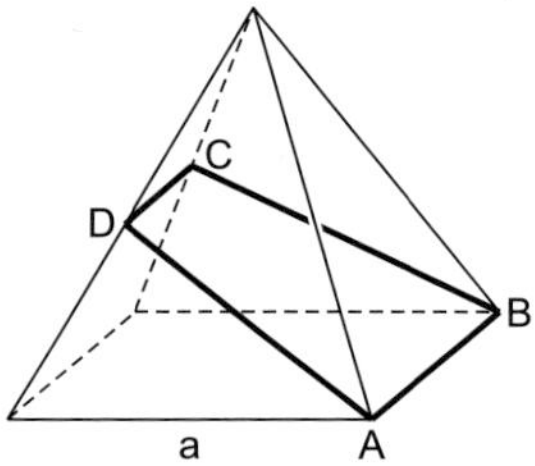

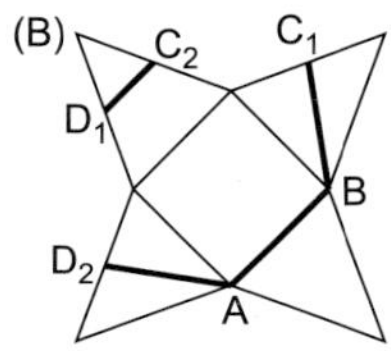

Ermittlung, auf welchem der vier Netze der Streckenzug richtig dargestellt wird:

Der Streckenzug auf der Mantelfläche der Pyramide umschließt ein Viereck. Damit handelt es sich um einen geschlossenen Streckenzug. Durchlaufen wir den Streckenzug auf der Mantelfläche der Pyramide (die Richtung ist dabei unerheblich), so ist der Endpunkt jeder Teilstrecke zugleich Anfangspunkt der folgenden Teilstrecke.
Diese Bedingung erfüllt im zur Pyramide zusammengeklappten Zustand nur Netz (B).

$\Rightarrow$ Der Streckenzug wird auf Netz (B) richtig dargestellt.

b) **Lösungshinweise:**

Wir nutzen für die Berechnung des gesuchten Volumens der Pyramide die Volumenformel für quadratische Pyramiden.

Ausführliche Lösung:

Berechnung des Volumens V:

$$V = \frac{1}{3} a^2 \cdot h$$

$$V = \frac{1}{{}_1\cancel{3}} \cdot 5^2 \cdot \cancel{6}^{\,2}$$

$$V = 25 \cdot 2$$

$$V = \underline{\underline{50\ \text{cm}^3}}$$

Pflichtteil A 1 – Aufgabe P 2

Lösungshinweise:

Die Lösung der Gleichung erfolgt mittels Lösungsformel für gemischtquadratische Gleichungen.

Dazu muss die Gleichung zunächst entweder in die allgemeine Form oder in die Normalform der gemischtquadratischen Gleichung umgeformt werden.
Die allgemeine Form ist Grundlage für die a-b-c-Formel, die Normalform für die p-q-Formel.

Die Aufgabe verlangt lediglich, die Gleichung zu lösen, sodass die Lösung nicht in Form einer Lösungsmenge angegeben werden muss. Ungeachtet dessen wird in der Musterlösung diese für die Mathematik übliche Darstellung als Option dargestellt.

Ausführliche Lösung:

$$(x-3)(x+5)+7=8(x-2) \qquad |\text{ Klammern auflösen}$$

$$x^2+5x-3x-15+7=8x-16 \qquad |\text{ Zusammenfassen}$$

$$x^2+2x-8=8x-16 \qquad |-8x;\ +16$$

$$x^2-6x+8=0$$

$$x_{1/2}=-\frac{p}{2}\pm\sqrt{\left(\frac{p}{2}\right)^2-q}$$

$$x_{1/2}=-\frac{-6}{2}\pm\sqrt{\left(\frac{-6}{2}\right)^2-8}$$

$$x_{1/2}=3\pm\sqrt{9-8}$$

$$x_{1/2}=3\pm\sqrt{1}$$

$$x_{1/2}=3\pm 1$$

$$x_1=\underline{\underline{4}}$$

$$x_2=\underline{\underline{2}}$$

bzw. optional: $L=\underline{\underline{\{2;\,4\}}}$

Pflichtteil A 1 – Aufgabe P 3

Hinweis: Beim gleichzeitigen Ziehen zweier Kugeln handelt es sich im Prinzip um einen abhängigen Zufallsversuch bzw. um einen zweistufigen Zufallsversuch ohne Zurücklegen. So wird in den Lösungshinweisen und in der Lösung von der „ersten" und „zweiten" Kugel gesprochen.

a) **Lösungshinweise:**

Die Summe der Wahrscheinlichkeiten bei der Ziehung der „ersten" Kugel beträgt eins bzw. 100 %. Die Wahrscheinlichkeit, bei der Ziehung der „ersten" Kugel eine gelbe Kugel zu ziehen, lässt sich folglich direkt mit den beiden angegebenen Wahrscheinlichkeiten berechnen. Das Ergebnis kann, wie in der Musterlösung, als ungekürzter Bruch angegeben

werden oder alternativ als vollständig gekürzter Bruch.
Für die Berechnung der Wahrscheinlichkeit, bei der Ziehung der „zweiten" Kugel ebenfalls eine gelbe Kugel zu ziehen, nutzen wir die inzwischen bekannte Wahrscheinlichkeit, bei der Ziehung der „ersten" Kugel eine gelbe Kugel zu ziehen. Dabei muss allerdings der ungekürzte Bruch aus den Berechnungen oben verwendet werden. Dessen Zähler 2 gibt die Anzahl der gelben Kugeln vor dem Ziehen der „ersten" Kugel an, sein Nenner 6 die Anzahl aller Kugeln vor dem Ziehen der „ersten" Kugel.

Mit den ermittelten Wahrscheinlichkeiten vervollständigen wir abschließend das Baumdiagramm in der Aufgabenstellung.

Ausführliche Lösung:

Ermittlung der Wahrscheinlichkeit, bei der Ziehung der „ersten" Kugel eine gelbe Kugel zu ziehen:

$$P(g)_{1.\,\text{Ziehung}} = 1 - [P(r)_{1.\,\text{Ziehung}} + P(b)_{1.\,\text{Ziehung}}]$$

Legende:
g: gelb
r: rot
b: blau

$$P(g)_{1.\,\text{Ziehung}} = 1 - \left[50\,\% + \frac{1}{6}\right]$$

$$P(g)_{1.\,\text{Ziehung}} = 1 - \left[\frac{3}{6} + \frac{1}{6}\right]$$

$$P(g)_{1.\,\text{Ziehung}} = 1 - \frac{4}{6}$$

$$P(g)_{1.\,\text{Ziehung}} = \underline{\underline{\frac{2}{6}}}$$

alternativ: $P(g)_{1.\,\text{Ziehung}} = \underline{\underline{\frac{1}{3}}}$

Ermittlung der Wahrscheinlichkeit, bei der Ziehung der „zweiten" Kugel ebenfalls eine gelbe Kugel zu ziehen:

Bei der Ziehung der „ersten" Kugel beträgt die Wahrscheinlichkeit, eine gelbe Kugel zu ziehen, $\frac{2}{6}$. Da bei der Ziehung der „zweiten" Kugel eine gelbe Kugel weniger vorhanden ist, gilt:

$$P(g)_{2.\,\text{Ziehung}} = \frac{2-1}{6-1} = \underline{\underline{\frac{1}{5}}}$$

$$P(g)_{2.\,\text{Ziehung}} = \underline{\underline{20\,\%}}$$

alternativ: $P(g)_{2.\,\text{Ziehung}} = \underline{\underline{0{,}2}}$

Ergänzung der Wahrscheinlichkeitsangaben in den beiden leeren Feldern:

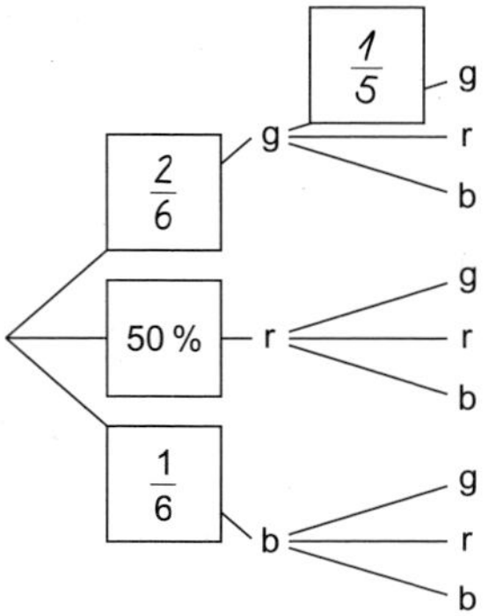

Hinweis: Zu den Alternativen bei der Notation der Wahrscheinlichkeitsangaben in den beiden leeren Feldern siehe bitte bei der Berechnung der Wahrscheinlichkeiten.

b) **Lösungshinweise:**

Für die Ermittlung der Wahrscheinlichkeit, dass Kim zwei rote Kugeln zieht, nutzen wir die Produktregel. Für die Berechnungen wandeln wir die in Prozentschreibweise angegebene Wahrscheinlichkeit, bei der Ziehung der „ersten" Kugel eine rote Kugel zu ziehen, in einen Bruch mit dem Nenner „6" (Gesamtzahl der Kugeln) um.

Die Wahrscheinlichkeit, bei der zweiten Ziehung ebenfalls eine rote Kugel zu ziehen, ermitteln wir analog zum Vorgehen bei der Ermittlung der Wahrscheinlichkeit für „gelb nach gelb" in Teilaufgabe a.

Ausführliche Lösung:

Berechnung der Wahrscheinlichkeit, dass Kim zwei rote Kugeln zieht:

$$\text{P(zwei rote Kugeln)} = \text{P(r; r)} \qquad \left|\; 50\,\% = \frac{3}{6}\right.$$

$$\text{P(zwei rote Kugeln)} = \frac{\cancel{3}^{1}}{\cancel{6}_{\cancel{2}_1}} \cdot \frac{\cancel{2}^{1}}{5}$$

$$\text{P(zwei rote Kugeln)} = \underline{\underline{\frac{1}{5}}}$$

$$\text{P(zwei rote Kugeln)} = \underline{\underline{20\,\%}}$$

alternativ: $\text{P(zwei rote Kugeln)} = \underline{\underline{0{,}2}}$

NR: **Berechnung der Wahrscheinlichkeit, bei der Ziehung der „zweiten" Kugel ebenfalls eine rote Kugel zu ziehen:**

$$\text{P(r)}_{\text{2. Ziehung}} = \frac{3-1}{6-1} = \underline{\frac{2}{5}}$$

A: Die Wahrscheinlichkeit, dass Kim zwei rote Kugeln zieht, beträgt $\frac{1}{5}$ bzw. 20 %.

Pflichtteil Aufgabe A1 – P 4

a) **Lösungshinweise:**

In einem ersten Schritt werden die Merkmale des jeweiligen Graphen festgestellt. Ausgehend von diesen Merkmalen werden die Eigenschaften, die eine passende Funktionsgleichung erfüllen muss, formuliert.

Anschließend wird untersucht, welche der sechs angebotenen Funktionsgleichungen diese Eigenschaften erfüllen. Kann bereits jetzt eine der angebotenen Funktionsgleichungen dem untersuchten Graphen eindeutig zugeordnet werden, ist der Prozess abgeschlossen.
Kommen mehrere Funktionsgleichungen infrage, wird mit Punktproben festgestellt, welche dieser Gleichungen Funktionsgleichung des untersuchten Graphen ist.
Genügt dies nicht, um dem untersuchten Graphen sicher eine der angebotenen Funktionsgleichungen zuordnen zu können, wird die Funktionsgleichung des Graphen erarbeitet und mit den angebotenen Funktionsgleichungen verglichen.

Ausführliche Lösung:

Skizze:

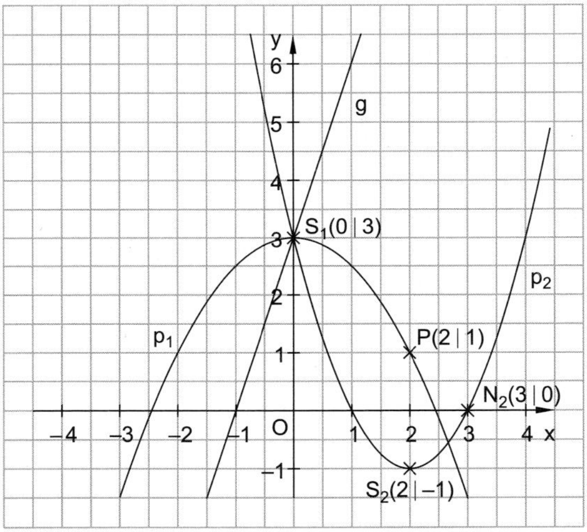

1. Ermittlung, welche Funktionsgleichung zu Graph g gehört

Graph g ist eine Gerade mit folgenden Eigenschaften:

- y-Achsenabschnitt $c_g = 3$
- Steigungsfaktor $m_g = \frac{3}{1} = 3$

Daraus folgt: Die zu Graph g gehörende Funktionsgleichung muss eine lineare Gleichung sein, deren

- absolutes Glied den Wert 3 besitzt.
- deren linearer Vorfaktor den Wert 3 besitzt.

Einzig Funktionsgleichung (4) $y = 3x + 3$ erfüllt diese Bedingungen.

$\Rightarrow$ Zu Graph g gehört Funktionsgleichung (4) $y = 3x + 3$.

2. Ermittlung, welche Funktionsgleichung zu Graph p_1 gehört

Graph p_1 ist eine Parabel mit folgenden Eigenschaften:

- nach unten geöffnet
- Scheitelpunkt $S_1(0|3)$

Daraus folgt: Die zu Graph p_1 gehörende Funktionsgleichung muss eine quadratische Gleichung der Form

- $y = ax^2 + c$

sein (oder sich in diese Form umformen lassen) und folgende Eigenschaften aufweisen:

- Der Vorfaktor a ist negativ.
- Der Wert für c beträgt 3.

Von den angebotenen Gleichungen erfüllen diese Bedingungen:

(2) $y = -\frac{1}{2}x^2 + 3$

(6) $y = -\frac{1}{4}x^2 + 3$

Die beiden Funktionsgleichungen und damit ihre Graphen unterscheiden sich. Ihre Graphen haben nur den Scheitelpunkt $S_1(0|3)$ gemeinsam. Eine Punktprobe mit einem von S_1 verschiedenen Punkt des Graphen p_1 ermöglicht daher eine eindeutige Zuordnung einer der beiden Funktionsgleichungen zu Graph p_1.

Punktprobe für Gleichung (2) $y = -\frac{1}{2}x^2 + 3$:

$y = -\frac{1}{2}x^2 + 3 \quad |P(2|1) \in p_1$

$1 \stackrel{?}{=} -\frac{1}{2} \cdot 2^2 + 3$

$1 \stackrel{?}{=} -2 + 3$

$\underline{1 \stackrel{!}{=} 1}$

Da die Punktprobe mit dem auf Graph p_1 liegenden Punkt $P(2|1) \neq S_1(0|3)$ für Gleichung (2) positiv ausgefallen ist, folgt:

Zu Graph p_1 gehört Funktionsgleichung (2) $y = -\frac{1}{2}x^2 + 3$.

3. Ermittlung, welche Funktionsgleichung zu Graph p_2 gehört

Graph p_2 ist eine nach oben offene und nach rechts verschobene Parabel. Die zu Graph p_2 gehörende Funktionsgleichung muss demnach eine quadratische Gleichung der Form

- $y = a(x-d)^2 + e$

sein (oder sich in diese Form umformen lassen).

Berechnung der Funktionsgleichung von Parabel p_2:

$p_2: \; y = a(x-d)^2 + e \quad |S_2(2|-1) \;\Rightarrow\; d = 2; e = -1$

$p_2: \; y = a(x-2)^2 - 1$

$p_2: \; y = (x-2)^2 - 1$

$p_2: \; y = x^2 - 4x + 4 - 1$

$p_2: \; \underline{y = x^2 - 4x + 3}$

NR: **Berechnung von Vorfaktor a:**

$y = a(x-2)^2 - 1 \quad |+1$

$y + 1 = a(x-2)^2 \quad |:(x-2)^2$

$a = \frac{y+1}{(x-2)^2} \quad |N_2(3|0)$

$$a = \frac{0+1}{(3-2)^2}$$

$$a = \frac{1}{1}$$

$$a = \underline{1}$$

$\Rightarrow$ Zu Graph p_2 gehört Funktionsgleichung (3) $y = x^2 - 4x + 3$.

b) **Lösungshinweise:**

Die Funktionsgleichung von Gerade h wird in der Hauptform angegeben.
So können die Steigung der Geraden und der y-Achsenabschnitt direkt aus der Gleichung entnommen werden und Gerade h ohne Vorarbeiten in das Koordinatensystem eingezeichnet werden.

Ausführliche Lösung:

Eintrag der Geraden h in das abgebildete Koordinatensystem:

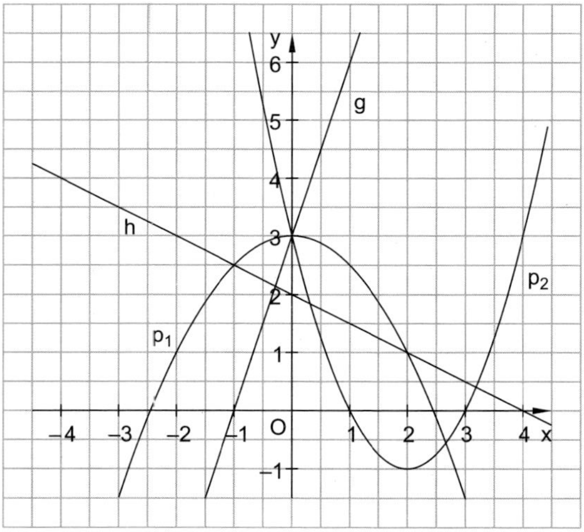

Pflichtteil A 1 – Aufgabe P 5

Lösungshinweise:

Für die Lösung der Aufgabe stehen zwei Ansätze zur Auswahl.

Beim ersten Ansatz wird der Linksterm der Gleichung als Term aufgefasst, der den Wert 4 besitzt.
Zur Beweisführung, dass die Aussage stimmt, wird durch Berechnungen gezeigt, dass der Linksterm der Gleichung tatsächlich den Wert 4 besitzt. Bei diesen Berechnungen werden die Potenzgesetze genutzt.

Beim zweiten Ansatz wird die Gleichung so umgeformt, dass Links- und Rechtsterm übereinstimmen. Dazu werden zusätzlich zu den Potenzgesetzen auch Äquivalenzumformungen genutzt.

Die Musterlösung folgt dem ersten, im Mathematikunterricht der Realschule üblichen Ansatz. Der zweite Ansatz wird als Alternative im Anschluss dargestellt.

Ausführliche Lösung:

Nachweis, dass die Aussage gilt:

$$\frac{10^6}{5^4 \cdot 5^2} : 2^4 \stackrel{?}{=} 4$$

$$\frac{10^6}{5^6} : 2^4 \stackrel{?}{=} 4$$

$$2^6 : 2^4 \stackrel{?}{=} 4$$

$$2^2 \stackrel{?}{=} 4$$

$$\underline{\underline{4 \stackrel{!}{=} 4}} \quad \text{w. z. b. w.}$$

Alternativer Nachweis, dass die Aussage gilt:

$$\frac{10^6}{5^4 \cdot 5^2} : 2^4 \stackrel{?}{=} 4 \qquad | \cdot 2^4$$

$$\frac{10^6}{5^6} \stackrel{?}{=} 4 \cdot 2^4$$

$$2^6 \stackrel{?}{=} 2^2 \cdot 2^4$$

$$\underline{\underline{2^6 \stackrel{!}{=} 2^6}} \quad \text{w. z. b. w.}$$

Pflichtteil A 1 – Aufgabe P 6

Lösungshinweise:

Um festzustellen, ob Johannes recht hat oder nicht, ermitteln wir die Anzahl der Kärtchen des zehnten Musters und vergleichen diesen Wert mit der Behauptung von Johannes.

Die Abbildung in der Aufgabenstellung zeigt, dass das erste Muster aus fünf Kärtchen besteht und dass bei jedem nachfolgenden Muster im Vergleich zum vorangehenden Muster gleich viele Kärtchen hinzukommen.
Hieran anknüpfend stehen für die Berechnung der Anzahl der Kärtchen des zehnten Musters zwei Lösungsansätze zur Verfügung: Zum einen kann ein Term aufgestellt werden, zum anderen kann eine Wertetabelle angelegt werden.

Beim Lösungsansatz über den Term stehen wiederum zwei Varianten zur Verfügung. In der Musterlösung wird zur Anzahl der Kärtchen des ersten Musters das Produkt aus der Anzahl der nachfolgenden Muster und der Anzahl der pro nachfolgendem Muster hinzukommenden Kärtchen addiert:

Anzahl der Kärtchen des zehnten Musters	=	Anzahl der Kärtchen des ersten Musters	+	Anzahl der nachfolgenden Muster	·	Anzahl der pro nachfolgendem Muster hinzukommenden Kärtchen

Alternativ kann ein Summenterm aufgestellt werden:

Anzahl der Kärtchen des zehnten Musters	=	Anzahl der Kärtchen des ersten Musters	+	Anzahl der beim zweiten Muster hinzukommenden Kärtchen	+ … +	Anzahl der beim zehnten Muster hinzukommenden Kärtchen

Wird der Weg über eine Tabelle gewählt, könnte diese folgendermaßen aussehen:

Anzahl der Kärtchen des ersten Musters	5	
Anzahl der Kärtchen des zweiten Musters	9	+4
Anzahl der Kärtchen des dritten Musters	13	+4
…	⋮	+4
Anzahl der Kärtchen des neunten Musters	37	⋮
Anzahl der Kärtchen des zehnten Musters	41	+4

Ausführliche Lösung:

Berechnung, aus wie vielen Kärtchen das zehnte Muster besteht:

Anzahl der Kärtchen des zehnten Musters	=	Anzahl der Kärtchen des ersten Musters	+	Anzahl der nachfolgenden Muster	·	Anzahl der pro nachfolgendem Muster hinzukommenden Kärtchen

$$A_{10} = 5 + 9 \cdot 4$$
$$A_{10} = 5 + 36$$
$$A_{10} = \underline{41}$$

Feststellung, ob Johannes recht hat:

Anzahl der Kärtchen des zehnten Musters: 41

Behauptung von Johannes: 43

$\Rightarrow$ Der von Johannes genannte Wert weicht vom tatsächlichen Wert ab.

$\Rightarrow$ Johannes hat nicht recht.

Pflichtteil A 1 – Aufgabe P 7

Lösungshinweise:

Die Aufgabenstellung legt nahe, dass zu jedem der vier Kreisdiagramme je eine der vier Aussagen passt.

Um die vier Aussagen ihrem jeweils passenden Kreisdiagramm korrekt zuordnen zu können, empfiehlt es sich, in drei Schritten vorzugehen.

Die vier Kreisdiagramme stellen Anteile dar und in den vier Aussagen werden Anteile genannt.

In einem ersten Schritt wird festgestellt, welchen Anteil das jeweilige Kreisdiagramm darstellt. Dies gelingt für das Kreisdiagramm (3) (von links nach rechts betrachtet) eindeutig. Bei den Kreisdiagrammen (1), (2) und (4) lassen sich die dargestellten Anteile nicht exakt feststellen. Allerdings können Intervalle genannt werden, in denen der dargestellte Anteil liegt.
In einem zweiten Schritt werden die in den Aussagen genannten Anteile erfasst. Dazu werden die in den Aussagen (A) und (C) genannten Anteile in mathematische Notation bzw. Bezeichnung „übersetzt". Die Prozentangaben in den Aussagen (B) und (D) werden beibehalten. Abschließend werden die Aussagen den Kreisdiagrammen zugeordnet.
Aussage (A) lässt sich rasch dem passenden Diagramm zuordnen. In den anderen Fällen wird mit den Intervallen gearbeitet. Um sicher zuordnen zu können, werden die im ersten Arbeitsschritt bei den Kreisdiagrammen (2) und (4) in Bruchschreibweise angegebenen Intervallgrenzen zusätzlich in Prozentschreibweise angegeben.

Ausführliche Lösung:

Feststellung, welcher Anteil in den einzelnen Kreisdiagrammen (von links nach rechts) jeweils gezeigt wird:

Kreisdiagramm (1): mehr als $\frac{1}{2}$ und weniger als $\frac{3}{4}$

Kreisdiagramm (2): mehr als $\frac{1}{4} = 25\ \%$ und weniger als $\frac{1}{2} = 50\ \%$

Kreisdiagramm (3): $\frac{3}{4}$

Kreisdiagramm (4): mehr als 0 und weniger als $\frac{1}{4} = 25\ \%$

Feststellung, welcher Anteil in den einzelnen Aussagen jeweils genannt wird:

Aussage (A): Drei Viertel $= \frac{3}{4}$

Aussage (B): 15 %

Aussage (C): 200 von 300 $= \frac{200}{300} = \frac{2}{3}$

Aussage (D): 40 %

Zuordnung der Aussagen zu einem der Kreisdiagramme:

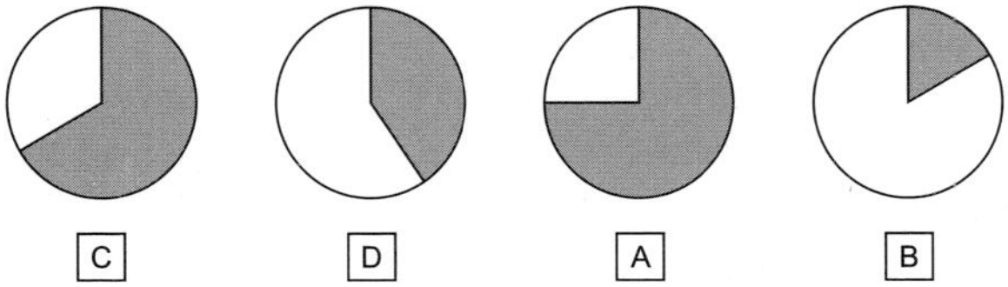

Pflichtteil A 2 – Aufgabe P 1

Lösungshinweise:

Skizze:

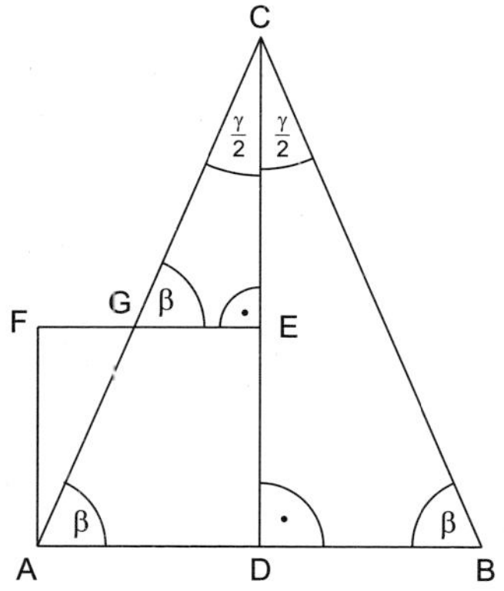

Für die Ermittlung des gesuchten Umfangs von Dreieck GEC stehen zwei alternative Lösungsansätze zur Auswahl:

1) Der Umfang von Dreieck GEC wird über die Summe aus $\overline{GE}$, $\overline{EC}$ und $\overline{CG}$ gewonnen.
2) Der Umfang von Dreieck GEC wird indirekt über den Umfang von Dreieck DBC gewonnen.

Die Musterlösung folgt dem ersten, im Mathematikunterricht der Realschule vorherrschenden Lösungsansatz. Der zweite Lösungsansatz wird als Alternative anschließend skizziert.

Lösungsansatz über die Musterlösung

Der gesuchte Umfang von Dreieck GEC ist die Summe aus $\overline{GE}$, $\overline{EC}$ und $\overline{CG}$.

$\overline{EC}$ erhalten wir mithilfe von $\overline{CD}$ und $\overline{DE}$.

Sowohl $\overline{CD}$ als auch $\overline{DE}$ sind dazu zunächst zu ermitteln.

$\overline{CD}$ lässt sich in Dreieck DBC direkt mit den bekannten Größen berechnen. $\overline{DE}$ gewinnen wir über die Eigenschaften von Quadrat ADEF. Dazu ist vorher $\overline{AD}$ zu bestimmen. Dies gelingt mit der bekannten Länge von Strecke BD und den Eigenschaften des gleichschenkligen Dreiecks ABC.

Für die Berechnung von $\overline{GE}$ und $\overline{CG}$ stehen zwei alternative Lösungsansätze zur Auswahl. Zum einen können beide Größen in Dreieck GEC berechnet werden. Zum anderen können sie über die Strahlensätze ermittelt werden. In der Musterlösung wird der erste Ansatz gewählt. Die Alternative über die Strahlensätze wird unten kurz skizziert.

In der Musterlösung wird zunächst $\overline{GE}$ ermittelt. Alternativ könnte zunächst auch $\overline{CG}$ berechnet werden.

Für die Berechnung von $\overline{GE}$ in Dreieck GEC mit der bekannten $\overline{EC}$ wird noch die Größe eines Winkels (außer dem rechten Winkel) benötigt.

In der Musterlösung wird die Größe von Winkel EGC ermittelt. Dazu wird zunächst Winkel DAG über die Eigenschaften von Dreieck ABC bestimmt. Mit Winkel DAG lässt sich anschließend Winkel EGC über den Stufenwinkelsatz bestimmen.

Alternativ kann Winkel GCE ($\frac{\gamma}{2}$) bestimmt werden. Dies gelingt über die Berechnung von Winkel ECB in Dreieck DBC und mithilfe der Eigenschaften von Dreieck ABC.

Für die Berechnung von $\overline{CG}$ in Dreieck GEC stehen inzwischen alle notwendigen Größen zur Verfügung.

Abschließend wird der gesuchte Umfang von Dreieck GEC berechnet.

Alternative Berechnung von $\overline{GE}$ und $\overline{CG}$ über die Strahlensätze

Die beiden Parallelen AD und EG bilden zusammen mit den Strecken AC und CD eine Strahlensatzfigur.
Zunächst werden wie in der Musterlösung $\overline{CD}$, $\overline{AD}$ und $\overline{EC}$ ermittelt.
Damit liegen alle notwendigen Größen vor, um $\overline{GE}$ ohne weitere Vorarbeiten in der genannten Strahlensatzfigur berechnen zu können.
Um $\overline{CG}$ in besagter Strahlensatzfigur berechnen zu können, wird neben $\overline{CD}$ und $\overline{EC}$ noch $\overline{AC}$ benötigt. Diese erhalten wir über $\overline{BC}$ in Dreieck DBC.

Lösungsansatz über den Umfang von Dreieck DBC

Dreieck ADC lässt sich über die zentrische Streckung an Punkt C auf Dreieck GEC abbilden. Alle Strecken – und damit auch der Umfang von Dreieck ADC – werden mit dem Streckfaktor k abgebildet.
Da Dreieck ADC kongruent zu Dreieck DBC ist, sind der Umfang von Dreieck ADC und der Umfang von Dreieck DBC gleich groß. Folglich lässt sich der gesuchte Umfang von Dreieck GEC mithilfe der zentrischen Streckung über den Umfang von Dreieck DBC ermitteln.

Im ersten Schritt wird nachgewiesen, dass die beiden Dreiecke ADC und DBC kongruent sind, und dass folglich ihre Umfänge gleich groß sind. Dies gelingt mit den Eigenschaften des gleichschenkligen Dreiecks ABC.

In einem zweiten Schritt wird der Umfang von Dreieck DBC über die Summe aus $\overline{BD}$, $\overline{BC}$ und $\overline{CD}$ berechnet. $\overline{BD}$ ist bekannt. $\overline{BC}$ und $\overline{CD}$ gewinnen wir mit den bekannten Größen in Dreieck DBC.

Im dritten Schritt wird der Streckfaktor k ermittelt. Dazu benötigen wir neben der bekannten $\overline{CD}$ noch $\overline{EC}$. Diese erhalten wir wie in der Musterlösung mithilfe von $\overline{CD}$ und $\overline{DE}$.

Abschließend wird der Umfang von Dreieck DBC mit Streckfaktor k multipliziert. Das von der Musterlösung leicht abweichende Ergebnis für den Umfang von Dreieck GEC erklärt sich durch Rundungsunterschiede.

Ausführliche Lösung:

Skizze:

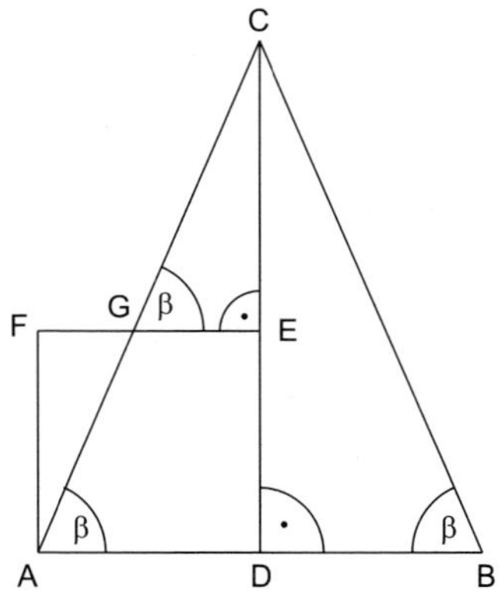

1. Berechnung von $\overline{EC}$

Berechnung von $\overline{CD}$:

$$\tan\beta = \frac{\overline{CD}}{\overline{BD}} \qquad \Big|\cdot \overline{BD}$$

$$\overline{CD} = \overline{BD}\cdot\tan\beta$$

$$\overline{CD} = 10{,}0\cdot\tan 67{,}0°$$

$$\overline{CD} = \underline{23{,}56\text{ cm}}$$

Bestimmung von $\overline{AD}$:

Dreieck ABC ist gleichschenklig mit den Schenkeln AC und BC.

⇒ Lotfußpunkt D halbiert Strecke AB.

⇒ $\overline{AD} = \overline{BD} = \underline{10{,}0\text{ cm}}$

Berechnung von $\overline{EC}$:

$$\overline{EC} = \overline{CD} - \overline{DE} \qquad \Big|\ \overline{DE} = \overline{AD} = \underline{10{,}0\text{ cm}};\ \text{Eigenschaften des Quadrats ADEF}$$

$$\overline{EC} = 23{,}56 - 10{,}0$$

$$\overline{EC} = \underline{13{,}56\text{ cm}}$$

2. Berechnung von $\overline{GE}$

Bestimmung von Winkel DAG:

Dreieck ABC ist gleichschenklig mit den Schenkeln AC und BC.

⇒ ∢DAG und Winkel β sind Basiswinkel.

⇒ $∢DAG = \beta = \underline{67{,}0°}$

Bestimmung von Winkel EGC:

Strecke AD und Strecke EF sind gegenüberliegende Seiten des Quadrats ADEF.

⇒ Strecke EF liegt parallel zu Strecke AD

⇒ ∢EGC ist Stufenwinkel zu ∢DAG

⇒ $∢EGC = ∢DAG = \beta = \underline{67{,}0°}$

Berechnung von $\overline{GE}$:

$$\tan\beta = \frac{\overline{EC}}{\overline{GE}} \qquad \Big|\cdot \overline{GE}$$

$$\overline{GE}\cdot\tan\beta = \overline{EC} \qquad \Big|:\tan\beta$$

$$\overline{GE} = \frac{\overline{EC}}{\tan\beta}$$

$$\overline{GE} = \frac{13{,}56}{\tan 67{,}0°}$$

$$\overline{GE} = \underline{5{,}76\text{ cm}}$$

3. Berechnung von $\overline{CG}$

$\overline{CG}^2 = \overline{GE}^2 + \overline{EC}^2$

$\overline{CG}^2 = 5{,}76^2 + 13{,}56^2 \quad |\sqrt{\ }$

$\overline{CG} = \underline{14{,}73\ \text{cm}}$

4. Berechnung des Umfangs u von Dreieck GEC

$u = \overline{GE} + \overline{EC} + \overline{CG}$

$u = 5{,}76 + 13{,}56 + 14{,}73$

$u = 34{,}05\ \text{cm}$

$u = \underline{\underline{34{,}1\ \text{cm}}}$

Pflichtteil A 2 – Aufgabe P 2

Lösungshinweise:

Skizze:

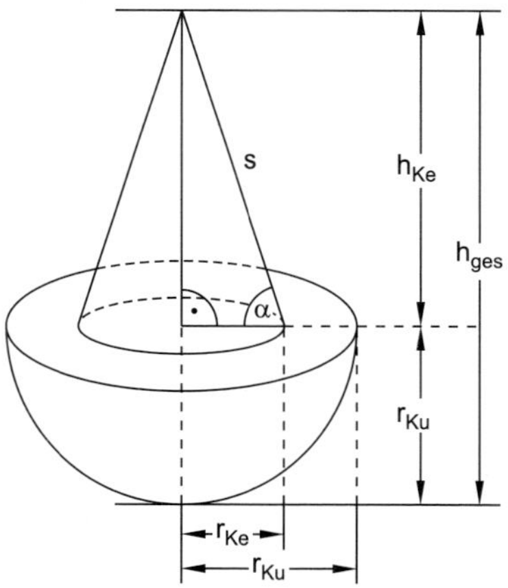

1. Berechnung des Oberflächeninhalts O des zusammengesetzten Körpers

Die Oberfläche des zusammengesetzten Körpers setzt sich (von oben nach unten) aus dem Mantel des Kegels, der Fläche des Kreisrings und der Kappe der Halbkugel zusammen. Die Kappe der Halbkugel entspricht der halben Oberfläche der Ursprungskugel der Halbkugel.

Für die Berechnung der Oberfläche des zusammengesetzten Körpers stellen wir mithilfe der Flächeninhaltsformeln der drei Teilflächen einen Term auf:

$O = M_{\text{Kegel}} + A_{\text{Kreisring}} + \frac{1}{2} O_{\text{Kugel}}$

Zur Berechnung des Flächeninhalts des Kegelmantels wird neben der bekannten Mantellinie s noch Kegelgrundkreisradius r_{Ke} benötigt. Dessen Berechnung gelingt mit den bekannten Größen auf der Schnittfläche des Kegels.

Für die Berechnung des Flächeninhalts des Kreisrings werden der Außenradius r_{Ku} und der Innenradius r_{Ke} benötigt. Innenradius r_{Ke} wurde bereits berechnet. Außenradius r_{Ku} gewinnen wir mithilfe der Gesamthöhe h_{ges} des Kunstwerks und der Höhe h_{Ke} des Kegels. Dazu ist zunächst noch die Höhe h_{Ke} des Kegels auf der Schnittfläche des Kegels zu berechnen.

Für die Berechnung des Flächeninhalts der Kappe der Halbkugel liegen inzwischen alle notwendigen Größen vor.

2. Berechnung, wie viele Dosen für den Anstrich des Kunstwerks gekauft werden müssen

Bei der Ermittlung der Anzahl zu kaufender Farbdosen muss beachtet werden, dass es nur ganze Dosen zu kaufen gibt.

Ausführliche Lösung:

Skizze:

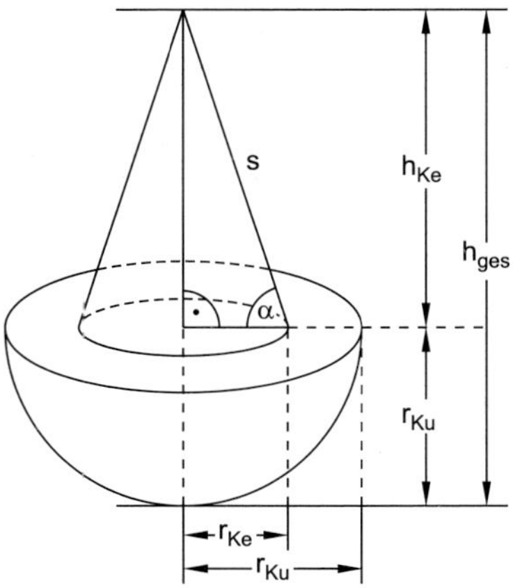

1. Berechnung des Oberflächeninhalts O des zusammengesetzten Körpers

Berechnung von Kegelradius r_{Ke}:

$$\cos\alpha = \frac{r_{Ke}}{s} \qquad |\cdot s$$

$$r_{Ke} = s \cdot \cos\alpha$$

$$r_{Ke} = 3{,}7 \cdot \cos 72{,}0°$$

$$r_{Ke} = \underline{1{,}14 \text{ m}}$$

Berechnung von Kugelradius r_{Ku}:

$$r_{Ku} = h_{ges} - h_{Ke}$$

$$r_{Ku} = 5{,}1 - 3{,}52$$

$$r_{Ku} = \underline{1{,}58 \text{ m}}$$

NR: **Berechnung von Kegelhöhe h_{Ke}:**

$$\sin\alpha = \frac{h_{Ke}}{s} \qquad |\cdot s$$

$$h_{Ke} = s \cdot \sin\alpha$$

$$h_{Ke} = 3{,}7 \cdot \sin 72{,}0°$$

$$h_{Ke} = \underline{3{,}52 \text{ m}}$$

Berechnung des Oberflächeninhalts O des zusammengesetzten Körpers:

$$O = M_{Kegel} + A_{Kreisring} + \frac{1}{2} O_{Kugel}$$

$$O = \pi r_{Ke} s + \pi \cdot (r_{Ku}{}^2 - r_{Ke}{}^2) + \frac{1}{{}_1\cancel{2}} \cancel{4}^2 \pi r_{Ku}{}^2$$

$$O = \pi \cdot 1{,}14 \cdot 3{,}7 + \pi \cdot (1{,}58^2 - 1{,}14^2) + 2\pi \cdot 1{,}58^2$$

$$O = \underline{\underline{32{,}7\ m^2}}$$

2. Ermittlung, wie viele Dosen für den Anstrich des Kunstwerks gekauft werden müssen

Berechnung der Anzahl benötigter Dosen:

Anzahl benötigter Dosen = Oberfläche des Kunstwerks : Flächeninhalt, der mit einer Dose gestrichen werden kann

Anzahl benötigter Dosen = $32{,}7 : 10{,}0$

Anzahl benötigter Dosen = $\underline{3{,}27}$

Feststellung, wie viele Dosen gekauft werden müssen:

Da nur ganze Dosen gekauft werden können, müssen $\underline{\underline{\text{4 Dosen}}}$ gekauft werden.

Pflichtteil A 2 – Aufgabe P 3

Lösungshinweise:

Zur besseren Übersicht empfiehlt es sich, den Sachverhalt in einem Baumdiagramm oder in einem Teilbaumdiagramm zu visualisieren.

Bei der Ermittlung der Wahrscheinlichkeiten für das Erscheinen der einzelnen Ziffern im Sichtfenster achten wir auf die Unterscheidung von linkem und rechtem Glücksrad.

1. Berechnung der Wahrscheinlichkeit, mit der im Sichtfenster eine Zahl mit zwei gleichen Ziffern zu sehen ist

Für die Berechnung der Wahrscheinlichkeit, mit der im Sichtfenster eine Zahl mit zwei gleichen Ziffern zu sehen ist, kombinieren wir die Produkt- und die Summenregel.

2. Berechnung der Wahrscheinlichkeit, mit der im Sichtfenster eine durch 12 teilbare Zahl zu sehen ist

Für die Berechnung der Wahrscheinlichkeit, mit der im Sichtfenster eine durch 12 teilbare Zahl zu sehen ist, ist zunächst festzustellen, welche durch 12 teilbaren Zahlen auftreten können. Da es lediglich ein Ergebnis gibt, bei dem im Sichtfenster eine durch 12 teilbare Zahl zu sehen ist, genügt für die Berechnung der gesuchten Wahrscheinlichkeit die Nutzung der Produktregel.

3. Berechnung der Wahrscheinlichkeit, mit der im Sichtfenster höchstens einmal die Ziffer 4 zu sehen ist

Das Ereignis „höchstens einmal die Ziffer 4“ schließt sowohl den Fall „genau einmal die Ziffer 4“ als auch den Fall „keine Ziffer 4“ mit ein.

Für die Berechnung der gesuchten Wahrscheinlichkeit stehen grundsätzlich sowohl die Kombination von Produkt- und Summenregel als auch der Weg über das Gegenereignis zur Verfügung. Da das Gegenereignis nur ein Ergebnis beinhaltet, ist angesichts der hohen Anzahl an Ergebnissen, die das Ereignis „höchstens einmal die Ziffer 4“ umfasst, der Weg über das Gegenereignis vorzuziehen.

Ausführliche Lösung:

Baumdiagramm:

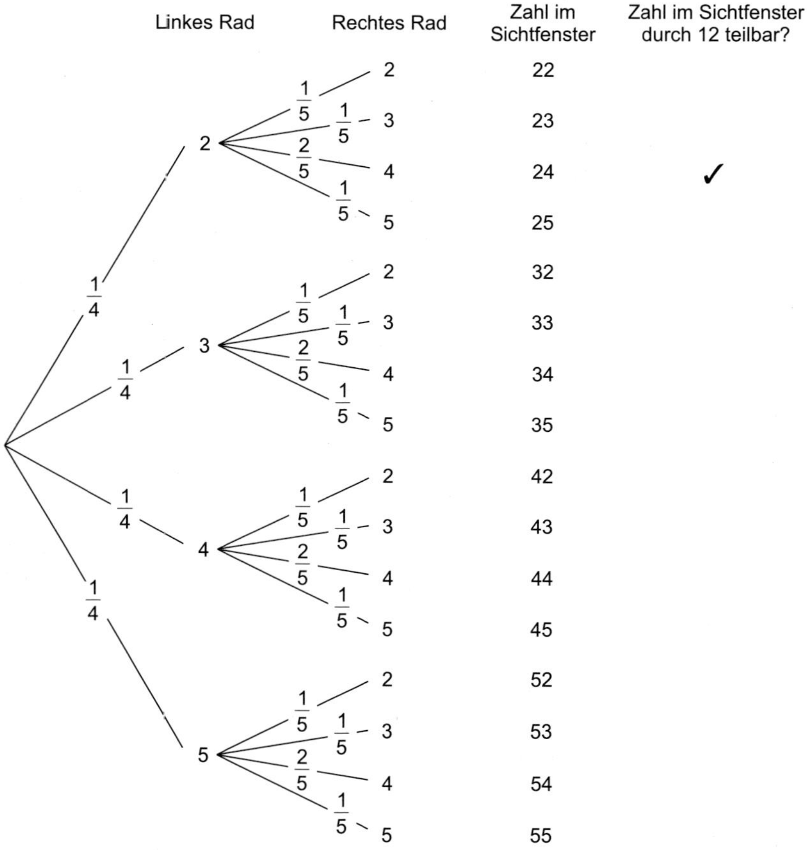

1. Berechnung der Wahrscheinlichkeit, mit der im Sichtfenster eine Zahl mit zwei gleichen Ziffern zu sehen ist

$$\text{P(zwei gleiche Ziffern)} = \text{P}(2;\,2) + \text{P}(3;\,3) + \text{P}(4;\,4) + \text{P}(5;\,5)$$

$$\text{P(zwei gleiche Ziffern)} = \frac{1}{4}\cdot\frac{1}{5} + \frac{1}{4}\cdot\frac{1}{5} + \frac{1}{4}\cdot\frac{2}{5} + \frac{1}{4}\cdot\frac{1}{5}$$

$$\text{P(zwei gleiche Ziffern)} = \frac{1}{20} + \frac{1}{20} + \frac{2}{20} + \frac{1}{20}$$

$$P(\text{zwei gleiche Ziffern}) = \frac{5}{20} = \underline{\underline{\frac{1}{4}}}$$

$$P(\text{zwei gleiche Ziffern}) = \underline{\underline{25\,\%}}$$

A: Die Wahrscheinlichkeit, dass im Sichtfenster eine Zahl mit zwei gleichen Ziffern zu sehen ist, beträgt $\frac{1}{4}$ bzw. 25 %.

2. Berechnung der Wahrscheinlichkeit, mit der im Sichtfenster eine durch 12 teilbare Zahl zu sehen ist

$$P(\text{durch 12 teilbare Zahl}) = P(2; 4)$$

$$P(\text{durch 12 teilbare Zahl}) = \frac{1}{{}_2\not{4}} \cdot \frac{\not{2}^{\,1}}{5}$$

$$P(\text{durch 12 teilbare Zahl}) = \underline{\underline{\frac{1}{10}}}$$

$$P(\text{durch 12 teilbare Zahl}) = \underline{\underline{10\,\%}}$$

NR: **Feststellung, welche durch 12 teilbaren Zahlen im Sichtfenster zu sehen sein können:**
$\underline{24}$

A: Die Wahrscheinlichkeit, mit der im Sichtfenster eine durch 12 teilbare Zahl zu sehen ist, beträgt $\frac{1}{10}$ bzw. 10 %.

3. Berechnung der Wahrscheinlichkeit, mit der im Sichtfenster höchstens einmal die Ziffer 4 zu sehen ist

$$P(\text{höchstens einmal Ziffer 4}) = 1 - P(4; 4)$$

$$P(\text{höchstens einmal Ziffer 4}) = 1 - \frac{1}{{}_2\not{4}} \cdot \frac{\not{2}^{\,1}}{5}$$

$$P(\text{höchstens einmal Ziffer 4}) = 1 - \frac{1}{10}$$

$$P(\text{höchstens einmal Ziffer 4}) = \underline{\underline{\frac{9}{10}}}$$

$$P(\text{höchstens einmal Ziffer 4}) = \underline{\underline{90\,\%}}$$

A: Die Wahrscheinlichkeit, mit der im Sichtfenster höchstens einmal die Ziffer 4 zu sehen ist, beträgt $\frac{9}{10}$ bzw. 90 %.

Pflichtteil A 2 – Aufgabe P 4

Lösungshinweise:

1. Berechnung, um wie viel Prozent der Umsatz des Onlinehandels von 2016 bis 2019 insgesamt gestiegen ist

Für die Berechnung des gesuchten Prozentsatzes stehen alternativ der Dreisatz oder die in der Musterlösung verwendete Grundformel der Prozentrechnung zur Verfügung. Ein dritter, eher unüblicher Lösungsansatz führt über die Wachstumsformel mit Faktor q.

Bei den beiden erstgenannten Verfahren stehen jeweils wieder zwei Varianten zur Auswahl. Zum einen kann in einem ersten Schritt der Umsatzanstieg des Onlinehandels in Euro ermittelt werden. Anschließend wird dann der gesuchte prozentuale Anstieg berechnet.
Zum anderen kann in einem ersten Schritt der Prozentsatz zum vermehrten Grundwert (im vorliegenden Fall der Umsatz in 2019) ermittelt werden. Den Wert des gesuchten prozentualen Anstiegs erhält man anschließend über die Differenz aus dem ermittelten Prozentsatz zum vermehrten Grundwert und dem Prozentsatz zum Grundwert (100 %).

2. Berechnung, wie hoch im Onlinehandel der Umsatz für den Bereich „Freizeit und Hobby" im Jahr 2017 in Euro war

Auch hier stehen für die Klärung der Frage die in der Musterlösung verwendete Grundformel der Prozentrechnung oder alternativ der Dreisatz zur Auswahl.

Der Umsatz des Onlinehandels im Jahr 2017 in Euro wird dem Säulendiagramm entnommen, der prozentuale Anteil des Bereichs „Freizeit und Hobby" dem Kreisdiagramm.

3. Berechnung, wie viele Euro im Jahr 2017 im Onlinehandel für Smartphones ausgegeben wurden

Für die Klärung der Frage stehen zwei alternative Lösungsansätze zur Verfügung.

Beim ersten Ansatz wird zunächst berechnet, wie viele Euro im Jahr 2017 im Onlinehandel auf den Bereich Elektronik entfielen. Mit diesem Wert wird anschließend der gesuchte Betrag berechnet. Für beide Rechnungen stehen der Dreisatz oder die in der Musterlösung verwendete Grundformel der Prozentrechnung zur Verfügung.
Beim zweiten – deutlich kürzeren – Ansatz werden die beiden Berechnungen in einer Rechnung verknüpft. Dazu wird ein Term aufgestellt:

Für Smartphones in 2017 im Onlinehandel ausgegebener Betrag	=	Umsatz des Onlinehandels in 2017	·	Prozentualer Anteil des Bereichs Elektronik am Umsatz des Onlinehandels in 2017	·	Prozentualer Anteil des Onlinehandels mit Smartphones am Bereich Elektronik in 2017

Der zweite Ansatz wird als Alternative im Anschluss an die Musterlösung dargestellt.

Ausführliche Lösung:

1. Berechnung, um wie viel Prozent der Umsatz des Onlinehandels von 2016 bis 2019 insgesamt gestiegen ist

$$W = G \cdot p\,\% \quad |:G$$

$$p\,\% = \frac{W}{G}$$

$$p\,\% = \frac{14{,}3\text{ Mrd.}}{44{,}2\text{ Mrd.}}$$

$$p\,\% = 32{,}35\,\%$$

$$p\,\% = \underline{\underline{32{,}4\,\%}}$$

NR: **Berechnung des Umsatzanstiegs von 2016 bis 2019 in Euro:**

$$W = \text{Umsatz 2019} - \text{Umsatz 2016}$$

$$W = 58{,}5\text{ Mrd.} - 44{,}2\text{ Mrd.}$$

$$W = \underline{14{,}3\text{ Mrd. €}}$$

A: Der Umsatz des Onlinehandels ist von 2016 bis 2019 um insgesamt 32,4 % gestiegen.

2. Berechnung, wie hoch im Onlinehandel der Umsatz für den Bereich „Freizeit und Hobby“ im Jahr 2017 in Euro war

$W = G \cdot p\,\%$

$W = 48{,}9\text{ Mrd.} \cdot 14{,}5\,\%$

$W = \underline{\underline{7{,}09\text{ Mrd. €}}}$

A: Der Umsatz für den Bereich „Freizeit und Hobby“ lag im Onlinehandel im Jahr 2017 bei 7,09 Mrd. €.

3. Berechnung, wie viele Euro im Jahr 2017 im Onlinehandel für Smartphones ausgegeben wurden

Berechnung, wie viele Euro in 2017 im Onlinehandel auf den Bereich Elektronik entfielen:

$W = G \cdot p\,\%$

$W = 48{,}9\text{ Mrd.} \cdot 24{,}9\,\%$

$W = \underline{12{,}18\text{ Mrd. €}}$

Berechnung, wie viele Euro in 2017 im Onlinehandel für Smartphones ausgegeben wurden:

$W = G \cdot p\,\%$

$W = 12{,}18\text{ Mrd.} \cdot 53{,}0\,\%$

$W = \underline{\underline{6{,}46\text{ Mrd. €}}}$

A: Im Jahr 2017 wurden im Onlinehandel 6,46 Mrd. € für Smartphones ausgegeben.

Alternativer Lösungsansatz

$W = G \cdot p_1\,\% \cdot p_2\,\%$

$W = 48{,}9\text{ Mrd.} \cdot 24{,}9\,\% \cdot 53{,}0\,\%$

$W = \underline{\underline{6{,}45\text{ Mrd. €}}}$

Hinweis: Zu der Struktur der Formel siehe bitte in den Lösungshinweisen.

Hinweis: Die Unterschiede zwischen den Endergebnissen der beiden Lösungsansätze erklären sich dadurch, dass beim alternativen Lösungsansatz ein Rundungsschritt entfällt.

Lösungshinweise:

Skizze:

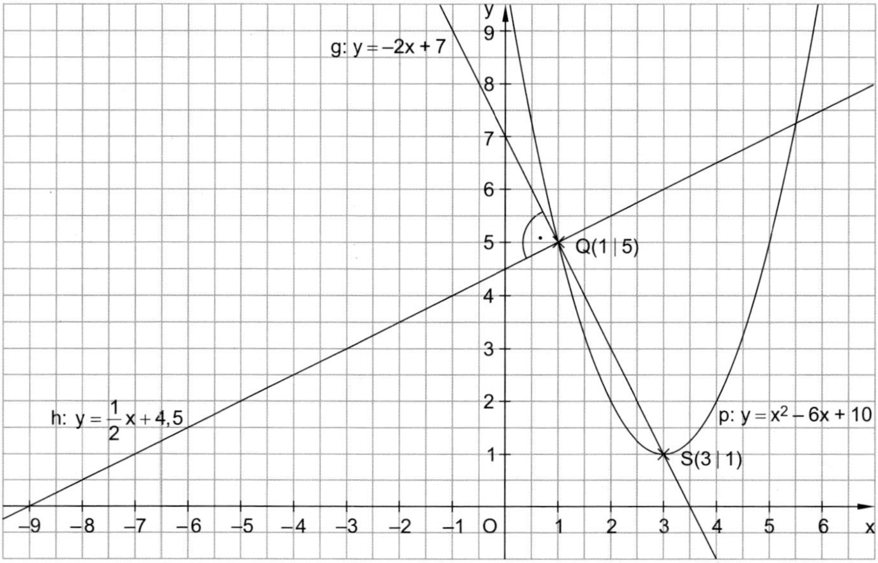

1. Berechnung der Koordinaten des zweiten Schnittpunkts Q der Parabel p mit der Geraden g

Für die Berechnung der Koordinaten des zweiten Schnittpunkts Q von Parabel p mit Gerade g benötigen wir neben der bekannten Funktionsgleichung von Parabel p noch die Funktionsgleichung von Gerade g.

Diese lässt sich mit der Hauptform für lineare Funktionen bestimmen. Steigung m ist bekannt. Für die Berechnung des noch unbekannten y-Achsenabschnitts c nutzen wir den Wert von Steigungsfaktor m und die Koordinaten von Scheitelpunkt S, durch den Gerade g verläuft. Dazu sind zunächst noch die Koordinaten von Scheitelpunkt S zu ermitteln. Dies gelingt, indem wir die bekannte Funktionsgleichung von Parabel p in die Scheitelform umformen.

Nachdem beide Funktionsgleichungen vorliegen, werden diese für die Berechnung der x-Koordinate von Schnittpunkt Q gleichgesetzt. Wir erhalten zwei Werte. Einer der beiden Werte ist die x-Koordinate des bereits bekannten Schnittpunkts S. Der andere Wert ist die gesuchte x-Koordinate von Schnittpunkt Q. Für die Ermittlung der y-Koordinate von Schnittpunkt Q setzen wir diesen Wert in eine der beiden Funktionsgleichungen ein.

2. Berechnung der Funktionsgleichung von Gerade h

Die Funktionsgleichung von Gerade h lässt sich mit der Hauptform für lineare Funktionen bestimmen.

Dazu sind zunächst noch Steigungsfaktor m_h und y-Achsenabschnitt c_h zu ermitteln. Da Gerade h senkrecht zu Gerade g verläuft, gewinnen wir Steigungsfaktor m_h rasch mit der bekannten Steigung von Gerade g. Für die Berechnung von y-Achsenabschnitt c_h nutzen wir den inzwischen bekannten Steigungsfaktor m_h und die Koordinaten von Punkt Q, durch den Gerade h verläuft.

Ausführliche Lösung:

Skizze:

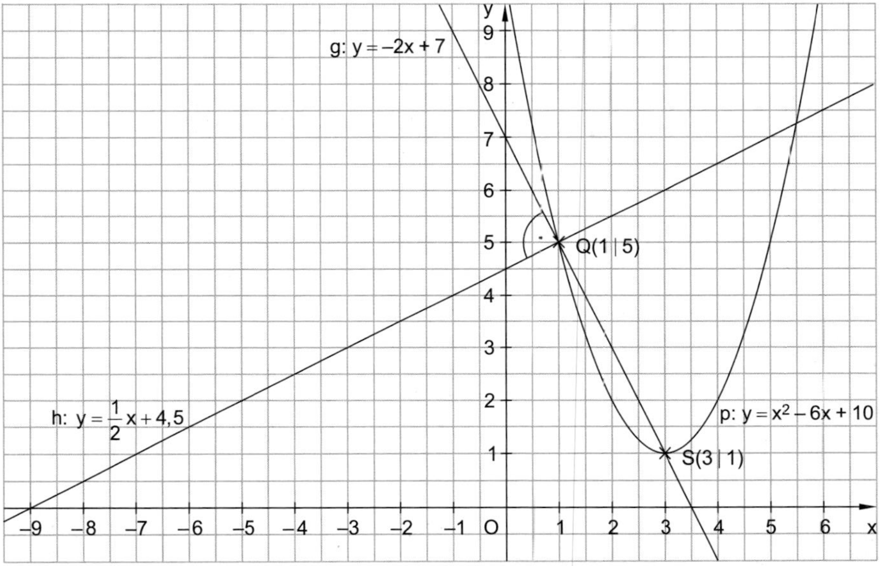

1. Berechnung der Koordinaten des zweiten Schnittpunkts Q der Parabel p mit der Geraden g

Berechnung der Koordinaten des Scheitelpunkts S von Parabel p:

$y = x^2 - 6x + 10 \quad |$ quadratisch ergänzen

$y = x^2 - 6x + 3^2 + 10 - 3^2$

$y = (x-3)^2 + 1$

$\Rightarrow$ Scheitelpunkt $S(3|1)$

Bestimmung der Funktionsgleichung von Gerade g:

g: $y = mx + c$

g: $y = -2x + 7$

NR: **Berechnung von y-Achsenabschnitt c:**

$y = mx + c \quad | -mx$

$c = y - mx \quad | m = -2;\ S(3|1)$

$c = 1 - (-2) \cdot 3$

$c = 7$

Berechnung der Koordinaten des zweiten Schnittpunkts Q:

$$p = g$$

$$x^2 - 6x + 10 = -2x + 7 \qquad |+2x; -7$$

$$x^2 - 4x + 3 = 0$$

$$x_{1/2} = -\frac{p}{2} \pm \sqrt{\left(\frac{p}{2}\right)^2 - q}$$

$$x_{1/2} = -\frac{-4}{2} \pm \sqrt{\left(\frac{-4}{2}\right)^2 - 3}$$

$$x_{1/2} = 2 \pm \sqrt{4-3}$$

$$x_{1/2} = 2 \pm \sqrt{1}$$

$$x_{1/2} = 2 \pm 1$$

$$x_1 = \underline{3} \qquad \Rightarrow \text{ x-Koordinate des bekannten Schnittpunkts } S(3\,|\,1)$$

$$x_2 = \underline{1}$$

$x_2 = 1$ in g: $y = -2 \cdot 1 + 7$

$y = \underline{5}$

$\Rightarrow \underline{\underline{Q(1\,|\,5)}}$

2. Berechnung der Funktionsgleichung von Gerade h

h: $y = m_h x + c_h$

h: $\underline{\underline{y = \frac{1}{2}x + 4{,}5}}$

NR: **Berechnung von Steigungsfaktor m_h:**
Gerade h verläuft senkrecht zu Gerade g.

$$\Rightarrow \; m \cdot m_h = -1 \qquad |:m$$

$$m_h = \frac{-1}{m}$$

$$m_h = \frac{-1}{-2} = \underline{\frac{1}{2}}$$

NR: **Berechnung von y-Achsenabschnitt c_h:**

$$y = m_h x + c_h \qquad |-m_h x$$

$$c_h = y - m_h x \qquad \left| m_h = \frac{1}{2}; Q(1\,|\,5)\right.$$

$$c_h = 5 - \frac{1}{2} \cdot 1$$

$$c_h = \underline{4\frac{1}{2}} = \underline{4{,}5}$$

Lösungshinweise:

1. Klärung der Frage, welcher Boxplot zu Diagramm (1) gehört

Der Vergleich der beiden Boxplots zeigt, dass ihre Kennwerte – bis auf die oberen Quartile – jeweils identisch sind. Dadurch reduziert sich die Untersuchung, welcher Boxplot zu Diagramm (1) gehört, auf den Vergleich des oberen Quartils der zu Diagramm (1) gehörenden Rangliste mit den oberen Quartilen der beiden Boxplots.

Den Wert des oberen Quartils der zu Diagramm (1) gehörenden Rangliste ermitteln wir mit dem entsprechenden Verfahren. Die Werte der oberen Quartile der beiden Boxplots werden den Boxplots entnommen.

2. Ergänzung von Diagramm (2) mit möglichen Säulen für die Werte von 8 bis 16 Stunden Lesezeit

Bei der Ergänzung von Diagramm (2) mit möglichen Säulen sind die Kennwerte des zu Diagramm (2) zugehörigen Boxplots zu beachten.
Zunächst stellen wir deshalb fest, welcher der beiden Boxplots zu Diagramm (2) gehört.
Außerdem benötigen wir die Anzahl der Personen, für die in Diagramm (2) noch Werte einzutragen sind.

Die Vorbereitung auf das Ergänzen von Diagramm (2) umfasst vier Schritte:
Im ersten Schritt stellen wir die Werte der Kennwerte des zugehörigen Boxplots fest.
Im zweiten Schritt stellen wir die Rangplätze der Kennwerte fest.
Im dritten Schritt stellen wir fest, welche Kennwerte bereits in Diagramm (2) enthalten sind und welche noch fehlen.
Im vierten Schritt ziehen wir die Schlussfolgerungen, die sich aus den fehlenden Kennwerten für das Eintragen aller fehlenden Werte in Diagramm (2) ergeben.

3. Überprüfung, ob Finn recht hat

Um zu überprüfen, ob Finn recht hat, wird in der Musterlösung die Anzahl der Männer, die 7 Stunden oder mehr pro Woche lesen, mit der halben Anzahl der befragten Männer verglichen.

Die Anzahl der Männer, die 7 Stunden oder mehr pro Woche lesen, entnehmen wir dem Säulendiagramm der Männer.

Ausführliche Lösung:

1. Klärung der Frage, welcher Boxplot zu Diagramm (1) gehört

Der Vergleich der beiden Boxplots zeigt, dass ihre Kennwerte – bis auf die oberen Quartile – jeweils identisch sind. Dadurch reduziert sich die Untersuchung, welcher Boxplot zu Diagramm (1) gehört, auf den Vergleich des oberen Quartils der zu Diagramm (1) gehörenden Rangliste mit den oberen Quartilen der beiden Boxplots.

Ermittlung des oberen Quartils $q_{o(1)}$ der zu Diagramm (1) gehörenden Rangliste:

$q_{o(1)} = n \cdot 0{,}75 = 25 \cdot 0{,}75 = 18{,}75 \notin \mathbb{Z} \quad \Rightarrow \quad q_{o(1)} = x_{19} = \underline{8\ \text{h}}$

Feststellung, welcher Boxplot zu Diagramm (1) gehört:

$q_{o(1)} = 8\ \text{h}$ und $q_{o(\text{Männer})} = 8\ \text{h}$ und $q_{o(\text{Frauen})} \neq 8\ \text{h}$

$\Rightarrow$ Zu Diagramm (1) gehört der Boxplot für die Lesezeiten der Männer.

2. **Ergänzung von Diagramm (2) mit möglichen Säulen für die Werte von 8 bis 16 Stunden Lesezeit**

Feststellung, welcher Boxplot zu Diagramm (2) gehört:

Der Boxplot der Männer gehört zu Diagramm (1).

$\Rightarrow$ Der Boxplot der Frauen gehört zu Diagramm (2).

Ermittlung der Anzahl der Personen, für die in Diagramm (2) noch Werte einzutragen sind:

Anzahl Pers. ohne Eintrag = Gesamtzahl aller Pers. – Anzahl Pers. mit Eintrag in Diag. (2)

Anzahl Pers. ohne Eintrag = 25 – 15

Anzahl Pers. ohne Eintrag = 10

$\Rightarrow$ Es sind noch für 10 Personen Werte in Diagramm (2) einzutragen.

Feststellung der Kennwerte des Boxplots der Frauen, Bestimmung ihrer Rangplätze und Überprüfung, ob die Kennwerte bereits in Diagramm (2) enthalten sind:

Kennwert	Wert des Kennwerts des Boxplots der Frauen (Lesezeit in Stunden)	Rangplätze der Kennwerte	Kennwert des Boxplots der Frauen in Diagramm (2) bereits enthalten?
Minimum	1	Rangplatz $x_{min} = 1$	ja
Unteres Quartil	3	$n \cdot 0,25 = 25 \cdot 0,25 = 6,25 \notin \mathbb{Z}$ $\Rightarrow$ Rangplatz $q_u = 7$	ja
Zentralwert	7	$n \cdot 0,5 = 25 \cdot 0,5 = 12,5 \notin \mathbb{Z}$ $\Rightarrow$ Rangplatz $z = 13$	ja
Oberes Quartil	9	$n \cdot 0,75 = 25 \cdot 0,75 = 18,75 \notin \mathbb{Z}$ $\Rightarrow$ Rangplatz $q_o = 19$	nein
Maximum	16	Rangplatz $x_{max} = 25$	nein

Schlussfolgerungen für das Eintragen der Werte für 10 Personen in Diagramm (2):

1) Der insgesamt 19. Wert ist bei 9 Stunden Lesezeit einzutragen.

2) Der insgesamt 25. Wert ist bei 16 Stunden Lesezeit einzutragen.

Eine mögliche Lösung für die Ergänzung von Diagramm (2) mit möglichen Säulen:

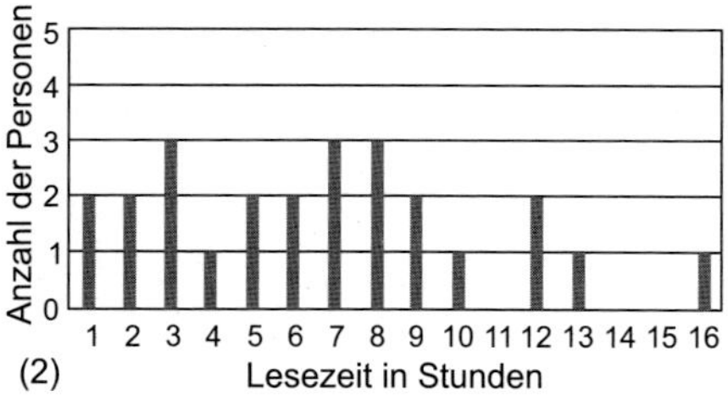

(2)

Hinweis: Für das korrekte Ergänzen von Diagramm (2) gibt es mehrere Möglichkeiten. In der Musterlösung wird lediglich eine dieser Möglichkeiten dargestellt.

3. Überprüfung, ob Finn recht hat

Feststellung der Anzahl L der Männer, die 7 Stunden oder mehr pro Woche lesen:

$L = \underline{13}$

Feststellung der halben Anzahl H der Männer:

$$H = \frac{n}{2} = \frac{25}{2} = \underline{12{,}5}$$

Feststellung, ob Finn recht hat:

$L = 13 > H = 12{,}5$

⇒ Mehr als die Hälfte der Männer liest 7 Stunden oder mehr pro Woche.

⇒ Finn hat recht.

Lösungshinweise:

Skizze:

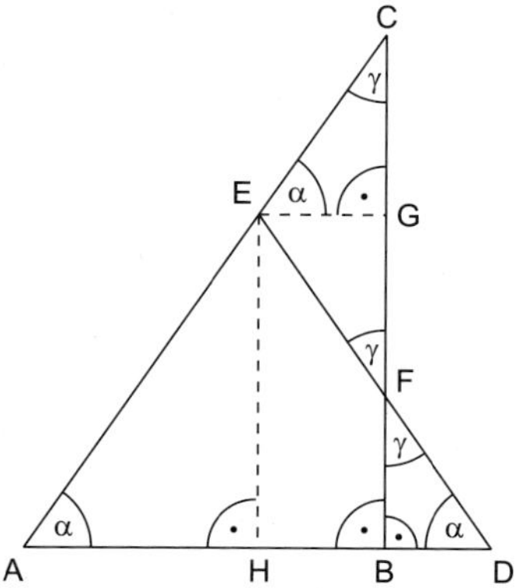

1. Berechnung von $\overline{DF}$

Für die Berechnung von $\overline{DF}$ stehen zwei alternative Lösungsansätze zur Verfügung:

1) $\overline{DF}$ wird im rechtwinkligen Dreieck BDF berechnet.
2) $\overline{DF}$ wird über die Differenz aus $\overline{DE}$ und $\overline{EF}$ berechnet.

Die Musterlösung folgt dem ersten Lösungsansatz.
Das Finden des zweiten Lösungsansatzes ist anspruchsvoll. Dafür belohnt dieser Ansatz mit weniger Rechenarbeit als der Lösungsweg über die Musterlösung. Er wird im Anschluss kurz skizziert.

Für die Berechnung von $\overline{DF}$ in Dreieck BDF werden entweder die Längen der beiden anderen Seiten oder die Länge einer anderen Seite und die Größe eines Winkels (außer dem rechten Winkel) benötigt.

Winkel FDB lässt sich rasch über die Eigenschaften des gleichschenkligen Dreiecks ADE bestimmen.

$\overline{BD}$ erhalten wir mithilfe von $\overline{AD}$ und $\overline{AB}$.
$\overline{AB}$ ist bekannt.
Für die Ermittlung von $\overline{AD}$ nutzen wir wieder die Eigenschaften des gleichschenkligen Dreiecks ADE. Dazu fällen wir zunächst das Lot von Punkt E auf Strecke AD. Lotfußpunkt H teilt Strecke AD in die beiden gleich langen Strecken AH und HD. Strecke AH lässt sich im rechtwinkligen Dreieck AHE berechnen, sodass wir $\overline{AD}$ über $\overline{AH}$ gewinnen.
In Vorbereitung auf die Berechnung von $\overline{AH}$ in Dreieck AHE ermitteln wir $\overline{AE}$. Dies gelingt mithilfe von $\overline{CA}$ und $\overline{CE}$. $\overline{CE}$ ist bekannt und $\overline{CA}$ erhalten wir in Dreieck ABC.
Statt in Dreieck AHE kann $\overline{AH}$ bei gleicher Vorarbeit alternativ auch in der Strahlensatzfigur mit den Strahlen CA und AD sowie den Parallelen BC und HE ermittelt werden. Die Alternative wird zusätzlich zur Musterlösung dargestellt.

Alternative: Ermittlung von $\overline{DF}$ über die Differenz aus $\overline{DE}$ und $\overline{EF}$

$\overline{DE}$ ist gleich lang wie $\overline{AE}$. $\overline{AE}$ seinerseits wird wie in der Musterlösung ermittelt.
$\overline{EF}$ bestimmen wir mithilfe der bekannten Strecke CE und den Eigenschaften von Dreieck

EFC. Dazu ist zunächst nachzuweisen, dass Dreieck EFC gleichschenklig mit den Schenkeln CE und EF ist.

Das Lot von Punkt E auf Strecke FC liegt parallel zu Strecke AD und teilt Dreieck EFC in die beiden Teildreiecke EGC und EFG.

Winkel GEC ist Stufenwinkel zu Winkel α und damit gleich groß wie dieser. Für Winkel ECG (γ) gilt in Dreieck EGC folglich: $\gamma = 180° - (\alpha + 90°)$.

Winkel FDB ist im gleichschenkligen Dreieck ADE Basiswinkel und damit gleich groß wie Winkel α. Für Winkel BFD gilt in Dreieck BDF folglich: $\sphericalangle BFD = 180° - (\alpha + 90°) = \gamma$. Winkel GFE ist Scheitelwinkel zu Winkel BFD und damit gleich groß wie dieser: $\sphericalangle GFE = \gamma$.

Damit ist nachgewiesen, dass die beiden Winkel GFE und ECG in Dreieck EFC gleich groß sind. Daraus folgt: Dreieck EFC ist gleichschenklig mit den Schenkeln EF und CE.
Folglich gilt weiter: $\overline{EF} = \overline{CE} = 8{,}0$ cm.
Abschließend wird $\overline{DF}$ über die Differenz aus $\overline{DE}$ und $\overline{EF}$ berechnet.

2. Berechnung des Umfangs von Viereck ABFE

Der gesuchte Umfang von Viereck ABFE ist die Summe aus $\overline{AB}$, $\overline{BF}$, $\overline{FE}$ und $\overline{AE}$.
Wurde bei der Berechnung von $\overline{DF}$ der Weg über die Musterlösung gewählt, ist neben $\overline{AB}$ auch bereits $\overline{AE}$ bekannt.
$\overline{BF}$ lässt sich in Dreieck BDF mit den bekannten Größen berechnen. $\overline{FE}$ erhalten wir mithilfe von $\overline{DE}$ und $\overline{DF}$. Beide sind bereits bekannt.
Wurde der Weg über den alternativen Lösungsansatz gewählt, sind $\overline{AB}$, $\overline{FE}$ und $\overline{AE}$ bereits bekannt.
Ermittelt werden muss in diesem Fall nur noch $\overline{BF}$.

Ausführliche Lösung:

Skizze:

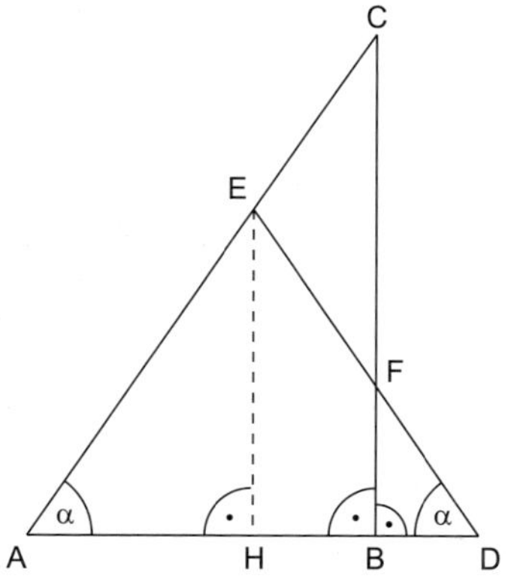

1. Berechnung von $\overline{DF}$

Berechnung von $\overline{AE}$:

$\overline{AE} = \overline{CA} - \overline{CE}$

$\overline{AE} = 23{,}01 - 8{,}0$

$\overline{AE} = \underline{15{,}01 \text{ cm}}$

NR: **Berechnung von $\overline{CA}$:**

$$\cos\alpha = \frac{\overline{AB}}{\overline{CA}} \quad |\cdot \overline{CA}$$

$$\overline{CA} \cdot \cos\alpha = \overline{AB} \quad |:\cos\alpha$$

$$\overline{CA} = \frac{\overline{AB}}{\cos\alpha}$$

$$\overline{CA} = \frac{13,2}{\cos 55,0°}$$

$$\overline{CA} = \underline{23,01\ \text{cm}}$$

Berechnung von $\overline{AH}$:

$$\cos\alpha = \frac{\overline{AH}}{\overline{AE}} \qquad |\cdot\overline{AE}$$

$$\overline{AH} = \overline{AE}\cdot\cos\alpha$$

$$\overline{AH} = 15,01\cdot\cos 55,0°$$

$$\overline{AH} = \underline{8,61\ \text{cm}}$$

Alternative

Berechnung von $\overline{AH}$:

$$\frac{\overline{AH}}{\overline{AB}} = \frac{\overline{AE}}{\overline{CA}} \qquad |\cdot\overline{AB}$$

$$\overline{AH} = \frac{\overline{AE}\cdot\overline{AB}}{\overline{CA}}$$

$$\overline{AH} = \frac{15,01\cdot 13,2}{23,01}$$

$$\overline{AH} = \underline{8,61\ \text{cm}}$$

Ermittlung von $\overline{AD}$:

Dreieck ADE ist gleichschenklig mit den Schenkeln AE und DE.

$\Rightarrow$ Lotfußpunkt H des Lots von Punkt E auf Strecke AD ist Mittelpunkt von Strecke AD.

$\Rightarrow$ $\overline{HD} = \overline{AH}$

$\Rightarrow$ $\overline{AD} = 2\cdot\overline{AH} = 2\cdot 8,61 = \underline{17,22\ \text{cm}}$

Berechnung von $\overline{BD}$:

$$\overline{BD} = \overline{AD} - \overline{AB}$$

$$\overline{BD} = 17,22 - 13,2$$

$$\overline{BD} = \underline{4,02\ \text{cm}}$$

Berechnung von $\overline{DF}$:

$$\cos\sphericalangle FDB = \frac{\overline{BD}}{\overline{DF}} \qquad |\cdot\overline{DF}$$

$$\overline{DF}\cdot\cos\alpha = \overline{BD} \qquad |:\cos\alpha$$

$$\overline{DF} = \frac{\overline{BD}}{\cos\alpha}$$

$$\overline{DF} = \frac{4,02}{\cos 55,0°}$$

$$\overline{DF} = 7,01\ \text{cm}$$

$$\overline{DF} = \underline{\underline{7,0\ \text{cm}}}$$

NR: **Bestimmung von Winkel FDB:**
Dreieck ADE ist gleichschenklig mit den Schenkeln AE und DE.
$\Rightarrow$ $\sphericalangle FDB = \alpha = \underline{55,0°}$

2. Berechnung des Umfangs u_{ABFE} von Viereck ABFE

Berechnung von $\overline{BF}$:

$$\tan\alpha = \frac{\overline{BF}}{\overline{BD}} \quad \Big| \cdot \overline{BD}$$

$$\overline{BF} = \overline{BD} \cdot \tan\alpha$$

$$\overline{BF} = 4{,}02 \cdot \tan 55{,}0°$$

$$\overline{BF} = \underline{5{,}74\ \text{cm}}$$

Berechnung von $\overline{FE}$:

$$\overline{FE} = \overline{DE} - \overline{DF} \quad \Big| \overline{DE} = \overline{AE}$$

$$\overline{FE} = 15{,}01 - 7{,}0$$

$$\overline{FE} = \underline{8{,}01\ \text{cm}}$$

Berechnung des Umfangs u_{ABFE} von Viereck ABFE:

$$u_{ABFE} = \overline{AB} + \overline{BF} + \overline{FE} + \overline{AE}$$

$$u_{ABFE} = 13{,}2 + 5{,}74 + 8{,}01 + 15{,}01$$

$$u_{ABFE} = 41{,}96\ \text{cm}$$

$$u_{ABFE} = \underline{\underline{42{,}0\ \text{cm}}}$$

Lösungshinweise:

Skizze:

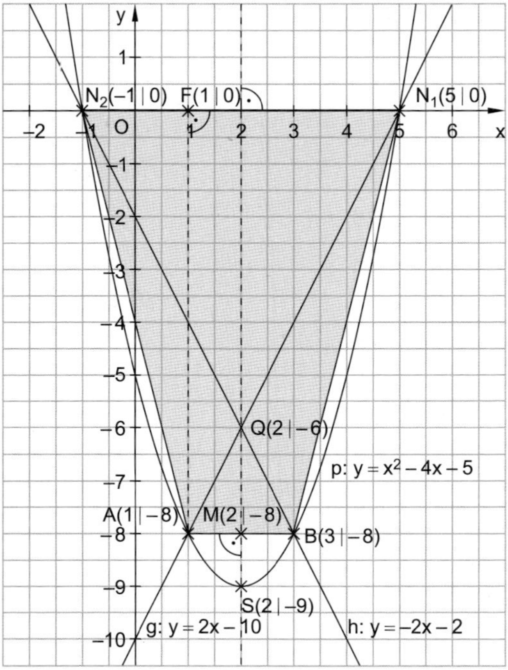

1. Ermittlung der Funktionsgleichung von Parabel p

In der Aufgabenstellung wird ausdrücklich verlangt, die Funktionsgleichung von Parabel p in der Normalform anzugeben. Für die Ermittlung der Funktionsgleichung von Parabel p stehen zwei Alternativen zur Verfügung.

In der Musterlösung wird die Gleichung von Parabel p ausgehend von einem Gleichungssystem mit zwei Gleichungen ermittelt. Dazu werden die bekannten Koordinaten der beiden Punkte A und B jeweils in die Normalform für quadratische Funktionen eingesetzt. Über das entstandene Gleichungssystem erhalten wir in der Musterlösung den Wert für b. Für die Berechnung von c setzen wir den Wert von b in eine geeignete Gleichung aus der Berechnung von b ein. Das Einsetzen der für b und c berechneten Werte in die Normalform für quadratische Funktionen führt zur gesuchten Funktionsgleichung von Parabel p.

Alternativer Lösungsweg zur Ermittlung der Gleichung von Parabel p
Die y-Koordinaten der beiden Punkte A und B haben beide den gleichen Wert −8. Folglich liegt Strecke AB parallel zur y-Achse. Damit liegt die Voraussetzung für die Nutzung des nachfolgend skizzierten Alternativverfahrens zur Ermittlung der Gleichung von Parabel p vor.

Die Funktionsgleichung von Parabel p wird bei diesem Lösungsansatz in zwei Schritten gewonnen. Zunächst werden mithilfe der Symmetrieeigenschaften von Parabel p und ihrer Eigenschaft als Graph einer quadratischen Funktion die Koordinaten ihres Scheitelpunkts S

bestimmt. Mit diesen stellen wir anschließend die Funktionsgleichung von Parabel p über die Scheitelform quadratischer Funktionen auf.
Da in der Aufgabenstellung verlangt wird, die Funktionsgleichung in der Normalform $y = x^2 + bx + c$ anzugeben, muss die Scheitelform noch in die Normalform umgeformt werden. Die Alternative wird zusätzlich zur Musterlösung dargestellt.

2. Ermittlung des Flächeninhalts $A_{ABN_1N_2}$ von Viereck ABN_1N_2

Für die Berechnung des Flächeninhalts $A_{ABN_1N_2}$ von Viereck ABN_1N_2 nutzen wir die Flächeninhaltsformel für Trapeze.
Dazu ist zunächst nachzuweisen, dass Viereck ABN_1N_2 ein Trapez ist.
Dies gelingt, indem wir mithilfe der y-Koordinaten der beiden Punkte A und B zeigen, dass Strecke AB parallel zu der auf der x-Achse liegenden Strecke N_1N_2 liegt.

Für die Nutzung der Flächeninhaltsformel für Trapeze benötigen wir $\overline{AB}$, $\overline{N_1N_2}$ und die zugehörige Höhe.

Die Länge von Strecke AB erhalten wir über die bekannten x-Koordinaten der beiden Punkte A und B.
Die Länge von Strecke N_1N_2 berechnen wir mithilfe der x-Koordinaten der beiden Schnittpunkte N_1 und N_2 von Parabel p mit der x-Achse (Nullstellen). Wir gewinnen diese mit dem bekannten Verfahren zur Ermittlung von Nullstellen.
Zugehörige Höhe ist das Lot von Punkt A (alternativ von Punkt B) auf die x-Achse. Seine Länge lässt sich über die y-Koordinate von Punkt A (alternativ von Punkt B) gewinnen.

3. Berechnung der Koordinaten des Schnittpunkts Q der beiden Geraden g und h

In der Aufgabenstellung wird nicht vorgegeben, welche Gerade auf welcher Diagonalen liegt. So kann dies frei entschieden werden. In der Musterlösung verläuft Gerade g auf der durch die Punkte A und N_1 festgelegten Diagonalen und Gerade h auf der durch die Punkte N_2 und B festgelegten Diagonalen.

Für die Berechnung der Koordinaten von Schnittpunkt Q benötigen wir die Funktionsgleichungen der beiden Geraden g und h.
Diese lassen sich mithilfe der Hauptform für lineare Funktionen bestimmen. Dafür sind zunächst jeweils der Steigungsfaktor und der y-Achsenabschnitt der beiden Geraden zu berechnen. Die beiden Steigungsfaktoren m_g und m_h gewinnen wir mit den Koordinaten der beiden Punkte, durch die die jeweilige Gerade verläuft. Für die Berechnung der y-Achsenabschnitte c_g und c_h nutzen wir den Wert des Steigungsfaktors der jeweiligen Geraden und die Koordinaten eines der beiden Punkte, durch die die jeweilige Gerade verläuft.

Nachdem die Funktionsgleichungen der beiden Geraden vorliegen, lassen sich die Koordinaten von Schnittpunkt Q berechnen. Für die Berechnung der x-Koordinate werden die Funktionsgleichungen gleichgesetzt. Für die Ermittlung der y-Koordinate wird der ermittelte Wert in eine der beiden Gleichungen eingesetzt.

Ausführliche Lösung:

Skizze:

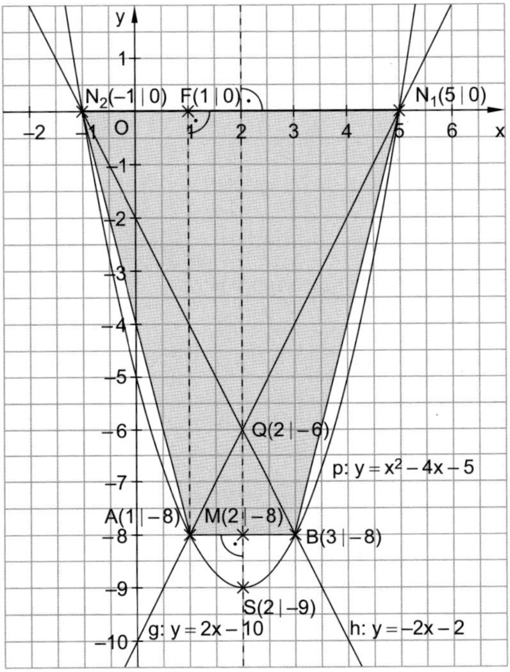

1. Ermittlung der Funktionsgleichung von Parabel p:

Berechnung von b und c:

$$y = x^2 + bx + c$$

(1) $A(1 \mid -8)$:	$-8 = 1^2 + b \cdot 1 + c$	
(2) $B(3 \mid -8)$:	$-8 = 3^2 + b \cdot 3 + c$	
(1')	$-8 = 1 + b + c$	$\mid \cdot (-1)$
(2')	$-8 = 9 + 3b + c$	
(1'')	$8 = -1 - b - c$	$\mid (1'') + (2')$
(2')	$-8 = 9 + 3b + c$	
	$0 = 8 + 2b$	$\mid -8$
	$2b = -8$	$\mid :2$
	$b = \underline{-4}$	
$b = -4$ in (1'):	$-8 = 1 - 4 + c$	$\mid +3$
	$c = \underline{-5}$	

Bestimmung der Funktionsgleichung von Parabel p:

p: $y = x^2 + bx + c$

p: $\underline{\underline{y = x^2 - 4x - 5}}$

Alternativer Lösungsweg zur Ermittlung der Funktionsgleichung von Parabel p

1) Feststellung, dass Strecke AB parallel zur x-Achse liegt:

Die y-Koordinaten der Punkte A und B haben den gleichen Wert: $\underline{-8}$

$\Rightarrow$ Strecke AB liegt parallel zur x-Achse.

2) Ermittlung der x-Koordinate des Scheitelpunkts S von Parabel p

Berechnung des Abstands $\overline{AB}$ zwischen den Punkten A und B:

$\overline{AB} = |x_B| - |x_A| = |3| - |1| = \underline{2\text{ LE}}$

Ermittlung der x-Koordinate des Mittelpunkts M von Strecke AB:

$x_M = x_A + \frac{\overline{AB}}{2} = 1 + \frac{2}{2} = \underline{2}$

Bestimmung der x-Koordinate von Scheitelpunkt S:

Da Punkt M und Scheitelpunkt S beide auf der Symmetrieachse von Parabel p liegen, gilt:
$x_S = x_M = \underline{2}$

3) Ermittlung der y-Koordinate des Scheitelpunkts S von Parabel p

Bestimmung der y-Koordinate des Mittelpunkts M von Strecke AB:

Da M auf der parallel zur x-Achse liegenden Strecke AB liegt und da der Wert der y-Koordinate bei beiden Punkten A und B −8 beträgt, gilt: $y_M = \underline{-8}$

Berechnung des Abstands $\overline{MS}$ von Punkt M zu Scheitelpunkt S:

$$\overline{MS} = \left(\frac{\overline{AB}}{2}\right)^2 = \left(\frac{2}{2}\right)^2 = \underline{1\text{ LE}}$$

Berechnung der y-Koordinate von Scheitelpunkt S:

$y_S = y_M - \overline{MS} = -8 - 1 = \underline{-9}$

$\Rightarrow$ $\underline{S(2\,|-9)}$

4) Bestimmung der Funktionsgleichung von Parabel p:

p: $y = (x-d)^2 + e \qquad |S(2\,|-9) \;\Rightarrow\; d = 2;\ e = -9$

p: $y = (x-2)^2 - 9$

p: $y = x^2 - 4x + 4 - 9$

p: $\underline{\underline{y = x^2 - 4x - 5}}$

2. Ermittlung des Flächeninhalts $A_{ABN_1N_2}$ von Viereck ABN_1N_2

Ermittlung der Koordinaten der Schnittpunkte N_1 und N_2 von Parabel p mit der x-Achse:

$$y = x^2 - 4x - 5 \qquad | \, y = 0$$

$$x^2 - 4x - 5 = 0$$

$$x_{1/2} = -\frac{p}{2} \pm \sqrt{\left(\frac{p}{2}\right)^2 - q}$$

$$x_{1/2} = -\frac{-4}{2} \pm \sqrt{\left(\frac{-4}{2}\right)^2 + 5}$$

$$x_{1/2} = 2 \pm \sqrt{4+5}$$

$$x_{1/2} = 2 \pm \sqrt{9}$$

$$x_{1/2} = 2 \pm 3$$

$$x_1 = \underline{5} \qquad \Rightarrow \quad \underline{N_1(5\,|\,0)}$$

$$x_2 = \underline{-1} \qquad \Rightarrow \quad \underline{N_2(-1\,|\,0)}$$

Feststellung, dass Viereck ABN_1N_2 ein Trapez ist:

Strecke N_1N_2 des Vierecks liegt auf der x-Achse. Die y-Koordinaten der beiden Punkte A und B haben beide den gleichen Wert -8, sodass Strecke AB parallel zur x-Achse liegt.

$\Rightarrow$ Strecke AB || Strecke N_1N_2

$\Rightarrow$ $\underline{\text{Viereck } ABN_1N_2 \text{ ist ein Trapez.}}$

Berechnung von $A_{ABN_1N_2}$:

$$A_{ABN_1N_2} = \frac{1}{2} \cdot (\overline{AB} + \overline{N_1N_2}) \cdot \overline{AF}$$

$$A_{ABN_1N_2} = \frac{1}{2} \cdot (2+6) \cdot 8$$

$$A_{ABN_1N_2} = \underline{\underline{32 \text{ FE}}}$$

NR: **Berechnung von $\overline{AB}$:**

$$\overline{AB} = |x_B| - |x_A|$$

$$\overline{AB} = |3| - |1|$$

$$\overline{AB} = \underline{2 \text{ LE}}$$

NR: **Berechnung von $\overline{N_1N_2}$:**

$$\overline{N_1N_2} = |x_{N_1}| + |x_{N_2}|$$

$$\overline{N_1N_2} = |5| + |-1|$$

$$\overline{N_1N_2} = \underline{6 \text{ LE}}$$

NR: **Bestimmung von $\overline{AF}$:**

$$\overline{AF} = |y_A| = |-8| = \underline{8 \text{ LE}}$$

3. Berechnung der Koordinaten des Schnittpunkts Q der beiden Geraden g und h

Bestimmung der Funktionsgleichung von Gerade g durch die Punkte A und N_1:

g: $y = m_g x + c_g$

g: $\underline{y = 2x - 10}$

NR: **Berechnung von Steigungsfaktor m_g:**

$$m_g = \frac{y_A - y_{N_1}}{x_A - x_{N_1}}$$

$$m_g = \frac{-8-0}{1-5}$$

$$m_g = \frac{-8}{-4}$$

$$m_g = \underline{2}$$

NR: **Berechnung von y-Achsenabschnitt c_g:**

$$y = m_g x + c_g \qquad | -m_g x$$

$$c_g = y - m_g x \qquad | m_g = 2;\ N_1(5|0)$$

$$c_g = 0 - 2 \cdot 5$$

$$c_g = \underline{-10}$$

Bestimmung der Funktionsgleichung von Gerade h durch die Punkte N_2 und B:

h: $y = m_h x + c_h$

h: $\underline{y = -2x - 2}$

NR: **Berechnung von Steigungsfaktor m_h:**

$$m_h = \frac{y_{N_2} - y_B}{x_{N_2} - x_B}$$

$$m_h = \frac{0-(-8)}{-1-3}$$

$$m_h = \frac{8}{-4}$$

$$m_h = \underline{-2}$$

NR: **Berechnung von y-Achsenabschnitt c_h:**

$$y = m_h x + c_h \qquad | -m_h x$$

$$c_h = y - m_h x \qquad | m_h = -2;\ N_2(-1|0)$$

$$c_h = 0 - (-2) \cdot (-1)$$

$$c_h = \underline{-2}$$

Berechnung der Koordinaten von Schnittpunkt Q:

$$g = h$$

$$2x - 10 = -2x - 2 \qquad | +2x;\ +10$$

$$4x = 8 \qquad | :4$$

$$x = \underline{2}$$

x = 2 in g: $y = 2 \cdot 2 - 10$

$$y = \underline{-6} \qquad \Rightarrow \quad \underline{\underline{Q(2|-6)}}$$

Lösungshinweise:

Skizze:

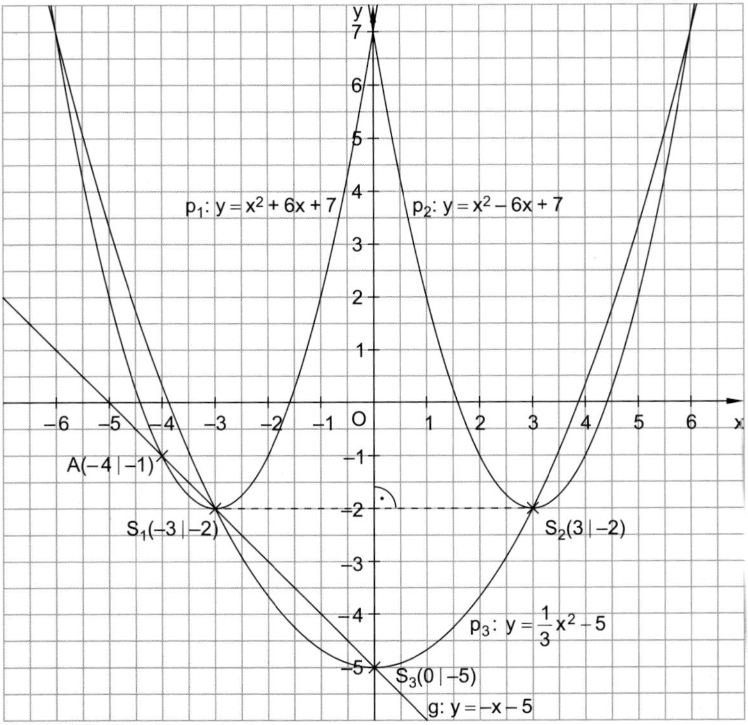

1. Berechnung der Funktionsgleichung von Parabel p_1

Die Funktionsgleichung von Parabel p_1 ist bis auf den Wert von b bekannt. Wir gewinnen b mithilfe der bekannten Teilgleichung und der Koordinaten von Punkt A. Den für b ermittelten Wert setzen wir in die Teilgleichung ein und erhalten so die gesuchte Funktionsgleichung.

2. Berechnung der Funktionsgleichung von Gerade g

Die Funktionsgleichung von Gerade g lässt sich mit der Hauptform für lineare Funktionen bestimmen. Dazu sind zunächst Steigungsfaktor m_g und y-Achsenabschnitt c_g zu berechnen. Steigungsfaktor m_g gewinnen wir mit den Koordinaten der beiden Punkte A und S_1. Dazu sind zunächst die Koordinaten von Scheitelpunkt S_1 zu bestimmen. Dies gelingt durch Umformung der Gleichung von Parabel p_1 in die Scheitelform. Für die Berechnung von y-Achsenabschnitt c_g nutzen wir den Wert von m_g und die Koordinaten eines der beiden Punkte A oder S_1.

3. Berechnung der Funktionsgleichung von Parabel p_2

Die Aufgabenstellung verlangt ausdrücklich, die Funktionsgleichung von Parabel p_2 in der Normalform $y = x^2 + bx + c$ anzugeben.
Scheitelpunkt S_2 von Parabel p_2 entsteht durch Spiegelung von Scheitelpunkt S_1 an der y-Achse. So lassen sich die Koordinaten von Scheitelpunkt S_2 rasch bestimmen. Mit ihrer

Hilfe wird anschließend die Funktionsgleichung von Parabel p_2 in der Scheitelform aufgestellt. Abschließend formen wir diese noch in die verlangte Normalform um.

4. Berechnung der Funktionsgleichung von Parabel p_3

Die Form der Funktionsgleichung ist bekannt.
Der Wert für c_{p_3} lässt sich mithilfe der Koordinaten des Scheitelpunkts S_3 von Parabel p_3 bestimmen. Dafür sind zunächst noch die Koordinaten von Scheitelpunkt S_3 zu ermitteln. Da Scheitelpunkt S_3 der Schnittpunkt der bekannten Geraden g mit der y-Achse ist, lassen sich diese ohne Vorarbeiten benennen.
Für die Berechnung des Werts von Vorfaktor a nutzen wir den Wert von c_{p_3} und die bekannten Koordinaten eines der beiden Scheitelpunkte S_1 oder S_2.
Die Aufgabenstellung hält fest, dass Parabel p_3 durch beide Scheitelpunkte S_1 und S_2 verläuft. Die durch die erarbeitete Funktionsgleichung bestimmte Parabel p_3 verläuft sicher durch den für die Berechnung von Vorfaktor a genutzten Scheitelpunkt.
Um nachweisen zu können, dass Parabel p_3 auch durch den für die Berechnungen nicht genutzten Scheitelpunkt verläuft, wird in der Musterlösung eine Punktprobe für die erarbeitete Funktionsgleichung und den in der Musterlösung ungenutzten Scheitelpunkt durchgeführt.

Ausführliche Lösung:

Skizze:

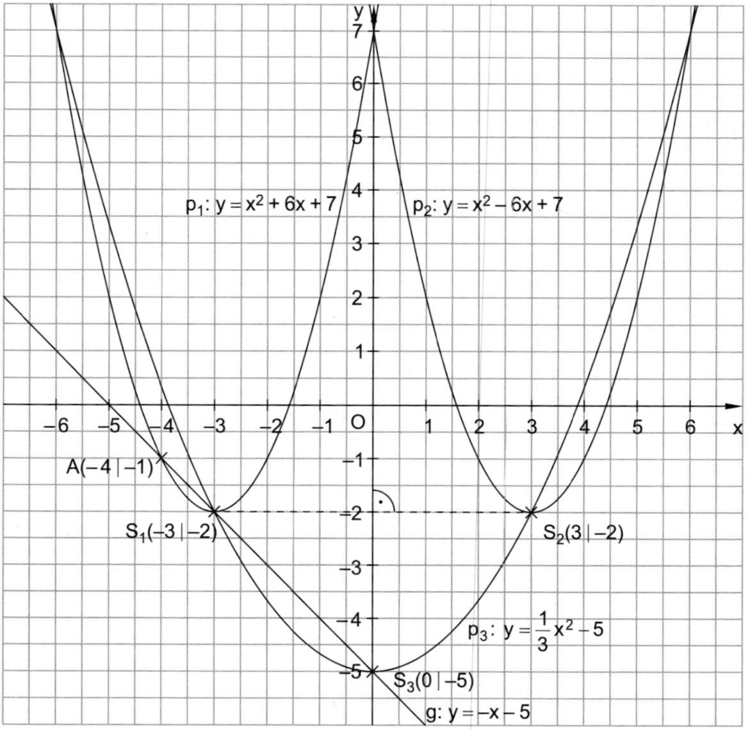

1. Berechnung der Funktionsgleichung von Parabel p_1

Berechnung von b:

$y = x^2 + bx + 7 \quad | A(-4|-1)$

$-1 = (-4)^2 + b(-4) + 7$

$-1 = 16 - 4b + 7 \quad | +4b;\ +1$

$4b = 24 \quad |:4$

$b = \underline{6}$

Bestimmung der Funktionsgleichung von Parabel p_1:

$p_1{:}\ y = x^2 + bx + 7 \quad | b = 6$

$p_1{:}\ \underline{\underline{y = x^2 + 6x + 7}}$

2. Berechnung der Funktionsgleichung von Gerade g

Berechnung der Koordinaten von Scheitelpunkt S_1:

$y = x^2 + 6x + 7 \quad |$ quadratisch ergänzen

$y = x^2 + 6x + 3^2 + 7 - 3^2$

$\underline{y = (x+3)^2 - 2} \quad \Rightarrow \quad \underline{S_1(-3|-2)}$

Bestimmung der Funktionsgleichung von Gerade g:

$g{:}\ y = m_g x + c_g$

$g{:}\ \underline{\underline{y = -x - 5}}$

NR: **Berechnung von Steigungsfaktor m_g:**

$m_g = \dfrac{y_A - y_{S_1}}{x_A - x_{S_1}}$

$m_g = \dfrac{-1-(-2)}{-4-(-3)}$

$m_g = \dfrac{1}{-1}$

$m_g = \underline{-1}$

NR: **Berechnung von y-Achsenabschnitt c_g:**

$y = m_g x + c_g \quad | - m_g x$

$c_g = y - m_g x \quad | m_g = -1;\ A(-4|-1)$

$c_g = -1 - (-1) \cdot (-4)$

$c_g = -1 - 4$

$c_g = \underline{-5}$

3. Berechnung der Funktionsgleichung von Parabel p_2

Bestimmung der Koordinaten von Scheitelpunkt S_2:

Spiegelung von $S_1(-3|-2)$ an der y-Achse $\Rightarrow$ $\underline{S_2(3|-2)}$

Berechnung der Funktionsgleichung von Parabel p_2:

p_2: $y=(x-d)^2+e \quad |S_2(3|-2) \;\Rightarrow\; d=3;\; e=-2$

p_2: $y=(x-3)^2-2$

p_2: $y=x^2-6x+9-2$

p_2: $\underline{\underline{y=x^2-6x+7}}$

4. Berechnung der Funktionsgleichung von Parabel p_3

Bestimmung der Koordinaten des Scheitelpunkts S_3 von Parabel p_3:

Scheitelpunkt S_3 ist der Schnittpunkt von Gerade g: $y=-x-5$ mit der y-Achse.

$\Rightarrow\; \underline{S_3(0|-5)}$

Berechnung der Funktionsgleichung von Parabel p_3:

p_3: $y=ax^2+c_{p_3}$

p_3: $\underline{\underline{y=\frac{1}{3}x^2-5}}$

NR: **Bestimmung von c_{p_3}:**

$S_3(0|-5) \;\Rightarrow\; c_{p_3}=\underline{-5}$

NR: **Berechnung von Vorfaktor a:**

$$y=ax^2+c_{p_3} \quad |-c_{p_3}$$

$$ax^2=y-c_{p_3} \quad |:x^2$$

$$a=\frac{y-c_{p_3}}{x^2} \quad |c_{p_3}=-5;\; S_1(-3|-2)$$

$$a=\frac{-2-(-5)}{(-3)^2}$$

$$a=\frac{3}{9}$$

$$a=\underline{\frac{1}{3}}$$

Nachweis, dass Scheitelpunkt $S_2(3|-2)$ ebenfalls auf Parabel p_3 liegt:

$$y=\frac{1}{3}x^2-5 \quad |S_2(3|-2)$$

$$-2\stackrel{?}{=}\frac{1}{3}\cdot 3^2-5$$

$$-2\stackrel{?}{=}\frac{1}{\cancel{3}_1}\cdot \cancel{9}^3-5$$

$$-2\stackrel{?}{=}3-5$$

$$-2\stackrel{!}{=}-2$$

$\Rightarrow\;$ Scheitelpunkt $S_2(3|-2)$ liegt auf Parabel p_3.

Lösungshinweise:

Skizze 1: quadratische Pyramide

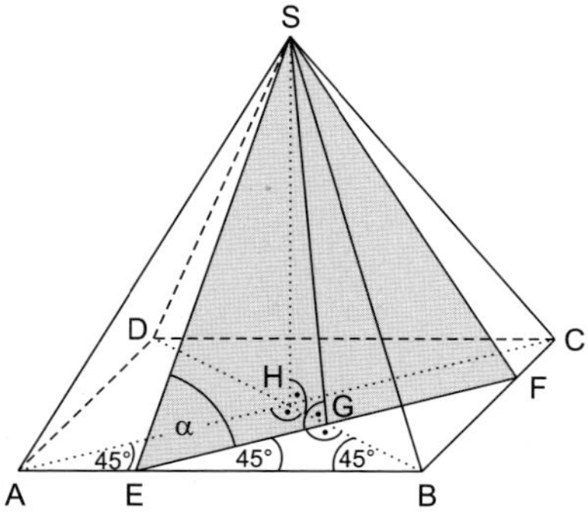

Skizze 2: Grundfläche der Pyramide

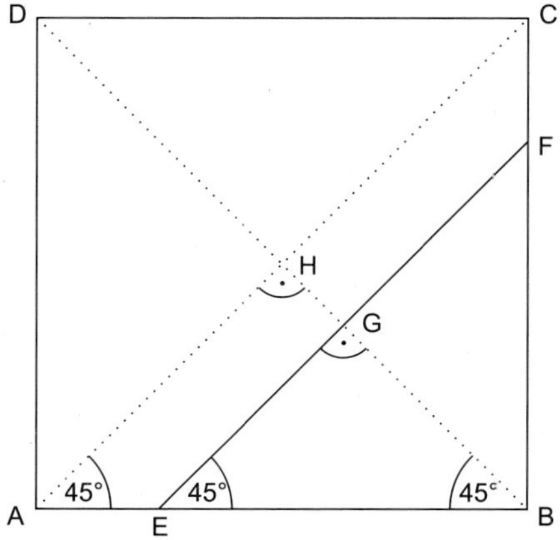

1. Berechnung des Flächeninhalts A_{EFS} von Dreieck EFS

Der gesuchte Flächeninhalt von Dreieck EFS wird mit der Flächeninhaltsformel für Dreiecke berechnet. Als Grundseite wählen wir Seite EF. Zugehörige Höhe ist Strecke SG.
$\overline{EF}$ ist bekannt. $\overline{SG}$ lässt sich im rechtwinkligen Dreieck EGS berechnen. Dazu ist zunächst noch $\overline{EG}$ zu ermitteln. Dies gelingt mit den Eigenschaften von Dreieck EFS und $\overline{EF}$.

2. Berechnung des Volumens V der quadratischen Pyramide

Für die Berechnung des Volumens V der quadratischen Pyramide nutzen wir die Volumenformel für quadratische Pyramiden. Neben der bekannten $\overline{AB}$ wird dafür noch die Länge von Pyramidenhöhe SH benötigt.

Die Berechnung von $\overline{SH}$ gelingt im rechtwinkligen Dreieck HGS.
Dazu benötigen wir entweder die Längen der beiden anderen Seiten des Dreiecks oder die Länge einer anderen Seite und die Größe eines Winkels (außer dem rechten Winkel).
$\overline{SG}$ ist bereits bekannt.
Die Berechnung von $\overline{HG}$ erfolgt mithilfe von $\overline{HB}$ und $\overline{BG}$. Beide sind noch zu ermitteln.
$\overline{HB}$ lässt sich über die Berechnung von $\overline{BD}$ auf der Grundfläche der Pyramide ermitteln.
Für die Ermittlung von $\overline{BG}$ stehen drei Alternativen zur Auswahl:

- Nach der Bestimmung von Winkel GBE oder alternativ von Winkel BEG kann $\overline{BG}$ mit dem Tangens in Dreieck EBG ermittelt werden.
- $\overline{BG}$ kann in der Strahlensatzfigur mit den Strahlen AB und BD sowie den Parallelen AH und EG ermittelt werden.
- Nach der Bestimmung der Winkel BEG und GBE kann $\overline{BG}$ mit den Eigenschaften des gleichschenkligen Dreiecks EBG ermittelt werden.

In der Musterlösung wird die letzte Alternative dargestellt.

Ausführliche Lösung:

Skizze 1: quadratische Pyramide

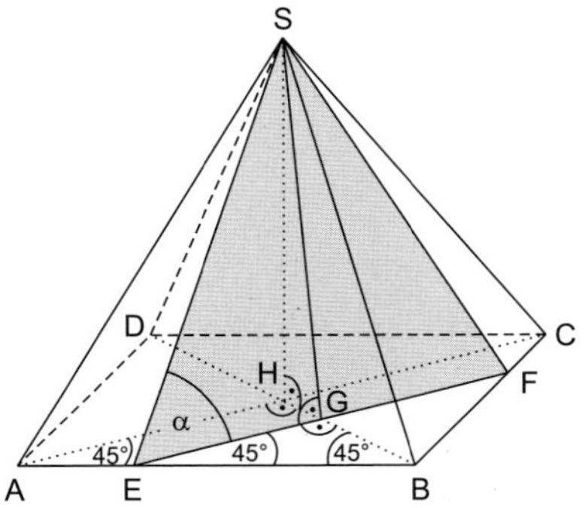

Skizze 2: Grundfläche der Pyramide

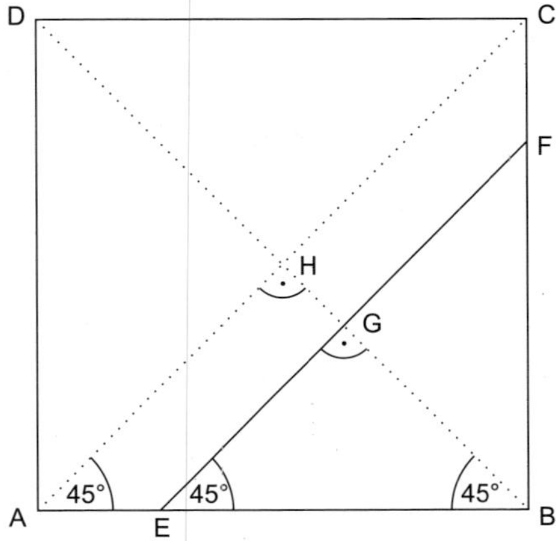

1. Berechnung des Flächeninhalts A_{EFS} von Dreieck EFS

$A_{EFS} = \frac{1}{2} \cdot \overline{EF} \cdot \overline{SG}$

$A_{EFS} = \frac{1}{2} \cdot 12{,}6 \cdot 19{,}39$

$A_{EFS} = 122{,}16 \text{ cm}^2$

$A_{EFS} = \underline{\underline{122 \text{ cm}^2}}$

NR: **Berechnung von $\overline{EG}$:**
Dreieck EFS ist gleichschenklig mit den Schenkeln FS und SE.
⇒ Lotfußpunkt G des Lots von Punkt S auf Strecke EF halbiert $\overline{EF}$.

⇒ $\overline{EG} = \frac{\overline{EF}}{2} = \frac{12{,}6}{2} = \underline{6{,}3 \text{ cm}}$

NR: **Berechnung von $\overline{SG}$:**

$\tan\alpha = \frac{\overline{SG}}{\overline{EG}} \qquad | \cdot \overline{EG}$

$\overline{SG} = \overline{EG} \cdot \tan\alpha$

$\overline{SG} = 6{,}3 \cdot \tan 72{,}0°$

$\overline{SG} = \underline{19{,}39 \text{ cm}}$

2. Berechnung des Volumens V der quadratischen Pyramide

Berechnung von $\overline{BD}$:

$\overline{BD} = \overline{AB}\sqrt{2}$

$\overline{BD} = 12{,}6 \cdot \sqrt{2}$

$\overline{BD} = \underline{17{,}82 \text{ cm}}$

Berechnung von $\overline{HB}$:

$\overline{HB} = \frac{\overline{BD}}{2} = \frac{17{,}82}{2} = \underline{8{,}91 \text{ cm}}$

Bestimmung von $\overline{BG}$:

- Strecke EF || Strecke AC
  $\Rightarrow$ $\sphericalangle$BEG ist Stufenwinkel zu $\sphericalangle EAH = 45°$ $\Rightarrow$ $\sphericalangle BEG = 45°$
- Da neben $\sphericalangle$BEG auch $\sphericalangle$GBE 45°groß ist, ist Dreieck EBG gleichschenklig mit den Schenkeln EG und BG.
  $\Rightarrow$ $\underline{\overline{BG} = \overline{EG} = 6{,}3\text{ cm}}$

Berechnung von $\overline{HG}$:

$\overline{HG} = \overline{HB} - \overline{BG}$

$\overline{HG} = 8{,}91 - 6{,}3$

$\overline{HG} = \underline{2{,}61\text{ cm}}$

Berechnung von Pyramidenhöhe $\overline{SH}$:

$$\overline{SH}^2 + \overline{HG}^2 = \overline{SG}^2 \quad \left| -\overline{HG}^2 \right.$$

$$\overline{SH}^2 = \overline{SG}^2 - \overline{HG}^2$$

$$\overline{SH}^2 = 19{,}39^2 - 2{,}61^2 \quad \left| \sqrt{} \right.$$

$$\overline{SH} = \underline{19{,}21\text{ cm}}$$

Berechnung des Volumens V der quadratischen Pyramide:

$$V = \frac{1}{3}\overline{AB}^2 \cdot \overline{SH}$$

$$V = \frac{1}{3} \cdot 12{,}6^2 \cdot 19{,}21$$

$$V = 1\,016{,}59\text{ cm}^3$$

$$V = \underline{\underline{1\,017\text{ cm}^3}}$$

Wahlteil B – Aufgabe W 3 a

Lösungshinweise:

Hinweis:
In der Aufgabenstellung werden zur Darstellung der Sportarten Symbole verwendet. Diese beim handschriftlichen Lösen der Aufgabe zu zeichnen ist aufwendig und kostet Zeit. Es empfiehlt sich deshalb, beim handschriftlichen Lösen der Aufgabe Buchstaben statt der Symbole zu nutzen. In der Musterlösung wird folgende Notation verwendet:

: *Wird beim Lösen der Aufgabe nicht benötigt.*

: *R*

: *L*

: *F*

1. Berechnung des Erwartungswerts E für den abgebildeten Gewinnplan

Für die Berechnung des Erwartungswerts E für den abgebildeten Gewinnplan stellen wir unter Nutzung eines der Verfahren zur Berechnung von Erwartungswerten einen Term auf. Dafür stehen zwei Alternativen zur Verfügung: Das Standardverfahren oder die Version des Terms, bei der die Wahrscheinlichkeiten der Gewinnsituationen mit den jeweiligen Gewinnen multipliziert werden und der Spieleinsatz als Subtrahend hinzugefügt wird.
In der Musterlösung wird der zweite Lösungsansatz dargestellt.

Zunächst sind bei beiden Lösungsansätzen die Wahrscheinlichkeiten für die Ereignisse „zweimal Laufen", „Laufen und Fußball" sowie „Radfahren und Fußball" zu ermitteln. Wird das Standardverfahren gewählt, ist neben den drei genannten Wahrscheinlichkeiten zusätzlich die Wahrscheinlichkeit für das Ereignis „andere Ereignisse" aus dem Gewinnplan zu ermitteln.

2. Berechnung, wie hoch der Gewinn für das Ereignis „Laufen und Fußball" bei Belassung aller anderen Einflussfaktoren sein muss, damit der Veranstalter langfristig pro Spiel einen Erlös von 0,50 € erzielt

Da die Struktur der Spielsituation gleich bleibt, kann für die Klärung der Frage die bereits oben für die Ermittlung des Erwartungswerts aufgestellte Gleichung genutzt werden. Für den neuen Erwartungswert setzen wir $-0{,}50$ € in die Gleichung ein und für den neuen Gewinn für das Ereignis „Laufen und Fußball" statt des bisherigen Gewinns eine Variable (in der Musterlösung wird die Variable x genutzt). Das Auflösen der Gleichung nach der Variablen x führt zum gesuchten neuen Gewinn für das Ereignis „Laufen und Fußball".

Ausführliche Lösung:

1. Berechnung des Erwartungswerts E für den abgebildeten Gewinnplan

$$E = P(2\times L)\cdot G_{2\times L} + P(L \text{ und } F)\cdot G_{L \text{ und } F} + P(R \text{ und } F)\cdot G_{R \text{ und } F} - S$$

$$E = \frac{2}{90}\cdot 9{,}0 + \frac{4}{90}\cdot 6{,}0 + \frac{6}{90}\cdot 3{,}0 - 1$$

$$E = \underline{\underline{-0{,}33\text{ €}}}$$

Legende:
F: Fußball
G: Gewinn
L: Laufen
R: Radfahren
S: Spieleinsatz

NR: **Berechnung der Wahrscheinlichkeit für das Ereignis „zweimal Laufen":**

$$P(2\times L) = P(L; L)$$

$$P(2\times L) = \frac{2}{10}\cdot\frac{1}{9}$$

$$P(2\times L) = \underline{\frac{2}{90}}$$

NR: **Berechnung der Wahrscheinlichkeit für das Ereignis „Laufen und Fußball":**

$$P(L \text{ und } F) = P(L; F) + P(F; L)$$

$$P(L \text{ und } F) = \frac{2}{10}\cdot\frac{1}{9} + \frac{1}{10}\cdot\frac{2}{9}$$

$$P(L \text{ und } F) = \frac{2}{90} + \frac{2}{90}$$

$$P(L \text{ und } F) = \underline{\frac{4}{90}}$$

NR: **Berechnung der Wahrscheinlichkeit für das Ereignis „Radfahren und Fußball“:**

$$P(R \text{ und } F) = P(R; F) + P(F; R)$$

$$P(R \text{ und } F) = \frac{3}{10} \cdot \frac{1}{9} + \frac{1}{10} \cdot \frac{3}{9}$$

$$P(R \text{ und } F) = \frac{3}{90} + \frac{3}{90}$$

$$P(R \text{ und } F) = \underline{\frac{6}{90}}$$

A: Der Erwartungswert E beträgt –0,33 €.

2. Berechnung, wie hoch der Gewinn für das Ereignis „Laufen und Fußball“ bei Belassung aller anderen Einflussfaktoren sein muss, damit der Veranstalter langfristig pro Spiel einen Erlös von 0,50 € erzielt

$$E_{neu} = P(2 \times L) \cdot G_{2 \times L} + P(L \text{ und } F) \cdot G_{L \text{ und } F} + P(R \text{ und } F) \cdot G_{R \text{ und } F} - S \quad \left| \; E_{neu} = -0{,}5; \; G_{L \text{ und } F} = x \right.$$

$$-0{,}5 = \frac{2}{90} \cdot 9{,}0 + \frac{4}{90} \cdot x + \frac{6}{90} \cdot 3{,}0 - 1$$

$$-0{,}5 = \frac{18}{90} + \frac{4}{90} x + \frac{18}{90} - \frac{90}{90}$$

$$-0{,}5 = -\frac{54}{90} + \frac{4}{90} x \quad \left| + \frac{54}{90} \right.$$

$$\frac{4}{90} x = -0{,}5 + \frac{54}{90} \quad \left| : \left(\frac{4}{90}\right) \hat{=} \cdot \frac{90}{4} \right.$$

$$x = \left(-0{,}5 + \frac{54}{90}\right) \cdot \frac{90}{4}$$

$$x = \underline{\underline{2{,}25 \text{ €}}}$$

A: Wenn nur der Gewinn für das Ereignis „Laufen und Fußball“ geändert werden soll und alles andere unverändert bleibt, muss der Gewinn für das Ereignis „Laufen und Fußball“ 2,25 € betragen, damit der Betreiber langfristig 0,50 € Erlös pro Spiel erzielen kann.

Lösungshinweise:

Es empfiehlt sich, jeden der beiden Speerwürfe jeweils in ein eigenes Koordinatensystem einzubetten.

Skizze 1: Einbettung von Wurf 1 in das Koordinatensystem:

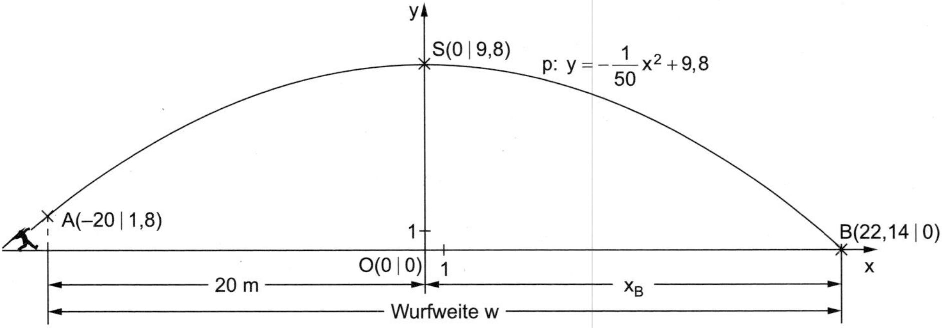

1. Ermittlung einer möglichen Funktionsgleichung für die Flugkurve des Speers beim ersten Wurf

Aus der in der Musterlösung gewählten Einbettung der Flugbahn des ersten Speerwurfs in das Koordinatensystem folgt, dass die Funktionsgleichung der zugehörigen Parabel die Form $y = ax^2 + c$ besitzt.

Um eine mögliche Funktionsgleichung bestimmen zu können, sind also die Werte für c und für Vorfaktor a zu ermitteln.
Der Wert für c lässt sich mit den Koordinaten von Scheitelpunkt S (höchster Punkt der Flugbahn des Speers) bestimmen. Für die Berechnung des Werts von Vorfaktor a nutzen wir den Wert von c und die Koordinaten des Abwurfpunkts A.

2. Berechnung, wie weit der Speer beim ersten Wurf fliegt

Die Strecke, die der Speer fliegt, ist die waagrechte Entfernung zwischen dem Lotfußpunkt von Abwurfpunkt A und dem Punkt B, an dem der Speer aufkommt. Im Koordinatensystem liegt diese Strecke auf der x-Achse.

Die Länge dieser Strecke setzt sich zusammen aus dem bekannten Abstand zwischen dem Lotfußpunkt von Abwurfpunkt A und dem Ursprung (Lotfußpunkt des Scheitelpunkts S der Flugbahn) sowie dem unbekannten Abstand zwischen Ursprung und Punkt B.

Der Abstand zwischen Ursprung und Punkt B entspricht dem Wert der x-Koordinate von Punkt B. Für deren Ermittlung berechnen wir die Nullstellen von Parabel p. Wir erhalten einen negativen und einen positiven Wert. Bei der Entscheidung, welcher der beiden Werte die gesuchte x-Koordinate von Punkt B ist, ist die Einbettung der Aufgabensituation in das Koordinatensystem zu beachten.

Abschließend wird zur Klärung der Frage, wie weit der Speer fliegt, die Summe der beiden Abstände gebildet.

3. Berechnung der Höhe des Abwurfpunkts beim zweiten Wurfversuch

Skizze 2: Einbettung von Wurf 2 in das Koordinatensystem:

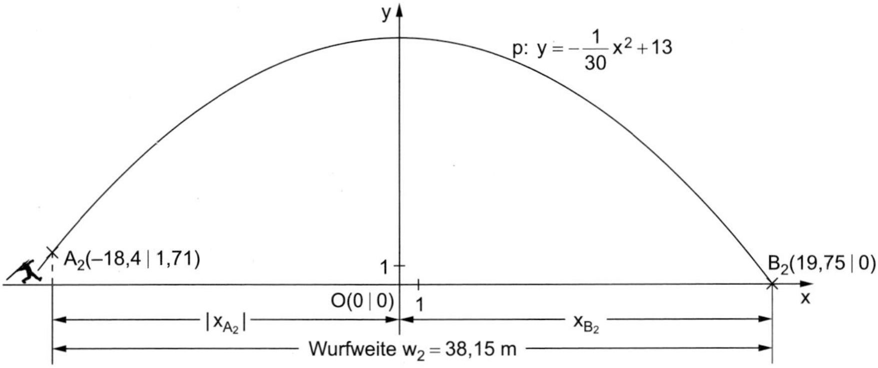

Die Höhe des Abwurfpunkts beim zweiten Wurfversuch erhalten wir über den Wert der y-Koordinate von Abwurfpunkt A_2. Die Berechnung dieses Werts gelingt mithilfe der bekannten Funktionsgleichung des zweiten Wurfs und der x-Koordinate von Abwurfpunkt A_2. Dazu ist zunächst die x-Koordinate von A_2 zu ermitteln.

Wir gewinnen diese über die Differenz aus dem Wert der x-Koordinate von Auftreffpunkt B_2 und der Wurfweite beim zweiten Wurfversuch.

Die Wurfweite ist bekannt. Für die Bestimmung der x-Koordinate von Auftreffpunkt B_2 berechnen wir die Nullstellen der zum zweiten Wurfversuch gehörenden Parabel. Wir erhalten zwei Werte: einen positiven und einen negativen. Bei der Entscheidung, welcher der beiden Werte die gesuchte x-Koordinate von Punkt B_2 ist, beachten wir die Einbettung der Aufgabensituation in das Koordinatensystem.

Ausführliche Lösung:

Skizze 1: Einbettung von Wurf 1 in das Koordinatensystem:

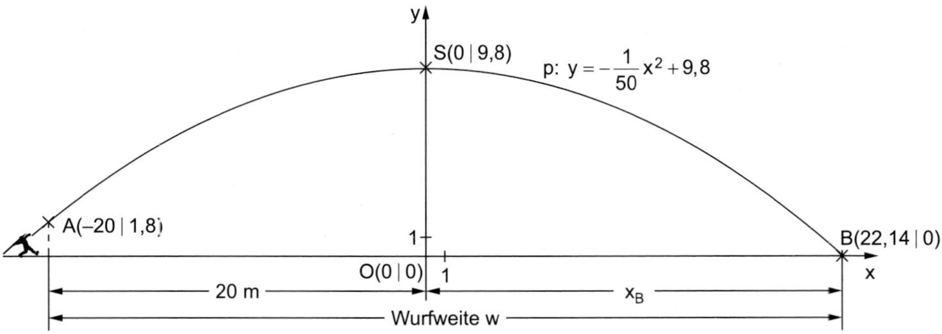

1. Ermittlung einer möglichen Funktionsgleichung für die Flugkurve des Speers beim ersten Wurf

p: $y = ax^2 + c$

p: $\underline{\underline{y = -\frac{1}{50}x^2 + 9{,}8}}$

(alternativ: p: $\underline{\underline{y = -0{,}02x^2 + 9{,}8}}$)

NR: **Bestimmung von c:**
Scheitelpunkt $S(0|9{,}8) \Rightarrow c = \underline{9{,}8}$

NR: **Berechnung von Vorfaktor a:**

$$y = ax^2 + c \quad |-c$$
$$ax^2 = y - c \quad |:x^2$$
$$a = \frac{y-c}{x^2} \quad |c = 9{,}8;\ A(-20|1{,}8)$$
$$a = \frac{1{,}8 - 9{,}8}{(-20)^2}$$
$$a = \underline{-\frac{1}{50}}$$

(alternativ: $a = \underline{-0{,}02}$)

2. Berechnung, wie weit der Speer beim ersten Wurf fliegt

Berechnung der x-Koordinate des Punkts B, an dem der Speer aufkommt:

$$y = -\frac{1}{50}x^2 + 9{,}8 \quad |y = 0$$
$$0 = -\frac{1}{50}x^2 + 9{,}8 \quad \left|+\frac{1}{50}x^2\right.$$
$$\frac{1}{50}x^2 = 9{,}8 \quad \left|:\left(\frac{1}{50}\right) \hat{=} \cdot 50\right.$$
$$x^2 = 490 \quad |\sqrt{}$$

$x_1 = \underline{22{,}14}$ $\Rightarrow$ liegt rechts vom Ursprung: x-Koordinate von Punkt B

$x_2 = -22{,}14$ $\Rightarrow$ liegt links vom Ursprung, scheidet folglich als x-Koordinate von Punkt B aus

Berechnung der Flugweite w des Speers:

$w = 20 + x_B$

$w = 20 + 22{,}14$

$w = \underline{\underline{42{,}14\ \text{m}}}$

Hinweis:
Angesichts der möglichen Wettkampfsituation wird das Ergebnis auf cm genau gerundet.

3. Berechnung der Höhe des Abwurfpunkts beim zweiten Wurfversuch

Skizze 2: Einbettung von Wurf 2 in das Koordinatensystem:

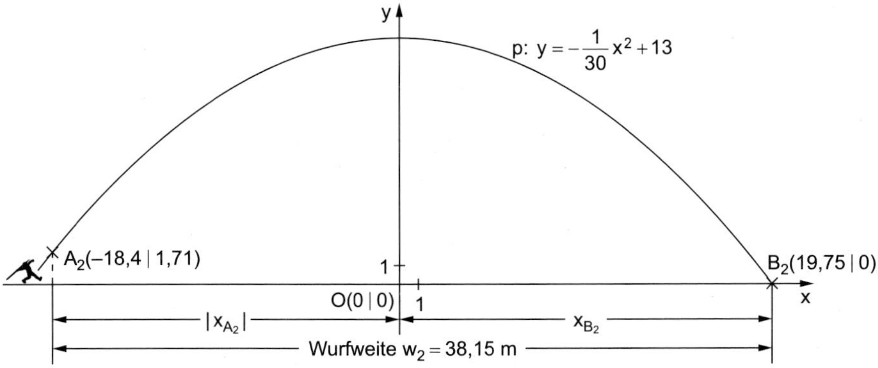

Berechnung der x-Koordinate des Punkts B_2, an dem der Speer beim zweiten Wurfversuch aufkommt:

$$y = -\frac{1}{30}x^2 + 13 \quad \big| \, y = 0$$

$$0 = -\frac{1}{30}x^2 + 13 \quad \Big| + \frac{1}{30}x^2$$

$$\frac{1}{30}x^2 = 13 \quad \Big| : \left(\frac{1}{30}\right) \mathrel{\hat{=}} \cdot 30$$

$$x^2 = 390 \quad \big| \sqrt{}$$

$x_1 = \underline{19,75}$ $\Rightarrow$ liegt rechts vom Ursprung: x-Koordinate von Punkt B_2

$x_2 = -19,75$ $\Rightarrow$ liegt links vom Ursprung, scheidet folglich als x-Koordinate von Punkt B_2 aus

Berechnung der x-Koordinate x_{A_2} von Abwurfpunkt A_2:

$$x_{A_2} = x_{B_2} - \text{Wurfweite} \quad \big| \, x_{B_2} = 19,75$$

$$x_{A_2} = 19,75 - 38,15$$

$$x_{A_2} = \underline{-18,4}$$

Berechnung der Höhe des Abwurfpunkts über die y-Koordinate von Abwurfpunkt A_2:

$$y = -\frac{1}{30}x^2 + 13 \quad \big| \, x_{A_2} = -18,4$$

$$y = -\frac{1}{30} \cdot (-18,4)^2 + 13$$

$$y = \underline{1,71}$$

$\Rightarrow$ Höhe des Abwurfpunkts beim zweiten Wurfversuch: $\underline{\underline{1,71 \text{ m}}}$

Hinweis: Angesichts des Einflusses der Höhe des Abwurfpunkts auf die Flugbahn des Speers und die Weite des Wurfs wird das Ergebnis auf cm genau gerundet.

Wahlteil B – Aufgabe W 4 a

Lösungshinweise:

Skizze:

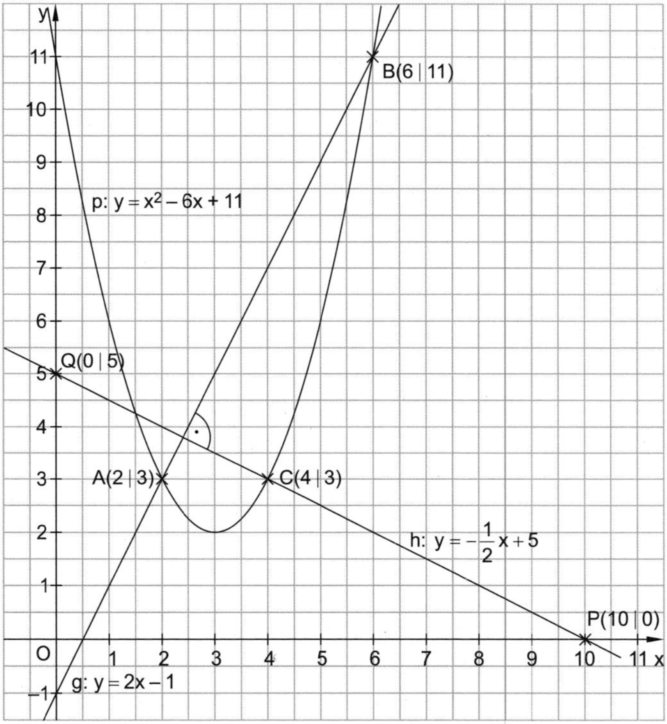

In der Aufgabenstellung wird nicht angegeben, welcher der beiden Punkte P und Q Schnittpunkt von Gerade h mit der x-Achse ist und welcher Schnittpunkt mit der y-Achse ist. So kann dies frei entschieden werden.
In der Musterlösung wird Punkt P als Schnittpunkt mit der x-Achse festgelegt und Punkt Q als Schnittpunkt mit der y-Achse.

Die y-Koordinate des Schnittpunkts P von Gerade h mit der x-Achse und die x-Koordinate des Schnittpunkts Q von Gerade h mit der y-Achse lassen sich ohne Vorarbeiten bestimmen.

Für die Ermittlung der beiden anderen Koordinaten der Schnittpunkte P und Q von Gerade h mit den beiden Koordinatenachsen wird die Funktionsgleichung von Gerade h benötigt.

Um diese mit der Hauptform für lineare Funktionen bestimmen zu können, sind zunächst der Steigungsfaktor von Gerade h und ihr y-Achsenabschnitt zu berechnen.
Den Steigungsfaktor von Gerade h gewinnen wir über den Steigungsfaktor von Gerade g. Für die Berechnung des y-Achsenabschnitts von Gerade h werden neben dem inzwischen bekannten Steigungsfaktor der Geraden noch die Koordinaten von Punkt C benötigt. Die x-Koordinate von Punkt C ist bekannt. Die y-Koordinate wird mithilfe der Funktionsgleichung von Parabel p und der x-Koordinate von Punkt C gewonnen. Dazu ist zunächst die Funktionsgleichung von Parabel p zu ermitteln.

1. Ermittlung des Steigungsfaktors m_g von Gerade g

Für die (spätere) Berechnung des Steigungsfaktors m_h von Gerade h wird lediglich der Steigungsfaktor m_g von Gerade g benötigt, nicht aber die gesamte Funktionsgleichung von Gerade g.
So wird in der Musterlösung auf die Ermittlung der Funktionsgleichung von Gerade g verzichtet und lediglich der Steigungsfaktor von Gerade g berechnet.
Wir gewinnen Steigungsfaktor m_g mithilfe der Koordinaten der beiden Punkte A und B.

2. Ermittlung der Funktionsgleichung von Parabel p

Die Funktionsgleichung von Parabel p lässt sich ausgehend von einem Gleichungssystem mit zwei Gleichungen ermitteln. Dazu werden die bekannten Koordinaten der beiden Punkte A und B jeweils in die Normalform für quadratische Funktionen eingesetzt. Über das entstandene Gleichungssystem erhalten wir den Wert für b. Für die Berechnung von c setzen wir den Wert von b in eine geeignete Gleichung aus der Berechnung von b ein. Das Einsetzen der für b und c berechneten Werte in die Normalform für quadratische Funktionen führt zur gesuchten Funktionsgleichung von Parabel p.

3. Berechnung der y-Koordinate y_C von Punkt C und Bestimmung der Koordinaten von Punkt C

Von Punkt C wird in der Aufgabenstellung lediglich der Wert der x-Koordinate angegeben.
Für die Ermittlung der y-Koordinate nutzen wir die Funktionsgleichung von Parabel p und die bekannte x-Koordinate von Punkt C.

4. Ermittlung der Funktionsgleichung von Gerade h

Die Funktionsgleichung von Gerade h lässt sich mit der Hauptform für lineare Funktionen bestimmen. Dazu sind zunächst Steigungsfaktor m_h und y-Achsenabschnitt c_h zu berechnen.
Da Gerade h senkrecht zu Gerade g steht, gewinnen wir Steigungsfaktor m_h mithilfe der bekannten Steigung von Gerade g.
Für die Berechnung von y-Achsenabschnitt c_h nutzen wir den bekannten Wert von m_h und die Koordinaten von Punkt C, durch den Gerade h verläuft.

5. Ermittlung der Koordinaten der Punkte P und Q

Punkt P liegt auf der x-Achse. So lässt sich der Wert seiner y-Koordinate sofort benennen. Für die Berechnung der x-Koordinate von Punkt P setzen wir in der Funktionsgleichung von Gerade h y gleich null.
Der Wert der x-Koordinate von Punkt Q lässt sich wegen dessen Lage auf der y-Achse sofort benennen. Da Punkt Q der Schnittpunkt von Gerade h mit der y-Achse ist, stimmt die y-Koordinate von Punkt Q mit dem bekannten y-Achsenabschnitt von Gerade h überein.

Ausführliche Lösung:

Skizze:

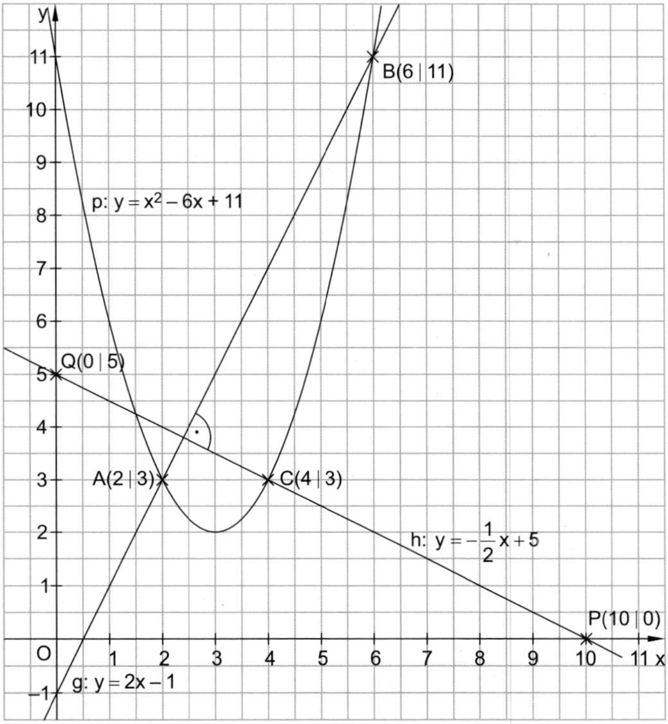

1. Ermittlung des Steigungsfaktors m_g von Gerade g

$$m_g = \frac{y_A - y_B}{x_A - x_B}$$

$$m_g = \frac{3-11}{2-6}$$

$$m_g = \frac{-8}{-4}$$

$$m_g = \underline{\underline{2}}$$

2. Ermittlung der Funktionsgleichung von Parabel p

Berechnung von b und c:

	$y = x^2 + bx + c$	
(1) A(2 | 3):	$3 = 2^2 + b \cdot 2 + c$	
(2) B(6 | 11):	$11 = 6^2 + b \cdot 6 + c$	
(1')	$3 = 4 + 2b + c$	$\vert \cdot (-1)$
(2')	$11 = 36 + 6b + c$	
(1'')	$-3 = -4 - 2b - c$	$\vert (1'') + (2')$
(2')	$11 = 36 + 6b + c$	
	$8 = 32 + 4b$	$\vert -32$
	$4b = -24$	$\vert :4$
	$b = \underline{-6}$	

b = −6 in (2'): $11 = 36 + 6 \cdot (-6) + c$

$11 = 36 - 36 + c$

$c = \underline{11}$

Bestimmung der Funktionsgleichung von Parabel p:

p: $y = x^2 + bx + c$

p: $\underline{y = x^2 - 6x + 11}$

3. Berechnung der y-Koordinate y_C von Punkt C und Bestimmung der Koordinaten von Punkt C:

$y = x^2 - 6x + 11 \quad \vert C(4 \mid y_C)$

$y_C = 4^2 - 6 \cdot 4 + 11$

$y_C = 16 - 24 + 11$

$y_C = \underline{3} \quad \Rightarrow \quad \underline{C(4 \mid 3)}$

4. Ermittlung der Funktionsgleichung von Gerade h

h: $y = m_h x + c_h$

h: $\underline{y = -\frac{1}{2}x + 5}$

NR: **Berechnung von Steigungsfaktor m_h:**

$h \perp g \quad \Rightarrow \quad m_h \cdot m_g = -1 \quad \vert : m_g$

$m_h = \frac{-1}{m_g} \quad \vert m_g = 2$

$m_h = \frac{-1}{2}$

$m_h = \underline{-\frac{1}{2}}$

NR: **Berechnung von y-Achsenabschnitt c_h:**

$$y = m_h x + c_h \quad \left| - m_h x \right.$$
$$c_h = y - m_h x \quad \left| m_h = -\frac{1}{2};\ C(4|3) \right.$$
$$c_h = 3 - \left(-\frac{1}{2}\right) \cdot 4$$
$$c_h = \underline{5}$$

5. Ermittlung der Koordinaten der Punkte P und Q

Ermittlung der Koordinaten des Schnittpunkts P von Gerade h mit der x-Achse:

- P liegt auf der x-Achse $\Rightarrow$ $y = \underline{0}$
- $$y = -\frac{1}{2}x + 5 \quad \left| y = 0 \right.$$
$$0 = -\frac{1}{2}x + 5 \quad \left| +\frac{1}{2}x \right.$$
$$\frac{1}{2}x = 5 \quad \left| :\left(\frac{1}{2}\right) \hat{=} \cdot 2 \right.$$
$$x = \underline{10}$$

$\Rightarrow$ $\underline{\underline{P(10|0)}}$

Bestimmung der Koordinaten des Schnittpunkts Q von Gerade h mit der y-Achse:

- Q liegt auf der y-Achse $\Rightarrow$ $x = \underline{0}$
- $y = -\frac{1}{2}x + 5 \Rightarrow c_h = 5 \Rightarrow y = \underline{5}$

$\Rightarrow$ $\underline{\underline{Q(0|5)}}$

Lösungshinweise:

Skizze:

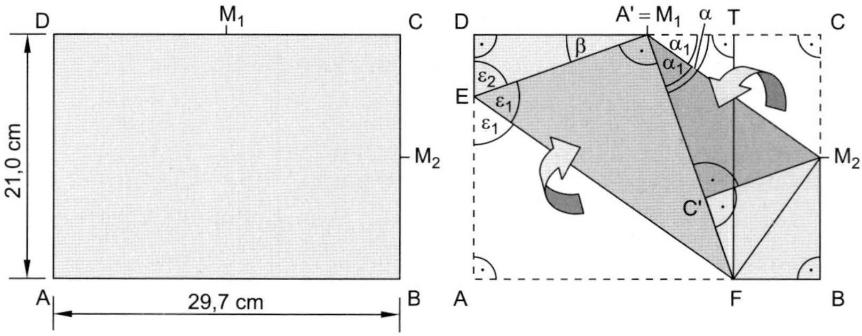

1. Berechnung des Flächeninhalts A_{EM_1D} von Dreieck EM_1D

Der Flächeninhalt von Dreieck EM_1D lässt sich sowohl über die klassische Flächeninhaltsformel für Dreiecke als auch über die trigonometrische Flächeninhaltsformel für Dreiecke ermitteln.

In der Musterlösung wird der Weg über die klassische Flächeninhaltsformel gewählt. Der alternative Lösungsansatz über die trigonometrische Flächeninhaltsformel wird anschließend kurz skizziert.

Die Seiten M_1D und DE stehen senkrecht zueinander und sind sich damit gegenseitig Seite und zugehörige Höhe. So lassen sie sich für die Berechnung des Flächeninhalts von Dreieck EM_1D mittels klassischer Flächeninhaltsformel nutzen.
Zunächst sind jedoch die Längen der beiden Seiten zu ermitteln.
$\overline{M_1D}$ lässt sich rasch mit den bekannten Größen bestimmen.

Für die Berechnung von $\overline{DE}$ stehen zwei Alternativen zur Verfügung.
Beim ins Auge springenden Weg wird zunächst Winkel β ermittelt, um dann $\overline{DE}$ im rechtwinkligen Dreieck EM_1D zu berechnen.
Wir erhalten Winkel β über die Differenz aus dem gestreckten Winkel DM_1C einerseits und der Summe der beiden Winkel EM_1C' und α andererseits.
Die Größe von Winkel EM_1C' ist bekannt.
Winkel α besteht aus den beiden Winkeln $C'M_1M_2$ und M_2M_1C. Winkel M_2M_1C (α_1) lässt sich in Dreieck M_1M_2C berechnen.
Da bei der Faltung an Strecke M_1M_2 Winkel M_2M_1C auf Winkel $C'M_1M_2$ abgebildet wird, sind die beiden Winkel gleich groß (α_1). Wir erhalten Winkel α folglich, indem wir Winkel α_1 in Dreieck M_1M_2C berechnen und anschließend verdoppeln.

Alternative Berechnung von $\overline{DE}$

Beim zweiten Lösungsansatz zur Berechnung von $\overline{DE}$ wird $\overline{DE}$ mittels Satz des Pythagoras in Dreieck EM_1D berechnet. Dabei wird $\overline{EM_1}$ in Abhängigkeit von $\overline{DE}$ ausgedrückt. Dies gelingt über die Differenz der Strecken DA und DE. $\overline{EM_1} = \overline{EA} = \overline{DA} - \overline{DE} = 21{,}0 - \overline{DE}$.

Bei dieser Alternative entfällt die Berechnung der Winkel β, α und α_1. Allerdings wird Winkel α (und damit Winkel α_1) bei der Berechnung des Flächeninhalts von Viereck FBM_2C' über die Musterlösung benötigt.

Alternative Berechnung des Flächeninhalts von Dreieck EM_1D über die trigonometrische Flächeninhaltsformel
Wird der Lösungsansatz über die trigonometrische Flächeninhaltsformel gewählt, werden wie in der Musterlösung zunächst $\overline{M_1D}$ und Winkel β ermittelt.
Anschließend wird statt $\overline{DE}$ die Länge von Strecke EM_1 berechnet.

2. Berechnung des Flächeninhalts $A_{FBM_2C'}$ von Viereck FBM_2C'

Für die Berechnung des Flächeninhalts von Viereck FBM_2C' stehen drei alternative Lösungsansätze zur Auswahl:

1) Der Flächeninhalt von Viereck FBM_2C' wird über die Differenz aus dem Flächeninhalt von Trapez $FBCM_1$ einerseits sowie der Summe der Flächeninhalte der beiden Dreiecke $C'M_2M_1$ und M_1M_2C andererseits ermittelt.
2) Der Flächeninhalt von Viereck FBM_2C' wird über die Differenz aus dem Flächeninhalt von Rechteck ABCD einerseits sowie der Summe der Flächeninhalte von Trapez AFM_1D und der Dreiecke $C'M_2M_1$ sowie M_1M_2C andererseits berechnet.
3) Der Flächeninhalt von Viereck FBM_2C' wird über die Summe der Flächeninhalte der beiden Dreiecke FBM_2 und FM_2C' berechnet.

In der Musterlösung wird der erstgenannte Lösungsansatz dargestellt. Die beiden anderen Lösungsansätze werden anschließend kurz skizziert.

Bei den Lösungsansätzen 1 und 3 wird $\overline{FB}$ benötigt. Für die Berechnung von $\overline{FB}$ stehen zwei Alternativen zur Verfügung:

- $\overline{FB}$ wird indirekt über $\overline{CT}$ bestimmt, die ihrerseits über die Differenz aus $\overline{CM_1}$ und $\overline{TM_1}$ berechnet wird.
- $\overline{FB}$ wird über die Differenz aus $\overline{AB}$ und $\overline{AF}$ ermittelt.

In der Musterlösung wird der erstgenannte Lösungsansatz genutzt. Der zweite Lösungsansatz wird unten kurz skizziert.

Musterlösung

Für die Berechnung des Flächeninhalts von Trapez $FBCM_1$ werden $\overline{FB}$, $\overline{BC}$ und $\overline{CM_1}$ benötigt.
$\overline{BC}$ und $\overline{CM_1}$ sind bekannt.
$\overline{FB}$ erhalten wir indirekt über $\overline{CT}$. $\overline{CT}$ wiederum lässt sich mit $\overline{CM_1}$ und $\overline{TM_1}$ berechnen.
Dazu ist zunächst $\overline{TM_1}$ im rechtwinkligen Dreieck FTM_1 zu berechnen. Dreieck FTM_1 entsteht durch das Fällen des Lots von Punkt F auf Strecke CD. Seite FT des Dreiecks lässt sich rasch bestimmen. Wurde bei der Berechnung des Flächeninhalts von Dreieck EM_1D der Lösungsansatz der Musterlösung gewählt, ist Winkel α bereits bekannt. Wurde die Alternative zur Berechnung von $\overline{DE}$ gewählt, muss der Winkel noch ermittelt werden.

Der Flächeninhalt des Dreiecks M_1M_2C lässt sich mit den bekannten Größen ermitteln.
Das Falten an Strecke M_1M_2 entspricht der mathematischen Abbildung der Achsenspiegelung. Damit sind die beiden Dreiecke $C'M_2M_1$ und M_1M_2C kongruent. So kann auf die separate Ermittlung des Flächeninhalts von Dreieck $C'M_2M_1$ verzichtet werden und stattdessen der Flächeninhalt von Dreieck M_1M_2C verdoppelt werden.

In der Musterlösung wird zur finalen Berechnung des gesuchten Flächeninhalts von Viereck FBM_2C' ein Term aufgestellt:
$A_{\text{Viereck } FBM_2C'} = A_{\text{Trapez } FBCM_1} - 2 \cdot A_{\text{Dreieck } M_1M_2C}$

Alternative Berechnung von $\overline{FB}$ über die Differenz aus $\overline{AB}$ und $\overline{AF}$
$\overline{AB}$ ist bekannt.
$\overline{AF}$ lässt sich im rechtwinkligen Dreieck AFE berechnen. Dazu werden zunächst $\overline{EA}$ und Winkel AEF (ε_1) ermittelt.

$\overline{EA}$ erhalten wir mithilfe von $\overline{DA}$ und $\overline{DE}$. $\overline{DA}$ ist bekannt. Wurde der Flächeninhalt von Dreieck EM_1D wie in der Musterlösung ermittelt, ist auch $\overline{DE}$ bekannt. Wurde die Alternative über die trigonometrische Flächeninhaltsformel gewählt, muss $\overline{DE}$ noch in Dreieck EM_1D berechnet werden.
Das Falten an Strecke FE entspricht der mathematischen Abbildung der Achsenspiegelung. Damit sind die beiden Winkel AEF (ε_1) und FEM_1 kongruent. Nach der Berechnung von Winkel ε_2 in Dreieck EM_1D lässt sich ε_1 rasch ermitteln.

Lösungsansatz 2 zur Berechnung des Flächeninhalts von Viereck FBM_2C'

Der Flächeninhalt von Rechteck ABCD lässt sich mit den bekannten Größen direkt ermitteln. Für die Berechnung des Flächeninhalts von Trapez AFM_1D werden $\overline{AF}$, $\overline{M_1D}$ und $\overline{DA}$ benötigt.
$\overline{M_1D}$ und $\overline{DA}$ sind bekannt.
$\overline{AF}$ lässt sich wie oben in der alternativen Berechnung von $\overline{FB}$ bereits beschrieben im rechtwinkligen Dreieck AFE berechnen.
Bezüglich der Flächeninhalte der beiden Dreiecke $C'M_2M_1$ und M_1M_2C wird wie in der Musterlösung verfahren.
Für die finale Berechnung des gesuchten Flächeninhalts von Viereck FBM_2C' empfiehlt es sich, einen Term aufzustellen:

$$A_{\text{Viereck } FBM_2C'} = A_{\text{Rechteck } ABCD} - (A_{\text{Trapez } AFM_1D} + 2 \cdot A_{\text{Dreieck } M_1M_2C})$$

Lösungsansatz 3 zur Berechnung des Flächeninhalts von Viereck FBM_2C'

Diagonale M_2F teilt Viereck FBM_2C' in die beiden rechtwinkligen Dreiecke FBM_2 und FM_2C'. Über den vierten Kongruenzsatz SSW lässt sich zeigen, dass die beiden Dreiecke kongruent sind. Somit genügt es, den Flächeninhalt eines der beiden Dreiecke zu berechnen und anschließend zu verdoppeln.
Da sich Strecke BM_2 rasch bestimmen lässt und sich Seite FB wie oben beschrieben über eine der beiden Alternativen ermitteln lässt, empfiehlt sich die Berechnung des Flächeninhalts von Dreieck FBM_2.

Angesichts des Umstandes, dass der in Klassenstufe 7 gelernte vierte Kongruenzsatz SSW am Ende von Klassenstufe 10 nur mehr wenig bekannt sein dürfte, ist der Lösungsansatz sicher schwierig zu finden. Andererseits ist der Ansatz – einmal gefunden – weniger rechenaufwendig als die beiden anderen.

Ausführliche Lösung:

Skizze:

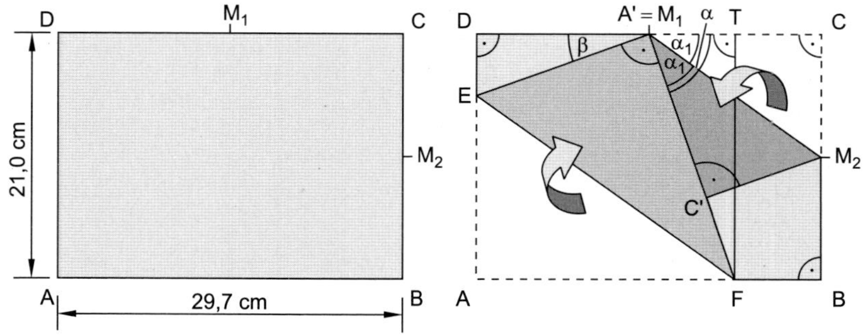

1. Berechnung des Flächeninhalts A_{EM_1D} von Dreieck EM_1D

Berechnung von $\overline{M_1D}$:

$\overline{M_1D} = \frac{\overline{CD}}{2}$ $\quad | \overline{CD} = \overline{AB}$; Eigenschaften des Rechtecks ABCD

$\overline{M_1D} = \frac{29,7}{2}$

$\overline{M_1D} = \underline{14,85 \text{ cm}}$

Berechnung von Winkel α_1 ($\sphericalangle M_2M_1C$):

$\tan \alpha_1 = \frac{\overline{M_2C}}{\overline{CM_1}}$

$\tan \alpha_1 = \frac{10,5}{14,85}$

$\alpha_1 = \underline{35,26°}$

NR: **Berechnung von $\overline{M_2C}$:**

$\overline{M_2C} = \frac{\overline{BC}}{2}$ $\quad | \overline{BC} = \overline{DA}$; Eigenschaften des Rechtecks ABCD

$\overline{M_2C} = \frac{21,0}{2}$

$\overline{M_2C} = \underline{10,5 \text{ cm}}$

NR: **Bestimmung von $\overline{CM_1}$:**

Punkt M_1 halbiert $\overline{CD}$.

$\Rightarrow \quad \overline{CM_1} = \overline{M_1D} = \underline{14,85 \text{ cm}}$

Berechnung von Winkel α ($\sphericalangle C'M_1C$):

$\alpha = \sphericalangle C'M_1M_2 + \sphericalangle M_2M_1C$ $\quad | \sphericalangle C'M_1M_2 = \sphericalangle M_2M_1C = \alpha_1 = 35,26°$; Abbildung von Winkel M_2M_1C auf Winkel $C'M_1M_2$ durch Falten an Strecke M_1M_2

$\alpha = 2 \cdot 35,26°$

$\alpha = \underline{70,52°}$

Berechnung von Winkel β ($\sphericalangle DM_1E$):

$\beta = \sphericalangle DM_1C - (\alpha + \sphericalangle EM_1C')$

$\beta = 180° - (70,52° + 90,0°)$

$\beta = \underline{19,48°}$

Berechnung von $\overline{DE}$:

$\tan \beta = \frac{\overline{DE}}{\overline{M_1D}}$ $\quad | \cdot \overline{M_1D}$

$\overline{DE} = \overline{M_1D} \cdot \tan \beta$

$\overline{DE} = 14,85 \cdot \tan 19,48°$

$\overline{DE} = \underline{5,25 \text{ cm}}$

Berechnung des Flächeninhalts A_{EM_1D} von Dreieck EM_1D:

$$A_{EM_1D} = \frac{1}{2}\overline{M_1D} \cdot \overline{DE}$$

$$A_{EM_1D} = \frac{1}{2} \cdot 14{,}85 \cdot 5{,}25$$

$$A_{EM_1D} = 38{,}98 \text{ cm}^2$$

$$A_{EM_1D} = \underline{\underline{39 \text{ cm}^2}}$$

2. Berechnung des Flächeninhalts $A_{FBM_2C'}$ von Viereck FBM_2C'

Berechnung von $\overline{TM_1}$:

$$\tan\alpha = \frac{\overline{FT}}{\overline{TM_1}} \qquad | \cdot \overline{TM_1}$$

$$\overline{TM_1} \cdot \tan\alpha = \overline{FT} \qquad |: \tan\alpha$$

$$\overline{TM_1} = \frac{\overline{FT}}{\tan\alpha} \qquad | \overline{FT} = \overline{DA};$$
Eigenschaften des Rechtecks AFTD

$$\overline{TM_1} = \frac{21{,}0}{\tan 70{,}52°}$$

$$\overline{TM_1} = \underline{7{,}43 \text{ cm}}$$

Berechnung von $\overline{FB}$ über $\overline{CT}$:

$$\overline{CT} = \overline{CM_1} - \overline{TM_1}$$

$$\overline{CT} = 14{,}85 - 7{,}43$$

$$\overline{CT} = \underline{7{,}42 \text{ cm}} \qquad | \overline{FB} = \overline{CT}; \text{ Eigenschaften des Rechtecks FBCT}$$

$$\Rightarrow \quad \overline{FB} = \underline{7{,}42 \text{ cm}}$$

Nachweis, dass gilt: $A_{C'M_2M_1} = A_{M_1M_2C}$:

Dreieck M_1M_2C wird beim Falten an Strecke M_1M_2 auf Dreieck $C'M_2M_1$ abgebildet.

$$\Rightarrow \quad \underline{A_{C'M_2M_1} = A_{M_1M_2C}}$$

Berechnung des Flächeninhalts $A_{FBM_2C'}$ von Viereck FBM_2C':

$$A_{FBM_2C'} = A_{FBCM_1} - 2 \cdot A_{M_1M_2C}$$

$$A_{FBM_2C'} = \frac{1}{2}(\overline{CM_1} + \overline{FB}) \cdot \overline{BC} - {}^{1}\!\not{2} \cdot \frac{1}{\not{2}_1}\overline{M_2C} \cdot \overline{CM_1}$$

$$A_{FBM_2C'} = \frac{1}{2}(14{,}85 + 7{,}42) \cdot 21{,}0 - 10{,}5 \cdot 14{,}85$$

$$A_{FBM_2C'} = 77{,}91 \text{ cm}^2$$

$$A_{FBM_2C'} = \underline{\underline{78 \text{ cm}^2}}$$

Abschlussprüfungsaufgaben Mathematik für Realschulen (Baden-Württemberg): Haupttermin 2022

Um dir die Lösungen zur Prüfung 2022 schnellstmöglich zur Verfügung stellen zu können, werden diese in digitaler Form veröffentlicht.

Sobald die Original-Prüfungsaufgaben 2022 freigegeben sind, können die dazugehörigen Lösungen als PDF auf der Plattform MyStark heruntergeladen werden (Zugangscode siehe auf den Farbseiten vorne im Buch).

Prüfung 2022

www.stark-verlag.de/mystark